U0393398

手绘效果　作者：陈波

数码合成作品 1　作者：欧洁瑶

数码合成作品 2　作者：欧洁瑶

包装设计　作者：陈波

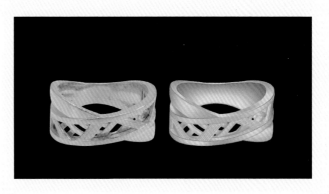

照片调色作品　作者：欧洁瑶　　　　首饰设计作品　作者：欧洁瑶

鼠绘作品　作者：吴保宁

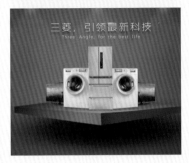

学员作品　指导老师：孙峰

全屏海报　作者：廖雄风

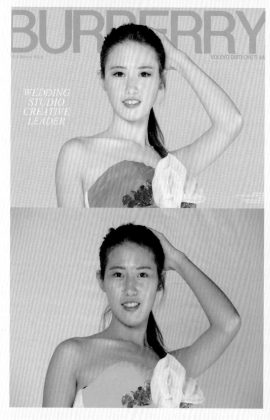

逆袭之路

主　编：
邢帅教育
副主编：
陈波 张磊 欧洁瑶 吴保宁
孙峰 张甜 廖雄风

中文版
Photoshop CC 2018
完全自学教程（在线教学版）

清华大学出版社
北京

内 容 简 介

本书是帮助Photoshop初学者实现从入门到精通、从新手到高手的经典自学教程，全书以精辟的语言、精美的图示和范例，全面、深入地讲解了Photoshop的各项功能和实际应用技巧。

全书共分为20章，采用线上教学+线下巩固的教学模式，涵盖了Photoshop CC 2018的全部工具和命令。本书1～15章从Photoshop的基础使用方法开始讲解，循序渐进地解读了Photoshop的基本操作、选区、图层、绘画、颜色调整、图像修饰、Camera Raw、路径、文字、滤镜、蒙版、通道、动作与自动化、3D等核心功能和应用技巧；16～20章则从Photoshop的实际应用出发，针对照片处理、海报设计、创意合成、质感特效及UI这五个方面进行案例式的、有针对性和实用性的实战练习，不仅使读者巩固了前面学习的Photoshop技术技巧，更为读者以后的实际工作铺平道路。

本书适合广大Photoshop初学者，以及有志于从事平面设计、插画设计、包装设计、网页制作、三维动画设计、影视广告设计等工作的人员阅读，同时也适合高等院校相关专业的学生和各类培训班的学员参考阅读。

图书在版编目（CIP）数据

中文版Photoshop CC 2018完全自学教程：在线教学版 / 邢帅教育主编. – 北京：清华大学出版社，2018
（2021.9重印）
（逆袭之路）
ISBN 978-7-302-47546-0

Ⅰ.①中… Ⅱ.①邢… Ⅲ.①图像处理软件—教材 Ⅳ.①TP391.413

中国版本图书馆CIP数据核字(2017)第140549号

责任编辑：陈绿春
封面设计：潘国文
责任校对：胡伟民
责任印制：宋　林

出版发行：清华大学出版社
　　　　网址：http://www.tup.com.cn，http://www.wqbook.com
　　　　地址：北京清华大学学研大厦A座　　　　　　邮编：100084
　　　　社总机：010-62770175　　　　　　　　　　邮购：010-83470235
　　　　投稿与读者服务：010-62776969, c-service@tup.tsinghua.edu.cn
　　　　质量反馈：010-62772015, zhiliang@tup.tsinghua.edu.cn
印 装 者：涿州市京南印刷厂
经　　销：全国新华书店
开　　本：188mm×260mm　　印　张：24.25　　插　页：4　　字　数：820千字
版　　次：2018年8月第1版　　　　　　　　　印　次：2021年9月第4次印刷
印　　数：3901～4000
定　　价：89.00元

产品编号：073494-01

关于 Photoshop

Photoshop 作为 Adobe 公司旗下最著名的图像处理软件，其应用范围覆盖数码照片处理、平面设计、视觉创意合成、数字插画创作、网页设计、交互界面设计等几乎所有设计方向，深受广大艺术设计人员和计算机美术爱好者的喜爱。

本书内容安排

全书共分为 20 章，首先介绍了 Photoshop 的应用领域，软件的界面和操作方法，然后讲解了软件功能，包括图像的基本编辑方法，包括选区、绘画、颜色调整、照片修饰、Camera Raw 等，再到图层、蒙版、通道等高级功能，以及文字、滤镜、视频、3D 与动作等其功能。内容涉及数字图像处理、抠图、绘画、照片修复与润饰、照片颜色与色调调整、Camera Raw 过滤照片处理技术、平面设计、特效设计、3D 设计、网页制作、动画等众多领域。在介绍软件的同时，还对图层、蒙版与通道、通道与色彩等核心功能进行了深入剖析，并通过 5 章的综合实例，展现了 Photoshop 在实际工作中的具体应用。

本书内容全面、知识丰富、通俗易懂，操作性、趣味性和针对性都比较强，适合广大 Photoshop 爱好者阅读，也可作为高等院校及各类培训班的自学教程和参考书。

全新教学方式

本书摒弃了传统的教学思路和理论教条，采用"线上教学＋线下巩固"的方式，从实际的需求出发，详细讲述了各类命令的使用步骤、需要注意的事项以及应用技巧，加入 QQ 群有老师负责答疑。

案例贴身实战

技巧原理细心解说。本书所有案例例例精彩，各个经典，每个实例都包含相应工具和功能的使用方法和技巧。在一些重点和要点处，还添加了大量的提示和技巧讲解，帮助读者理解和加深认识，从而真正掌握知识点，以达到举一反三、灵活运用的目的。

资深讲师编著

图书质量更有保障。本书由经验丰富的专业设计师和资深讲师编著，确保图书"实用""好学"。

322 个制作实例

制作技能快速提升。本书的每个案例均经过作者的精挑细选，具有典型性和实用性，更具有重要的参考价值，读者可以边做边学，从新手快速成长为 Photoshop 高手。

配套资源内容

本书附赠教学视频，细心讲解每个实例的制作方法和过程，生动、详细的讲解可以成倍提高学习兴趣和效率，真正地物超所值。教学视频请直接扫描相关位置的二维码观看，也可下载后观看。

本书配套素材文件请扫描章首页的二维码进行下载。配套素材也可以通过下面的地址或者右侧的二维码进行下载。

链接：https://pan.baidu.com/s/1ufoFkk27CGk02cGtb7DJTQ

提取码：h47q

本书特别赠送 2018 新增功能教学视频，请扫描右侧二维码下载观看。

本书创作团队

本书由邢帅教育主编，陈波、张磊、欧洁瑶、吴保宁、孙峰、张甜、廖雄风副主编，参加编写的还包括李红萍、陈运炳、申玉秀、李红艺、李红术、陈云香、陈文香、陈军云、彭斌全、陈志民、林小群、刘清平、钟睦、刘里锋、朱海涛、廖博、喻文明、易盛、陈晶、张绍华、黄柯、何凯、黄华、陈文铁、杨少波、杨芳、刘有良、刘珊、赵祖欣、齐慧明、胡莹君等。

在编写本书的过程中，我们以科学、严谨的态度，力求精益求精，但书中错误、疏漏之处在所难免，在感谢您购买本书的同时，也希望您能够把对本书的意见和建议告诉我们。

售后服务邮箱：lushanbook@qq.com（作者），chenlch@tup.tsing.edu.cn（编辑）。

如果在学习过程中碰到问题，欢迎加入 QQ 群 632019915（CC 2018 教程在线教学群）进行咨询和交流，扫描右侧的二维码也可入群。碰到问题也可以联系陈老师进行咨询，联系邮箱：chenlch@tup.tsinghua.edu.cn。

编者

2018 年 1 月

目录 CONTENTS

1.1 进入 Photoshop CC 2018 的世界——应用领域

作为 Adobe 公司旗下最著名的图像处理软件，Photoshop 的应用领域非常广泛，覆盖平面设计、后期处理、艺术文字、创意图像、插画创作、建筑效果图后期处理、网页设计、UI 设计等领域。

1.1.1 平面设计

随意漫步于繁华的都市街头，扑面而来的各类制作精美、引人入胜的车身广告、灯箱广告、店面招贴、大型户外广告，以及经常阅读的各类书籍和杂志的封面、精美的产品包装、商场的广告招贴、电影海报等，这些具有丰富图像的平面广告作品，基本上都是使用 Photoshop 对图像进行合成、处理而完成的，如图 1-1 所示。

图 1-1　平面设计

1.1.2 后期处理

Photoshop 具有强大的图像修饰、色彩和色调调整能力，利用这些功能可修复数码照片人物面部的瑕疵与斑点，以及皮肤、体形等的缺陷，调整照片的色彩和色调、置换人物背景、合成并制作特效，从而得到满意的作品。最典型的摄影后期处理就是影楼照片的后期制作，如图 1-2 所示。

图 1-2　影楼照片作品

1.1.3 艺术文字

要想文字具有艺术感，可以使用 Photoshop 来完成，它可以制作出各种质感、特效的文字，如图 1-3 所示。

图 1-3　艺术文字

第 1 章素材文件

1.1.4 创意图像

此类设计无明显的商业特征，并为广大设计爱好者提供了无限的想象空间，让设计者将原来不相关的对象组合在一起，从而得到意想不到的艺术效果，形成属于自己的一套创作风格，如图1-4所示。

图 1-4 创意图像

1.1.5 插画创作

Photoshop强大的绘画与调色功能，吸引着大量卡通动画、插画、漫画设计的制作者，再加上2018版软件新增的多画板工具，让Photoshop可以像Sketch一样随心所欲地对插画进行创作，如图1-5所示。

图 1-5 插画作品

1.1.6 建筑效果图后期处理

建筑效果图制作一般会经过3ds Max建模、材质编辑、渲染和Photoshop后期处理几个阶段。3ds Max直接渲染输出的图像，往往只是效果图的简单"粗坯"，场景单调、生硬，缺少层次和变化，只有为其加入天空、树木、人物、汽车等配景，整幅效果图才能显得活泼有趣、生机盎然，这些工作都是通过Photoshop来完成的，如图1-6所示。

图 1-6 建筑效果图后期处理作品

1.1.7 网页设计

Photoshop作为网页制作的常用软件，它强大的图像编辑能力，是美化网页时不可或缺的工具，如图1-7所示。

图 1-7 网页设计作品

1.1.8 UI设计

UI作为一个新兴的领域，已经受到越来越多的软件企业及开发者的重视，UI设计与制作主要是用Photoshop来完成的，使用Photoshop的渐变、图层样式和滤镜等功能可以做出各种真实的质感和特效，如图1-8所示。

图 1-8 UI设计作品

1.2 了解你的办公桌——Photoshop CC 2018 的工作界面

在学习任何一个软件之前，了解其工作环境，对于我们在后面能否顺利地工作，具有极其重要的作用。本节详解介绍了Photoshop CC 2018全新的工作界面、工具箱、面板、菜单栏、工具选项栏、搜索栏、选择工作区以及状态栏的使用方法。

1.2.1 工作界面组件

启动Photoshop CC 2018后，系统会自动弹出一个如图1-9所示的初始工作界面，在该界面中可以打开或新建文档、显示预览近期作品、开始任务、最近使用等。

图 1-9 Photoshop CC 2018 初始工作界面

✦ 最近使用项：单击该按钮，可以查看最近打开或创建的文件，双击即可在 Photoshop 中打开文件。

✦ CC 文件 /Lr 照片：单击这两个按钮，可以从云端或是 Lightroom 中打开文件。

✦ 新建 / 打开：单击这两个按钮，可以新建文档以及打开文档。

✦ 新建：单击该按钮，可以新建文档。

✦ 搜索：单击该按钮，在弹出的文本框中输入需要搜索关键字，即可搜索出与该关键字相关的信息。

✦ 登录：单击该按钮，会转到"登录"页面，输入 Adobe ID 即可登录该页面。

　　Photoshop CC 2018 的工作界面包含菜单栏、选项栏、工具箱、状态栏、文档窗口，以及各式各样的面板等组件，如图 1-10 所示。

图 1-10　Photoshop CC 2018 的工作界面

✦ 菜单栏：Photoshop CC 的菜单栏包含"文件""编辑""图像""图层""类型""选择""滤镜""3D""视图""窗口"和"帮助"共 11 个菜单，单击菜单名即可进入相应的菜单。

✦ 工具选项栏：选择工具箱的工具后，工具选项栏就会显示出相应的工具选项，以便对当前所选工具的参数进行设置。工具选项栏显示的内容随选取工具的不同而变化。

✦ 标题栏：打开文件后，Photoshop 会自动创建一个标题栏，在标题栏中会显示该文件的名称、格式、窗口缩放比例，以及颜色模式等。

✦ 选项卡：打开多幅图像后，只在窗口中显示一幅图像，其他的图像则最小化到选项卡中，单击选项卡中各个文件名便可显示相应的图像。

✦ 文档窗口：显示和编辑打开的图像。

✦ 工具箱：工具箱位于工作界面的左侧，是 Photoshop CC 2018 工作界面中重要的组成部分，工具箱中共有几十个工具可供选择，使用这些工具可以完成绘制、编辑、观察、测量等操作。

✦ 状态栏：位于工作界面的底部，可以显示文档大小、文档尺寸、当前工具和窗口缩放比例等信息。

✦ 面板：面板是 Photoshop 的特色界面之一，共有 26 个，默认位于工作界面的右侧。它们可以自由地拆分、组合和移动。通过面板可以对 Photoshop 图像的图层、通道、路径、历史记录、动作等进行操作和控制。

✦ 搜索栏：可直接在工具选项栏的右侧单击搜索图标 ，或按快捷键 Ctrl+F，也可以执行"编辑"|"搜索"命令，打开"搜索"对话框。在该对话框中可以查找 Photoshop 中的工具、面板、菜单等；使用 Adobe Stock 中的免版税、高质量的照片、插图和图形。

✦ 选择工作区：单击工具选项栏最后面的按钮，可以随意切换工作界面。

✦ 共享图像：单击 按钮，或者执行"文件"|"共享"命令，可以打开"共享"对话框，在该对话框中可以将图片分享到各类社交 APP，也可以从应用商店下载更多的应用。

> **技巧提示：**
> 　　由于工具选项栏界面太长，故后边截图无法截取。
> 按快捷键 Alt+F1，可以将工作界面的亮度调暗（从深灰到黑色）；按快捷键 Alt+F2，可以将工作界面调亮。

1.2.2　实战——文档窗口的具体操作

　　文档窗口是显示和编辑图像的地方，本节以实战的方式详细讲解文档窗口的具体操作步骤。

素材文件路径：素材 \ 第 1 章 \1.2\1.2.2\1、2.jpg

01 启动 Photoshop CC 2018 后，执行"文件"|"打开"命令，弹出"打开"对话框，选择本书相关素材中的"素材 \ 第 1 章 \1.2\1.2.2\1、2.jpg"文件，单击"打开"按钮，打开文档。打开两个或者两个以上的图像时，它们将以标签模式停放在选项卡中，如图 1-11 所示。

02 单击一个文档名称，即可将其设置为当前操作的窗口，如图 1-12 所示。按快捷键 Ctrl+Tab 可以按照前后顺序切换窗口；按快捷键 Shift+Ctrl+Tab 可以按照相反的顺序切换窗口。

图 1-11　打开文件

图 1-12　选择文件

03 在窗口中单击一个标题栏并将其从选项卡中拖出，便可成为可以任意移动位置的浮动窗口，如图 1-13 所示；拖曳浮动窗口的任意一角，可以调整窗口的大小，如图 1-14 所示。

图 1-13　拖曳文档窗口

图 1-14　调整文档窗口大小

04 将浮动窗口拖到选项卡中，当出现蓝色横线时释放鼠标，即可将窗口重新停放在选项卡中，如图 1-15 所示。

05 按 Ctrl+O 快捷键，打开该文件中的所有素材图片，打开的文档较多，选项卡中不能显示所有的文档，单击选项卡右侧的双箭头按钮，在菜单中选择需要的文档，如图 1-16 所示。

图 1-15　停放文件

图 1-16　显示文档

06 在选项卡中沿着水平方向拖曳各个文档名，可以调整它们的排列顺序，如图 1-17 所示。

07 单击一个文档窗口的按钮，可以关闭该窗口。如需关闭所有的文档，可以在一个文档的标题栏上右击，在弹出的快捷菜单中选择"关闭全部"命令，如图 1-18 所示。

图 1-17　排列顺序

图 1-18　关闭文件

1.2.3　工具箱

工具箱是 Photoshop 处理图像的"兵器库"，包括选择、绘图、编辑、文字等共 40 多种工具。随着 Photoshop 版本的不断升级，工具的种类与数量在不断增加，同时更加人性化，使我们的操作更加方便、快捷。

1．查看工具

要使用某一个工具时，直接单击工具箱中的该工具即可。通过工具图标可以快速识别工具种类。例如，钢笔工具图标是钢笔的笔尖形状；吸管工具图标是吸管的形状。

2．显示 / 隐藏工具

选择工具箱中的某个工具，如果工具右下角带有三角形图标，表示这是一个工具组，在工具组上按住鼠标可以显示隐藏的工具；将光标移动到隐藏的工具上释放鼠标，即可选择该工具。此外，用户也可以使用快捷键来快速选择所需的工具，如移动工具的快捷键为 V，按 V 键即可选择移动工具。按 Shift ＋工具组快捷键，可以在工具组的各工具之间快速切换，例如，按快捷键 Shift ＋ G，可以在油漆桶工具和渐变工具之间切换。

3．切换工具箱的显示状态

Photoshop 的工具箱有单列和双列两种显示模式，单击工具箱顶端的按钮，可以在单列和双列两种显示模式之间切换。当使用单列显示模式时，可以有效节省屏幕空间，使图像的显示区域更大，以方便用户的操作。

1.2.4　实战——工具箱的具体操作

工具箱中包含了创建和编辑图像、图稿、页面元素的工具，本节详细讲解工具箱的使用。

素材文件路径：　素材 \ 第 1 章 \1.2\1.2.4\1.jpg

01 执行"文件" | "打开"命令，弹出"打开"对话框，选择本书配套素材中的"素材 \ 第 1 章 \1.2\1.2.4\1.jpg"文件，单击"打开"按钮，如图 1-19 所示。

02 启动软件后，执行"编辑" | "首选项" | "工具"命令，打开"首选项"对话框，勾选"显示工具提示"和"使用富媒体工具提示"复选框，如图 1-20 所示。

03 单击"确定"按钮关闭对话框。将光标放在左侧的任意工具上，此时会出现该工具的使用方法动画演示，如图 1-21 所示。

图 1-19　打开文件　　图 1-20　"首选项"对话框

04 执行"窗口"|"工具"命令，即可将工具箱隐藏，再次执行该命令即可显示。单击并拖曳工具箱顶端的黑色区域，即可移动工具箱至合适的位置，如图 1-22 所示。

图 1-21　工具提示　　　图 1-22　移动工具箱

05 单击工具箱顶端的 ▶▶ 按钮，工具箱即以双列显示，如图 1-23 所示。再次单击 ▶▶，即可返回到单列显示状态。

06 单击并拖曳工具箱顶端的黑色区域至原位置，待出现蓝色的竖线时释放鼠标，如图 1-24 所示，即可还原工具箱的位置。

图 1-23　双列工具箱　　图 1-24　停放工具箱

1.2.5　工具选项栏

工具选项栏主要用来设置工具的属性。通过适当设置参数，不仅可以有效增加工具在使用中的灵活性，而且能够提高工作效率。

不同的工具，其工具选项栏也有着很大的差异，如图 1-25 所示为选择裁剪工具 时，选项栏显示的参数；如图 1-26 所示为选择吸管工具 时，选项栏显示的参数。

图 1-25　裁剪工具的选项栏

图 1-26　吸管工具的选项栏

文本框：在文本框中单击，呈蓝色编辑状态，然后

输入数值并按 Enter 键确定调整。如果文本框右侧有 按钮，单击此按钮，可以显示一个滑块，拖曳滑块也可以更改数值，如图 1-27 所示。

菜单箭头 ：单击该按钮，可打开一个下拉列表，如图 1-28 所示。

图 1-27　改变文本框数值　　图 1-28　菜单箭头

复选框 ：单击该按钮，可以选中此复选框；再次单击，则取消选中该复选框。

滑块：在包含文本框的选项中，将光标放在选项名称上，光标发生变化，如图 1-29 所示，左、右拖曳鼠标，也可更改数值。

图 1-29　拖曳滑块数值

单击并拖曳工具选项栏最左侧的图标，可以将其从停放状态中拖出，成为浮动的工具选项栏，如图 1-30 所示；将其拖回菜单栏下，当出现蓝色条时释放鼠标，则可重新停放到原处。

在工具选项栏中，单击工具图标右侧的 按钮，可以打开下拉面板，面板中包含了各种工具预设。例如，单击画笔工具 时，选择如图 1-31 所示的工具预设，可以选择不同的画笔类型。

图 1-30　拖曳工具选项栏　　图 1-31　预设菜单栏

1.2.6　实战——搜索栏的具体操作

全新的搜索栏能够搜索程序内的各项操作命令及功能，也可在 Adobe.com 中搜索帮助和教程，还能搜索 Adobe Stock 中的免版税、高质量的照片、插图和图形。本节通过具体的操作来讲解搜索栏的知识。

01 启动 Photoshop CC 2018 后，单击工具选项栏后的"搜索工具、教程和 Adobe Stock 内容"按钮 ，打开搜索对话框，如图 1-32 所示。

02 选择 Photoshop 选项，在搜索栏中输入搜索的内容，该对话框会显示在 Photoshop 程序中搜索到的内容，如

图 1-33 所示。

图 1-32　打开搜索对话框　　图 1-33　输入搜索内容

03 选择"图层复合面板"选项，即可在 Photoshop 中打开"图层复合"面板，如图 1-34 所示。

04 执行"编辑"|"搜索"命令，或按 Ctrl+F 快捷键都可打开搜索对话框，如图 1-35 所示。

图 1-34　打开搜索的内容　　图 1-35　搜索对话框

1.2.7　实战——菜单栏的具体操作

　　Photoshop CC 2018 的菜单栏中包含 11 个菜单，每个菜单内都包含一系列的命令，它们有着不同的显示状态，只要了解了每个菜单的特点，就能掌握这些菜单命令的使用方法。本节通过具体的操作来讲解菜单栏的知识。

素材文件路径：素材 \ 第 1 章 \1.2\1.2.7\1.jpg

01 启动 Photoshop CC 2018 后，执行"文件"|"打开"命令，弹出"打开"对话框，选择本书配套素材中的"素材 \ 第 1 章 \1.2\1.2.7\1.jpg"文件，单击"打开"按钮。单击"图像"菜单名，即可进入"图像"菜单，如图 1-36 所示。

02 将鼠标移动至"调整"命令上，弹出其子菜单，如图 1-37 所示。

图 1-36　打开"图像"菜单　图 1-37　打开"调整"子菜单

03 在弹出的子菜单中执行"色阶"命令，或按 Ctrl+L 快捷键，打开"色阶"对话，如图 1-38 所示。

04 调整"色阶"对话框参数，单击"确定"按钮。按 Alt → I → J → S 键即可打开"可选颜色"对话框，如图 1-39 所示。

图 1-38　"色阶"对话框　　图 1-39　"可选颜色"对话框

05 调整"可选颜色"对话框中的参数，单击"确定"按钮。选择矩形选框工具，建立一个矩形选框，在文档窗口对象上、图层面板上或空白处右击，可以弹出快捷菜单，如图 1-40 和图 1-41 所示。

 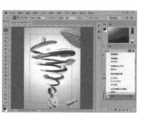

图 1-40　打开快捷菜单　　图 1-41　打开快捷菜单

1.2.8　实战——面板的具体操作

　　面板是 Photoshop 的重要组成部分，Photoshop 中的很多设置操作都需要在面板中完成。本节通过具体的操作来讲解面板的使用方法。

素材文件路径：素材 \ 第 1 章 \1.2\1.2.8\1.jpg

01 启动软件后，执行"文件"|"打开"命令，弹出"打开"对话框，选择本书配套素材中的"素材\第 1 章\1.2\1.2.8\1.jpg"文件，单击"打开"按钮，如图 1-42 所示。

02 执行"窗口"|"导航器"命令，打开"导航器"面板，拖曳"导航器"面板上的滑块，即可放大或缩小图像内容，如图 1-43 所示。

图 1-42　打开文件　　　　图 1-43　放大图像

03 单击导航面板组右上角的 >> 按钮，将面板折叠为图标状，如图 1-44 所示。

04 拖曳面板左边界，可以调整面板组的宽度，让面板的名称全部显示出来，如图 1-45 所示。

图 1-44　折叠面板　　　　图 1-45　调整面板宽度

05 将鼠标放置在某个面板上，单击并拖曳鼠标，即可将面板设置成浮动面板，如图 1-46 所示。

06 将光标放在浮动的面板上，单击并将其拖曳到另一个面板的标题栏上，出现蓝色框时释放鼠标，可以将其与其他面板进行组合，如图 1-47 所示。

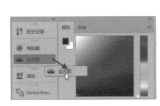

图 1-46　浮动面板　　　　图 1-47　组合面板

07 将光标放在面板的标题栏上，单击并将其拖曳到另一个面板的下方，当出现蓝色框时释放鼠标，即可将两个面板连接，如图 1-48 所示。连接的面板可同时移动或折叠为图标。

图 1-48　连接面板

08 拖曳面板右边界，可以随意调整面板的宽度，如图 1-49 所示；拖曳面板的下边界，可以随意调整面板的高度，如图 1-50 所示；拖曳面板的右边界，可同时调整面板的高度与宽度，如图 1-51 所示。

图 1-49　调整面板　图 1-50　调整面板　图 1-51　调整面板
　　　宽度　　　　　　高度　　　　　宽度和高度

09 单击面板右上角的 ≣ 按钮，可以打开面板菜单，菜单中包含了与当前面板有关的各种命令，如图 1-52 所示。

10 执行"关闭"命令，可以关闭该面板；选择"关闭选项卡组"命令，可以关闭该面板组，如图 1-53 所示。

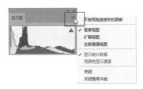 

图 1-52　打开面板菜单　　　图 1-53　关闭面板

技巧提示：
通过组合面板的方法将多个面板合并为一个面板组，或者将一个浮动面板合并到面板组中，可以为文档窗口让出更多的操作空间。

1.2.9　实战——用"学习"面板修饰图像

"学习"面板为 Photoshop CC 2018 的新增功能，该面板提供了 4 个方向的教程，用户可以跟着教程一步一步地处理图像，让学习 Photoshop 变得更简单。

01 启动软件后，执行"窗口"|"学习"命令，打开"学习"面板，如图 1-54 所示。

02 在学习面板中有"摄影"、"修饰"、"合并图形"、"图形设计"四大教程主题。单击"修饰"主题后的三角形图标，打开下拉列表，如图 1-55 所示。

图 1-54 打开"学习面板" 图 1-55 打开"修饰"下拉列表

03 在下拉列表中任选教程，此时 Photoshop 中会显示该教程素材，并提示进行下一步操作（本实战选择的教程为更改对象或区域的颜色），如图 1-56 所示。

04 单击"下一步"按钮，系统会根据提示指定命令位置所在，如所示。根据提示选择"套索工具"，根据提示在花球上创建选区，如图 1-57 所示。

图 1-56 选择并操作教程 图 1-57 提示命令所在位置

05 按 Ctrl+D 快捷键取消选区后，此时面板会弹出红色的提示信息，如图 1-58 所示。

图 1-58 根据提示进行操作和红色提示信息框

06 同方法，根据系统弹出的提示对话框进行操作。操作完毕后，此时"学习"面板会自动跳转至下一教程，如图 1-59 所示。

图 1-59 跳转下一教程

1.2.10 了解状态栏

状态栏位于文档窗口的底部，单击状态栏中的 ▶ 按钮，可以显示状态栏中包含的内容，例如，文档大小、文档尺寸、当前使用的工具等信息，如图 1-60 所示。

图 1-60 状态栏

✦ Adobe Drive：显示当前文档的 Version Cue 工具组状态。

✦ 文档大小：显示当前文档中图像的数据量信息。

✦ 文档配置文件：显示当前图像使用的颜色模式。

✦ 文档尺寸：显示当前图像的尺寸。

✦ 暂存盘大小：显示图像处理使用的内存与 Photoshop 暂存盘的内存信息。

✦ 效率：显示操作当前文档所花费时间的百分比。

✦ 计时：显示完成上一步操作所花费的时间。

✦ 当前工具：显示当前选择工具的名称。

✦ 32 位曝光：文档显示 HDR 图像时，在计算器上查看 32 位通道高动态范围图像的选项。

✦ 存储进度：保存文件时显示的存储进度。

✦ 智能对象：显示当前文档使用或丢失的智能对象。

✦ 图层计数：显示当前文档的图层个数。

1.3 怎么看都行——控制图像显示

在编辑图像时，通常需要进行放大、缩小、移动图像，以便更好地观察和处理图像。Photoshop 强大的编辑功能，给我们提供了缩放工具、抓手工具、切换屏幕模式等，可以随心所欲地操作图像。

1.3.1　实战——不同模式切换屏幕

Photoshop 有 3 种屏幕显示模式：标准屏幕模式、带菜单栏的全屏模式和全屏模式。执行"视图"|"屏幕模式"命令，可切换三种屏幕模式。

素材文件路径：素材 \ 第 1 章 \1.3\1.3.1\ 动画 .jpg

01 启动 Photoshop CC 2018 后，按 Ctrl+O 快捷键，弹出"打开"对话框，选择本书配套素材中的"素材 \ 第 1 章 \1.3\1.3.1\ 动画 .jpg"命令，单击"打开"按钮，打开图像文件，默认显示为标准屏幕模式，如图 1-61 所示。

02 执行"视图"|"屏幕模式"|"带有菜单栏的全屏模式"命令，文档会显示有菜单栏和 50% 的灰色背景、无标题栏和滚动条的全屏窗口，如图 1-62 所示。

图 1-61　打开文件　　图 1-62　带有菜单栏的全屏模式

03 执行"视图"|"屏幕模式"|"全屏模式"命令，文档只会显示有黑色背景，无标题栏、菜单栏和滚动条的全屏窗口，如图 1-63 所示。

图 1-63　全屏模式

> **技巧提示：**
> 按 F 键可以在各个屏幕模式下进行切换；按 Tab 键可隐藏 / 显示工具箱、面板和工具选项栏；按 Shift+Tab 快捷键可以隐藏 / 显示面板。

1.3.2　实战——排列窗口中的多个图像文件

如果同时打开了多个图像文件，可通过"排列"命令控制各个文档图像的排列方式。

素材文件路径：素材 \ 第 1 章 \1.3\1.3.2\ 时尚 1、2、3、4.jpg

01 启动 Photoshop CC 2018 后，按 Ctrl+O 快捷键，弹出"打开"对话框，选择本书配套素材中的"素材 \ 第 1 章 \1.3\1.3.2"文件夹的所有文件，单击"打开"按钮，如图 1-64 所示。

02 执行"窗口"|"排列"命令，打开如图 1-65 所示的子菜单。

图 1-64　打开文件　　图 1-65　打开"排列"菜单

03 执行"窗口"|"排列"|"全部垂直拼贴"命令，以垂直的方式显示窗口，如图 1-66 所示。

04 执行"窗口"|"排列"|"全部水平拼贴"命令，以水平的方式显示窗口，如图 1-67 所示。

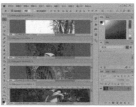

图 1-66　全部垂直拼贴　　图 1-67　全部水平拼贴

05 将文档全部从选项卡中拖曳出来，执行"窗口"|"排列"|"层叠"命令，从屏幕的左上角到右下角以堆叠和层叠的方式显示未停放的窗口，如图 1-68 所示。

06 执行"窗口"|"排列"|"平铺"命令，以边靠边的方式显示窗口，如图 1-69 所示。关闭一幅图像时，其他窗口会自动调整大小，以填满可用空间。

图 1-68　层叠文件　　图 1-69　平铺文件

07 执行"窗口"｜"排列"｜"在窗口中浮动"命令，使所有文档窗口全部浮动，如图 1-70 所示。

08 执行"窗口"｜"排列"｜"将所有内容合并到选项卡中"命令，恢复为默认的视图状态，即全屏显示一幅图像，其他图像最小化到选项卡中，如图 1-71 所示。

图 1-70　浮动窗口　　　　图 1-71　停放文件

09 关闭其中两个图像文件，执行"窗口"｜"排列"｜"全部垂直拼贴"命令，并放大其中一幅图像，如图 1-72 所示。

10 执行"窗口"｜"排列"｜"匹配缩放"命令，将所有窗口都匹配到与当前窗口相同的缩放比例，如图 1-73 所示。

图 1-72　全部垂直拼贴　　　　图 1-73　匹配缩放

11 随意更改两个文件中的图像位置，如图 1-74 所示。执行"窗口"｜"排列"｜"匹配位置"命令，将窗口图像的显示位置都匹配到与当前窗口相同，如图 1-75 所示。

图 1-74　设置文件位置　　　　图 1-75　匹配位置

1.3.3　改变显示比例

调整图像显示比例有多种方法，在实际工作中可以灵活运用。需要注意的是，图像的显示比例越大，并不表示图像的尺寸越大。在放大和缩小图像显示比例时，并不影响和改变图像的打印尺寸、像素数量和分辨率。

1. 缩放工具

在工具箱中选择缩放工具，然后移动光标至图像窗口，这时光标显示为 形状，单击可扩大图像的显示比例；按住 Alt 键光标显示为 形状，在图像窗口中单击，即可缩小图像的显示比例。

2. 缩放工具栏

选中缩放工具后，工具选项栏显示相关选项，如图 1-76 所示，从中可以控制缩放的方式和缩放比例。

图 1-76　放大工具选项栏

✦ "调整窗口大小以满屏显示"复选框：勾选该复选框，在缩放图像时，图像窗口也同时进行缩放，以使图像在窗口中满屏显示。

✦ "缩放所有窗口"复选框：勾选该复选框，可以同时缩放打开的所有文档窗口。

✦ "细微缩放"复选框：勾选该复选框，在画面中单击并向左或右拖曳鼠标，能够以平滑的方式快速放大或缩小窗口；取消勾选该复选框，在画面中单击并拖曳鼠标，可以拖出一个矩形选框，释放鼠标后，矩形框内的图像会放大至整个窗口。按住 Alt 键操作可以缩小矩形选框内的图像。

✦ "100%"按钮：单击该按钮，当前图像以 100% 显示图像。

✦ "适合屏幕"按钮：单击该按钮，当前图像窗口和图像将以满屏方式显示，以方便查看图像的整体效果。

✦ "填充屏幕"按钮：单击该按钮，当前图像窗口和图像将填充整个屏幕。与适合屏幕不同的是，适合屏幕会在屏幕中以最大化的形式显示图像所有的部分，而填充屏幕为达到布满屏幕的目的，不一定能显示出所有的图像。

💡 **技巧提示：**
按 Z 键，可快速选择缩放工具。

1.3.4　实战——用缩放工具调整窗口比例

打开一个文件后，使用缩放工具可以调整窗口的显示比例，本节具体讲解用缩放工具调整窗口比例的方法。

素材文件路径：素材 \ 第 1 章 \1.3\1.3.4\ 创意合成 .jpg

01 启动 Photoshop CC 2018 后，按 Ctrl+O 快捷键，弹出"打开"对话框，选择本书配套素材中的"素材 \ 第 1 章 \1.3\1.3.4\ 创意合成 .jpg"文件，单击"打开"按钮，打开图像文件，如图 1-77 所示。

02 选择工具箱中的"缩放"工具 ，或按 Z 键，在其工具状态栏上单击 100% 按钮，图像以 100% 显示，如图 1-78 所示。

图 1-77 打开文件 　　图 1-78 图像 100% 显示

03 将鼠标放在画面中，当鼠标变为 状时，单击可以放大窗口的显示比例，效果如图 1-79 所示。

04 单击工具选项栏中"缩小"按钮 ，或按住 Alt 键，当光标变为 状时，单击可缩小窗口的显示比例，如图 1-80 所示。

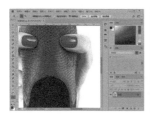 

图 1-79 放大图像 　　　图 1-80 缩小图像

05 在图像上右击，在弹出的快捷菜单中，选择 200% 命令，效果如图 1-81 所示。

06 多次按 Ctrl+ －快捷键，缩小图像内容，显示效果如图 1-82 所示。

 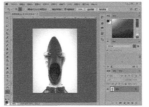

图 1-81 以 200% 放大图像 　　图 1-82 缩小图像

1.3.5 实战——用旋转视图工具旋转画布

使用旋转视图工具 可以旋转画布，并且不会破坏图像或使图像变形。旋转画布在很多情况下都很有用，能使图像编辑和查看更方便。

素材文件路径：素材 \ 第 1 章 \1.3\1.3.5\ 会飞的人儿 .jpg

01 启动 Photoshop CC 2018 后，按 Ctrl+O 快捷键，弹出"打开"对话框，选择本书配套素材中的"素材 \ 第 1 章 \1.3\1.3.5\ 会飞的人儿 .jpg"文件，单击"打开"按钮，

打开图像文件，如图 1-83 所示。

02 选择工具箱中的"旋转视图"工具 ，在窗口中单击会出现一个罗盘，无论当前画布是什么角度，红色的指针指向北方，按住鼠标拖曳即可旋转画布，如图 1-84 所示。

图 1-83 打开图像 　　　图 1-84 旋转图像

💡 **技巧提示：**
旋转视图工具能够在不破坏图形的情况下按照任意角度旋转画布，而图形本身的角度并未实际旋转。如果要旋转图像，需要执行"图像" | "图像旋转"菜单中的命令。

1.3.6 实战——用抓手工具移动画面

与其他应用程序一样，当图像超出图像窗口的显示范围时，系统将自动在图像窗口的右侧和下侧显示垂直滚动条和水平滚动条，拖曳滚动条可以上下或左右移动图像的显示区域。除此之外，Photoshop 可利用抓手工具移动画面和缩放窗口。

素材文件路径：素材 \ 第 1 章 \1.3\1.3.6\CG 插画 .jpg

01 启动 Photoshop CC 2018 后，按 Ctrl+O 快捷键，弹出"打开"对话框，选择本书配套素材中的"素材 \ 第 1 章 \1.3\1.3.6\CG 插画 .jpg"文件，单击"打开"按钮，打开图像文件，如图 1-85 所示。

02 按 Ctrl++ 快捷键，将图像放大。选择工具箱中的抓手工具 ，将光标放在图像上，单击并拖曳即可移动画面，如图 1-86 所示。

图 1-85 打开图像 　　　图 1-86 移动图像

03 将光标放在窗口中，按住 Alt 键单击可以缩小窗口，如图 1-87 所示；按住 Ctrl 键单击可以放大窗口，如图 1-88 所示。

图 1-87　缩小图像

图 1-88　放大图像

04 在窗口中同时按 Alt 键（或 Ctrl 键）和鼠标左键，窗口以平滑的、较慢的方式逐渐缩放窗口，如图 1-89 所示。若同时按住 Ctrl 键（或 Alt 键）和鼠标左键，向左或向右拖曳，将以较快的速度平滑缩放窗口，如图 1-90 所示。

图 1-89　缩放图像

图 1-90　缩放图像

技巧提示：
使用大多数工具时，按住键盘上的空格键可以切换为抓手工具。在标准屏幕模式下，若没有出现滚动条，则抓手工具不可移动图像。

1.3.7　实战——使用导航器改变比例

在导航器面板中可以随意缩放或放大图像，若文件尺寸较大，画面中不能显示完整的图像，通过该面板定位图像，查看图像将更加方便、快捷。

素材文件路径：素材 \ 第 1 章 \1.3\1.3.7\ 图片 .jpg

01 启动 Photoshop CC 2018 后，执行"文件"｜"打开"命令，弹出"打开"对话框，选择本书配套素材中的"素材 \ 第 1 章 \1.3\1.3.7\ 图片 .jpg"文件，单击"打开"按钮，如图 1-91 所示。

02 执行"窗口"｜"导航器"命令，打开"导航器"面板。按 Ctrl++ 快捷键放大图像，将光标放在导航器的"代理预览区"上，当光标变为抓手 手 状时，拖曳鼠标即可移动图像画面，如图 1-92 所示。

03 在导航器面板上的缩放数值框中输入缩放数值并按 Enter 键，即可按照设定的比例缩放图像，如图 1-93 所示。

04 单击导航面板上的"缩小" ▣ 或"放大"按钮 ▣，可以缩小或放大图像的显示比例，如图 1-94 所示。

图 1-91　打开图像

图 1-92　移动图像

图 1-93　设置比例缩放窗口

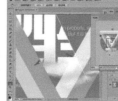
图 1-94　放大或缩小图像

05 在导航器面板上，可以向左或向右拖曳"缩放"滑块 ▣，从而调整窗口的大小，如图 1-95 所示。

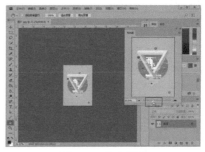
图 1-95　拖曳滑块

知识拓展：调整暂存区域颜色

在图像以外的灰色暂存区域右击，可以弹出快捷菜单，此时可以选择在灰色、黑色或其他自定义颜色的背景上显示图像。调整照片的色调和颜色，或者进行绘画操作时，最好使用默认的灰色作为背景色，这样不会影响我们对色彩的判断。

界面为默认颜色　　　　　界面为黑色

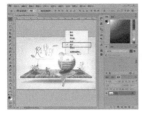

界面为浅灰色　　　　界面为自定义颜色

1.3.8　了解缩放命令

Photoshop 的"视图"菜单中包含以下用于调整图像视图比例的命令。

+ 放大：执行"视图"|"放大"命令，或按 Ctrl ＋＋ 快捷键，或者按Ctrl+空格键，可以放大图像显示比例。
+ 缩小：执行"视图"|"缩小"命令，或按 Ctrl ＋ – 快捷键、Alt+ 空格键，可以缩小图像显示比例。
+ 按屏幕大小缩放：执行"视图"|"按屏幕大小缩放"命令，或按 Ctrl ＋ 0 快捷键，可以自动调整图像的大小，使之能完整地显示在屏幕中。
+ 实际像素：执行"视图"|"实际像素"命令，图像将以实际的像素，即 100% 的比例显示。
+ 打印尺寸：执行"视图"|"打印尺寸"命令，图像将按实际的打印尺寸显示。

1.4　辅助小帮手——使用辅助工具

常用的辅助工具包括标尺、参考线、网格和注释等工具，借助这些工具可以进行参考、对齐、对位等操作。

1.4.1　了解标尺

标尺工具主要用来测量图像中点与点之间的距离、位置和角度等。除此之外，在标尺上拖曳还可以快速建立参考线。

1. 显示 / 隐藏标尺

执行"视图"|"标尺"命令，或按 Ctrl ＋ R 快捷键，在图像窗口左侧及上方即显示出垂直和水平标尺，再次按 Ctrl ＋ R 快捷键，标尺则自动隐藏。

2. 更改标尺单位

根据工作需要，可以自由地更改标尺的单位。例如，在设计网页图像时，可以使用"像素"作为标尺单位；而在设计印刷作品时，采用"厘米"或"毫米"单位则会更加方便。

3. 调整标尺原点位置

标尺可分为水平标尺和垂直标尺两大部分，系统默认图像左上角为标尺的原点（0,0）位置。当然，用户也可以根据需要调整标尺原点的位置。

1.4.2　实战——使用标尺

标尺可以帮助我们在实际的工作中定位图像或元素的位置，从而更精确地处理图像。

素材文件路径：素材 \ 第 1 章 \1.4\1.4.2\ 图片 .jpg

01 启动 Photoshop CC 2018 后，执行"文件" |"打开"命令，弹出"打开"对话框，选择本书配套素材中的"素材 \ 第 1 章 \1.4\1.4.2\ 图片 .jpg"文件，单击"打开"按钮，如图 1-96 所示。

02 执行"视图"|"标尺"命令，或按 Ctrl+R 快捷键，显示标尺，如图 1-97 所示。

图 1-96　打开图像　　　图 1-97　显示标尺

03 移动光标至标尺上方，右击，在弹出的快捷菜单中设置如图 1-98 所示的参数。

04 将光标放在原点上，单击并向右下方拖曳，画面中会显示出十字线，修改原点位置，如图 1-99 所示。

图 1-98　设置参数　　　图 1-99　修改原点位置

05 将其拖放到需要的位置，该处便成为新的原点，如图 1-100 所示。

06 在窗口的左上角双击，可以将原点恢复到默认位置，如图 1-101 所示。

图 1-100　恢复原点位置

图 1-101　恢复默认原点

技巧提示：
　　在定位原点的过程中，按住 Shift 键可以使标尺原点与标尺刻度记号对齐。另外，标尺的原点也是网格的原点，因此，调整标尺的原点也同时调整了网格的原点。

1.4.3　实战——使用网格

　　网格用于物体的对齐和光标的精确定位。

素材文件路径：素材 \ 第 1 章 \1.4\1.4.3\ 风景 .jpg

01 启动 Photoshop CC 2018 后，执行"文件" | "打开"命令，弹出"打开"对话框，选择本书配套素材中的"素材 \ 第 1 章 \1.4\1.4.3\ 风景 .jpg"文件，单击"打开"按钮，如图 1-102 所示。

02 执行"视图" | "显示" | "网格"命令，或按 Ctrl ＋ '快捷键，即可在图像窗口中显示网格，如图 1-103 所示。

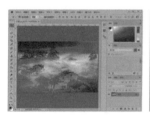
图 1-102　打开图像

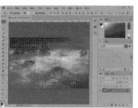
图 1-103　显示网格

03 选择工具箱中的圆角矩形工具 ，在工具选项栏中设置"形状""描边"为无，设置颜色为白色，根据网格的大小绘制圆角矩形，并更改不透明度为 50%，如图 1-104 所示。

04 在图像上根据网格大小绘制多个大小不一、位置不同的圆角矩形，得到如图 1-105 所示的效果。

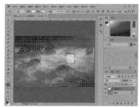
图 1-104　绘制圆角矩形

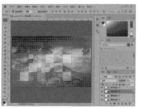
图 1-105　绘制圆角矩形

技巧提示：
　　Photoshop 默认网格的间隔为 2.5 厘米，子网格的数量为 4 个，网格的颜色为灰色，选择"编辑" | "首选项" | "参考线、网格和切片"命令，打开"首选项"对话框，从中更改相应参数。

05 按 Ctrl+ '快捷键隐藏网格，效果如图 1-106 所示。

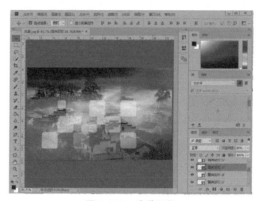
图 1-106　隐藏网格

技巧提示：
　　在图像窗口中显示网格后，就可以利用网格的功能，沿着网格线对齐或移动物体。如果希望在移动物体时能够自动贴齐网格，或者在建立选区时自动贴齐网格线的位置进行定位选取，可执行"视图" | "对齐到" | "网格"命令，使"网格"命令左侧出现"√"标记即可。

1.4.4　实战——使用参考线

　　参考线以浮动的状态显示在图像上方，可以帮助用户精确定位图像或元素，并且在输出和打印图像时，参考线都不会显示。

素材文件路径：素材 \ 第 1 章 \1.4\1.4.4\ 花 .jpg

01 启动 Photoshop CC 2018 后，执行"文件" | "打开"命令，弹出"打开"对话框，选择本书配套素材中的"素材 \ 第 1 章 \1.4\1.4.4\ 花 .jpg"文件，单击"打开"按钮，如图 1-107 所示。

02 按 Ctrl+R 快捷键，显示标尺，将光标移至标尺上，单击并向下拖曳鼠标可以拖出水平参考线，如图 1-108 所示。

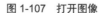
图 1-107　打开图像

图 1-108　设置水平参考线

03 按住 Alt 键，可在水平的标尺上拉出一条垂直的参考线，如图 1-109 所示。

04 按 V 键切换到移动工具 ✛，将光标放置在参考线上，当光标变为 ✛ 状时可以移动参考线，使其保持在水平和垂直线上，如图 1-110 所示。

图 1-109　设置垂直参考线　　图 1-110　移动参考线

05 执行"视图"|"新建参考线"命令，或按 Alt+V+E 快捷键，弹出"新建参考线"对话框，在"取向"栏中选择参考线方向，在"位置"文本框中输入参考线的坐标位置，如图 1-111 所示。

06 单击"确定"按钮，在画布中新建参考线，如图 1-112 所示。

图 1-111　新建参考　　　图 1-112　新建参考线
　　　　　线

07 建立多条参考线后，执行"视图"|"显示"|"参考线"命令，或按 Ctrl ＋ ; 快捷键，可隐藏参考线。或通过执行"视图"|"显示额外选项"命令显示或隐藏参考线，快捷键为 Ctrl ＋ H。

08 执行"视图"|"锁定参考线"命令，或按 Ctrl ＋ Alt ＋ ; 快捷键，将参考线锁定，锁定参考线后，不能对参考线进行任何编辑。

09 执行"视图"|"清除参考线"命令，可快速清除图像窗口中的所有参考线。

10 拖曳中间的参考线至标尺或图像窗口范围外，如图 1-113 所示，可快速清除该参考线。

图 1-113　移除参考线

> **技巧提示：**
> 在创建、移动参考线时，按住 Shift 键可以使参考线与标尺刻度对齐；按住 Ctrl 键可以将参考线放置在画布任意位置，并且可以让参考线不与标尺刻度对齐。

1.4.5　使用智能参考线

智能参考线可以帮助对齐形状、切片和选区。启用智能参考线后，当绘制形状、创建选区或切片时，智能参考线会自动出现在画布中。执行"视图"|"显示"|"智能参考线"命令，可以启用智能参考线，如图 1-114 所示为使用智能参考线和切片工具 ✎ 进行操作时的画布状态，其中橙色线条为智能参考线。

图 1-114　智能参考线

1.4.6　实战——为图像添加注释

注释工具可以在图像中添加文字注释、内容等，也可以用来协同制作图像、备忘录等。

素材文件路径：素材 \ 第 1 章 \1.4\1.4.6\ 风景 .jpg

01 启动 Photoshop CC 2018 后，执行"文件"|"打开"

命令，弹出"打开"对话框，选择本书配套素材中的"素材\第1章\1.4\1.4.6\风景.jpg"命令，单击"打开"按钮，如图1-115所示。

02 选择工具箱中的注释工具，在图像上单击，出现记事本图标，并且系统会自动弹出"注释"面板，如图1-116所示。

图1-115　打开图像　　　图1-116　添加注释

03 在弹出的"注释"面板中输入相关文字。在文档中再次单击，"注释"面板则会自动更新到新的页面，重新输入文字，如图1-117所示。

04 在"注释"面板中单击"选择下一个注释"按钮，可以切换到下一个页面，如图1-118所示。

图1-117　添加注释　　　图1-118　切换页面

05 在"注释"面板中，按Backspace键可以逐字删除注释中的文字，注释页面依然存在，如图1-119所示。

06 在"注释"面板中选择相应的注释并单击"删除注释"按钮，则可删除选择的注释，如图1-120所示。

图1-119　删除文字　　　图1-120　删除注释

1.4.7　使用对齐功能

执行"视图"|"对齐到"命令，弹出的子菜单中包括"参考线""网格""图层""切片""文档边界""全部""无"选项，如图1-121所示。启动对齐功能，可以精确放置选区、裁剪选框、切片、形状和路径。

图1-121　"对齐到"子菜单命令

- 参考线：使对象与参考线对齐。
- 网格：使对象与网格对齐，网格被隐藏时该选项不可用。
- 图层：使对象与图层中的内容对齐。
- 切片：使对象与切片的边缘对齐。
- 文档边界：使对象与文档的边缘对齐。
- 全部：选择所有"对齐到"选项。
- 无：取消选择所有"对齐到"选项。

1.4.8　显示或隐藏额外内容

参考线、网格、目标路径、选区边缘、切片、文本边界、文本基线和文本选区都是不会打印出来的额外内容，要显示它们，可执行"视图"|"显示额外内容"命令，然后在"视图"|"显示"子菜单中选择任意项目，如图1-122所示。再次选择某个命令，则可隐藏相应的项目。

图1-122　显示额外内容的命令

 技巧提示：
按快捷键Ctrl+H可以显示或隐藏额外的内容。

1.5　整理你的办公桌——设置工作区

Photoshop中提供了适合不同任务的预设工作区，

如果要使用 3D 功能，可以切换到 3D 工作区，这样就会显示与 3D 功能相关的各种面板。

1.5.1　设置基本功能工作区

基本功能工作区是 Photoshop 最基本的工作区，也是默认的工作区。它包含常用的面板，如图层、通道、路径、调整、样式等，如图 1-123 所示。

图 1-123　基本功能工作区

对工作区进行修改后，如果需要恢复到默认的基本功能工作区，执行"窗口"|"工作区"|"复位基本功能"命令即可。

1.5.2　设置预设工作区

Photoshop 为简化某些任务而专门为用户设计了几种预设的工作区。例如，如果要进行计算机手绘创作，可以使用"绘画"工作区，界面中就会显示与绘画有关的面板，如图 1-124 所示。

图 1-124　绘画工作区

执行"窗口"|"工作区"子菜单中的命令，如图 1-125 所示，可以切换 Photoshop 为用户提供的预设工作区。其中"3D""图形和 Web""动感""绘画""摄影"是针对相应任务的工作区；"基本功能（默认）"是基本的工作区，如果修改了工作区，执行该命令即可恢复 Photoshop 默认的工作区。

图 1-125　"工作区"子菜单命令

1.5.3　实战——创建自定工作区

在很多情况下都需要自定义一个工作区，以符合个人的操作习惯。如果操作界面中存在过多的面板，会大幅挤占操作的空间，从而影响工作效率。

素材文件路径：素材 \ 第 1 章 \1.5\1.5.3\ 照片 .jpg

01 启动 Photoshop CC 2018 后，执行"文件"|"打开"命令，弹出"打开"对话框，选择本书配套素材中的"素材 \ 第 1 章 \1.4\1.4.6\ 照片 .jpg"文件，单击"打开"按钮，如图 1-126 所示。

02 在"窗口"菜单中关闭不需要的面板，只保留所需的面板，如图 1-127 所示。

图 1-126　打开图像　　　　图 1-127　关闭面板

03 执行"窗口"|"工作区"|"新建工作区"命令，或按 Alt+W+K+N 快捷键，弹出"新建工作区"对话框，输入工作名称，并勾选"键盘快捷键""菜单"和"工具栏"复选框，如图 1-128 所示。

04 单击"存储"按钮，此时再次进入"窗口"|"工作区"子菜单，可以看到创建的工作区已经包含在子菜单中，选择该选项即可切换到该工作区，如图 1-129 所示。

图 1-128　新建工作区　　图 1-129　"工作区"子菜单

05 按 Alt+W+K+K 快捷键，弹出"键盘快捷键和菜单"对话框，如图 1-130 所示。

06 在"键盘快捷键"菜单中，选择"快捷键用于"为"工具"，将"移动工具"的快捷键 V 改为 N 键，如图 1-131 所示，还可以自定义工作区快捷键。单击"接受"及"确定"按钮，退出对话框，完成设置。

图 1-130 "键盘快捷键和菜单" 图 1-131 更改工具快捷键
对话框

技巧提示：
勾选"键盘快捷键"和"菜单"复选框后，可以重新设置键盘及菜单的快捷键，从而符合个人的操作习惯。在这里需要注意的是，如果工作区复位为其他工作区后，快捷键也会复位为系统提供的快捷键。

1.5.4 实战——自定义菜单命令颜色

为菜单命令设置一个不同的颜色，可以快速找到所需的命令。

01 执行"编辑"|"菜单"命令，或按 Shift+Alt+Ctrl+M 快捷键，在弹出的对话框中单击图层前面的 ▶ 按钮，选择"新建"命令，双击"无"，在其下拉列表中选择颜色，如图 1-132 所示。

02 再次打开"图层"菜单，可以看到新建命令显示为粉色，如图 1-133 所示。

图 1-132 更改菜单命令颜色 图 1-133 菜单命
令颜色

知识拓展：如何导出快捷内容？

单击"键盘快捷键和菜单"对话框中的"摘要"按钮，可以将快捷键内容导出到 Web 浏览器中。

1.5.5 实战——自定义命令快捷键

如果某些菜单命令经常使用，可以为其设置相应的快捷键，以便操作时可以快速调用。

01 执行"编辑"|"键盘快捷键"命令，或按 Ctrl+Shift+Alt+K 快捷键，弹出如图 1-134 所示的对话框。

02 在弹出的对话框中选择设置快捷键的工具，将单行选框工具的快捷键设置为 N 键，如图 1-135 所示。

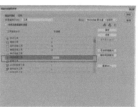

图 1-134 "键盘快捷键"对话 图 1-135 更改快捷键
框

03 单击"确定"按钮关闭对话框。以后按 N 键，即可快速切换到单行选框工具。

1.5.6 自定义预设工具

在 Photoshop 中，用户可以自定义预设工具，预设管理器允许管理 Photoshop 自带的预设画笔、色板、渐变、样式、图案、等高线和自定形状等。

执行"编辑"|"预设"|"预设管理器"命令，弹出"预设管理器"对话框，如图 1-136 所示。在预设管理器中，载入了某个库以后，就能在选项栏、面板或对话框等位置中访问该库的项目，同时可以使用预设管理器来更改当前的预设项目集或创建新库。

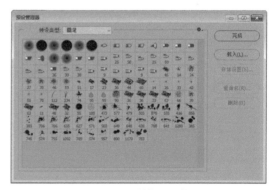

图 1-136 "画笔"预设管理器

1.6 Photoshop CC 2018 新增功能

Photoshop CC 2018 于 2017 年 10 月发布，新版本的推出对操作界面设计做了进一步改进，并增强了许多功能，带给用户全新的震撼体验，本节将详细的介绍 Photoshop CC 2018 版本所新增的功能。

1.6.1　直观的工具提示

在 Photoshop CC 2018 中，将光标悬停在左侧工具箱的工具上时，则出现动态演示，可以直观地学习该工具的使用方法，如图 1-137 所示。

图 1-137　工具提

1.6.2　学习面板提供教学

Photoshop CC 2018 添加了"学习"面板，可以从摄影、修饰、合并图像、图形设计 4 个方面来学习教程。根据需要选取合适的主题进行学习，跟随提供的操作步骤演练即可完成处理，如图 1-138 所示，大大方便了 Photoshop 爱好者的学习需求。

图 1-138　"学习"面板

1.6.3　同步访问 Lightroom

Photoshop CC 2017 在"开始界面"时已经可以从"创意云"中获取同步的图片了，而 Photoshop CC 2018 增加了 Lightroom 的同步照片，可以直接打开 Lightroom 云照片。此外，如果用 Photoshop CC 2018 打开 Lightroom 中的图片后，再次通过 Lightroom 修改图片，Photoshop CC 2018 中只需刷新即可显示修改后的效果，如图 1-139 所示。

图 1-139　同步访问 Lightroom

1.6.4　共享文件

选择"文件"→"共享"命令，或单击工具选项栏中的▥按钮，可以打开"共享"面板，如图 1-140 所示。新增的"共享"功能可以将图片分享到各类的社交 APP，也可以从应用商店下载更多的应用，此外，"共享"界面会根据系统的不同而发生变化。

图 1-140　共享面板

1.6.5　弯度钢笔工具

使用全新的弯度钢笔工具可以轻松创建曲线和直线段。在绘制的图形上，无须切换工具即可直接对路径进行切换、编辑、添加或删除平滑点或角点等操作，如图 1-141 所示。

图 1-141　使用弯曲钢笔工具编辑路径

1.6.6　更改路径颜色

新增的"路径选项"可以更改路径的颜色和粗细，从而方便区分不同的路径，如图 1-142 所示。

图 1-142　更改路径的颜色及粗细

1.6.7　全新的"画笔"面板

全新的"画笔"面板将画笔根据不同的类型进行分类，并将分类的画笔放置在不同的文件夹内，如图 1-143所示。可以对画笔进行新建、删除、载入新画笔或转换旧版工作预设等操作。

图 1-143　"画笔"面板

1.6.8　设置描边平滑度

全新的设置描边平滑度功能，可以对描边执行智能平滑。在使用该工具时，设置工具选项栏中的"平滑值（0~100）"即可对其平滑描边。当"平滑值"为 0 时，相当于 Photoshop 早期版本中的旧版平滑；当"平滑值"为 100 时，描边的智能平滑量达到最大值。

单击"设置其他平滑选项"按钮，在弹出的快捷菜单中可以选择不同的平滑模式。

◆ 拉绳模式：选择该模式时，仅在绳线拉紧时绘画。在平滑半径内移动光标不会留下任何标记，如图 1-144所示。

图 1-144　拉绳模式

◆ 描边补齐：勾选该复选框，在暂停描边时，允许绘画继续使用光标补齐描边；禁用此模式时可在光标停止

时停止绘画，如图 1-145 所示。

图 1-145　描边补齐模式

◆ 补齐描边末端：勾选该复选框，会从绘画位置到光标位置的描边补齐，如图 1-146 所示。

图 1-146　补齐描边末端模式

◆ 缩放调整：勾选该复选框，在绘制图形时，防止抖动描边。放大文档时减小平滑；缩小文档时增加平滑，如图 1-147 所示。

图 1-147　缩放调整模式

> 💡 **技巧提示：**
> ◆ 除了"画笔"工具新增了该选项外，铅笔、混合器画笔、橡皮擦都具有该功能。

1.6.9　画笔对称

新增的"绘画对称"功能，可以使用画笔、铅笔或橡皮擦工具绘制对称图像。单击工具选项栏中的"设置绘画的对称选项"按钮，选择对称类型，可以轻松绘制人脸、汽车、动物等对称图像，如图 1-148 和图 1-149所示。

图 1-148　对称选项　　　图 1-149　绘制的对称图像

1.6.10　可变字体

Photoshop CC 2018 支持可变字体，这是一种新的 OpenType 字体格式，可支持直线宽度、宽度、倾斜、视觉大小等自定属性。此外，Photoshop CC 2018 自带几种可变字体，可在"属性"面板中通过滑块调整其直线宽度、宽度和倾斜，在调整这些滑块时，Photoshop 会自动选择与当前设置最为接近的文字样式，如图 1-150 所示。

图 1-150　可变字体的"属性"面板

1.6.11　编辑球面全景

新增的"球面全景"功能具有超凡的表现力，它能将普通的图像瞬间变为全景图，可以 360°旋转的方式观察全景图，如图 1-151 和图 1-152 所示。

图 1-151　普通图像　　　图 1-152　360°全景图

1.6.12　全面搜索

Photoshop CC 2018 具有强大的搜索功能，可以在 Photoshop 中快速查找工具、面板、菜单、Adobe Stock 资源模板、教程，甚至是图库照片等。可以使用统一的对话框完成搜索，如图 1-153 所示。也可以分别进行"Photoshop""学习""Stock""Lr照片的搜索"，如图 1-154 所示。

图 1-153　搜索"全部"选项卡　图 1-154　搜索"学习"选项卡

运行 Photoshop CC 2018 后，可以通过以下 3 种操作方法进行搜索操作。

✦ 选择"编辑"→"搜索"命令，如图 1-155 所示。
✦ 按 Ctrl+F 快捷键。
✦ 单击"选项"栏最右侧的"搜索"按钮，如图 1-156 所示。

图 1-155　"搜索"命令　　　图 1-156　"搜索"按钮

1.7　综合实战——创意海报

本实例制作一幅创意海报，练习了参考线命令的运用，以及熟悉图像操作的基本流程，以快速适应软件工作的环境。

素材文件路径：素材 \ 第 1 章 \1.7 出格视觉 .psd

01 启动 Photoshop CC 2018 后，执行"文件"｜"打开"命令，弹出"打开"对话框，选择本书配套素材中的"素材 \ 第 1 章 \1.7 出格视觉 .psd"文件，单击"打开"按钮，如图 1-157 所示。

图 1-157　打开图像

02 执行"视图"｜"标尺"命令，或按 Ctrl+R 快捷键，打开标尺。将光标放置在左侧的垂直标尺上，按住鼠标向右拖曳，拖曳出垂直的参考线，如图 1-158 所示。

03 将光标放置在水平标尺上，按住鼠标向下拖曳，拖出水平的参考线，如图 1-159 所示。

图 1-158　添加参考线　　　图 1-159　添加参考线

04 同上述拖曳参考线的操作方法，拖曳出其他的参考线，如图 1-160 所示。

05 选择工具箱中的矩形选框工具，拖曳光标，在参考线拖曳出的网格中创建选区，如图 1-161 所示。

图 1-160　添加参考线　　　图 1-161　创建选区

06 选择"图层 8"图层，按 Ctrl+J 快捷键复制选区的内容至新的图层中，如图 1-162 所示。

07 同上述操作方法，依次利用矩形选框工具绘制矩形选框，再复制到新的图层中，如图 1-163 所示。

图 1-162　复制图像　　　　图 1-163　复制图像

08 选择矩形选框工具，在文档中将复制区域全部选中，如图 1-164 所示。

09 选择"图层 8"图层，按 Delete 键删除选区内的图像。选择移动工具，依次移动复制的图像，如图 1-165 所示。

图 1-164　创建选区　　　图 1-165　移动复制图像

10 执行"视图"|"显示"|"参考线"命令，隐藏参考线，效果如图 1-166 所示。

图 1-166　最终效果

2.1　简单实用的操作——打开、创建与保存图像文件

本章将介绍一些使用 Photoshop CC 进行图像处理时所涉及的基本操作。例如，文件的新建、打开、关闭与保存，调整图像和画布的大小，操作的恢复与还原等。

2.1.1　了解"新建文件"面板

启动 Photoshop CC 2018 后，系统会自动弹出如图 2-1 所示的工作界面，在该工作界面中单击"新建"按钮即可打开"新建文档"对话框；也可执行"文件"|"新建"命令，或按 Ctrl+N 快捷键打开"新建文档"对话框，如图 2-2 所示。

2.1.1 教学视频

图 2-1　全新的开始工作界面

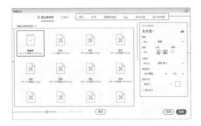

图 2-2　"新建文档"对话框

✦ 分类预设：分类预设包括多种文档预设，单击其中的文档预设即可创建符合尺寸的文档。

✦ 模板展示区：包含以往设置的各项参数的文档模板，双击即可创建文档。

✦ 参数具体设置：此板块与旧版的"新建文档"相同，可以随意设置文档的各项参数。如不习惯新版"新建文档"对话框，可以执行"首选项"|"常规"命令，选中"使用旧版新建文档界面"复选框，如图 2-3 所示。再次执行"新建文档"命令时，弹出的则是旧版对话框。

✦ 搜模板：在该栏输入模板名称即可在 Adobe Stock 上搜索该模板。

当图像编辑完毕后，关闭窗口，即回到全新的开始工作界面，工作界面上会显示以前打开或处理过的图像，如图 2-4 所示。若不想显示其开始工作界面，执行"首选项"|"常规"命令，取消勾选"没有打开的文档时显示开始工作区"复选框，如图 2-5 所示，再次启动 Photoshop 时该界面不再显示。

图 2-3　"首选项"对话框　　图 2-4　开始工作界面　　图 2-5　"首选项"对话框

2.1.2　实战——新建图像文档

在处理已有图像时，可以直接在 Photoshop 中打开相应文件。如果需要制作一个新的文档，执行"文件"|"新建"命令，或按 Ctrl+N 快捷键，

第 2 章

工欲善其事，必先利其器

——文件的操作方法

第 2 章素材文件

即可打开"新建"对话框。

01 启动 Photoshop CC 2018 后，执行"文件"|"新建"命令，打开"新建文档"对话框，如图 2-6 所示。

2.1.2 教学视频

02 在分类预设中单击"照片"按钮，切换至"照片"选项，此时"模板展示区"展示的模板变为了照片的尺寸，还包括在 Adobe Stock 中搜索的照片模板，如图 2-7 所示。

图 2-6　"新建"对话框　　图 2-7　"新建"对话框

03 若分类预设中没有想要的尺寸模板，可在右侧的参数设置区设置自定模板参数，如图 2-8 所示。

04 单击"未标题 -1"后面的 按钮，可将设置的参数保存为预设，如图 2-9 所示。

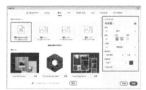 

图 2-8　"新建"对话框　　图 2-9　"新建"对话框

05 单击"已保存 -1"文档右上角的删除按钮 ，可以删除保存的空白文档预设，如图 2-10 所示。

06 单击文档参数栏中的 按钮或 按钮，可以将文档设置为竖文档或横文档，如图 2-11 所示。

图 2-10　"新建"对话框　　图 2-11　"新建"对话框

2.1.3　实战——新建画板

　　"画板"为 Photoshop CC 2015.5 的新增功能之一，在 Photoshop CC 2018 版本中，画板的创建也随之改变，本节详细讲解几种新建画板的操作方法。

素材文件路径：素材 \ 第 2 章 \2.1\2.1.3\ 图片 .jpg

01 启动 Photoshop CC 2018 后，执行"文件"|"新建"命令，或按 Ctrl+N 快捷键，

2.1.3 教学视频

打开"新建文档"对话框，如图 2-12 所示。

02 在右侧的参数栏设置参数，勾选"画板"复选框，如图 2-13 所示。

图 2-12　"新建"对话框　　图 2-13　设置"画布大小"

03 单击"创建"按钮，即可创建画板。在定界框的 4 个控制点上单击，此时选中的画板上下左右会出现"+"图标，如图 2-14 所示。

04 单击右侧的"+"图标，可以在画板的右侧新建一个画板，如图 2-15 所示。

图 2-14　画板　　图 2-15　新建画板

05 选择"画板 1"，将参考线从标尺拖曳到画布上，如图 2-16 所示。

06 按住 Alt 键单击"画板 1"左侧的"+"按钮，复制新的画板，此时参考线也会随着画板复制关联的参考线，如图 2-17 所示。

 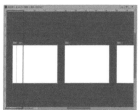

图 2-16　拖曳参考线　　图 2-17　复制画板

> **技巧提示：**
> 　　画板参考线颜色可以随意更改。执行"编辑"|"首选项"|"参考线、网格和切片"命令，在该对话框中可以设置参考线的颜色。

07 执行"文件"|"打开"命令，弹出"打开"对话框，选择本书配套素材中的"素材 \ 第 2 章 \2.1\2.1.3\ 图片"文件，单击"打开"按钮，打开文档，如图 2-18 所示。

08 双击图层缩略图，将图层变为普通图层。在图层缩

略图上右击，在弹出的快捷键菜单中选择"来自图层的画板"命令，可以将图层转换为画板，如图 2-19 所示。

图 2-18　打开图像　　图 2-19　"来自图层的画板"
　　　　　　　　　　　　　　　　　　　　命令

09 在弹出的"从图层新建画板"对话框中单击"确认"按钮，新建画板，如图 2-20 所示。

10 按 Ctrl+O 快捷键，打开素材，选择工具箱中的画板工具 ，在文档上拖曳出选框，选定在画板上显示的素材，如图 2-21 所示。

图 2-20　新建画板　　　　图 2-21　拖曳选框

💡 **技巧提示：**
画板工具选取的范围可以是整个或者部分素材范围，但不能大于素材的本身。

11 释放鼠标，系统按照选取的范围自动生成画板，如图 2-22 所示。

12 将光标放置在定界框四周的任意一角，拖曳定界框，可以重新设置画板的范围，如图 2-23 所示。

图 2-22　生成画板　　　图 2-23　重新设置画板范围

💡 **技巧提示：**
若打开的文件为 PSD 格式的，也可以转换为画板。

13 执行"窗口"|"属性"命令，打开"属性"面板，在"自

定"下拉面板中可以设置画板的大小；"画板背景颜色"下拉面板可以设置画板的颜色，如图 2-24 所示。

14 此时的画板效果，如图 2-25 所示。

15 执行"图层"|"重命名画板"命令，对"画板 1"重命名，也可在"图层"面板中双击"画板 1"图层，对"画板 1"重命名，如图 2-26 所示。

图 2-24　"属性"　图 2-25　设置画板　图 2-26　重命名画
　　　　面板　　　　　　参数　　　　　　　板

2.1.4　实战——打开图像文件

在 Photoshop 中编辑一个已有的图像前，先要将其打开，打开文件的方法有很多种，可以执行命令打开，也可以用快捷键打开。

素材文件路径：素材 \ 第 2 章 \2.1\2.1.4\ 樱花 1、樱花 2.jpg

2.1.4 教学视频

01 执行"文件"|"打开"命令，或按 Ctrl+O 快捷键，弹出"打开"对话框，如图 2-27 所示；在该对话框中可以选择一个文件，或者按住 Ctrl 键单击以选择多个文件。单击"打开"按钮，或双击文件即可将其打开，如图 2-28 所示。

图 2-27　"打开"对话框　　图 2-28　打开图像

02 执行"文件"|"打开为"命令，弹出"打开为"对话框，在该对话框中可以选择文件，将其打开。与"打开"命令不同的是，使用"打开为"命令打开文件时，必须指定文件的格式，如图 2-29 所示。

03 执行"文件"|"在 Bridge 中浏览"命令，可以运行 Adobe Bridge。在 Adobe Bridge 中查找文件时可以观察

文件的预览效果。

04 在没有运行 Photoshop 时，将一个图像文件拖至 Photoshop 应用程序图标 **Ps** 上，如图 2-30 所示，可运行 Photoshop 并打开该文件。

图 2-29　"打开"对话框　　图 2-30　打开图像

05 如果运行了 Photoshop，可在 Windows 资源管理器中找到需要打开的文件，将文件拖曳至 Photoshop 窗口内，如图 2-31 所示，即可将其打开。

06 如果要打开最近使用过的文件，进入"文件"|"最近打开的文件"子菜单，如图 2-32 所示。在子菜单中显示最近在 Photoshop 中打开文件，单击某个文件即可将其打开。选择"清除最近的文件列表"命令，可以清除保存的列表。

图 2-31　打开图像　　图 2-32　"最近打开文件"
　　　　　　　　　　　　　　　　　子菜单

2.1.5　实战——置入嵌入的智能对象

　　"置入嵌入的智能对象"命令，可以将照片、图片，或者 EPS、PDF、Adobe Illustrator 等矢量格式的文件作为智能对象置入 Photoshop 中，在对其进行缩放、定位、斜切或旋转操作时，不会降低图像的品质。

素材文件路径：素材 \ 第 2 章 \2.1\2.1.5\ 人物、光晕 .jpg

01 启动 Photoshop CC 2018 后，执行"文件"|"打开"命令，选择本书配套素材中的"素材 \ 第 2 章 \2.1\2.1.5\ 人物 .jpg"命令。执行"文件"|"置入嵌入的智能对象"命令，打开"置入嵌入对象"对话框，选择本书配套素材中的"素材 \ 第 2 章 \2.1\2.1.5\ 光晕 .jpg"文件，如图 2-33 所示。

02 单击"置入"按钮，将图像置入到打开的图像中，如图 2-34 所示。

图 2-33　"置入嵌入对象"对话框　　图 2-34　置入图像

03 将光标放置在定界框的右下角，当光标变为 状时，按住 Shift+Alt 快捷键的同时拖曳光标，等比例放大图像，如图 2-35 所示。

04 按 Enter 键确认操作，设置该图层的混合模式为"柔光"，为图像增加神秘感，如图 2-36 所示。

05 打开"图层"面板，可以看到置入的文件被创建为智能对象，如图 2-37 所示。

图 2-35　等比例缩　图 2-36　设置混合　图 2-37　智能图层
　　　　　放图像　　　　　　　　模式

2.1.6　实战——置入链接的智能对象

　　置入链接的智能对象功能，就是链接的智能对象能同步更新到所有使用该文档的文档中。在多个文档中使用一个共同的智能对象，只要修改一次，在其他文档中进行更新，就能同步修改了。

素材文件路径：素材 \ 第 2 章 \2.1\2.1.6\ 猫咪 .psd

01 启动 Photoshop CC 2018 后，按 Ctrl+N 快捷键新建一个文档。执行"文件"|"置入链接的智能对象"命令，在弹出的对话框中选择要置入的文件，如图 2-38 所示。

02 单击"置入"按钮，置入图像，此时图层缩略图右下角会显示一个链接的图标，如图 2-39 所示。

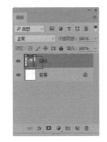

图 2-38　"置入链接对象"对话框　　　图 2-39　链接图标

03 在素材路径中找到该素材，右击，在弹出的快捷键菜单的"打开方式"中选择 Photoshop，在 Photoshop 中打开图像，如图 2-40 所示。

04 在打开的素材中添加文字和图层，如图 2-41 所示。

图 2-40　打开图像　　　图 2-41　编辑图像

05 按 Ctrl+S 快捷键保存图片。由于当前文档处于打开状态，在修改智能对象后，会自动同步更新到当前文档中，如图 2-42 所示。

 技巧提示：
　　按住 Alt 键的同时拖曳图像到 Photoshop 中，可快速创建置入链接的智能对象。

06 多建几个新文档，并置入相同的链接智能对象，如图 2-43 所示。

图 2-42　同步更新图像　　　图 2-43　置入链接智能对象

07 按 Ctrl+O 快捷键，打开"猫咪 .psd"文件，更改图层的位置，如图 2-44 所示。

08 按 Ctrl+W 快捷键关闭文档，此时看到打开的置入链接智能对象的文档的图层全都更改了位置，如图 2-45 所示。

图 2-44　更换图层位置　　　图 2-45　同步更新文档

 技巧提示：
　　链接智能对象可以用于多个文档中，同时使用相同的内容，方便以后随时更改，这样所有链接这个智能对象的文档只要更新一下就能使用相同的内容。

2.1.7　导入文件

　　在 Photoshop 中，可以在图像中导入视频图层、注释和 WIA 支持的内容。"文件"|"导入"子菜单中包含各种导入文件的命令，如图 2-46 所示。

2.1.7 教学视频

图 2-46　"导入"命令

　　某些数码相机使用"Windows 图像采集"（WIA）支持来导入图像。如果使用的是 WIA，则可通过 Photoshop 与 Windows，以及数码相机或扫描仪软件配合工作，将图像直接导入到 Photoshop 中。要使用 WIA 从数码相机导入图像，首先将数码相机连接到计算机，然后执行"文件"|"导入"|"WIA 支持"命令进行操作。

2.1.8　导出文件

　　"导出"命令将所有的功能整合在其中，并增加了不少新功能，以满足不同人群的使用。"文件"|"导出"子菜单中包含可以导出文件的命令，如图 2-47 所示。

2.1.8 教学视频

图 2-47　"导出"命令

快速导出为 PNG：可以将文件快速保存为 PNG 格式的文件。

✦ 导出为：可以将画板、图层、图层组或 Photoshop 文档导出为 PNG、JPEG、GIF 或 SVG 图像资源。

✦ 导出首选项：默认情况下快速导出会将资源生成为透明的 PNG 文件，并且每次都会提醒你选择导出位置。通过执行"文件"|"导出"|"导出首选项"命令，可以更改设置。

✦ 存储为 Web 所用格式：可以将文件导出为 Web 常用的格式。

✦ 画板至文件…：可以将画板导出为单独的文件。

✦ 将画板导出到 PDF…：可以将画板导出为 PDF 文档。

✦ 将图层导出到文件…：可以将图层导出为单独的文件。

✦ 将图层复合导出到 PDF…：可以将图层导出为 PDF 文档。

✦ 数据组作为文件：可以按批处理模式使用数据组值，将图像输出为 PSD 文件。

✦ Zommify…：以高分辨率的图像发布到 Web 上，利用 Viewpoint Media Player，用户可以平移或者缩放图像以查看其不同的部分。

✦ 路径到 Illustrator…：可以将路径导出为 AI 格式，在 Illustrator 中可以继续对路径进行编辑。

✦ 渲染视频…：可以将视频导出为 QuickTime 影片。

2.1.9　保存图像文件

新建文档或者对文件进行了处理后，需要及时将文件保存，以免因断电或者死机等原因造成劳动成果付之东流。

2.1.9 教学视频

1．使用"存储"命令保存文件

如果对一个打开的图像文件进行了编辑，可执行"文件"|"存储"命令，保存对当前图像做出的修改。如果在编辑图像时新建了图层或通道，则执行该命令时将打开"存储为"对话框，在该对话框中指定一个可以保存图层或者通道的格式，将文件保存。

2．使用"存储为"命令保存文件

执行"文件"|"存储为"命令，可以将当前图像文件保存为其他的名称和格式，或者将其存储在其他位置，如果不想保存对当前图像做出的修改，可以通过该命令创建源文件的副本，再将源文件关闭即可。

执行"存储为"命令，可以打开"存储为"对话框，

如图 2-48 所示。

3．后台保存和自动保存

Photoshop CC 可以按照用户设定的时间间隔备份正在编辑的图像，从而避免由于意外情况而丢失当前的编辑状态。执行"编辑"|"首选项"|"文件处理"命令，在"首选项"对话框中可以设置自动备份的间隔时间，如图 2-49 所示。如果文件非正常关闭，则重新启动 Photoshop 时会自动打开并恢复备份的文件。

图 2-48　"另存为"　　　图 2-49　设置保存间隔
　　　　　对话框

💡 **技巧提示：**
Photoshop 在保存较大的图像文件时往往需要几分钟甚至更长的时间，Photoshop CC 的后台保存功能，在保存文件的过程中，用户也可以继续进行工作，从而为用户节省了时间。

2.1.10　选择正确的文件保存格式

文件格式决定了图像数据的存储方式、压缩方法、支持什么样的 Photoshop 功能，以及文件是否与一些应用程序兼容。使用"存储"或"存储为"命令保存图像时，

2.1.10 教学视频

可以在打开的"存储为"对话框中选择保存格式，如图 2-50 所示。

图 2-50　文件格式

✦ PSD 格式：PSD 格式是 Photoshop 的默认存储格式，能够保存图层、蒙版、通道、路径、未栅格化的文字、图层样式等。在一般情况下，保存文件都采用这种格式，以便对文件随时更改。

技巧提示：

PSD 格式应用非常广泛，可以直接将这种格式的文件置入到 Illustrator、InDesign 和 Premiere 等 Adobe 软件中。

✦ PSB 格式：PSB 格式是 Photoshop 的大型文档格式，可支持最高达到 30 万像素的超大图像文件。它支持 Photoshop 所有的功能，可以保持图像中的通道、图层样式和滤镜效果不变，但只能在 Photoshop 中打开，如果创建一个 2GB 以上的 PSD 文件，可以使用该格式。

✦ BMP 格式：BMP 格式是微软开发的图像格式，这种格式被大多数软件所支持。BMP 格式采用了一种称为 RLE 无损压缩的方式，不会对图像质量产生影响。

技巧提示：

BMP 格式主要用于保存位图图像，支持 RGB、位图、灰度和索引颜色模式，但不支持 Alpha 通道。

✦ GIF 格式：GIF 格式是输出图像到网页最常用的格式。它采用 LZW 压缩，支持透明背景和动画，被广泛应用在网络中。

✦ Dicom 格式：Dicom 格式通常用于传输和存储医学图像，如超声波和扫描图像。Dicom 格式文件包含图像数据和标头，其中存储了有关医学图像的信息。

✦ EPS 格式：EPS 是为 PostScript 打印机上输出图像而开发的文件格式，是处理图像工作中最重要的格式，被广泛应用在 Mac 和 PC 环境下的图形设计和版面设计中，几乎所有的图形、图表和页面排版程序都支持这种格式。

技巧提示：

如果仅仅是保存图像，建议不要使用 EPS 格式。如果文件要打印到无 PostScript 的打印机上，为避免出现打印错误，最好也不要使用 EPS 格式，可以用 TIFF 格式或 JPEG 格式来代替。

✦ JPEG 格式：JPEG 是由联合图像专家组开发的文件格式。它采用有损压缩方式，具有较好的压缩效果，但是将压缩品质数值设置较大时，会损失掉图像的某些细节。JPEG 格式支持 RGB、CMYK 和灰度模式，不支持 Alpha 通道。

技巧提示：

若要求进行图像输出打印，最好不要使用 JPEG 格式，因为该格式是以损坏图像质量而提高压缩率的。

✦ PXC 格式：PXC 格式是 DOS 格式下的古老程序 PC PaintBrush 的专用格式，目前并不常用。

✦ PDF 格式：便携文档格式（PDF）是一种通用的文件格式，支持矢量数据和位图数据，具有电子文档搜索和导航功能，是 Adobe Illustrator 和 Adobe Acrobat 的主要格式。PDF 格式支持 RGB、CMYK、索引、灰度、位图和 Lab 模式，不支持 Alpha 通道。

✦ Raw 格式：Raw 格式是一种灵活的文件格式，主要用于在应用程序与计算机平台之间传输图像。Raw 格式支持具有 Alpha 通道的 CMYK、RGB 和灰度模式，以及无 Alpha 通道的多通道、Lab、索引和双色调模式。

✦ PXR 格式：PXR 格式是专门为高端图形应用程序设计的文件格式，它支持具有单个 Alpha 通道的 RGB 和灰度图像。

✦ PNG 格式：PNG 格式是专门为 Web 开发的，它是一种将图像压缩到 Web 上的文件格式。PNG 格式与 GIF 格式不同的是，PNG 格式支持 24 位图像并产生无锯齿状的透明背景。

技巧提示：

由于 PNG 格式可以实现无损压缩，并且背景部分是透明的，因此，常用来存储背景透明的素材。

✦ SCT 格式：SCT 格式支持灰度图像、RGB 图像和 CMYK 图像，但不支持 Alpha 通道，主要用于 Scitex 计算机上的高端图像处理。

✦ TGA 格式：TGA 格式专用于使用 Truevision 视频板的系统，它支持一个单独 Alpha 通道的 32 位 RGB 文件，以及无 Alpha 通道的索引、灰度模式，16 位和 24 位 RGB 文件。

✦ TIFF 格式：TIFF 格式是一种通用的文件格式，所有的绘画、图像编辑和排版程序都支持该格式，而且几乎所有的桌面扫描仪都可以产生 TIFF 图像。TIFF 格式支持具有 Alpha 通道的 CMYK、RGB、Lab、索引颜色和灰度图像，以及没有 Alpha 通道的位图模式图像。Photoshop 可以在 TIFF 文件中存储图层和通道，但是如果在另外一个应用程序中打开该文件，那么只有拼合图像才可见。

✦ PBM 格式：便携位图格式（PBM）支持单色位图（即 1 位 / 像素），可以用于无损数据传输。因为许多应用程序都支持这种格式，所以，可以在简单的文本编辑器中编辑或创建这类文件。

知识拓展：常用的文件格式有哪些？

PSD 是最重要的文件格式，它可以保留文档的图层、蒙版、通道等所有内容，在编辑图像之后，尽量保存为该格式，以便后期可以随时修改。此外，矢量软件 Illustrator 和排版软件 InDesign 也支持 PSD 文件，这意味着一个透明背景的文档置入到这两个程序之后，背景仍然是透明的；JPEG 格式是众多数码相机默认的格式，如果要将照片或者图像文件打印输入，或者通过 E-mail 传送，应采用该格式保存；如果图像用于 Web，可以选择 JPEG 或 GIF 格式；如果要为那些没有 Photoshop 的用户选择一种可以阅读的文件格式，不妨使用 PDF 格式保存文件。借助于免费的 Adobe Reader 软件即可显示图像，还可以向文件中添加注释。

2.1.11 关闭图像文件

对图像的编辑操作完成后，可采用以下方法关闭文件。

1. 关闭文件

执行"文件"|"关闭"命令，可以关闭当前的图像文件。如果对图像进行了修改，会弹出提示对话框，如图 2-51 所示。如果当前图像是一个新建的文件，单击"是"按钮，可以在打开的"存储为"对话框中将文件保存；单击"否"按钮，可关闭文件，但不保存对文件做出的修改；单击"取消"按钮，则关闭对话框，并取消关闭操作。如果当前文件是打开的已有的文件，单击"是"按钮可保存对文件做出的修改。

图 2-51　"关闭"对话框

2. 关闭全部文件

执行"文件"|"关闭全部"命令，可以关闭在 Photoshop 中打开的所有文件。

3. 关闭文件并转到 Bridge

执行"文件"|"关闭并转到 Bridge"命令，可以关闭当前文件，然后打开 Bridge。

4. 退出程序

执行"文件"|"退出"命令，可关闭 Photoshop。如果没有保存文件，将弹出提示对话框，询问用户是否保存文件。

2.1.12 实战——复制图像文档

在 Photoshop 中处理图像时，如果要基于图像的当前状态创建一个文档副本，可以执行"图像"|"复制"命令。

素材文件路径：素材 \ 第 2 章 \2.1\2.1.12\ 创意广告 .jpg

2.1.12 教学视频

01 启动 Photoshop CC 2018 后，执行"文件"|"打开"命令，选择本书配套素材中的"素材 \ 第 2 章 \2.1\2.1.12\ 创意广告 .jpg"文件，如图 2-52 所示。

02 执行"图像"|"复制"命令，或按快捷键 Alt+I+D，如图 2-53 所示。

　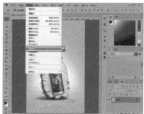

图 2-52　打开图像　　　图 2-53　"复制"命令

03 弹出"复制图像"对话框，在"为（A）"文本框中可以输入新的文件名称，如图 2-54 所示。

04 单击"确定"按钮，便可快速复制出一个副本文件，如图 2-55 所示。

图 2-54　重命名　　　图 2-55　复制文件

05 此外，在文档窗口顶部右击，在弹出的快捷菜单中选择"复制"命令，可以快速复制图像，如图 2-56 所示，也可弹出"复制图像"对话框。

图 2-56　快捷菜单

2.2 使图像的大小符合要求——调整图像和画布大小

在 Photoshop 中，图像和画布是两个不同的概念。画布指的是绘制和编辑图像的工作区域，就像手工绘画的图纸，而图像则是画布上绘制的内容。

选择"图像"菜单下的"图像大小"和"画布大小"命令，可以分别对图像和画布大小进行调整。如果需要大批量调整，则可以使用 Photoshop 的自动批处理功能。

2.2.1 像素和分辨率

1．像素

像素（Pixel）是组成位图图像的最小单位。一个图像文件的像素越多，包含的图像信息就越多，就越能表现更多的细节，图像质量自然也就越高。但同时保存它们所需的磁盘空间也会越大，编辑和处理的速度也会越慢。

2.2.1 教学视频

2．分辨率

"分辨率"是数字图像一个非常重要的属性，它指的是单位长度中像素的数目，通常用像素 / 英寸（dpi）来表示。根据用途不同，常见的分辨率有图像分辨率、屏幕分辨率、打印分辨率和印刷分辨率几种。分辨率越高，图像越清晰，如图 2-57 和图 2-58 所示。

图 2-57　分辨率为 72 像素 /　　图 2-58　分辨率为 10 像素 /
　　　　　英寸　　　　　　　　　　　　　　英寸

2.2.2 调整图像大小和分辨率

使用"图像大小"对话框可以调整图像的打印尺寸和分辨率，这里将详细介绍各参数的含义和设置方法。选择"图像"|"图像大小"命令，即可打开如图 2-59 所示的"图像大小"对话框。

2.2.2 教学视频

✦ "图像大小"：用于控制显示文件的大小。

✦ "尺寸"：显示图像的宽度和高度比。

图 2-59　"图像大小"对话框

✦ "调整为"下拉列表：在该下拉列表中提供了一系列常用的标准大小。

✦ "文档大小"：用于显示和设置图像的打印尺寸。

像素大小、文档大小和分辨率三者之间的关系为：

像素大小（像素数量）= 文档大小 × 分辨率

在使用该对话框调整图像的尺寸和分辨率时，需要考虑以下两个问题。

调整图像时，是否希望图像的像素数量发生变化。

在改变宽度或高度时，是否图像按比例缩放。

✦ "分辨率"：用于显示和设置图像的分辨率。

✦ "重新采样"选项组：勾选"重新采样"复选框，可以设置图像的文档类型。

✦ "减少杂色"滑块：设置好图像的文档类型后，拖曳"减少杂色"滑块，可以减少杂色的数量。

✦ 显示窗口：单击图像下方的放大或缩小按钮，可以放大或缩小图像。

2.2.3 实战——调整照片文件大小

在将自己的照片用作计算机桌面或上传到网络时，会经常发现照片的尺寸不符合要求。这就需要对图像的大小和分辨率进行适当调整。勾选"保留细节"复选框，可在放大图像时提供更好的锐度。

素材文件路径：素材 \ 第 2 章 \2.2\2.2.3\ 人物 .jpg

2.2.3 教学视频

01 启动 Photoshop CC 2018 后，执行"文件"|"打开"命令，选择本书配套素材中的"素材 \ 第 2 章 \2.2\2.2.3\ 人物 .jpg"文件。

02 打开照片后，在 Photoshop 标题栏上显示该照片名称，如图 2-60 所示，此时照片的显示比例为 100%。

03 执行"图像"|"图像大小"命令，或按 Ctrl+Alt+I 快捷键，打开"图像大小"对话框，如图 2-61 所示。该对话框中显示文件的图像信息，预览窗口显示照片的质量。

 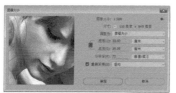

图 2-60　打开图像　　　图 2-61　"图像大小"对话框

04 重设宽度和高度值，在重新采样下拉列表中选择"保留细节（扩大）"选项，拖曳"减少杂色"滑块上的百分比，如图 2-62 所示。

05 此时查看到预览图放大后，图像仍旧保留细节，单击"确定"按钮，如图 2-63 所示。

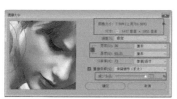 

图 2-62　设置参数　　　图 2-63　最终效果图

知识拓展：增加分辨率能让小图变清晰吗？

分辨率高的图像包含更多的细节。不过，如果一个图像的分辨率较低，细节也模糊，即使提高它的分辨率也不会使之变清晰。这是因为 Photoshop 只能在原始数据的基础上进行调整，无法生成新的原始数据。

2.2.4　画布大小

画布是指整个文档的工作区域，如图 2-64 所示。执行"图像"|"画布大小"命令，可以在打开的"画布大小"对话框中修改画布尺寸，如图 2-65 所示。

2.2.4 教学视频

图 2-64　画布范围　　　图 2-65　"画布大小"
　　　　　　　　　　　　　　　　　　对话框

✦ 当前大小：显示图像宽度和高度的实际尺寸和文档的

实际大小。

✦ 新建大小：可以在"宽度"和"高度"文本框中输入画布尺寸。当输入的数值大于原来尺寸时会增加画布，反之则减小画布。减少画布会裁剪图像，输入尺寸后，该选项右侧会显示修改画布后的文档大小。

✦ 相对：勾选该复选框，"宽度"和"高度"选项中的数值将代表实际增加或者减少的区域大小，而不再代表整个文档的大小，此时输入正值表示增加画布，输入负值则减少画布。

✦ 定位：单击不同的方格，可以指示当前图像在新画布上的位置，如图 2-66~ 图 2-68 所示分别为设置不同的定位方向再增加画布后的图像效果。

图 2-66　扩展画布　图 2-67　扩展画布　图 2-68　扩展画布

✦ 画布扩展颜色：在该下拉列表中可以选择填充新画布的颜色；如果图像的背景是透明的，则"画布扩展颜色"不可用，添加的画布也是透明的。

2.2.5　实战——调整画布大小

画布指的是绘制和编辑图像的工作区域。如果希望在不改变图像大小的情况下，调整画布的尺寸，可以在"画布大小"对话框中进行设置。接下来通过为照片添加黑色边框，讲解"画布大小"命令的使用。

素材文件路径：素材 \ 第 2 章 \2.2\2.2.5\ 巧克力广告 .jpg

2.2.5 教学视频

01 启动 Photoshop CC 2018 后，执行"文件"|"打开"命令，选择本书配套素材中的"素材\第 2 章 \2.2\2.2.5\巧克力广告 .jpg"，如图 2-69 所示。

02 执行"图像"|"画布大小"命令，或按 Ctrl+Alt+C 快捷键，打开"画布大小"对话框，如图 2-70 所示。

图 2-69　打开图像　　　图 2-70　"画布大小"对话框

03 在"画布大小"对话框中，分别将画布的"宽度"与"高度"多增加一厘米，并更改扩展的画布背景颜色，如图2-71 所示。

04 单击"确定"按钮，可以查看扩展画布后的图像效果，如图 2-72 所示。

图 2-71　调整参数　　　　图 2-72　扩展画布

2.2.6　实战——设置个性桌面

许多人喜欢将照片或自己喜爱的图片设置为电脑桌面，但常常会遇到一些问题，如照片要么太大，桌面显示不了；要么有太小，不能铺满桌面；或者虽然能铺满桌面，但图像出现了变形。下面来学习一种方法，彻底解决这些难题。

素材文件路径：素材 \ 第 2 章 \2.2\2.2.6\ 风景 .jpg

2.2.6 教学视频

01 在桌面上右击，在弹出的快捷菜单中，选择"个性化"命令，如图 2-73 所示。

02 在打开的对话框中选择左侧的"显示"选项，如图 2-74 所示，打开对话框。

图 2-73　"个性化"命令　　图 2-74　"显示"选项

03 在"显示"对话框中选择"调整分辨率"选项，查看电脑的屏幕像素尺寸，如图 2-75 和图 2-76 所示。

图 2-75　"调整分辨率"选项　图 2-76　电脑屏幕像素尺寸

04 启动 Photoshop CC 2018 后，按快捷键 Ctrl+N，打开"新建"对话框，在"宽度"和"高度"文本框内输入前面看的到分辨率尺寸，将文档分辨率设置为 72 像素 / 英寸，如图 2-76 所示。

05 单击"创建"按钮新建文档。将要设置的桌面照片打开，选择工具箱中的"移动"工具➕，将它拖入到新建的文档中，如图 2-78 所示。按 Ctrl+E 快捷键合并图层，按 Ctrl+S 快捷键将文件保存为 JPEG 格式。

图 2-77　"新建"　　　　　图 2-78　复制图像
对话框

06 在电脑中找到保存的照片，右击，在弹出的快捷菜单中选择"设置为桌面背景"命令，如图 2-79 所示。

07 由于是按照电脑屏幕的实际尺寸创建的桌面文档，因此，图像与屏幕完全契合，不会出现拉伸和扭曲，如图 2-80 所示。

图 2-79　"设置　　　　　图 2-80　最终效果图
为桌面背景"命令

2.2.7　旋转画布

"图像"|"图像旋转"下拉菜单中包含用于旋转画布的命令，如图 2-81 所示。执行这些命令可以旋转或者翻转整个图像。

2.2.7 教学视频

图 2-81　"图像旋转"命令

✦ 180 度（1）：将图像进行垂直和水平翻转。

- ✦ 顺时针 90 度（9）：将图像以顺时针为轴向 90 度翻转。
- ✦ 逆时针 90 度（0）：将图像以逆时针为轴向 90 度翻转。
- ✦ 任意角度（A）：可以将图像设置任意角度进行翻转。
- ✦ 水平翻转画布（H）：将图像以水平方向为轴向 180 度翻转。
- ✦ 垂直翻转画布（V）：将图像以垂直方向为轴向 180 度翻转。

知识拓展：如何按照设定的角度旋转画布？

执行"图像"|"图像旋转"|"任意角度"命令，打开"旋转画布"对话框，输入画布的旋转角度即可按照设定的角度和方向精确旋转画布。

"旋转画布"对话框

2.3　随心所欲设置画面的大小——裁剪图像

在对数码照片或者扫描图像进行处理时，经常会裁剪图像，以保留需要的部分，删除不需要的部分。使用裁剪工具、"裁剪"命令和"裁切"命令都可以裁剪图像，下面学习具体的操作方法。

2.3.1　了解裁剪工具

裁剪工具可以对图像进行裁剪，重新定义画布的大小，选择此工具后，在画面中单击并拖出一个矩形定界框，按 Enter 键，就可以将定界框之外的图像裁掉，如图 2-82 所示为裁剪工具的选项栏。

2.3.1 教学观频

图 2-82　"裁剪"工具选项栏

- ✦ 比例：单击 ⌄ 按钮，可以在打开的下拉菜单选择预设的裁剪选项，如图 2-83 所示。
- ✦ 拉直：单击 按钮，拉出一条直线，对倾斜的地平线或建筑物等和画面中其他的元素对齐，可将倾斜的画面校正过来。
- ✦ 叠加选项：单击 按钮，在打开的下拉菜单中提供了一系列参考线选项，可以帮助我们进行合理的构图。

如图 2-84 所示为三角形、金色螺线参考线的显示效果。

图 2-83　比例参数

图 2-84　不同的叠加选项

技巧提示：

"三等分"基于摄影中的三分法则，是摄影师构图时使用的一种技巧。简单来说，就是把画面按水平方向在 1/3、2/3 位置画两条水平线，按垂直方向在 1/3、2/3 位置画两条垂直直线，然后把景物尽量放在交点上。

- ✦ 裁切选项：单击 按钮，可以打开一个下拉面板，如图 2-85 所示。Photoshop 提供了几种不同的编辑模式，选择不同的模式可以得到不同的裁剪效果。
- ✦ 内容识别：此复选框为 Photoshop CC 2015.5 版本的新增内容，勾选该复选框，对图片进行裁剪时，多余的空白地方会自动进行感知识别，如图 2-86 所示。

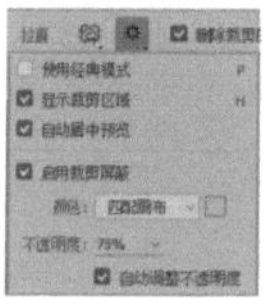

图 2-85　裁剪选项

图 2-86　裁剪图像

2.3.2　实战——运用裁剪工具裁剪多余图像

使用"画布大小"对话框虽然能够精确地调整画布大小，但不够方便和直观。为此 Photoshop 提供了交互式的裁剪工具，用户可以自由地控制裁剪的位置和大小，同时还可以对图像进行旋转或变形。

素材文件路径：素材 \ 第 2 章 \2.3\2.3.2\ 柠檬伞 .jpg

2.3.2 教学视频

01 执行"文件"|"打开"命令，选择本书配套素材中的"素材 \ 第 2 章 \2.3\2.3.2\ 柠檬伞 .jpg"，单击"打开"按钮，如图 2-87 所示。

02 选择工具箱中的"裁剪"工具，在画面中单击并拖曳鼠标，创建矩形裁剪框，如图 2-88 所示。在图像上单击，也可以显示裁剪框。

图 2-87　打开图像　　　　图 2-88　创建裁剪框

03 将光标放在裁剪框的边界上，单击并拖曳鼠标可以调整裁剪框的大小，如图 2-89 所示；拖曳裁剪框上的控制点也可以缩放裁剪框，按住 Shift 键拖曳，可进行等比缩放，如图 2-90 所示。

图 2-89　调整裁剪框大小　　　图 2-90　等比例缩放裁剪框

💡 **技巧提示：**

在裁剪图像时，若未选中裁剪工具选项栏中的"删除裁剪的像素"复选框，在裁剪完成后，使用裁剪工具再次单击图像，可以看见裁剪前的图像，从而方便用户重新进行裁剪。

04 将光标放在裁剪框外，单击并拖曳鼠标，可以旋转裁剪框，如图 2-91 所示。

05 将光标放在裁剪框内，单击并拖曳鼠标可以移动裁剪框，如图 2-92 所示。

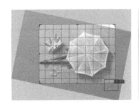

图 2-91　旋转裁剪框　　　　图 2-92　移动裁剪框

06 单击工具选项栏中的 ✓ 按钮或按 Enter 键，或在范围框内双击即可完成裁剪操作，裁剪范围框外的图像被去除，此时如果希望在选定裁剪区域后取消裁剪，可按 Esc 键，如图 2-93 所示。

💡 **技巧提示：**

在拖曳鼠标的过程中，按 Shift 键可得到正方形的裁剪范围框；按 Alt 键可得到以单击位置为中心的裁剪范围框；按 Shift ＋ Alt 键，则可得到以单击位置为中心点的正方形裁剪范围框。

图 2-93　裁剪后效果图

2.3.3　实战——运用裁剪工具裁剪倾斜图像

移动光标至范围框外，当光标显示为 ↻ 形状时进行拖曳，可旋转图像，使用该功能可以调整倾斜的图像。

素材文件路径：素材 \ 第 2 章 \2.3\2.3.3\ 倾斜照片 .jpg

2.3.3 教学视频

01 启动 Photoshop CC 2018 后，执行"文件"｜"打开"命令，选择本书配套素材中的"素材 \ 第 2 章 \2.3\2.3.3\ 倾斜照片 .jpg"，单击"打开"按钮，如图 2-94 所示。

02 选择"裁剪"工具 🔲，移动光标至图像窗口，拖出裁剪矩形框，将光标移至矩形框外上的一角，当光标显示为 ↻ 形状时拖曳旋转图像，如图 2-95 所示。

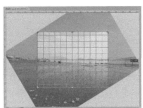

图 2-94　打开图像　　　　图 2-95　旋转图像

03 释放鼠标，裁剪工具会以裁剪的范围显示图像，如图 2-96 所示。

04 右击，在弹出的快捷菜单中选择"裁剪"命令，裁剪结果如图 2-97 所示，倾斜的照片得到校正。

图 2-96　显示裁剪框范围　　　图 2-97　最终效果图

技巧提示：

在调整裁剪框大小和位置时，如果裁剪框比较接近图像边界，裁剪框会自动贴到图像边缘，而无法精确裁剪图像。这时只要按 Ctrl 键，裁剪框便可自由调整了。

2.3.4 实战——利用裁剪工具增加画布区域

裁剪工具不仅可以用于裁剪图像，也可以用于增加画布区域。

素材文件路径：素材 \ 第 2 章 \2.3\2.3.4\ 花 .jpg

2.3.4 教学视频

01 启动 Photoshop CC 2018 后，执行"文件"|"打开"命令，选择本书配套素材中的"素材\第 2 章\2.3\2.3.4\ 花 .jpg"，单击"打开"按钮，如图 2-98 所示。

02 按 Ctrl+"—"快捷键，缩小图像窗口，以显示出灰色的窗口区域，选择裁剪工具 ，在图像上拖曳裁剪范围框，使其超出当前图像区域，如图 2-99 所示。

图 2-98　打开图像

图 2-99　拖曳裁剪框

03 按 Enter 键即可增加透明画布区域，在透明区域内添加素材，如图 2-100 所示。

图 2-100　增加画布

技巧提示：

在扩展画布时，勾选工具选项上的"删除裁剪的像素"复选框，裁剪出的画布是白色的；不勾选时则为透明的。

2.3.5 实战——运用裁剪工具拉直图像

单击裁剪工具 选项栏上的的拉直按钮 ，可以轻松纠正倾斜的图像。

素材文件路径：素材 \ 第 2 章 \2.3\2.3.5\ 人物 .jpg

2.3.5 教学视频

01 启动 Photoshop CC 2018 后，执行"文件"|"打开"命令，选择本书配套素材中的"素材\第 2 章\2.3\2.3.5\ 人物 .jpg"，单击"打开"按钮，如图 2-101 所示。

02 选择"裁剪"工具 ，在画布中显示裁剪框，单击裁剪工具选项栏中的"拉直"按钮 ，沿着左侧手臂，从画布左上角往右下角方向拖出一条斜线，如图 2-102 所示。

图 2-101　打开图像

图 2-102　拉直图像

03 释放鼠标，定义裁剪框，如图 2-103 所示。

04 按 Enter 键应用裁剪，拉直图像，如图 2-104 所示。

图 2-103　定义裁剪框

图 2-104　最终效果图

技巧提示：

在使用"拉直"工具拉直图像时，可以根据倾斜照片的倾斜方向拖曳直线，将图像拉直。

2.3.6 实战——内容感知裁剪

在使用"裁剪"工具，勾选工具选项上的该复选框，图像会以自动内容感知填充的算法填充空白画布部分。

素材文件路径：素材 \ 第 2 章 \2.3\2.3.6\ 人物 .jpg

2.3.6 教学视频

01 启动 Photoshop CC 2018 后，执行"文件"|"打开"命令，选择本书配套素材中

的"素材 \ 第 2 章 \2.3\2.3.6\ 人物 .jpg"，单击"打开"按钮，如图 2-105 所示。

02 选择工具箱中的"裁剪"工具 ，在画布中进行拖曳，绘制裁剪框并旋转裁剪框，如图 2-106 所示。

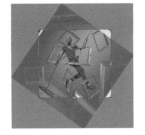

图 2-105　打开图像　　图 2-106　绘制裁剪框

03 勾选工具选项栏上的"内容识别"复选框，按 Enter 键，图像会以自动内容感知填充的算法填充图像的空白区域，如图 2-107 所示。

04 按 Ctrl+Alt+Z 快捷键，返回上一步操作，对图像执行旋转操作，取消勾选工具选项栏上的"内容识别"复选框，按 Enter 键，此时图像效果如图 2-108 所示。

图 2-107　"内容感知"填充图像　　图 2-108　裁剪图像

2.3.7　了解透视裁剪工具选项

在拍摄高大的建筑时，由于视角较低，竖直的线条会向消失点集中，产生透视畸变。透视裁剪工具 能够很好地解决这个问题，值得注意的是，此工具只适用于没有文字 / 形状的图层。如图 2-109 所示为"透视裁剪"工具选项栏。

2.3.7 教学视频

图 2-109　"透视裁剪"工具选项栏

W/H：输入图像的宽度（W）和高度（H）值，可以按照设定的尺寸裁剪图像，按下 按钮可以对调这两个数值。

+ 分辨率：可以输入图像的分辨率，裁剪图像后，Photoshop 会自动将图像的分辨率调整为设定的大小。

+ 前面的图像：单击此按钮，可在"W""H"和"分辨率"

文本框中显示当前文档的尺寸和分辨率，如果同时打开了两个文档，则会显示另一个文档的尺寸和分辨率。

+ 清除：单击此按钮，可以清除"W""H"和"分辨率"文本框中的数值。

+ 显示网格：勾选此复选框，可以显示网格线，取消勾选，则隐藏网格线。

2.3.8　实战——运用透视裁剪工具校正倾斜的建筑物

在拍摄高大的建筑物时，由于视角较低，竖直的线条会向消失点集中，从而产生透视畸形。Photoshop CC 2018 中的透视裁剪工具能够很好地解决这个问题。

素材文件路径：素材 \ 第 2 章 \2.3\2.3.8\ 建筑物 .jpg

01 启动 Photoshop CC 2018 后，按快捷键 Ctrl+O 打开素材文件，观察图像，发现建筑向中间倾斜，这是透视畸变的明显特征，如图 2-110 所示。

2.3.8 教学视频

02 选择工具箱中的"透视裁剪"工具 ，在画面中单击并拖曳鼠标，创建矩形裁剪框，如图 2-111 所示。

图 2-110　打开图像　　图 2-111　裁剪矩形裁剪框

03 将光标放在裁剪框左上角的控制点上，按住 Shift 键（可以锁定水平方向）单击并向右侧拖曳；右上角的控制点向左拖曳，让顶部的两个边角与建筑的边缘保持平行，如图 2-112 所示。

04 单击工具选项栏上的按钮或按 Enter 键裁剪图像，即可校正透视畸变，如图 2-113 所示。

图 2-112　拖曳控制点　　图 2-113　校正透视畸形

2.3.9　实战——运用裁剪命令裁剪指定的图像

"裁剪"命令根据选区上、下、左、右的外侧界限来裁剪图像，裁剪后的图像保持为矩形，如果当前选区进行了羽化，系统将根据羽化的数值大小进行裁剪。

素材文件路径：素材 \ 第 2 章 \2.3\2.3.9\ 海星 .jpg

2.3.9 教学视频

01 启动 Photoshop CC 2018 后，执行"文件" | "打开"命令，选择本书配套素材中的"素材 \ 第 2 章 \2.3\2.3.9\ 海星 .jpg"，单击"打开"按钮，如图 2-114 所示。

02 选择工具箱中的"矩形选框"工具，单击并拖曳鼠标创建一个矩形选区，选中要保留的图像，如图 2-115 所示。

图 2-114　打开图像　　　图 2-115　创建矩形选区

03 执行"图像"|"裁剪"命令，可以将选区以外的图像裁剪掉，只保留选区内的图像，按 Ctrl+D 快捷键取消选区，图像效果如图 2-116 所示。

图 2-116　裁剪图像

技巧提示：
如果在图像上编辑的是非矩形的选区，如圆形、多边形选区或不规则选区，裁剪后的图像仍然为矩形。

2.3.10　了解"裁切"命令对话框

使用"裁切"命令可以删除图像边缘的透明区域，或是指定的像素颜色。如图 2-117 所示为"裁切"命令的对话框。

2.3.10 教学视频

透明像素：可以删除图像边缘的透明区域，留下包含非透明像素的最小图像。

✦ 左上角像素颜色：从图像中删除左上角像素颜色的

区域。

✦ 右下角像素颜色：从图像中删除右下角像素颜色的区域。

✦ 裁切：用来设置要修整的图像区域。

图 2-117　"裁切"命令对话框

2.3.11　实战——运用"裁切"命令裁切黑边

"裁切"命令用于去除图像四周的空白区域。

素材文件路径：素材 \ 第 2 章 \2.3\2.3.11\ 拳王 .jpg

01 启动 Photoshop CC 2018 后，执行"文件" | "打开"命令，选择本书配套素材中的"素材 \ 第 2 章 \2.3\2.3.11 拳王 .jpg"，

2.3.11 教学视频

单击"打开"按钮，如图 2-118 所示。

02 执行"图像"|"裁切"命令，打开"裁切"对话框，选择"左上角像素颜色"单选按钮，并勾选"裁切"选项组中的全部复选框，如图 2-119 所示。

图 2-118　打开图像　　　图 2-119　"裁切"命令
　　　　　　　　　　　　　　　　　对话框

03 单击"确定"按钮，即可将图像两侧的黑色边框裁掉，如图 2-120 所示。

图 2-120　最终图像效果

2.4　Photoshop 中的时空穿梭机——恢复与还原

与其他 Windows 软件一样，如果在操作过程了执行了误操作，可以使用恢复和还原功能快速返回到以前的编辑状态。但与大家熟知的 Word、Excel 等软件不同，Photoshop 恢复和还原的操作方式有其自身的特点。

2.4.1　使用命令和快捷键

使用命令和快捷键可以快速恢复和还原图像。

1．恢复一个操作

选择"编辑"|"还原"命令（快捷键为 Ctrl + Z），可以还原上一次对图像所做的操作。还原之后，可以执行"编辑"|"重做"命令，重做已还原的操作，快捷键同样是 Ctrl + Z。"还原"和"重做"命令只能还原和重做最近的一次操作，因此，如果连续按 Ctrl + Z 快捷键，会在两种状态之间循环，这样可以比较图像编辑前后的效果。

2．恢复多个操作

使用"前进一步"和"后退一步"命令可以还原和重做多步操作。在实际工作时，常直接使用"Ctrl + Shift + Z"（前进一步）和"Ctrl + Alt + Z"（后退一步）快捷键进行操作。

2.4.2　恢复图像至打开状态

执行"文件"|"恢复"命令，可以恢复图像至打开时的状态，相当于重新打开该图像文件，快捷键为 F12。

使用该命令有一个前提，即在图像的编辑过程中，没有执行过"保存"等存盘操作，否则该命令会显示为灰色，表示不可用。

知识拓展：如何复位对话框中参数？

执行"图像"|"调整"菜单中的命令，以及"滤镜"菜单中的"滤镜"命令时，都会打开相应的对话框，修改参数以后，如果想要恢复为默认值，可以按 Alt 键，对话框中的"取消"按钮就会变为"复位"按钮，单击它即可。

调整参数　　　　　　　　　复位参数

2.4.3　使用历史记录面板

在编辑图像时，每进行一步操作，Photoshop 都会将其记录在"历史记录"面板中，通过该面板可以将图像恢复到操作过程中的某一步状态，也可以再次回到当前的操作状态，或者将处理结果创建为快照或新的文档。

执行"窗口"|"历史记录"命令，在 Photoshop 面板上显示"历史记录"面板，如图 2-121 所示。

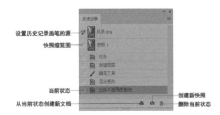

图 2-121　"历史记录"面板

+ 设置历史记录画笔的源：表示其后部的状态或快照将会成为可以使用历史记录的工具或命令的源。
+ 快照缩略图：显示快照效果的缩览图，单击可以调整到该快照。
+ 当前状态：将图像恢复到该命令的编辑状态。
+ "从当前状态创建新文档"按钮：将当前操作的图像文件复制一个新文档，新建文档的名称以当前的步骤名称来命名。
+ "创建新快照"按钮：单击此按钮，为当前步骤建立一个新快照。
+ "删除当前状态"按钮：单击此按钮，将当前所选中操作及其后续步骤删除。

 技巧提示：
在关闭图像后，本次操作的所有历史状态和快照都将从面板中清除。

1．无条件恢复图像至打开状态

当打开一个图像文件时，Photoshop 自动把图像文件的初始状态以"快照"的形式保存在快照区中。因而只要单击该快照，即可撤销所有的编辑操作。

前面说过，使用"文件"|"恢复"命令，只能恢复

图像未保存时的初始状态。如果在图像编辑过程中，有过保存文件的操作，该命令将不可用。而使用该"快照"恢复，即使图像在编辑过程中有过保存文件的操作，也可将其恢复到最初状态。

2. 恢复至某一历史状态

默认情况下，"历史记录"面板仅列出最近 20 个历史状态，更早的状态则被自动清除。

若想恢复图像至某一历史记录状态，只需在状态列表中单击该状态即可，该状态则成为当前状态，图像窗口也会显示此状态下的图像效果，相当于多次按 Ctrl + Shift + Z 快捷键。

"渐变工具"下方的操作已经被取消，已经没有对当前图像产生效果，所以，显示为灰色，表示不可用。

3. 建立快照暂存历史状态

默认情况下，历史记录面板只能记录最近 20 个历史记录，如果希望在图像编辑过程一直保留某个历史状态，可以为该状态创建"快照"。使用快照有如下优点：

- 在多个状态之间反复切换。通过创建历史状态的临时快照，可以在整个工作过程中保留该状态，即使从"历史记录"面板的状态列表中删除了原始状态也一样。
- 快照可指定一个唯一的名称，从而更易于识别该状态。
- 更加随心所欲地进行尝试。例如，为了达到相似的效果，可能需要比较两种不同的方法所得的结果。用户可以在尝试第一种方法的前后分别创建快照。这样就可以选择第一个快照，并使用第二种处理方法，然后比较两种结果的快照。
- 在创建或应用一个动作前创建快照。这样，如果稍后不喜欢该动作，可以更容易地恢复工作。由于一个动作的每个步骤都添加在"历史记录"面板上的状态列表内，含有很多步骤的操作可能会使当前状态超出面板，以至于不能返回到其中的任何状态。通过首先创建快照，可以选择并重新显示应用动作之前的图像。

4. 清除历史记录和快照

历史记录和快照都是临时性地保存在计算机的内存中，过多的历史记录和快照会消耗大量宝贵的内存，因此，应及时清除不需要的历史记录，释放内存，以提高计算机的性能。

拖曳某个历史记录或快照至面板底端 按钮，可删除该状态。从面板菜单中选择"清除历史记录"命令，可清除所有历史记录。

5. 从当前状态建立新文档

由于快照只是保存在内存中，如果希望永久保存某图像状态，可复制该历史状态的图像，从而永久保存在磁盘中。

在历史记录面板中选定某个历史记录后，单击面板底端的"从当前状态创建新文档"按钮 ，即可从当前状态新建一个文件，新文档的名称默认为当前记录的名称。

2.4.4 实战——用历史记录面板还原图像

"历史记录"面板是一个非常有用的工具，它可以记录最近 20 次的历史状态。使用历史记录面板，不仅能够清楚地了解图像的编辑步骤，还可以有选择地恢复图像至某一历史状态。

素材文件路径：素材 \ 第 2 章 \2.4\2.4.4\ 风景 .jpg

2.4.4 教学视频

01 启动 Photoshop CC 2018 后，执行"文件" | "打开"命令，选择本书配套素材中的"素材 \ 第 2 章 \2.4\2.4.4. 风景 .jpg"，单击"打开"按钮，如图 2-122 所示。此时"历史记录"面板状态如图 2-123 所示。

图 2-122　打开图像　　**图 2-123　"历史记录"面板**

02 执行"图层" | "新建" | "新建图层"命令，新建图层。设置前景色为浅绿色（# d1ff9a），选择工具箱中的"画笔"工具 ，在图像中随意涂抹，如图 2-124 所示。

03 设置其图层混合模式为"叠加"，"不透明度"为 30%，增加光源，如图 2-125 所示。

图 2-124　画笔涂抹　　**图 2-125　设置混合模式**

04 此时"历史记录"面板如图 2-126 所示，记录当前操作步骤。

05 单击"画笔工具" ✐ 即可将图像恢复到该步骤时的编辑状态，如图 2-127 所示。

图 2-126　"历史记录"　　图 2-127　返回编辑状态
　　　　　　面板

06 单击文件名时，图像的初始状态会自动登录到快照区，单击快照区，可以撤销所有操作，即使中途保存过的文件，也能将其恢复到最初的打开状态，如图 2-128 和图 2-129 所示。

图 2-128　最初打开状态　　图 2-129　图像效果

> 💡 **技巧提示：**
> 在 Photoshop 中对面板、颜色设置、动作和首选项做出的修改不是对某个特定图像的更改，因此，不会记录在"历史面板"中。

07 如果要恢复所有被撤销的操作，可单击最后一步操作，如图 2-130 和图 2-131 所示。

图 2-130　恢复操作　　图 2-131　图像效果

2.4.5　实战——有选择地恢复图像区域

使用前面介绍的方法恢复图像，整个图像都将恢复到某个历史状态，如果希望有选择性地恢复部分图像，可以使用历史记录画笔工具 ✐ 和历史记录画笔艺术工具 ✐，这两个工具必须配合"历史记录"面板使用。

01 启动 Photoshop CC 2018 后，执行"文件"|"打开"命令，选择本书配套素材中的"素材 \ 第 2 章 \2.4\2.4.5. 产品海报 .jpg"，单击"打开"按钮，如图 2-132 所示。

02 执行"滤镜"|"模糊"|"径向模糊"命令，弹出"径向模糊"对话框，设置参数如图 2-133 所示。

图 2-132　打开图像　　图 2-133　"径向模糊"对话框

03 单击"确定"按钮，径向模糊效果如图 2-134 所示。

04 选择"历史记录画笔"工具 ✐，在选项栏中设置画笔硬度为"0%"，"不透明度"为 50%。在历史记录面板中设置恢复的状态为"打开"状态，如图 2-135 所示。

05 移动光标至图像窗口，按"["和"]"键调整合适的画笔的大小，单击并拖曳鼠标，进行涂抹，使其恢复到原来的清晰效果，如图 2-136 所示。

图 2-134　"径向　　图 2-135　编辑图像　　图 2-136　最终
模糊"效果　　　　　　　　　　　　　　　　效果

2.5　随心所欲——图像的变换与变形操作

移动、缩放、旋转、斜切、扭曲、透视等都是图像的基本处理，其中，移动、缩放、旋转是图像的变换操作，斜切、扭曲、透视是图像的变形操作。

2.5.1　了解"移动工具"选项栏

移动工具 ✛ 是最常用的工具之一，无论是在文档中移动图层，选区中的图像，还是将其他文档的图像拖曳到当前文档，都需要使用移动工具，如图 2-137 所示为"移动工具" ✛ 的选项栏。

图 2-137　"移动"工具选项栏

✦ 自动选择：如果文档中包含了多个图层或图层组，可以在后面的下拉列表中选择要移动的对象。如果选择"图层"选项，使用移动工具在画布中单击时，可以自动选择移动工具下面包含像素的最顶层的图层；如果选择"组"选项，在画布中单击时，可以自动选择移动工具下面包含像素的最顶层的图层组。

✦ 显示变换控件：勾选此复选框后，当选择一个图层时，就会在图层内容的周围显示定界框；用户可以拖曳控制点来对图像进行变换操作。

✦ 对齐图层：当同时选择了两个或两个以上的图层时，单击相应的按钮可以将所选图层进行对齐，对齐方式包括顶对齐▉、垂直居中对齐▉、底对齐▉、左对齐▉、水平居中对齐▉和右对齐▉。

✦ 分布图层：当选择 3 个或 3 个以上的图层时，单击相应的按钮可以将所选的图层按一定规则进行均匀分布排列。分布方式包括按顶分布▉、垂直居中分布▉、底分布▉、左分布▉、水平居中分布▉和右分布▉。

2.5.2　实战——使用移动工具制作创意图像合成

移动对象是处理图像常用的操作之一，接下来针对移动图像的两个不同方式（在不同的文档间和在同一文档中移动对象）来制作创意图像合成效果。

素材文件路径：素材 \ 第 2 章 \2.5\2.5.2\ 钢琴、舞者 .jpg

01 启动 Photoshop CC 2018 后，执行"文件"|"打开"命令，选择本书配套素材中的"素材\第 2 章 \2.5\2.5.2\钢琴、舞者 .jpg"，单击"打开"按钮，如图 2-138 所示。

02 选择"移动"工具▉，选择舞者文件，将其内容移至钢琴文件，如图 2-139 所示。

图 2-138　打开图像

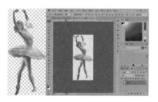

图 2-139　移动图像

03 舞者添加进来后，接下来调整图层的位置，如图 2-140 所示。

04 按 V 键确定当前选择工具为移动工具▉，选中舞者所在图层，将其移至合适的位置，如图 2-141 所示。

图 2-140　调整图像位置

图 2-141　最终效果

 技巧提示：
使用移动工具时，按住 Alt 键拖曳图像可以复制图像，同时生成一个新的图层。

2.5.3　认识定界框、中心点、控制点

"编辑"|"变换"子菜单中包含各种变换命令，如图 2-142 所示。它们可以对图层、路径、矢量形状及选中的选区内容等进行变换操作。

2.5.3 教学视频

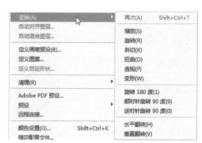

图 2-142　"变换"命令

执行了其中的任意一个变换命令，当前对象周围会出现一个定界框，定界框中间有一个中心点，四周有控制点，如图 2-143 所示。默认情况下，中心点处于对象的中心位置，它用于定义对象的变换中心，拖曳它可以移动它的位置，当前中心点位置不同时，将得到不同的变换结果，如图 2-144 和图 2-145 所示。

图 2-143　定界框

图 2-144　移动中心点

图 2-145　移动中心点

 技巧提示：
执行"编辑"|"变换"下拉菜单中的"旋转 180 度""旋转 90 度（顺时针）""旋转 90 度（逆时针）""水平翻转"和"垂直翻转"命令时，可直接对图像进行以上变换，而不会显示定界框。

2.5.4　实战——使用"缩放"命令制作茶壶海报

"缩放"命令用于对图像进行放大或缩小操作，下面通过具体实例讲解其操作方法。

素材文件路径：素材 \ 第 2 章 \2.5\2.5.4\ 背景 .jpg、茶壶 .png

01 启动 Photoshop CC 2018 后，执行"文件"|"打开"命令，选择本书配套素材中的"素材 \ 第 2 章 \2.5\2.5.4\ 背景 .jpg、舞者 .png"，单击"打开"按钮，如图 2-146 所示。

02 选择"移动"工具 ，选择茶壶文件，将其内容移至背景文件，如图 2-147 所示。

图 2-146　打开图像　　　　图 2-147　移动图像

03 执行"编辑"|"变换"|"缩放"命令，移动光标至定界框上方，当光标显示为双箭头形状（ ）时，按 Shift+Alt 快捷键拖曳鼠标以中心点对图像进行缩放变换，如图 2-148 所示。

04 按 Enter 键确认"缩放"变换。按 V 键确定当前选择工具为"移动"工具 ，选中茶壶所在图层，将其移至合适的位置，如图 2-149 所示。

图 2-148　缩放图像　　　　图 2-149　移动图像

05 选择工具箱中的"橡皮擦"工具 ，使用不透明度为 50% 的柔边缘笔刷涂抹茶壶的边缘，使茶壶的边缘与背景融合，如图 2-150 所示。

06 在"图层"面板上选择茶壶图层，按住 Ctrl 键并单击图层面板底部"创建新图层"按钮 ，在茶壶图层下方新建图层。选择工具箱中的"画笔"工具 ，用黑色的柔边缘笔刷在茶壶底部绘制，如图 2-151 所示。

技巧提示：
若按住 Shift 键进行拖曳，则可以固定比例缩放。若需要在操作过程中取消变换操作，可按 Esc 键。

图 2-150　擦除图像　　　　图 2-151　画笔涂抹

07 执行"滤镜"|"模糊"|"动感模糊"命令，在弹出的对话框中设置如图 2-152 所示的参数。

08 单击"确定"按钮，此时图像效果如图 2-153 所示。

图 2-152　"动感模糊"　　　图 2-153　最终效果
　　　　对话框

2.5.5　实战——使用"旋转"命令制作蝴蝶美妆

"旋转"命令用于对图像进行旋转变换操作。

素材文件路径：素材 \ 第 2 章 \2.5\2.5.5\ 国外美女 .jpg、蝴蝶 1、2

01 启动 Photoshop CC 2018 后，执行"文件"|"打开"命令，选择本书配套素材中的"素材 \ 第 2 章 \2.5\2.5.5\ 国外美女 .jpg"，单击"打开"按钮，如图 2-154 所示。

02 按 Ctrl+O 快捷键，打开"蝴蝶 .2"素材，选择"移动"工具 ，将素材拖曳到"国外美女"文档中，执行"编辑"|"变换"|"缩放"命令，将光标放置在定界框的四周任意一点，当光标变为 状时，按住 Shift+Alt 快捷键等比例缩放素材，如图 2-155 所示。

图 2-154　打开图像　　　　图 2-155　缩放图像

03 按 Enter 键确认缩放操作。执行"编辑"|"自由变换"命令，或按 Ctrl+T 快捷键显示定界框。将光标放在定界框外靠近中间位置的控制点处，当光标变为:形状时，单击并拖曳鼠标可以旋转对象，如图 2-156 所示。

04 将鼠标移动至蝴蝶中心位置，并将蝴蝶移动到适合位置，按 Enter 键确认操作，如图 2-157 所示。

05 同上述操作方法，添加另一只蝴蝶素材，效果图如图 2-158 所示。

图 2-156 旋转图像 图 2-157 确认操作 图 2-158 最终效果

> **技巧提示：**
> 旋转中心为图像旋转的固定点，若要改变旋转中心，可在旋转前将中心点✥拖移到新位置。按住 Alt 键拖曳可以快速移动旋转中心。

2.5.6 实战——斜切与扭曲

"斜切"命令可以使图像产生斜切透视效果。"扭曲"命令能够对图像进行任意的扭曲变形。

素材文件路径：素材 \ 第 2 章 \2.5\2.5.6\ 铅笔狗 .psd

01 启动 Photoshop CC 2018 后，执行"文件"|"打开"命令，选择本书配套素材中的"素材 \ 第 2 章 \2.5\2.5.6\ 铅笔狗 .psd"，单击"打开"按钮，如图 2-159 所示。

02 选择"铅笔狗"图层，执行"编辑"|"变换"|"斜切"命令，显示定界框，将光标定位在控制框的四个角点上，当光标显示▷形状时拖曳控制角点，拖曳控制点即可进行斜切，如图 2-159 和图 2-160 所示。

图 2-159 打开图像 图 2-160 斜切图像

03 将光标定位在四个边线上方，当光标显示:形状时拖曳鼠标，即可移动边线斜切图像，如图 2-161 所示。

04 还原斜切，将光标放在定界框外侧位于中间位置的控制点上，按 Shift+Ctrl 快捷键，待光标发生变化后，单击并拖曳鼠标可以沿水平方向斜切对象，如图 2-162 所示。

> **技巧提示：**
> 若要相对于定界框的中心点扭曲，可按住 Alt 键并拖移定界框角点。若要围绕中心点缩放或斜切，可在拖曳时按住 Alt 键。若要相对于选区中心点以外的其他点扭曲，在扭曲前将中心点拖移到选区中的新位置。

图 2-161 斜切图像 图 2-162 最斜切图像

05 按 Esc 键取消操作，按 Ctrl+T 快捷键，显示定界框，将光标放在定界框四周的控制点上，按 Ctrl 键，光标变为▶形状，单击并拖曳鼠标可以扭曲对象，如图 2-163 和图 2-164 所示。

图 2-163 扭曲图像 图 2-164 扭曲图像

2.5.7 实战——透视变换图像

"透视"命令能够使图像产生透视变形效果。

素材文件路径：素材 \ 第 2 章 \2.5\2.5.7\ 拖鞋岛 .jpg

01 启动 Photoshop CC 2018 后，执行"文件"|"打开"命令，选择本书配套素材中的"素材 \ 第 2 章 \2.5\2.5.7\ 拖鞋岛 .jpg"，单击"打开"按钮，如图 2-165 所示。

02 在"图层"面板中双击"拖鞋岛"图层，将背景图层变为普通图层，如图 2-166 所示。

图 2-165 打开图像 图 2-166 转换为普通图层

03 执行"编辑"|"变换"|"透视"命令，拖曳定界框任意角点，拖至方向上的另一角点得到对称的梯形，从而使物体产生透视变形的效果，如图 2-167 所示。

图 2-167　　"透视"效果

2.5.8　实战——使用"水平翻转"和"垂直翻转"命令制作水中倒影

"水平翻转"和"垂直翻转"命令可以使图像产生水平或垂直方向上的翻转，从而产生镜像效果。

素材文件路径：素材 \ 第 2 章 \2.5\2.5.8\ 花朵 .jpg

01 启动 Photoshop CC 2018 后，执行"文件"|"打开"命令，选择本书配套素材中的"素材 \ 第 2 章 \2.5\2.5.8\ 花朵 .jpg"，单击"打开"按钮，如图 2-168 所示。

02 选择工具箱中的"矩形选框"工具，在文档中创建选区，如图 2-169 所示。

图 2-168　打开图像　　　图 2-169　创建选区

03 按 Ctrl+J 快捷键复制图像至新的图层中，按 Ctrl+T 快捷键显示定界框，在定界框内右击，在弹出的快捷菜单中选择"垂直翻转"选项，垂直翻转图像，如图 2-170 所示。

04 将光标放在定界框内，当光标变为▶状时，移动图像的位置，如图 2-171 所示。

图 2-170　垂直翻转图像　　　图 2-171　移动图像

05 按 Enter 键确认操作。执行"滤镜"|"扭曲"|"置换"命令，在弹出的对话框中设置参数，如图 2-172 所示。

06 单击"确定"按钮，在弹出的"选取一个置换对象"对话框中选择"涟漪层 .psd"，如图 2-173 所示。

图 2-172　　"置换"　　　图 2-173　置换文件
对话框

07 单击"打开"按钮，此时图像效果如图 2-174 所示。

08 选择工具箱中的"橡皮擦"工具，使用柔边缘的橡皮擦工具擦除多余的图像，制作水中倒影，如图 2-175 所示。

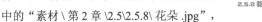

图 2-174　图像效果　　　图 2-175　最终效果

2.5.9　实战——使用"内容识别比例"缩放多余图像

"内容识别比例"命令与"缩放"命令不同，它能自动对内容进行识别，保持重要内容不因缩放而比例失调。

素材文件路径：素材 \ 第 2 章 \2.5\2.5.9\ 小清新 .jpg

01 启动 Photoshop CC 2018 后，执行"文件"|"打开"命令，选择本书配套素材中的"素材 \ 第 2 章 \2.5\2.5.9\ 小清新 .jpg"，单击"打开"按钮，如图 2-176 所示。

02 双击图层面板背景图层，将背景图层转换为普通图层。此时缩放图像如图 2-177 所示。

图 2-176　打开图像　　　图 2-177　普通缩放

03 执行"编辑"|"内容识别比例"命令，在工具选项栏中单击"保护肤色"按钮■，移动光标至定界框上方，当光标显示为双箭头形状时，拖曳鼠标即可对图像进行缩放变换，此时人物并没有因缩放而比例失调，如图 2-178 所示。

图 2-178　"内容识别比例"缩放图像

技巧提示：
选择"内容识别比例"命令后，在属性栏中有一个"保护肤色"按钮■，单击该按钮后，在变换时会自动对人物肤色部分进行保护。

2.5.10　了解"精确变形"

变换选区图像时，使用选项栏可以快速、准确地变换图像。在执行"编辑"|"自由变换"命令后，选项栏如图 2-179 所示，在文本框中输入相应的数值，然后按 Enter 键或单击选项栏右侧的✓按钮，即可应用变换。

图 2-179　"精确变形"选项栏

+ X 坐标轴文本框：变换中心点横坐标。
+ Y 坐标轴文本框：变换中心点纵坐标。
+ 宽度文本框：设置变换图像的水平缩放比例。
+ 高度文本框：设置变换图像的垂直缩放比例。
+ 旋转角度文本框：设置旋转角度。

+ 水平斜切角度文本框：设置水平斜切角度。
+ 垂直斜切角度文本框：设置垂直斜切角度。
+ 插值：选择此变换的插值。
+ 在自由变换为变形模式之切换：实现自由变换和变形模式之间的相互切换。

2.5.11　实战——通过"精确变换"制作头饰

在了解了精确变换选项栏后，接下来通过精确变换制作精美的发饰效果。

素材文件路径：素材 \ 第 2 章 \2.5\2.5.11\ 头发 .jpg、玫瑰花 .png

01 启动 Photoshop CC 2018 后，按 Ctrl+O 快捷键打开"头发"和"玫瑰花"素材，将玫瑰花移至人物文档中，调整大小，如图 2-180 所示。

02 按 Alt+L+Y+D 快捷键，弹出"图层样式"对话框，添加"投影"样式，设置如图 2-181 所示的参数。

图 2-180　移动图像　　　图 2-181　"投影"参数

技巧提示：
如果要将中心点调整到定界框边界上，可在工具选项栏中单击参考点定位符上的小方块。

03 参数设置完毕后，单击"确定"按钮，效果如图 2-182 所示。

04 按 Ctrl+J 快捷键，复制图层，再按 Ctrl+T 快捷键，进入自由变换状态，将中心控制点移至下面的中心位置，并设置工具选项栏中的设置旋转为 90 度，如图 2-183 所示。

05 按 Enter 键确认操作。连续按 Ctrl+Shift+Alt+T 快捷键两次，每按一次，就会复制出一个玫瑰花，得到如图 2-184 所示的效果图。

图 2-182　图像效果　图 2-183　旋转图像　图 2-184　最终效果

2.5.12　实战——通过"变换"制作中国风扇子

　　对图像进行变换操作后，可以通过执行"编辑"|"变换"|"再次"命令，再一次对其应用相同的变换，本实例通过使用"再次"命令，制作一把具有中国风特色的扇子。

素材文件路径：素材 \ 第 2 章 \2.5\2.5.12\ 蝴蝶、花朵、手绘花、中国结 .png

01 启动 Photoshop CC 2018 后，按 Ctrl+N 快捷键，打开"新建文档"对话框，设置参数，如图 2-185 所示，单击"创建"按钮新建文档。

2.5.12 教学视频

02 设置前景色为 #454c5e、背景色为 #212734。选择工具箱中的"渐变"工具，单击工具选项栏中的"渐变拾色器"按钮，在弹出的面板中选择"前景色到背景色"的渐变，按下"径向渐变"按钮，从画布中心往四周拖曳鼠标，填充径向渐变，如图 2-186 所示。

图 2-185　"新建文档"对话框　　图 2-186　添加径向渐变

03 执行"滤镜"|"杂色"|"添加杂色"命令，在弹出的"添加杂色"对话框中设置如图 2-187 所示的参数。

04 单击"确定"按钮为画布添加杂点，增加背景的层次感。选择工具箱中的"钢笔"工具，设置"工具模式"为形状、"填充"为白色、"描边"为无，在画布中绘制扇子形状，如图 2-188 所示。

图 2-187　"添加杂色"对话框　　图 2-188　绘制扇叶形状

05 选择工具箱中的"圆角矩形"工具，设置"工具模式"为形状，在画布中绘制圆角矩形，更改其"填充"为灰色（#bfbfbf）。按 Ctrl+T 快捷键显示定界框，旋转圆角矩形并移至扇叶上，如图 2-189 所示。

06 按 Enter 键确认操作，按 Ctrl+J 快捷键复制图层，再次按 Ctrl+T 快捷键显示定界框，移动中心控制点至圆角矩形的 1/6 处，如图 2-190 所示。

图 2-189　移动并旋转形状　　图 2-190　移动中心点位置

07 将光标放在定界框外侧，当光标变为 ↰ 形状时，旋转圆角矩形，如图 2-191 所示。

08 按 Enter 键确认操作。按 10 次 Ctrl+Shift+Alt+T 快捷键，再次变换图像，如图 2-192 所示。

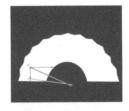

图 2-191　设置旋转角度　　图 2-192　再次变换图像

09 在"图层"面板中选中除背景图层以外的所有图层，按 Ctrl+E 快捷键合并图层，按 Ctrl+[快捷键将扇柄移至扇叶下方，如图 2-193 所示。

10 选择工具箱中的"矩形选框"工具，在画布中绘制矩形选区，填充黑色。按 Ctrl+T 快捷键显示定界框，旋转矩形，并将矩形移至扇叶上，如图 2-194 所示。

图 2-193　调整图层顺序　　图 2-194　绘制矩形条

11 执行"滤镜"|"模糊"|"动感模糊"命令，在弹出的对话框中设置参数，制作扇叶的折线效果，如图 2-195 所示。

12 同上述制作扇柄的操作方法，制作其他的折线，设置"不透明度"为 30%，如图 2-196 所示。

图 2-195　设置动感模糊参数　　图 2-196　制作其他折线

13 按 Ctrl+O 快捷键打开"花朵""蝴蝶""中国结"素材，并添加到文档中，注意图层的顺序，如图 2-197 所示。

14 按 Ctrl+O 快捷键打开"手绘花"素材，将其添加到扇叶图层上，按 Ctrl+Alt+G 快捷键创建剪贴蒙版，将素材剪贴到扇叶中，如图 2-198 所示。

图 2-197　添加素材　　　图 2-198　添加并剪贴素材

15 双击"手绘花"图层，打开"图层样式"对话框，在右侧列表中选中"投影"选项并设置参数，为素材添加投影效果，如图 2-199 所示。

16 使用同样的添加投影的方法，为"花朵"和"中国结"依次添加投影效果。完成后的效果，如图 2-200 所示。

图 2-196　添加投影效果　　　图 2-197　最终效果图

2.5.13　变形

　　变形是 Photoshop CS2 开始新增的变换命令，使用此命令可以对图像进行更为灵活和细致的变形操作。例如，制作页面折角及翻转胶片等效果。

2.5.13 教学视频

　　执行"编辑"|"变换"|"变形"命令，或者在工具选项栏中单击■按钮，即可进入变形模式，此时工具选项栏显示如图 2-198 所示。

　　在调出变形控制框后，可以在工具选项栏"变形"下拉列表框中选择适当的形状选项，也可以直接在图像内部、节点或控制手柄上拖曳，直至将图像变形为所需的效果。

变形: ⌂扇形　　　　弯曲: 50.0 ％ H: 0.0 ％ V: 0.0 ％

图 2-198　"变形"工具选项栏

✦ 变形 在该下拉列表框中可以选择 15 种预设的变形选项，如果选择自定选项则可以随意对图像进行变形操作。

✦ 更改变形方向按钮：单击该按钮可以在不同的角度改变图像变形的方向。

✦ 弯曲：在此输入正或负数可以调整图像的扭曲程度。

✦ H、V 输入框：在此输入数值可以控制图像扭曲时在水平和垂直方向上的比例。

2.5.14　实战——使用"变形"命令合成扭曲空间

　　本案例通过"变形"命令合成一幅创意图像。

素材文件路径：素材 \ 第 2 章 \2.5\2.5.14\ 背景、村庄 .jpg

2.5.14 教学视频

01 启动 Photoshop CC 2018 后，按 Ctrl+O 快捷键，打开"背景"与"村庄"素材。选择工具箱中的"移动"工具 ✛，将"村庄"素材拖曳到"背景"素材中，如图 2-199 所示。

02 按 Ctrl+T 快捷键，显示定界框，将光标移动到右下角，按住 Shift+Alt 快捷键的同时缩放定界框，并对定界框进行旋转，按 Enter 键确认操作，移动到如图 2-200 所示的位置。

图 2-199　移动图像　　　图 2-200　旋转图像

03 执行"编辑"|"自由变换"命令，显示定界框，在其工具选项栏上单击"在自由变换和变形模式之间切换"按钮■，进入变形模式，并设置变形模式为"膨胀"，此时定界框显示状态为如图 2-201 所示。

04 按 Enter 键确认操作。执行"滤镜"|"扭曲"|"球面化"命令，在弹出的对话框中设置相关参数，如图 2-202 所示。

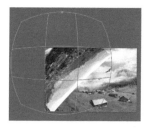 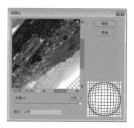

图 2-201　"膨胀"变形　　　图 2-202　"球面化"对话框

05 单击"确定"按钮，对图像进行球面化处理。按 Ctrl+T 快捷键显示定界框，按住 Shift+Alt 快捷键缩小图像，在定界框内右击，在弹出的快捷菜单中选择"变形"命令，如图 2-203 所示。

06 将光标放置在网格中心位置，向右下角方向拖曳鼠标，对图像进行变形，如图 2-204 所示。

图 2-203　变形定界框　　　图 2-204　拖曳变形定界框

07 按 Enter 键确认变形操作。按 Ctrl+T 快捷键显示定界框，对图像进行调整，如图 2-205 所示。

08 选择工具箱中的"橡皮擦"工具 ，使用柔边缘笔刷，擦除图像中多余的部分，如图 2-206 所示。

图 2-205　调整图像　　　图 2-206　最终效果

2.5.15　操控变形

在执行"编辑"|"操控变形"命令后，选项栏如图 2-207 所示，在显示的变形网格中添加图钉并拖曳，即可应用变换。

2.5.15 教学视频

图 2-207　"操控变形"工具选项栏

✦ 模式：选择"刚性"模式，变形效果精确，但缺少柔和的过渡；选择"正常"，变形效果准确，过渡柔和；选择"扭曲"，可在变形的同时创建透视效果。

✦ 浓度：选择"较少点"，网格点较少，相应地只能放置少量图钉，并且图钉之间需要保持较大的间距；选择"正常"，网格数量适中；选择"较多点"，网格最细密，可以添加更多的图钉。

✦ 扩展：设置变形效果的衰弱范围。

✦ 显示网格：显示变形网格。

✦ 图钉深度：选择一个图钉，单击 / 按钮，可以将它向上层 / 下层移动一个堆叠顺序。

✦ 旋转：设置图像的扭曲范围。

✦ 复位 / 撤销 / 应用：单击 按钮，删除所有图钉，将网格恢复到变形前的状态；单击 按钮或按 Esc 键，可放弃变形操作；单击 按钮或按 Enter 键，可确认变形操作。

2.5.16　实战——操控变形更改图像

本案例通过"操控变形"命令更改图像。

素材文件路径：素材 \ 第 2 章 \2.5\2.5.16\ 舞者 .psd

2.5.16 教学视频

01 启动 Photoshop CC 2018 后，按 Ctrl+O 快捷键，打开"舞者 .psd"素材，如图 2-208 所示。

02 执行"编辑"|"操控变形"命令，舞者图像上会显示网格，如图 2-209 所示。

03 设置工具选项栏"模式"为"正常"，"浓度"设置为"较少点"，在舞者身体的关键点单击，添加图钉，如图 2-210 所示。

> 💡 **技巧提示：**
> "操控变形"命令不能处理"背景"图层。如果要处理"背景"图层，可以先按住 Alt 键双击该图层，将它转换为普通图层，再进行变形处理。

图 2-208　打开图像　图 2-209　显示网格　图 2-210　设置参数

04 在工具选项栏中取消勾选"显示网格"复选框，以便能更清楚地观察到图像的变换，如图 2-211 所示。单击图钉并拖曳鼠标即可改变舞者腿部的动作，如图 2-212 所示。

05 单击一个图钉后，在工具选项栏中会显示其旋转角度，可以直接输入数值来进行调整，如图 2-213 所示。

图 2-211　取消"显　图 2-212　移动图钉　图 2-213　最终
示网格"　　　　　位置　　　　　　效果

> 💡 **技巧提示：**
> 单击一个图钉以后，按 Delete 键可将其删除。此外，按住 Alt 键单击图钉也可以将其删除。如果要删除所有图钉，可在变形网格上右击，在弹出的快捷菜单中选择"移去所有图钉"命令。

2.6 综合实战——制作全屏海报

通过"变换"命令、渐变工具、钢笔工具等工具来完成淘宝页面上的全屏海报。

素材文件路径：素材 \ 第 2 章 \2.6\ 素材 .png

2.6 教学视频

01 启动 Photoshop CC 2018 后，执行"文件"|"新建"命令，在弹出的对话框中设置文档尺寸，如图 2-214 所示。

02 单击"创建"按钮，新建文档。单击图层面板底部的"创建新的填充或调整图层"按钮，创建"渐变填充"调整图层，在弹出的对话框中设置紫色（#331e8c）到淡紫色（#8073b6）的渐变，如图 2-215 所示。

图 2-214　"新建"　　　图 2-215　填充渐变
　　　　　对话框

03 选择多边形套索工具，绘制一个梯形选区，新建一个图层，填充颜色为白色，并移动白色梯形的位置，如图 2-216 所示。

04 按 Ctrl+D 快捷键取消选区，按 Ctrl+J 快捷键复制图层，按 Ctrl+T 快捷键显示定界框，移动中心点位置，旋转复制的图层，如图 2-217 所示。

图 2-216　绘制梯形　　　图 2-217　旋转梯形

05 按 Enter 键确认操作，按 Ctrl+Shift+Alt+T 快捷键执行再次变形命令，如图 2-218 所示。

06 选择全部的白色梯形图层，按 Ctrl+E 快捷键合并图层，按 Ctrl+T 快捷键放大图像，如图 2-219 所示。

图 2-218　再次变形　　　图 2-219　放大图像

07 单击图层面板底部"添加图层蒙版"按钮，添加蒙版。选择"渐变"工具，在工具选项栏中的渐变编辑

器中设置"黑色到透明"的渐变，单击"径向渐变"按钮，从图像的中心位置向四周拖曳鼠标，填充渐变，如图 2-220 所示。

08 设置白色梯形图层的不透明度为 10%，图像效果如图 2-221 所示。

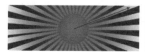

图 2-220　添加蒙版　　　图 2-221　设置不透明度

09 选择工具箱中的"矩形"工具，设置"工具模式"为形状、"填充"为淡紫色（#988fc3）、"描边"为白色、"描边宽度"为 1 个一个像素，在图像中绘制矩形形状，如图 2-222 所示。

10 在淡紫色墙边再次创建矩形形状，按 Ctrl+T 快捷键显示定界框，在定界框内右击，在弹出的快捷菜单中选择"斜切"命令，对矩形进行变形，形成墙体侧面，如图 2-223 所示。

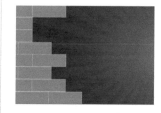
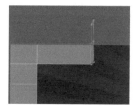

图 2-222　绘制墙面　　　图 2-223　变形墙体侧面

11 同上述制作墙体侧面的操作方法，制作其他墙体侧面，如图 2-224 所示。

12 同方法，制作另一半的墙体，如图 2-225 所示。

图 2-224　变形墙体　　　图 2-225　绘制墙体
　　　　　侧面

13 按 Ctrl+O 快捷键，打开"素材".png 素材，添加到文档中，图像效果如图 2-226 所示。

图 2-226　最终效果

3.1 选区的原理——为什么要进行选择

选区的功能在于能够准确限制图像编辑的范围，从而得到精确的效果。选区建立之后，在选区的边界就会出现不断交替闪烁的虚线，以表示选区的范围。由于这些黑白浮动的线形如一队蚂蚁在走动，因此，围绕选区的线条也被称为"蚂蚁线"。建立选区后就可以对选定的图像进行移动、复制，以及执行滤镜、调整色彩和色调等操作，选区外的图像丝毫不受影响。

如图 3-1 所示，若要调整相框内的颜色，首先要创建选区，否则图像整体颜色都会被调整。

原图　　　　　　　　调整相框颜色　　　　　　　调整整体颜色

图 3-1

3.2 揭开选区的面纱——选择方法概述

选中对象后，如果要将它与背景分离出来，整个操作过程称为"抠图"，Photoshop CC 提供了大量的选择工具和命令，以适合选择不同类型的对象，但很多复杂的图像，如头发、透明物体等，需要使用多种工具配合才能抠出。

3.2.1 基本状态选择法

在选择矩形、多边形、正圆形和椭圆形等基本几何形状的对象时，可以使用工具箱中的选框工具来进行选取。如图 3-2 所示为运用椭圆选框工具建立的圆形选区，如图 3-3 所示为运用多边形套索工具建立的不规则形状选区。

图 3-2　圆形选区　　　　　　图 3-3　不规则形状选区

3.2.2 基于路径的选择方法

Photoshop 中的钢笔工具是矢量工具，使用它可以绘制光滑的路径。如果对象边缘光滑，并且呈现不规则形状，可以使用钢笔工具来选取，如图 3-4 所示为运用路径工具选择。

第 3 章素材文件

图层和路径都可以转换为选区。按住 Ctrl 键，移动光标至图层缩览图上方，此时光标显示为 形状，单击即可得到该图层非透明区域的选区。

使用路径建立选区也是比较精确的方法。因为使用路径工具建立的路径可以非常光滑，而且可以反复调节各锚点的位置和曲线的曲率，因而，常用来建立复杂和边界较为光滑的选区。

图 3-4　运用路径工具选择

3.2.3　基于色调的选择方法

颜色选择方式通过颜色的反差来选择图像。当背景颜色比较单一，且与选择对象的颜色存在较大的反差时，使用颜色选择便会比较方便，如图 3-5 所示的图像。

Photoshop CC 提供了三个颜色选择工具："魔棒"工具 、"快速选择"工具 和"色彩范围"对话框。

图 3-5　具有单色背景的图像

3.2.4　基于快速蒙版的选择方法

快速蒙版是一种特殊的选区编辑方法，在快速蒙版状态下，可以像处理图像那样使用各种绘画工具和滤镜来编辑选区。创建选区后，单击 按钮，进入快速蒙版编辑状态，可以将选区转换为蒙版图像，如图 3-6 所示为建立普通选区，如图 3-7 所示为快速蒙版编辑状态下的选区。

图 3-6　普通选区　　　　图 3-7　启用快速蒙版

3.2.5　基于通道的选择方法

通道是所有选择方法中功能最为强大的一个，其选择功能之所以强大，是因为它表现选区不是用"蚂蚁线"，而是用灰阶图像，这样便可以像编辑图像一样来编辑选区，画笔、橡皮擦工具、色调调整工具、滤镜都可以自由使用。如图 3-8 所示为运用通道选择的图像。

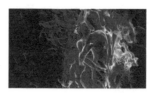

图 3-8　通道抠图

3.3　选区基础操作起步——选区的基本操作

在学习选择工具和选择命令前，首先来了解一些选区的基本操作方法，包括创建选区并需要设定的内容，以及创建选区后进行的简单操作。例如，选区的运算、反选和重新选择等。

3.3.1　全选与反选

执行"选择"|"全选"命令，或按 Ctrl + A 快捷键，可选择整幅图像，如图 3-9 所示。

创建选区，如图 3-10 所示，执行"选择"|"反向"命令，或按 Ctrl + Shift + I 快捷键，可以反选当前的选区（即取消当前选择的区域，选择未选取的区域），如图 3-11 所示。

图 3-9　载入选区　　图 3-10　创建选区　　图 3-11　反选

3.3.2　取消选择与重新选择

创建如图 3-12 所示的选区，执行"选择"|"取消选择"命令，或按 Ctrl + D 快捷键，可取消所有已经创建的选区。如果当前激活的是选择工具（如选框工具、套索工具），移动光标至选区内单击，也可以取消当前的选择，如图3-13 所示。

Photoshop 会自动保存前一次的选择范围。在取消

选区后，执行"选择"|"重新选择"命令或按 Ctrl ＋
Shift ＋ D 快捷键，便可调出前一次的选择范围，如
图 3-14 所示。

图 3-12　创建选区　图 3-13　取消选区　图 3-14　重新选择

3.3.3　移动选区

　　移动选区操作用于改变选区的位置。首先在工具箱
中选择一种选择工具，然后移动光标至选择区域内，待
光标显示为 形状时拖曳，即可移动选择区域。在拖曳过
程中光标会显示为黑色三角形状，如图 3-15 所示。

　　如果只是小范围移动选区，或要求准确地移动选区
时，可以使用键盘上的←、→、↑和↓四个光标移动键
来移动选区，按一下键移动一个像素。按 Shift ＋光标移
动键，可以一次移动 10 个像素的位置。

图 3-15　移动选区

3.3.4　了解"选区的运算"

　　在图像的编辑过程中，有时需要同时选择多块不相
邻的区域，或者增加、减少当前选区的面积。在任何一
个选择工具选项栏上，都可以看到如图 3-16 所示的选项
按钮，使用这些选项按钮，可以起到运算选区的作用。

图 3-16　选区运算按钮

✦ 新选区：单击该按钮后，可以在图像上创建一个新
　选区。如果图像上已经包含了选区，则每新建一个选
　区，都会替换上一个选区，如图 3-17 所示。

✦ 添加到选区：单击该按钮或按住 Shift 键，此时的光
　标下方会显示"＋"标记，拖曳鼠标即可添加到选区，
　如图 3-18 所示。

图 3-17　新选区　　　　图 3-18　添加到选区

✦ 从选区减去：对于多余的选取区域，同样可以将其
　减去。单击该按钮或按住 Alt 键，此时光标下方会显
　示"—"标记，然后使用矩形选框工具绘制需要减去
　的区域即可，如图 3-19 所示。

✦ 与选区交叉：单击该按钮或按住 Alt ＋ Shift 快捷键，
　此时光标下方会显示出"×"标记，新绘制的选取范
　围与原选区重叠的部分（即相交的区域）将被保留，
　产生一个新的选区，而不相交的选取范围将被删除，
　如图 3-20 所示。

 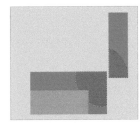

图 3-19　从选区中减去　　图 3-20　与选区交叉

3.3.5　实战——运用"选区的运算"合成圣诞卡片

　　本案例使用基本选区工具结合选区的运算合成圣诞
卡片。

3.3.5 教学视频

01 执行"文件" | "打开"命令，弹出"打
开"对话框，选择本书配套素材中的"素材\第
3 章 \3.3\3.3.5\1.jpg"，单击"打开"按钮，如图 3-21 所示。

02 按 Ctrl+O 快捷键，弹出"打开"对话框，选择本
书配套素材中的"素材 \ 第 3 章 \3.3\3.3.5\2.jpg"，按
Enter 键确认，如图 3-22 所示。

图 3-21　打开文件　　　图 3-22　打开文件

03 按 Ctrl++ 快捷键放大画布，选择工具箱中的"磁性套索"工具 ，在鹿角边缘单击确定起点，沿图像边缘拖曳鼠标，至鼠标回到起点，再次单击完成闭合选区，如图 3-23 所示。

04 工具选项栏中选区运算按钮默认为新选区 ，单击"添加到选区"按钮 ，此时在最右端礼盒上创建选区，第一个选区依然存在，如图 3-24 所示。

图 3-23　创建新选区　　图 3-24　添加到选区

05 单击工具选项栏中的"从选区中减去"按钮 ，在图像空隙处创建选区，此选区将从之前的选区中被删除，如图 3-25 所示。

06 按 Ctrl+J 快捷键复制选区，选择工具箱中的"移动"工具 ，拖曳图层至 1 文档窗口，按 Ctrl+T 快捷键自由变换，调整其位置与大小，如图 3-26 所示。

图 3-25　从选区中删除　　图 3-26　拖曳图像

07 按 Ctrl+O 快捷键，弹出"打开"对话框，选择本书配套素材中的"素材\第 3 章\3.3\3.3.5\3.jpg"，按 Enter 键确认。依照上述方法抠取图像，完成效果如图 3-27 所示。

图 3-27　完成效果

3.3.6　隐藏与显示选区

创建选区后，执行"视图"|"显示"|"选区边缘"

命令或按 Ctrl+H 快捷键，可以隐藏选区。隐藏选区以后，选区虽然看不见了，但它依然存在，并限定完美操作的有效区域，需要重新显示选区，可按 Ctrl+H 快捷键。

3.4　简单选择工具的应用——使用选框工具建立规则选区

Photoshop 提供了 4 个选框工具用于创建形状规则的选区，包括矩形选框工具、椭圆选框工具、单行选框工具和单列选框工具，分别用于建立矩形、椭圆、单行和单列选区。

3.4.1　了解"矩形选框工具"选项栏

选择矩形选框工具后，按住 Shift 键拖曳，可建立正方形选区；按 Alt + Shift 快捷键拖曳，可建立以起点为中心的正方形选区。

当需要取消选择时，执行"选择"|"取消选择"命令，或按 Ctrl + D 快捷键，或使用选框工具在图像窗口单击即可。矩形选框工具选项栏如图 3-28 所示，各选项的含义如下。

图 3-28　矩形选框工具选项栏

- "羽化"文本框：用来设置选区的羽化值，该值越高，羽化的范围越大。
- "样式"下拉列表框：用来设置选区的创建方法。选择"正常"时，可以通过拖曳鼠标创建需要的选区，选区的大小和形状不受限制；选择"固定比例"后，可在该选项右侧的"宽度"和"高度"数值栏中输入数值，创建固定比例的选区。
- "宽度和高度互换"按钮：单击该按钮，可以切换"宽度"和"高度"数值栏中的数值。
- "选择并遮住"按钮：单击该按钮，可以打开"选择并遮住"对话框，在对话框中可以对选区进行平滑、羽化等处理。

3.4.2　实战——使用"矩形选框工具"制作艺术效果

"矩形选框"工具 是最常用的选框工具，使用该工具在图像窗口相应位置拖曳，即可创建矩形选区。本案例通过矩形选框工具制作照片的艺术效果。

3.4.2 教学视频

素材文件路径：素材 \ 第 3 章 \3.4 \3.4.2\1.jpg

01 执行"文件" | "打开"命令，弹出"打开"对话框，选择本书配套素材中的"素材 \ 第 3 章 \3.4\3.4.2\1.jpg"，单击"打开"按钮，如图 3-29 所示。

02 按 Ctrl+J 快捷键复制"背景"图层得到"图层 1"图层。选择工具栏中的"裁剪"工具，在工具选项栏中单击"选择预设长宽比或裁剪尺寸"选项框，选择宽 * 高 * 分辨率选项，并设置为 5 厘米 *5 厘米，长按鼠标左键，将裁剪框移动至适当位置，按 Enter 键确认，如图 3-30 所示。

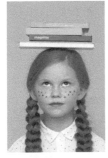　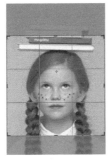

图 3-29　打开文件　　　图 3-30　裁剪图片

03 选择工具栏中的"矩形选框"工具，在工具选项栏中单击样式选项框，选择"固定大小"，并设置宽度为 5 厘米、高度为 0.1 厘米，如图 3-31 所示。

图 3-31　设置参数

04 在画面中单击并向右拖曳鼠标，创建固定大小的矩形选区，如图 3-32 所示。

05 单击工具选项栏中的"添加到选区"按钮，依照上述方法，建立多个矩形选框，如图 3-33 所示。

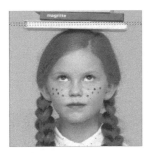　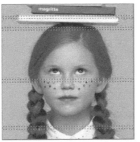

图 3-32　创建选区　　　图 3-33　添加选区

06 在工具选项栏中单击"高度与宽度互换"按钮，将宽度与高度值互换，如图 3-34 所示。

图 3-34　高度与宽度互换

07 在图像中创建多个矩形选框，如图 3-35 所示。

08 按 Ctrl+Shift+I 快捷键反向选择，按 Ctrl+J 快捷键复制选区，隐藏背景图层，如图 3-36 所示。

　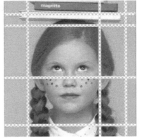

图 3-35　添加选区　　　图 3-36　反选并复制

09 显示背景图层并单击图层面板下的"创建新图层"按钮，新建一个图层填充为白色，如图 3-37 所示。

10 在工具选项栏中单击样式选项框，选择"正常"，在图像中独立色块左上角单击并向右下角拖曳鼠标，创建一个选区，如图 3-38 所示。

图 3-37　新建图层　　　图 3-38　创建矩形

11 执行"图像"|"调整"|"黑白"命令，打开"黑白"对话框，设置参数如图 3-39 所示。

12 按 Ctrl+D 快捷键取消选区，黑白效果如图 3-40 所示。

图 3-39　调整黑白参数　　　图 3-40　取消选区

13 依照上述方法，为图像增加艺术效果，完成效果如图 3-41 所示。

图 3-41　完成效果

3.4.3　实战——使用"椭圆选框工具"制作相框

"椭圆形选框"工具■，用于创建椭圆或正圆选区。本案例通过使用"椭圆形选框"工具■制作复古相册。

素材文件路径：素材＼第 3 章＼3.4＼3.4.3＼1.jpg

01 执行"文件"｜"打开"命令，弹出"打开"对话框，选择本书配套素材中的"素材＼第3 章＼3.4＼3.4.3＼1.jpg"，单击"打开"按钮，如图 3-42 所示。

02 选择工具栏中的"椭圆形选框"工具■，在画面中单击并拖曳鼠标创建椭圆形选区，同时长按空格键移动选区，使选区同复古框对齐，如图 3-43 所示。

图 3-42　打开文件　　　　图 3-43　创建选区

03 按 Ctrl+O 快捷键，弹出"打开"对话框，选择本书配套素材中的"素材＼第 3 章＼3.4＼3.4.3＼2.jpg"，按 Enter键确认。在工具选项栏中单击样式选项框，选择固定比例，并设置宽度为 19.9、高度为 24.5，如图 3-44 所示。

图 3-44　设置参数

04 在图像中单击并拖曳鼠标，创建固定比例的椭圆选区，同时按住空格键移动位置，如图 3-45 所示。

05 按 Ctrl+J 快捷键复制选区，拖曳至文档窗口，按Ctrl+T 快捷键自由变换，调整其位置与大小，按 Enter

键确认，如图 3-46 所示。

图 3-45　创建等比例选区　　　图 3-46　拖曳图像

06 选择背景图层，执行"图像"｜"调整"｜"亮度／对比度"命令，打开"亮度／对比度"对话框，设置参数，完成效果如图 3-47 所示。

图 3-47　调整亮度／对比度参数

> 💡 **技巧提示：**
> 按住 Shift 键的同时拖曳鼠标可以创建等比的选区；按住 Alt ＋ Shift 键的同时拖曳鼠标，可建立以起点为中心的等比的选区。

3.4.4　实战——使用"单行"和"单列选框工具"

"单行选框"工具■与"单列选框"工具■用于创建一个像素高度或宽度的选区，在选区内填充颜色可以得到水平或垂直直线。

素材文件路径：素材＼第 3 章＼3.4＼3.4.4＼1.jpg

01 执行"文件"｜"打开"命令，弹出"打开"对话框，选择本书配套素材中的"素材＼第3 章＼3.4＼3.4.4＼1.jpg"，单击"打开"按钮，如图 3-48 所示。

02 选择工具栏中的"单列选框"工具■，单击工具选项栏中的"添加到选区"按钮■，在图像上单击，创建宽度为 1 像素的选区（放开按键前拖曳可以移动选区），如图 3-49 所示。

图 3-48　打开文件　　　图 3-49　创建单列选区

03 选择工具栏中的"单行选框"工具，创建选区如图 3-50 所示。

04 单击图层面板下的"创建新图层"按钮，创建一个新图层，按 Alt+Backspace 快捷键，填充前景色黄绿色（#a4a536），按 Ctrl+D 快捷键，取消选区，完成效果如图 3-51 所示。

图 3-50　创建单行选区　　　图 3-51　填充选区

> **技巧提示：**
> 使用矩形选框工具和椭圆选框工具在图像中按住鼠标左键进行拖曳，即可创建选区；单行和单列选框工具只需在图像中单击即可创建选区。

3.5　不规则选区的建立——使用套索工具建立不规则选区

套索工具用于建立不规则形状选区，包括套索工具、多边形套索工具 和磁性套索工具。

3.5.1　实战——使用"套索工具"变脸

"套索"工具用于徒手绘制不规则形状的选区范围。套索工具能够创建出任意形状的选区，其使用方法和画笔工具相似，需要徒手绘制。

素材文件路径：素材 \ 第 3 章 \3.5\3.5.1\1.jpg

3.5.1 教学视频

01 执行"文件"|"打开"命令，弹出"打开"对话框，选择本书配套素材中的"素材\第3 章 \3.5\3.5.1\1.jpg"，单击"打开"按钮，如图 3-52 所示。

02 按 Ctrl+O 快捷键，弹出"打开"对话框，选择本书配套素材中的"素材 \ 第 3 章 \3.5\3.5.1\2.jpg"，按 Enter 键确认，选择工具栏中的"套索"工具，在人物眼睛处单击并拖曳鼠标绘制选区，如图 3-53 所示。

图 3-52　打开文件　　　图 3-53　创建选区

03 选择工具箱中的"移动"工具，拖曳图层至 1 文档窗口，按 Ctrl+T 快捷键自由变换，调整其位置与大小，按 Enter 键确认，如图 3-54 所示。

04 选择工具箱中的"橡皮擦"工具，选择柔边画笔，将眼睛边缘擦除并虚化，如图 3-55 所示。

图 3-54　拖曳图像　　　图 3-55　擦除边缘

05 执行"图像"|"调整"|"曲线"命令，打开"曲线"对话框，设置参数，令眼睛与猫咪颜色融合，如图 3-56 所示。

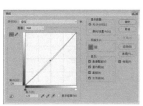 

图 3-56　调整曲线参数

06 依照上述方法，为猫咪制作另一只眼睛，完成效果如图 3-57 所示。

图 3-57　完成效果

技巧提示：

"套索"工具 ○ 创建的选区非常随意，不够精确。若在鼠标拖曳的过程中，终点尚未与起点重合就释放鼠标，则系统会自动封闭不完整的选取区域；在未释放鼠标之前，按一下 Esc 键可取消刚才的选定。

3.5.2 实战——使用"多边形套索工具"更换背景

"多边形套索"工具 ▽ 常用来创建不规则形状的多边形选区，如三角形、四边形、梯形和五角星等。本案例通过使用"多边形套索"工具 ▽ 建立选区，更换背景。

素材文件路径：素材 \ 第 3 章 \3.5\3.5.2\1.jpg

3.5.2 教学视频

01 执行"文件"|"打开"命令，弹出"打开"对话框，选择本书配套素材中的"素材\第 3 章 \3.5\3.5.2\1.jpg"，单击"打开"按钮，如图 3-58 所示。

02 按 Ctrl+J 快捷键复制图层，选择工具箱中的"矩形选框"工具 □，在墙壁空白区域创建一个矩形选区，如图 3-59 所示。

图 3-58　打开文件　　　　图 3-59　创建选区

03 按 Ctrl+T 快捷键自由变换，拖曳四周控制点，将所选区域铺满整个画布，按 Enter 键确认，如图 3-60 所示。

图 3-60　自由变换

04 隐藏图层 1，选择工具箱中的"多边形套索"工具 ▽，在画布上方单击确定起点，按住 Shift 键在图像中单击，依次创建水平、45 度角、垂直线段，将光标移至起点处，光标变为 ▷◦ 状时单击可形成一个闭合选区，如图 3-61 所示。

图 3-61　创建选区

05 执行"视图"|"新建参考线"命令，弹出"新建参考线"对话框，在取向栏中选择"垂直"，单击"确认"按钮新建一个垂直参考线，按住 Ctrl 键，拖曳参考线至选区最右端。单击工具选项栏中的"添加到选区"按钮 ⬚，依照上述方法，创建多个多边形选区，如图 3-62 所示。

06 选择背景图层，按 Ctrl+J 快捷键复制选区并拖曳图层至图层 1 上方，显示图层 1，如图 3-63 所示。

图 3-62　添加选区　　　　图 3-63　复制选区

07 选择工具箱中的"裁剪"工具 ⊡，单击画布，拖曳左右两端控制点至适当位置，按 Enter 键确认，裁剪画布，效果如图 3-64 所示。

图 3-64　裁剪图片

08 按 Ctrl+O 快捷键，弹出"打开"对话框，选择本书配套素材中的"素材 \ 第 3 章 \3.5\3.5.2\2.png"，按 Enter 键确认。选择工具箱中的"移动"工具 ⊕，拖曳图层至 1 文档窗口，完成效果如图 3-65 所示。

图 3-65　拖曳文字

技巧提示：

在选取过程中，按 Delete 键，可删除最近选取的一条线段，若连续按 Delete 键多次，则可以不断地删除线段，直至删除所有选取的线段，与按 Esc 键效果相同；若在选取的同时按 Shift 键，则可按水平、垂直或 45° 方向进行选取。

在使用套索工具或多边形套索工具时，按住 Alt 键可以在这两个工具之间相互切换。

3.5.3　了解"磁性套索工具"选项栏

"磁性套索"工具  也可以看作通过颜色选取的工具，因为它自动根据颜色的反差来确定选区的边缘，但同时它又具有圈地式选取工具的特征，即通过鼠标的单击和移动来指定选取的方向。

"磁性套索"工具 选项栏如图 3-66 所示，其中可设置羽化、颜色识别的精度和节点添加频率等参数。

图 3-66　磁性套索工具选项栏

✦ 宽度：设置磁性套索工具在选取时光标两侧的检测宽度，取值范围为 0 ～ 256 像素，数值越小，所检测的范围就越小，选取也就越精确，但同时鼠标也更难控制，稍有不慎就会移出图像边缘。设置宽度为 50，对比度为 50% 时，不同边缘选取情况如图 3-67 所示。

图 3-67　宽度 =50 时不同边缘选取情况

✦ 对比度：用于控制磁性套索工具在选取时的敏感度，范围为 1% ～ 100%，数值越大，磁性套索工具对颜色反差的敏感程度越低。设置对比度为 100% 与 1% 时，"磁性套索"工具 选取情况分别如图 3-68 和图 3-69 所示。

图 3-68　对比度 =100%　　　图 3-69　对比度 =1%

✦ 频率：用于设置自动插入的节点数，取值范围为 0 ～ 100，值越大，生成的节点数也就越多。

如果选取图像的边缘非常清晰，可以试用更大的"宽度"参数和更高的"对比度"，然后大致地跟踪边缘。在边缘较柔和的图像上，尝试使用较小的"宽度"参数

和较低的"边对比度"，以更精确地跟踪边框。

✦ 钢笔压力：如果计算机配置有数位板和压感笔，可以单击该按钮，Photoshop 会根据压感笔的压力自动调整工具的检测范围。例如，增大压力会导致边缘宽度减小。

如果在工具界面中隐藏了工具箱，执行"窗口"|"工具箱"命令，可重新显示工具箱。另外，按 Tab 键可以快速隐藏工具箱、面板和选项栏，再次按 Tab 键可恢复显示。

3.5.4　实战——使用"磁性套索工具"制作瘦身海报

本案例通过使用"磁性套索"工具 制作瘦身海报。

素材文件路径：素材 \ 第 3 章 \3.5\3.5.4\1.jpg　　

01 启动 Photoshop CC 2018 后，执行"文件"|"打开"命令，弹出"打开"对话框，选择本书配套素材中的" 素材 \ 第 3 章 \3.5\3.5.4\1.jpg"，单击"打开"按钮，如图 3-70 所示。

02 按 Ctrl+O 快捷键，弹出"打开"对话框，选择本书配套素材中的" 素材 \ 第 3 章 \3.5\3.5.4\2.jpg"，按 Enter 键确认，如图 3-71 所示。

图 3-70　打开文件　　　　　图 3-71　打开文件

03 按 Ctrl+"＋"快捷键放大画布，选择工具栏中的"磁性套索"工具 ，在人物手臂边缘位置单击确认起点，并沿人物边缘拖曳鼠标，"磁性套索"工具 会自动识别边色彩差异，并以锚点形式吸附到人物边缘，拖曳鼠标回到起始锚点位置，如图 3-72 所示。

图 3-72　创建锚点

04 单击起始锚点，完成一个闭合选区，如图 3-73 所示。

05 单击工具选项栏中的"从选区中减去"按钮，按照上述方法创建选区，将多余部分从选区中删除，如图 3-74 所示。

图 3-73　创建选区　　　　图 3-74　减去选区

06 执行"选择"|"修改"|"平滑"命令，弹出"平滑选区"对话框，设置参数如图 3-75 所示。

07 按 Ctrl+J 快捷键复制选区，选择工具箱中的"移动"工具，拖曳图层至 1 文档窗口，按 Ctrl+T 快捷键自由变换，调整其位置与大小。

图 3-75　平滑选区　　　　图 3-76　拖曳图像

08 依照上述方法，抠取"素材 \ 第 3 章 \3.5\3.5.4\2.jpg"中橙子素材并拖曳至 1 文档窗口，如图 3-77 所示。

09 按 Ctrl+O 快捷键，弹出"打开"对话框，选择本书配套素材中的"素材 \ 第 3 章 \3.5\3.5.4\4.png"，按 Enter 键确认，并拖曳至 1 文档窗口，按 Ctrl+J 快捷键自由变换，调整其位置与大小，如图 3-78 所示。

图 3-77　拖曳素材　　　　图 3-78　拖曳文字

10 分别对各个素材的位置与大小进行调整，完成效果如图 3-79 所示。

图 3-79　完成效果

💡 **技巧提示：**
磁性套索工具也存在一定的缺点，它只适用于颜色反差强烈的图像中，当图像颜色反差不大或色调杂乱时，不能创建出理想的选区。

3.6　菜单命令也能创建选区——选择颜色范围

打开一张图像后，需要分析图像所选择的部分，然后选择较为合适的一个或者多个工具，或者应用菜单命令创建图像的选区。其中菜单命令是对创建选区的一个很好的补充。

3.6.1　"色彩范围"对话框

打开一个文件，如图 3-80 所示。执行"选择"|"色彩范围"命令，可以打开"色彩范围"对话框，如图 3-81 所示。在对话框中可以预览选区，白色代表被选择的区域，黑色代表未被选择的区域，灰色则代表被部分选择的区域。

 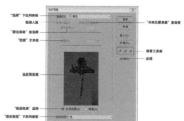

图 3-80　打开文件　　　　图 3-81　打开色彩范围对话框

在"色彩范围"对话框中，各选项含义如下。

✦ "选择"下拉列表框：用来设置选区的创建依据。选择"取样颜色"时，使用对话框中的吸管工具拾取的颜色为依据创建选区。选择"红色""黄色"或者其他颜色时，可以选择图像中特定的颜色，如图 3-82 所示。选择"高光""中间调"和"阴影"时，可以选择图像中特定的色调，如图 3-83 所示。

图 3-82 指定颜色　　图 3-83 高光区域

✦ 检测人脸：选择人像或人物皮肤时，可勾选该复选框，以便更加准确地选择肤色。

✦ "本地化颜色簇"复选框：勾选该复选框后，可以使当前选中的颜色过渡更平滑。

✦ "颜色容差"文本框：用来控制颜色的范围，该值越高，包含的颜色范围越广。

✦ "范围"文本框：在文本框中输入数值或拖曳下方的滑块，调整本地颜色簇化的选择范围。

✦ 选区预览框：显示出应用当前设置所创建的选区区域。

✦ "预览效果"选项：选中"选择范围"单选按钮，选区预览框中显示当前选区选中效果，选中"图像"单选按钮，选区预览框中显示出该图像的效果。

✦ "选区预览"下拉列表框：单击下拉按钮，打开下拉列表框，设置在图像中选区的预览效果。

✦ "存储"按钮：单击该按钮，弹出"存储"对话框。在该对话框中将当前设置的"色彩范围"参数进行保存，以便以后应用到其他图像中。

✦ 吸管工具组：用于选择图像中的颜色，并可对颜色进行增加或减少操作。

✦ "反相"复选框：选中该复选框后，即可将当前选中的选区部分反相。

知识拓展

再次执行"色彩范围"命令时，对话框中将自动保留上一次执行命令的各项参数，按住 Alt 键时，"取消"按钮变为"复位"按钮，单击该按钮可将所有参数复位到初始状态。

3.6.2 实战——运用"色彩范围"命令

"色彩范围"命令与魔棒工具相比，功能更为强大，使用方法也更为灵活，可以一边预览选择区域一边进行动态调整，下面以实例进行说明。

3.6.2 教学视频

素材文件路径：素材 \ 第 3 章 \3.6\3.6.2\1.jpg

01 执行"文件"|"打开"命令，弹出"打开"对话框，选择本书配套素材中的"素材 \ 第 3 章 \3.6\3.6.2\1.jpg"，单击"打开"按钮，如图 3-84 所示。

02 执行"文件"|"置入嵌入的智能对象"命令，弹出"置入"对话框，选择相关素材中的"素材 \ 第 3 章 \3.6\3.6.2\2.jpg"，按 Enter 键确认，长按 Shift 键拖曳四周控制点，放大图像，如图 3-85 所示。

图 3-84 打开文件　　图 3-85 放大图像

03 按 Enter 键确认，双击图层重命名为"翅膀"，执行"选择"|"色彩范围"命令，弹出"色彩范围"对话框，单击对话框右侧的吸管按钮📌，移动光标至图像窗口或预览框中，在蓝色背景区域单击，令选择内容成为白场，如图 3-86 所示。

04 勾选"反相"复选框，令水花翅膀成为白场，背景成为黑场，移动滑块设置颜色容差与范围，如图 3-87 所示。

图 3-86 "色彩范围"对话框 图 3-87 调节颜色容差与范围

05 预览框用于预览选择的颜色范围，白色表示选择区域，黑色表示未选中区域，单击"确认"按钮，此时图像中会出现许多不规则选区，如图 3-88 所示。

06 按 Ctrl+J 快捷键复制选区，隐藏翅膀图层，按 Ctrl+T

快捷键自由变换，调整翅膀的大小与位置，效果如图 3-89 所示。

图 3-88　不规则选区　　图 3-89　调整翅膀的大小与
位置

07 执行"图像"|"调整"|"可选颜色"命令，打开"可选颜色"对话框，调节白色与中性色参数，如图 3-90 所示。

图 3-90　调节白色与中性色参数

08 完成效果如图 3-91 所示。

图 3-91　完成效果

知识拓展："色彩范围"命令有什么特点？

"色彩范围"命令、魔棒和快速选择工具的相同之处是，都基于色调差异创建选区。而"色彩范围"命令可以创建带有羽化的选区，也就是说，选出的图像会呈现透明效果，魔棒和快速工具则不能。

3.7　为颜色建立选区——魔棒工具和快速选择工具

魔棒工具和快速选择工具可以快速选择色彩变化不大且色调相近的区域。下面详细讲解魔棒工具的特点和使用方法。

3.7.1　了解魔棒工具选项栏

魔棒工具能够根据图像的颜色来自动建立选区，选择魔棒工具后在图像上单击，能够选取图像中颜色相同或相近的区域，使用魔棒工具时，通过工具选项栏可以控制选取的范围大小，如图 3-92 所示。

图 3-92　魔棒工具选项栏

若勾选"连续"复选框，可以按住 Shift 键单击选择不连续的多个颜色相近区域。

魔棒工具选项栏中各选项含义如下。

◆ **取样大小**：选择取样点范围大小。

◆ **"容差"文本框**：在此文本框中可输入 0 ～ 255 之间的数值来确定选取的颜色范围。其值越小，选取的颜色范围与单击位置的颜色越相近，同时选取的范围也越小；值越大，选取的范围就越广。

◆ **"消除锯齿"复选框**：勾选该复选框，可消除选区的锯齿边缘。

◆ **"连续"复选框**：勾选该复选框，在选取时仅选择位置邻近且颜色相近的区域。否则，会将整幅图像中所有颜色相近的区域选择，而不管这些区域是否相连，与"选择"|"色彩范围"命令功能相同，如图 3-93 所示。

原图　　未勾选"连续"复　　勾选"连续"复选框
选框

图 3-93　连续

◆ **"对所有图层取样"复选框**：该选项仅对多图层图像有效。系统默认只对当前图层有效，勾选该复选框，将会在所有的可见图层中应用颜色选择。

选择需要清除的图像区域，执行"编辑"|"清除"命令，或直接按 Delete 键可以清除选区内的图像。如果在背景

图层上清除图像，Photoshop 会在清除的图像区域内填充背景色，如果是在其他图层清除图像，则得到透明区域，如图 3-94 所示。

图 3-94　清除

3.7.2　实战——运用"魔棒工具"抠取花朵

本案例通过使用"魔棒"工具抠取花朵，制作祝福卡片。

素材文件路径：素材 \ 第 3 章 \3.7\3.7.2\1.jpg

01 启动 Photoshop CC 2018 后，执行"文件"｜"打开"命令，弹出"打开"对话框，选择本书配套素材中的"素材 \ 第 1 章 \1.2\1.2.7\1.jpg"，单击"打开"按钮，"素材 \ 第 3 章 \3.7\3.7.2\1.jpg"如图 3-95 所示。

02 按 Ctrl+O 快捷键，弹出"打开"对话框，选择本书配套素材中的" 素材 \ 第 3 章 \3.7\3.7.2\2.png"，按 Enter 键确认。选择工具箱中的"移动"工具，拖曳素材图层至"1"文档窗口，如图 3-96 所示。

图 3-95　打开文件　　　图 3-96　拖曳文件

03 按 Ctrl+O 快捷键，弹出"打开"对话框，选择本书配套素材中的" 素材 \ 第 3 章 \3.7\3.7.2\3.jpg"，按 Enter 键确认。按 Ctrl+J 快捷键复制一层，将背景填充为黑色以便于观察。选择工具箱中的"魔棒"工具，在选项栏中设置"容差"为 20，选择图层 1，将鼠标放在白色区域并单击，"魔棒"工具会选取连接的所有白色区域，如图 3-97 所示。

04 按 Backspace 键删除选区，按 Ctrl+D 快捷键取消选区，单击选项栏中的"连续"复选框，令此复选框为未选中

状态，按 Ctrl++ 快捷键放大画布，单击图中的白色区域，"魔棒"工具会选取图中所有白色区域，如图 3-98 所示。

图 3-97　创建选区　　　图 3-98　删除选区

05 按 Backspace 键删除选区并按 Ctrl+D 快捷键取消选区，选择工具箱中的"套索"工具，在需要的素材周围创建一个选区，如图 3-99 所示。

06 选择工具箱中的"移动"工具，按住鼠标左键，拖曳素材至"1"文档窗口，按 Ctrl+T 快捷键自由变换，调整其位置与大小，如图 3-100 所示。

图 3-99　创建选区　　　图 3-100　拖曳文件

07 以相同的方法拖曳素材，按 Ctrl+T 快捷键自由变换，单击，在弹出的选项框中单击"水平翻转"按钮，拖曳四周控制点，调整其位置与大小，按 Enter 键确认，如图 3-101 所示。

08 按照上述方式拖曳其他素材，调整适当的图层顺序，按住 Shift 键，选中全部花朵素材，拖曳至图层面板下方"新建组"按钮上，新建一组并拖曳组至背景图层上方，如图 3-102 所示。

图 3-101　变换选区　　　图 3-102　拖曳文件

09 执行"图像"|"调整"|"亮度/对比度"命令，打开"亮度/对比度"对话框，分别依照花朵前后顺序设置参数，令图像更有层次感，效果如图 3-103 所示。

图 3-103　调整亮度/对比度参数

10 拖曳树叶素材至"1"文档窗口，按 Ctrl+T 快捷键自由变换，单击，在弹出的选项框中选择"变形"，此时图像自由变换区域出现带控制点的网格，拖曳网格内任意位置对图像进行扭曲变形，效果如图 3-104 所示。

图 3-104　变形

11 执行"图像"|"调整"|"可选颜色"命令，打开"可选颜色"对话框，分别设置"绿色""中性色""黑色"参数，令叶子颜色与背景更为协调，如图 3-105 所示。

图 3-105　调整可选颜色参数

12 拖曳图层至组 1 下方，按 Ctrl+T 快捷键自由变换，调整其位置与大小，按 Enter 键确认。按 Ctrl+J 快捷键复制一层，以相同方式调整其位置并选择全部叶子图层，拖曳至图层面板下方"新建组"按钮 上，新建一组，

如图 3-106 所示。

图 3-106　新建组

13 双击组 1 图层组，打开"图层样式"对话框，调节"投影"参数，增加画面立体感，如图 3-107 所示。

14 同理，双击组 2 图层组，在"图层样式"对话框中调节"投影"参数，如图 3-108 所示，最终效果如图 3-109 所示。

图 3-107　设置"投影"参数　　图 3-108　设置"投影"参数

图 3-109　最终效果

3.7.3　实战——运用"快速选择工具"改变嘴唇颜色

"快速选择"工具 属于颜色选择工具，不同的是，在移动鼠标的过程中，它能够快速选择多个颜色相似的区域，相当于按住 Shift 或 Alt 键不断使用"魔棒"工具 单击。快速选择工具的引入，使复杂选区的创建变得简单和轻松。本案例通过使用"快速选择"工具 改变嘴唇颜色。

素材文件路径：素材 \ 第 3 章 \3.7\3.7.3\1.jpg

01 启动 Photoshop CC 2018 后，执行"文件"|"打开"命令，弹出"打开"对话框，选择

3.7.3 教学视频

本书配套素材中的"素材\第 3 章\3.7\3.7.3\1.jpg g"，单击"打开"按钮，如图 3-110 所示。

02 按 Ctrl++ 快捷键，选择工具箱中的"快速选择"工具 ，在嘴唇区域单击或长按拖曳，"快速选择"工具 会对近似颜色进行选取，如图 3-111 所示。

 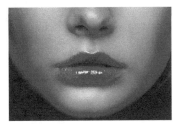

图 3-110　打开文件　　图 3-111　创建选区

03 单击工具选项栏中的"从选区中减去"按钮 ，将笔触缩小，在牙齿及超出嘴唇的选区内单击，减去多余的选区，如图 3-112 所示。

04 执行"选择"|"修改"|"羽化"命令，弹出"羽化选区"对话框，设置参数如图 3-113 所示。

图 3-112　减去选区　　图 3-113　羽化选区

05 执行"图像"|"调整"|"色相/饱和度"命令，打开"色相/饱和度"对话框，设置参数如图 3-114 所示。

图 3-114　调整色相/饱和度参数

06 执行"图像"|"调整"|"可选颜色"命令，打开"可选颜色"对话框，分别设置其红色、黄色、中性色参数，如图 3-115 所示。

图 3-115　调整可选颜色参数

07 唇色更改完成效果如图 3-116 所示。

图 3-116　完成效果

技巧提示：
快速选择工具默认选择光标周围与光标范围内的颜色类似且连续的图像区域，因此，光标的大小决定着选取的范围。

3.7.4　实战——运用"钢笔工具"建立选区

路径的最大优势在于精确，使用"钢笔"工具 建立路径后，可以快速将路径转换为选区，本案例通过"钢笔"工具 来抠取香水制作香水宣传广告。

素材文件路径：素材\第 3 章\3.7\3.7.4\1.jpg

3.7.4 教学视频

01 执行"文件"|"打开"命令，弹出"打开"对话框，选择本书配套素材中的"素材\第 3 章\3.7\3.7.4\1.jpg"，单击"打开"按钮，如图 3-117 所示。

02 按 Ctrl+O 快捷键，弹出"打开"对话框，选择本书配套素材中的"素材\第 3 章\3.7\3.7.4\2.jpg"，按 Enter 键确认。选择工具箱中的"钢笔"工具 ，设置工具选项栏中的"工具模式"为路径，在香水瓶边缘单击确定起始锚点，如图 3-118 所示。

图 3-117　打开文件　　图 3-118　绘制起始锚点

03 在香水瓶转折点单击第二个锚点并拖曳鼠标，此时锚点两端延伸出两个反向的方向点，调整方向点，令两锚点之间路径吻合瓶身，如图 3-119 所示。

04 在瓶子左下角单击确定第三个锚点，绘制一条直线路径，如图 3-120 所示。

05 依照上述方法，沿香水瓶边缘创建多个锚点，当回到起始锚点，单击完成一个闭合路径，如图 3-121 所示。

图 3-119　绘制　　图 3-120　绘制　　图 3-121　闭合
曲线锚点　　　　直线锚点　　　　　路径

06 单击工具选项栏中的"建立选区"按钮 选区… ，弹出"创建选区"对话框，单击"确认"按钮，将路径转化为选区，如图 3-122 所示。

07 按 Ctrl+J 快捷键复制选区，选择工具箱中的"移动"工具 ，拖曳图层至 1 文档窗口，按 Ctrl+T 快捷键自由变换，调整其位置，如图 3-123 所示。

图 3-122　转换选区　　　图 3-123　拖曳文件

08 执行"图像"|"调整"|"曲线"命令，打开"曲线"对话框，设置参数如图 3-124 所示。

09 按 Ctrl+O 快捷键，弹出"打开"对话框，选择本书配套素材中的"素材 \ 第 3 章 \3.7\3.7.4\3.jpg"，按 Enter 键确认，选择工具箱中的"移动"工具 ，拖曳图层至 1 文档窗口，按 Ctrl+T 快捷键自由变换，长按 Ctrl 键，拖曳四周控制点，调整其位置与透视，如图 3-125 所示。

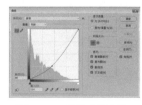 

图 3-124　调整曲线参数　　图 3-125　拖曳文件

10 执行"图像"|"调整"|"曲线"命令，打开"曲线"对话框，设置参数如图 3-126 所示。

11 选择香水图层，按 Ctrl+J 快捷键复制图层，按 Ctrl+T

快捷键自由变换，在图像中右击，在弹出的快捷菜单中选择"垂直翻转"命令，长按 Ctrl 键拖曳控制点，调整其位置与透视，如图 3-127 所示。

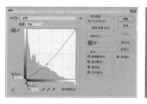 

图 3-126　调整曲线参数　　图 3-127　自由变换

12 按 Enter 键确认，拖曳图层至香水图层下方，设置图层的不透明度为 90%、流量为 50%，效果如图 3-128 所示。

13 单击图层面板下方的"创建新的填充或调整图层"按钮 ，在弹出的选项框中选择曲线，打开"曲线"对话框，调节参数如图 3-129 所示。

图 3-128　设置图层不透明度　　图 3-129　调整曲线参数

14 单击图层面板下方的"创建新的填充或调整图层"按钮 ，在弹出的选项框中选择可选颜色，打开"可选颜色"对话框，分别设置红色、黄色、中性色参数，如图 3-130 所示。

图 3-130　调整可选颜色参数

15 按 Ctrl+O 快捷键，弹出"打开"对话框，选择本书配套素材中的"素材 \ 第 3 章 \3.7\3.7.4\4.png"，按 Enter 键确认，选择工具箱中的"移动"工具 ，拖曳图层至 1 文档窗口，完成效果如图 3-131 所示。

> **技巧提示：**
> 在 Photoshop CC 中，任何一个文件中都只能存在一个工作路径，如果原来的工作路径没有保存，就继续绘制新路径，那么原来的工作路径就会被新路径取代。为了避免造成不必要的损失，建议大家养成随时保存路径的好习惯。

图 3-131　拖曳文字

3.7.5　实战——用"快速蒙版"编辑选区

　　一般使用"快速蒙版"模式都是从选区开始的，然后从中添加或者减去选区，以建立蒙版。创建的快速蒙版可以使用绘图工具与滤镜进行调整，以便创建复杂的选区。

素材文件路径：素材 \ 第 3 章 \3.7\3.7.5\1.jpg

3.7.5 教学视频

01 执行"文件"|"打开"命令，弹出"打开"对话框，选择本书配套素材中的"素材 \ 第 3 章 \3.7\3.7.5\1.jpg"，单击"打开"按钮，如图 3-132 所示。

02 按 Ctrl+O 快捷键，弹出"打开"对话框，选择本书配套素材中的"素材 \ 第 3 章 \3.7\3.7.5\2.jpg"，按 Enter 键确认，如图 3-133 所示。

图 3-132　打开文件　　　　图 3-133　打开文件

03 双击选择工具箱中的"快速蒙版"工具，打开"快速蒙版选项"对话框，设置参数如图 3-134 所示。

04 选择工具箱中的"画笔"工具，在工具选项栏中设置不透明度为 40%、流量为 40%。在图像中右击，弹出"画笔预设器"选项框，选择画笔如图 3-135 所示。

图 3-134　启用快速蒙版　　　图 3-135　设置画笔预设

05 单击拖曳鼠标从图像左下角往右上角涂抹，此时红色半透明区域为所选区域，如图 3-136 所示。依照上述方法，在图像中多次涂抹，令主体区域为不透明的红色，如图 3-137 所示。

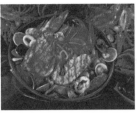

图 3-136　涂抹效果　　　　图 3-137　涂抹效果

06 单击工具箱中的"快速蒙版"工具，退出快速蒙版，快速蒙版将会转换为闪烁虚线选区，如图 3-138 所示。

07 按 Ctrl+J 快捷键复制选区，选择工具箱中的"移动"工具，拖曳图层至 1 文档窗口，可观察到快速蒙版中半透明区域此时在图像中也显示为半透明，如图 3-139 所示。

图 3-138　退出快速蒙版　　　图 3-139　拖曳文件

08 按 Ctrl+O 快捷键，弹出"打开"对话框，选择本书配套素材中的"素材 \ 第 3 章 \3.7\3.7.5\3.png"，按 Enter 键确认。选择工具箱中的"移动"工具，拖曳图层至 1 文档窗口，完成效果如图 3-140 所示。

图 3-140　拖曳文字

3.7.6 实战——用"通道"抠取透明图像

通道是最强大的抠图工具，它适合选择像毛发等细节丰富的对象，以及玻璃、烟雾、婚纱等透明对象，本案例使用"通道"抠图透明头纱。

素材文件路径：素材 \ 第 3 章 \3.7\3.7.6\1.jpg

01 执行"文件"｜"打开"命令，弹出"打开"对话框，选择本书配套素材中的"素材\第 3 章 \3.7\3.7.2\1.jpg"，单击"打开"按钮，如图 3-141 所示。

02 使用"磁性套索"工具与"套索"工具，单击工具选项栏中的"添加到选区"按钮，在人物边缘创建选区，如图 3-142 所示。

图 3-141　打开文件　　　图 3-142　创建选区

03 按 Ctrl+J 快捷键复制选区，隐藏背景图层，如图 3-143 所示。

图 3-143　隐藏背景

04 观察通道面板中的红、绿、蓝通道，可以观察到在蓝通道反差最为明显，选择蓝通道，将蓝通道拖曳至通道面板下"创建新通道"按钮上，复制蓝色通道，如图 3-144 所示。

图 3-144　复制通道

05 执行"图像"｜"调整"｜"色阶"命令，打开"色阶"对话框，滑动三角形滑块，令选区中头发以外区域显示为白场，头发显示为黑场，如图 3-145 所示。

06 选择工具箱中的"快速选择"工具，在人物部分创建选区，如图 3-146 所示。

图 3-145　设置色阶参数　　　图 3-146　创建选区

07 设置前景色为白色，按 Alt+Backspace 快捷键填充前景色，如图 3-147 所示。

08 选择工具箱中的"画笔"工具，在画布中右击，打开画笔下拉面板，选择柔边画笔，在发丝边缘涂抹，令边缘柔和，如图 3-148 所示。

图 3-147　填充前景色　　　图 3-148　涂抹图像

09 按住 Ctrl 键单击复制的蓝通道载入选区，回到图层，选择图层 1，此时图像中出现不规则的密集选区，如图 3-149 所示。

图 3-149　载入选区

10 按 Ctrl+J 快捷键复制图层，隐藏图层 1，图像抠取效果如图 3-150 所示。

11 选择填充图层，执行"文件"｜"置入嵌入的智能对象"命令，弹出"置入"对话框，选择相关素材中的"素材\第 3 章 \3.7\3.7.6\1.jpg"素材，拖曳四周锚点调整其位置与大小，按 Enter 键确认，如图 3-151 所示。

图 3-150　涂抹白场　　　图 3-151　载入选区

12 选择皮肤、头发与头纱图层，右击，在弹出的选项框中单击"合并图层"选项。执行"图像"｜"调整"｜"曲线"命令，打开"曲线"对话框，设置参数如图 3-152 所示。

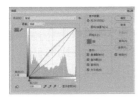

图 3-152 设置曲线参数

3.8 工具选项栏创建选区——选择并遮住

在 Photoshop CC 中，新增加了一个"选择并遮住…"选项，集中了以往常用的抠图工具，来更专注于抠图这项需要耐心与细心的工作，更新之后不仅优化了工作流程，在抠图的时对图片前景后景的智能识别中也更加高效了。

在 Photoshop 中精确建立选区和蒙版，比以往更加简单快捷。新增的专用工作区现在可以准确选取范围和建立蒙版。使用快速选择工具等工具，区分前景和背景完全不留痕迹，还能选择更多内容。

"选择并遮住…"对话框的布局与主界面基本一致，左侧是工具栏，上方是工具选项栏，右侧是属性设置区域，中间是预览和操作区。工具栏由上到下依次是"快速选择"工具、"调整边缘画笔"工具、"画笔"工具、"套索"工具、"多边形套索"工具、"抓手"工具与"缩放"工具；工具选项栏为"添加到选区"与"从选区中减去"，以及调整画笔大小；右边属性设置类似于 Photoshop CS6 中的"调整边缘"工具，多项经验改进旨在提供与旧版、熟悉的调整边缘工作流程更接近的对齐方式，现在优化视野更大、操作更直观、配合度更强，鼠标向下滚动提供高质量调整预视。如果需要，可以选择性地切换至低分辨率预视以取得更好的互动，如图 3-153 所示。

图 3-153 选择并遮住对话框

"快速选择"工具：选择该工具后，在图像窗口中可以单击或拖曳选取近似颜色区域。

"调整边缘画笔"工具：选择该工具后，在图像窗口中可以进行涂抹，自动选择边缘。

"画笔"工具：选择该工具后，在图像窗口中可以进行涂抹选择。

"套索"工具：选择该工具后，在图像窗口中可以创建任意不规则选区。

"多边形套索"工具：选择该工具后，在图像窗口中可以创建任意直线选区。

"抓手"工具：选择该工具后，在图像窗口中可以移动图像的视图。

"缩放"工具：选择该工具后，在图像窗口中可以缩放图像的视图。

3.8.1 选择视图模式

可以边调整边实时预览选区效果。单击视图下拉按钮，在弹出的下拉面板中可选择用于设置选区的预览模式，如图 3-154 所示。

图 3-154 视图模式

七种视图模式分别为洋葱皮、闪烁虚线、叠加（半透明的红色区域为非选择区域）、黑底、白底、黑白（白色为选择区域，黑色为非选择区域）与图层，如图 3-155 所示。用户可以根据图像的特点和自己的需要灵活选择最佳的预览模式。

洋葱皮 透明度 =100%   洋葱皮 透明度 =50%

闪烁虚线   叠加   黑底

白底   黑白   图层

图 3-155 预览效果

3.8.2　边缘检测

设置选区的半径大小，即选区边界内、外扩展的范围，在边界的半径范围内，将得到羽化的柔和边界效果，如图 3-156 所示。

图 3-156　边缘检测

设置半径值，可以得到类似"羽化"的效果。与"羽化"效果不同的是，设置"半径"参数时，得到的是选区内侧和外侧同时扩展的柔化效果，而"羽化"效果是向内收缩柔化，如图 3-157 所示。

半径 =0　　　半径 =50　　　半径 =150

图 3-157　设置半径参数

3.8.3　了解全局调整参数

全局调整可设置平滑、羽化、对比度及移动边缘对图像边缘进行调整，如图 3-158 所示。

图 3-158　全局调整

如图 3-159 所示为原图。

平滑：用于设置选区边缘的光滑程度，"平滑"参数值越大，得到的选区边缘越光滑，类似于"选择"|"修改"|"平滑"命令，如图 3-160 所示。

平滑选区和羽化选区在对选区边缘进行调整时，从标准预览来看没有明显的区别，但实际上在白底预览模式下可看到两者具有本质的区别，其中平滑选区创建平滑且边缘清晰的轮廓，而羽化选区在平滑的同时创建了边缘柔化的轮廓。

羽化："羽化"参数用于动态调整羽化的大小，在调整的同时还可以在图像窗口预览羽化的效果，比"选区"|"羽化"命令更为直观和方便，如图 3-161 所示。

图 3-159　原图　　图 3-160　平滑　　图 3-161　羽化
　　　　　　　　　　　　=100　　　　　　　=10

对比度：该参数用于设置选区边缘的对比度，对比度参数值越高，得到的选区边缘越清晰，对比度参数值越小，得到的选区边界越柔和，如图 3-162 所示。

移动边缘：向左拖曳滑块可以减小百分比值，或设置介于 0%~100% 之间的值，以收缩选区边缘，如图 3-163 所示；向右拖曳滑块，可以增大百分比值，或者设置介于 0%~100% 之间的值，以扩展选区边缘，如图 3-164 所示。

图 3-162　对比度　图 3-163　移动边缘　图 3-164　移动边缘
　　=100　　　　　　=-100　　　　　　=100

3.8.4　指定输出方式

如图 3-165 所示为"输出设置"对话框。

勾选"净化颜色"复选框后，可调整"数量"参数。

输出到：可将选区输出为"选区""图层蒙版""新建图层""新建带有图层蒙版的图层""新建文档"或"新建带有图层蒙版的文档"。

记住设置：勾选该复选框，可在下次打开对话框时保持现有的设置。

图 3-165　输出设置

3.8.5　实战——抠取头发

选择并遮住可以运用多种方式创建选区，并对选区内容进行平滑、羽化、移动等处理，本案例将运用选择并遮住来抠取复杂的人物，为人物替换背景。

素材文件路径：素材 \ 第 3 章 \3.8\3.8.5\1.jpg

3.8.5 教学视频

01 执行"文件"|"打开"命令，弹出"打开"对话框，选择本书配套素材中的"素材 \ 第 3 章 \3.8\3.8.5\1.jpg"，单击"打开"按钮，如图 3-166 所示。

02 执行"选择"|"选择并遮住"命令，打开"选择并遮住"对话框，选择洋葱皮视图模式，设置不透明度为 30%，如图 3-167 所示。

图 3-166 打开文件 　图 3-167 执行"选择并遮住" 命令

03 选择工具栏中的"快速选择"工具 ，结合"添加到选区"按钮 与"从选区中减去"按钮 ，按"["或"]"键缩小或放大画笔，在图像中单击或长按鼠标拖曳，选取近似颜色区域，如图 3-168 所示。

图 3-168 创建选区

04 选择工具栏中的"缩放"工具 ，将图像放大，选择"画笔"工具 ，在头发边缘进行涂抹，将细小头发区域全部选取，如图 3-169 所示

05 选择工具栏中的"调整边缘画笔"工具 ，单击工具选项栏中的"添加到选区"按钮 ，在头发边缘区域

进行涂抹，"调整边缘画笔"工具 将自动清除头发以外区域，如图 3-170 所示。

图 3-169 画笔涂抹 　　图 3-170 调整边缘

06 依照上述方法，将头发完整选取出来，选择工具栏中的"缩放"工具 ，按住 Alt 键单击图像缩小图像，如图 3-171 所示。

07 设置透明度为 100%，将背景图层全部隐藏，如图 3-172 所示。

图 3-171 调整边缘 　　图 3-172 设置不透明度

08 选择视图模式为黑白，可观察到此时图像中还存留未选中区域，选择工具栏中的"画笔"工具 ，在人物内部黑色区域进行涂抹，如图 3-173 所示。

09 在全局调整面板中调节平滑与移动边缘参数，令图像边缘更柔和，如图 3-174 所示。

图 3-173 黑白视图 　　图 3-174 调整全局参数

10 执行"文件"|"置入嵌入的智能对象"命令，弹出"置入"对话框，选择相关素材中的"素材 \ 第 3 章 \3.8\3.8.5\2.jpg"素材，按 Enter 键确认，拖曳四周控制点，调整其大小，如图 3-175 所示。

⓫ 拖曳图层至人物图层下方，如图 3-176 所示。

图 3-175 置入文件

图 3-176 调整图层顺序

⓬ 选择人物图层，执行"图像"|"调整"|"曲线"命令，打开"曲线"对话框，设置参数令人物色彩与背景协调，完成效果如图 3-177 所示。

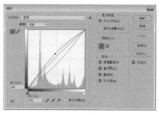
图 3-177 调整曲线参数

3.9 选区快捷变换法——编辑选区

选区与图像一样，也可以移动、旋转、翻转和缩放，以调整选区的位置和形状，最终得到所需的选择区域。

3.9.1 平滑选区

平滑选区可使选区边缘变得连续和平滑。执行"平滑"命令时，系统将弹出如图 3-178 所示的"平滑选区"对话框，在"取样半径"文本框中输入 1 ～ 100 像素范围内的平滑数值，单击"确定"按钮即可。如图 3-179 所示为创建的选区，如图 3-180 所示为平滑选区后的效果。

图 3-178 "平滑选　　图 3-179 创建　　图 3-180 平滑
区"对话框　　　　　　选区　　　　　　50 像素

3.9.2 扩展选区

"扩展选区"命令可以在原来选区的基础上向外扩展选区。创建如图 3-181 所示的选区，执行"选择"|"修改"|"扩展"命令，弹出"扩展选区"对话框，设置扩展量，如图 3-182 所示，单击"确定"按钮，如图 3-183 所示为扩展后的选区。

图 3-181 创建　　图 3-182 扩展选　　图 3-183 扩展
选区　　　　　区对话框　　　　10 像素

3.9.3 收缩选区

在选区存在的情况下，执行"选择"|"修改"|"收缩"命令，弹出"收缩选区"对话框，其中"收缩量"数值框用来设置选区的收缩范围。在数值框中输入数值，即可将选区向内收缩相应的像素，收缩结果如图 3-184 所示。

图 3-184 收缩 10 像素

3.9.4 羽化选区

羽化命令用于对选区进行羽化。羽化是通过建立选区和选区周围像素之间的转换边界来模糊边缘的，这种模糊方式会丢失选区边缘的图像细节。选区的羽化功能常用来制作晕边艺术效果，在工具箱中选择一种选择工具，可在工具选项栏的"羽化"文本框中输入羽化值，然后建立有羽化效果的选区，也可以建立选区，如图 3-185 所示。执行"选择"|"修改"|"羽化"命令，在弹出的对话框中设置羽化值，对选区进行羽化，如图 3-186 所示。羽化值的大小控制图像晕边的大小，羽化值越大，晕边效果越明显。

图 3-185 创建选区　　　　图 3-186 羽化 10 像素

知识拓展：为什么羽化时会弹出提示信息？

如果选区较小而羽化半径设置得较大，就会弹出一个羽化警告。单击"确定"按钮，表示确认当前设置的羽化半径，这时选区可能变得非常模糊，以至于在画面中看不到，但选区仍然存在。如果不想出现该警告，应减少羽化半径或增大选区的范围。

3.9.5　边界选区

边界选区以所在选区的边界为中心向内、向外产生选区，取其一定像素，形成一个环带轮廓。创建如图 3-187 所示的选区，执行"选择"|"修改"|"边界"命令，弹出"边界选区"对话框，设置边界值，边界效果如图 3-188 所示。

图 3-187　创建选区　　　　图 3-188　边界选区

3.9.6　实战——用"羽化选区"命令制作旅游海报

本案例使用羽化选区来制作溶图效果，制作张家界旅游海报。

素材文件路径：素材 \ 第 3 章 \3.9\3.9.6\1.jpg

01 执行"文件"|"打开"命令，弹出"打开"对话框，选择本书配套素材中的"素材\第3 章 \3.9\3.9.6\1.jpg"，单击"打开"按钮，如图 3-189 所示。

02 按 Ctrl+O 快捷键，弹出"打开"对话框，选择本书配套素材中的"素材 \ 第 3 章 \3.9\3.9.6\2.jpg"，按Enter 键确认。选择工具箱中的"套索"工具 ，沿山峰边缘，在图像中单击并拖曳鼠标创建选区，如图 3-190 所示。

图 3-189　打开
文件

图 3-190　创建选区

03 执行"选择"|"修改"|"羽化"命令，弹出"羽化选区"对话框，设置参数为 30 像素，单击"确认"按钮，如图 3-191 所示。

04 按 Ctrl+J 快捷键复制选区，选择工具箱中的"移动"工具 ，拖曳图层至 1 文档窗口，双击图层重命名为"景1"，按 Ctrl+T 快捷键自由变换，调整其位置与大小，按 Enter 键确认，如图 3-192 所示。

图 3-191　羽化选区　　　图 3-192　拖曳文件

05 按 Ctrl+O 快捷键，弹出"打开"对话框，选择本书配套素材中的"素材 \ 第 3 章 \3.9\3.9.6\3.jpg"，按Enter 键确认。选择工具箱中的"套索"工具 ，在图像中创建选区，如图 3-193 所示。

06 执行"选择"|"修改"|"羽化"命令，弹出"羽化选区"对话框，在图像尺寸较大的情况下，设置参数为 60 像素，单击"确认"按钮，如图 3-194 所示。

图 3-193　创建选区　　　图 3-194　羽化选区

07 按 Ctrl+J 快捷键复制选区，选择工具箱中的"移动"工具 ，拖曳图层至 1 文档窗口，双击图层重命名为"景2"，按 Ctrl+T 快捷键自由变换，调整其位置与大小，按 Enter 键确认，拖曳图层至景 1 图层下方，如图 3-195所示。

08 选择景 1 图层，执行"图像"|"调整"|"色彩平衡"命令，打开"色彩平衡"对话框，设置参数如图 3-196 所示。

图 3-195　拖曳文件　　　图 3-196　设置色彩平衡参数

09 选择景 2 图层，执行"图像"|"调整"|"色彩平衡"命令，打开"色彩平衡"对话框，设置参数如图 3-197 所示。

10 设置景 2 图层不透明度为 60%，流量为 50%，令图像更有层次感，效果如图 3-198 所示。

图 3-197　设置色彩平衡参数　图 3-198　设置图层不透明度

11 按 Ctrl+O 快捷键，弹出"打开"对话框，选择本书配套素材中的"素材 \ 第 3 章 \3.9\3.9.6\4.png"，按 Enter 键确认。选择工具箱中的"移动"工具 ⊕，拖曳图层至 1 文档窗口，完成效果如图 3-199 所示。

图 3-199　拖曳文字

3.9.7　扩大选取和选取相似

如果需要选取的区域在颜色方面是比较相似的，可以先选取一小部分，然后利用"扩大选取"或"选取相似"命令选择其他部分。

创建如图 3-200 所示的选区，使用"扩大选取"命令可以将原选区扩大，所扩大的范围是与原选区相邻且颜色相近的区域。扩大的范围由魔棒工具选项栏中的容差值决定，设置容差为 30，扩大选区效果如图 3-201 所示。

"选取相似"命令也可将选取扩大，类似于"扩大选取"命令，但此命令扩展的范围与扩大选取命令不同，它是将整个图像中颜色相似的区域全部扩展至选取区域中，如图 3-202 所示。

图 3-200　创建选区　图 3-201　扩大选取　图 3-202　选取相似

3.9.8　隐藏选区边缘

当对选区的图像进行了填充、描边或应用滤镜等操作后，想查看实际效果，而选区边界不断闪烁的"蚂蚁线"又影响了观察时，可以执行"视图"|"显示"|"选区边缘"命令，或按 Ctrl ＋ H 快捷键，以隐藏选区边缘，而又不取消当前的选区。

3.9.9　实战——变换选区

"变换选区"命令与"变换"命令操作选区，完成的效果是不同的，接下来通过具体的操作来讲解两者的不同处。

素材文件路径：素材 \ 第 3 章 \3.9\3.9.9\1.jpg

01 启动 Photoshop CC 2018，执行"文件"|"打开"命令，弹出"打开"对话框，选择本书配套素材中的"素材 \ 第 3 章 \3.9\3.9.9\1.jpg"，单击"打开"按钮，如图 3-203 所示。

02 选择工具箱中的"椭圆形选框"工具 ⬭，在工具选项栏中设置羽化为 5 像素，在人物眼睛区域创建选区，如图 3-204 所示。

图 3-203　打开文件　　图 3-204　创建选区

03 执行"选择"|"变换选区"命令，选区边缘显示定界框，在图像中右击，在弹出的选项框中单击变形选项，定界框显示为带控制点的网格，拖曳网格内任意位置改变选区形状，但选区内的图像不会受到影响，如图 3-205 所示。

04 按 Enter 键确认，执行"编辑"|"变自由变换"命令，或按 Ctrl+T 快捷键，选区边缘显示同样定界框，长按 Shift 键拖曳右下方控制点，等比例放大选区，选区内的图像同时应用变换，调整其位置如图 3-206 所示。

图 3-205　变换选区　　图 3-206　自由变换

05 按 Enter 键确认，按 Ctrl+D 快捷键取消选区，效果如图 3-207 所示。

06 依照上述方法，为小女孩放大另一只眼睛，完成效果如图 3-208 所示。

图 3-207　取消选区　　　图 3-208　完成效果

技巧提示：
变换选区时对选区内的图像没有任何影响，这与使用移动工具操作有根本的区别，初学者应注意区分。

若只需要变换选区，应该执行"选择"|"变换选区"命令，否则将会对选区内图形进行变换。

3.9.10　实战——存储选区

在 Photoshop 中，一旦建立新的选区，原来的选区就会自动取消。然而，在图像编辑的过程中，有些选区可能要重复使用多次，如果每次使用时都重新选择一次，那将是一件费时费力的事情，特别是当这些选区比较复杂的时候。为此，Photoshop 提供了 Alpha 通道以存放选区。由于通道可以随文件一起保存，因此，下次打开图像时，可以继续使用选区。接下来通过具体的操作来存储选区内容。

素材文件路径：素材 \ 第 3 章 \3.9\3.9.10\1.jpg

01 启动 Photoshop CC 2018 后，执行"文件"|"打开"命令，弹出"打开"对话框，选择本书配套素材中的"素材 \ 第 3 章 \3.9\3.9.10\1.jpg"，单击"打开"按钮，如图 3-209 所示。

02 选择工具箱中的"魔棒"工具 ，结合"套索"工具 为变形金刚创建选区，如图 3-210 所示。

图 3-209　打开文件　　　图 3-210　创建选区

03 执行"选择"|"存储选区"命令，打开"存储选区"

对话框，输入名称为 1，如图 3-211 所示。

04 单击"确定"按钮，完成选的存储，在通道面板中便可以看到刚才新建的 1 通道，如图 3-212 所示。

图 3-211　"存储选区"对话框　　图 3-212　存储选区

3.9.11　载入选区

当选区作为通道存储后，下次使用时只需打开图像，按住 Ctrl 键单击存储的通道即可载入选区。

素材文件路径：素材 \ 第 3 章 \3.9\3.9.11\1.jpg

3.9.11 教学视频

01 启动 Photoshop CC 2018 后，执行"文件"|"打开"命令，弹出"打开"对话框，选择本书配套素材中的"素材 \ 第 3 章 \3.9\3.9.11\1.jpg"，单击"打开"按钮，如图 3-213 所示。

02 调用上一个案例完成的存储选区文件，切换到通道面板，选中"1"通道，如图 3-214 所示。

图 3-213　打开文件　　　图 3-214　通道面板

03 执行"选择"|"载入选区"命令，弹出"载入选区"对话框，单击通道下拉选框，选择"1"，单击"确定"按钮，载入选区内容。如图 3-215 所示。

04 回到图层面板，单击图层面板下的"添加蒙版"按钮 ，为图层添加蒙版，如图 3-216 所示。

图 3-215　载入选区

图 3-216　图层蒙版

05 选择工具箱中的"移动"工具 ，拖曳图层至 1 文档窗口中的适当位置，完成效果如图 3-217 所示。

图 3-217　完成效果

> 💡 **技巧提示：**
> 按住 Ctrl 键单击通道面板 Alpha 通道，可以快速载入通道保存的选区。

3.10　选区的基本编辑——应用选区

选区是图像编辑的基础，本节将详细介绍选区在图像编辑中的具体运用。

3.10.1　剪切、复制和粘贴图像

选择图像中的全部或部分区域后，执行"编辑"|"复制"命令，或按 Ctrl ＋ C 快捷键，可将选区内的图像复制到剪贴板中，如图 3-218 所示。执行"编辑"|"剪切"命令，或按 Ctrl ＋ X 快捷键，可将选区内的图像复制到剪贴板中，如图 3-219 所示。在其他图像窗口或程序中执行"编辑"|"粘贴"命令，或按 Ctrl ＋ V 快捷键，即可得到剪贴板中的图像，如图 3-220 所示。

> 💡 **技巧提示：**
> 剪切与复制，同样可以将选区图像复制到剪贴板，但是该图像区域将从原图像中剪除。默认情况下，在 Photoshop 中粘贴剪贴板图像时，系统会自动新建一个新的图层以放置复制的图像。

图 3-218　复制图像

图 3-219　剪切图像

图 3-220　粘贴图像

3.10.2　合并复制和贴入

"合并复制"和"贴入"命令虽然也用于图像复制操作，但是它们不同于"复制"和"粘贴"命令。

"合并复制"命令可以在不影响原图像的情况下，将选区范围内所有图层的图像全部复制并放入剪贴板，而"复制"命令仅复制当前图层选区范围内的图像。

使用贴入命令时，必须先创建一个选区。当执行该命令后，粘贴的图像只出现在选区范围内，超出选取范围的图像自动被隐藏。使用"贴入"命令能够得到一些特殊的效果。

3.10.3　实战——通过"复制和贴入"制作图案文字

本案例主要学习使用"复制""贴入"命令来完成车站海报视图。

素材文件路径：素材 \ 第 3 章 \3.10\3.10.3\1.jpg

01 启动 Photoshop CC 2018 后，执行"文件"|"打开"命令，弹出"打开"对话框，选择本书配套素材中的"素材 \ 第 3 章 \3.10\3.10.3\1.jpg"，单击"打开"按钮，如图 3-221 所示。

02 按 Ctrl+J 快捷键复制图层，按 Ctrl+A 快捷键全选选区，按 Ctrl+C 快捷键复制选区，如图 3-222 所示。

图 3-221　打开文件　　　图 3-222　复制选区

03 按 Ctrl+O 快捷键，弹出"打开"对话框，选择本书配套素材中的" 素材 \ 第 3 章 \3.10\3.10.3\2.jpg"，按 Enter 键确认。选择工具箱中的"多边形套索"工具，沿白色框架创建选区，如图 3-223 所示。

04 执行"编辑"|"选择性粘贴"|"贴入"命令，或按 Shift+Ctrl+Alt+V 快捷键，贴入选区，所复制的选区将被贴入所创建的选区中，如图 3-224 所示。

图 3-223　创建选区　　　图 3-224　贴入选区

05 执行贴入命令后图层中会自动创建一个图层蒙版，此时选择图层可以自由调整，如图 3-225 所示。

06 按 Ctrl+T 快捷键自由变换，按住 Ctrl 键拖曳控制点，调整其透视与大小，如图 3-226 所示。

图 3-225　图层显示　　　图 3-226　自由变换

07 按 Ctrl+O 快捷键，弹出"打开"对话框，选择本书配套素材中的" 素材 \ 第 3 章 \3.10\3.10.3\3.png"，按 Enter 键确认。选择工具箱中的"移动"工具，拖曳文件至 2 文档窗口，按 Ctrl+T 快捷键自由变换，调整其大小与透视，如图 3-227 所示。

08 选择图层 1，在图像中创建一个矩形选区，按 Ctrl+C 快捷键复制选区，如图 3-228 所示。

图 3-227　拖曳文件　　　图 3-228　创建选区

09 长按 Ctrl 键单击文字图层，载入选区，如图 3-229 所示。

10 按 Shift+Ctrl+Alt+V 快捷键贴入选区，并拖曳图层至适当位置，如图 3-230 所示。

图 3-229　载入选区　　　图 3-230　贴入选区

11 执行"图像"|"调整"|"色相 / 饱和度"命令，打开"色相 / 饱和度"对话框，调整文字颜色，完成效果如图 3-231 所示。

图 3-231　完成效果

3.10.4　移动选区内的图像

　　使用移动工具可以移动选区内的图像。如果当前创建了选区，如图 3-232 所示，使用移动工具可以移动选区内的图像，如图 3-233 所示；如果没有创建选区，同样可以移动当前选择的图层，如图 3-234 所示。

图 3-232　创建　　　图 3-233　移动　　　图 3-234　移动
　　　　选区　　　　　　　选区　　　　　　　图像

3.10.5 实战——使用自由变形制作飘扬的裙子

在创建选区之后，同样可以使用变换命令对选区的图像进行缩放、斜切、透视等变换操作。

素材文件路径：素材 \ 第 3 章 \3.10\3.10.5\1.jpg

3.10.5 教学视频

01 启动 Photoshop CC 2018 后，执行"文件"｜"打开"命令，弹出"打开"对话框，选择本书配套素材中的"素材 \ 第 3 章 \3.10\3.10.5\1.jpg"，单击"打开"按钮，如图 3-235 所示。

02 选择工具箱中的"钢笔"工具，沿裙子边缘绘制路径，并转换为选区，按 Ctrl+J 快捷键复制选区，如图 3-236 所示。

图 3-235　打开文件　　　　图 3-236　创建选区

03 按 Ctrl+T 快捷键自由变换，将鼠标放在定界框外，拖曳鼠标旋转图像，如图 3-237 所示。

04 在图像中右击，在弹出的选项框中单击变形选项，拖曳网格中的锚点变形图像，如图 3-238 所示。

图 3-237　旋转图像　　　　图 3-238　自由变形

05 按 Enter 键确认，按 Ctrl+J 快捷键复制图层，按 Ctrl+T 快捷键自由变换，在图像中右击，在弹出的选项框中单击"水平翻转"选项，将图像水平翻转。鼠标放在定界框内拖曳图像，调整图像位置，如图 3-239 所示。

06 在图像中右击，在弹出的选项框中单击变形选项，拖曳网格内任意位置变形图像，如图 3-240 所示。

图 3-239　水平翻转　　　　图 3-240　自由变形

07 按 Enter 键确认，完成效果如图 3-241 所示。

图 3-241　完成效果

3.11　综合实战——制作另类双重曝光效果

本案例主要使用选择并遮住与蒙版，制作另类双重曝光效果。

素材文件路径：素材 \ 第 3 章 \3.11\1.jpg

3.11 教学视频

01 执行"文件"｜"打开"命令，弹出"打开"对话框，选择本书配套素材中的"素材\第 3 章 \3.11\1.jpg"，单击"打开"按钮，如图 3-242 所示。

02 执行"选择"|"选择并遮住"命令，弹出"选择并遮住"对话框，拖动属性面板中的"透明度"滑块至 25%，选择工具箱中的"快速选择"工具，在工具属性栏中单击"添加到选区"按钮，在人物上单击或长按鼠标左键拖曳进行选择，如图 3-243 所示。

图 3-242　打开文件　　　　图 3-243　运用快速选择工具

03 在属性面板中设置透明度为 100%，并在"全局调整"中拖动参数滑块，对整体边缘进行调整，如图 3-244 所示。

04 选择工具栏中的"调整边缘画笔"工具，在人物边缘及半透明区域进行涂抹，单击"确认"按钮，完整抠取人物，如图 3-245 所示。

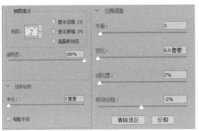

图 3-244　全局调整　　　图 3-245　调整
　　　　　　　　　　　　　　　　　边缘

05 单击"确定"按钮关闭对话框，抠选出人物。执行"文件" | "新建"命令，打开"新建文档"对话框，设置参数，如图 3-246 所示。

06 单击"创建"按钮，新建一个空白文档。按 Ctrl+O 快捷键，打开"人物 .png、背景 .jpg"素材，调整大小及位置，如图 3-247 所示。

图 3-246　拖曳文件　　　图 3-247　置入文件

07 执行"图像" | "调整" | "去色"命令，或按 Ctrl+Shift+U 快捷键，对人物进行去色处理。隐藏"背景"图层，如图 3-248 所示。

08 切换至通道面板，按住 Ctrl 键单击 RGB 通道载入选区，如图 3-249 所示。

图 3-248　添加烟雾　　　图 3-249　添加雪花

09 隐藏"人物"图层，显示"背景"图层。单击图层面板底部的"添加图层蒙版"按钮，在背景图层上添加人物高光选区的蒙版，如图 3-250 所示。

10 执行"图像" | "调整" | "反相"命令，或按 Ctrl+I 快捷键将图层蒙版反相，显示人物内部的内容，如

图 3-251 所示。

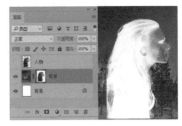

图 3-250　调整亮度 / 对比度　　　图 3-251　使用径向
　　　　　　　　　　　　　　　　　　　　　渐变提亮人物色彩

11 单击图层面板底部的"创建新的填充或调整图层"按钮，创建"色阶"调整图层，调整图像的对比度，如图 3-252 所示。

12 选择"画笔"工具，单击工具选项栏中的"画笔预设选取器"按钮，在弹出的下拉菜单中单击按钮，载入喷溅画笔笔刷。设置前景色为黑色，选择合适的喷溅笔刷，在人物蒙版上涂抹隐藏多余的图像，如图 3-253 所示。

图 3-252　调整色阶参数　　　图 3-253　隐藏多余图像内容

13 设置前景色为白色，在蒙版上涂抹，显示背景内容，如图 3-254 所示。

14 创建"渐变映射"调整图层，双击渐变条，打开"渐变编辑器"对话框，设置紫色（#290a59）到土灰色（#b68f6a）的渐变，设置调整图层的混合模式为"叠加"，图像效果如图 3-255 所示。

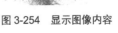

图 3-254　显示图像内容　　　图 3-255　最终效果

4.1 各种各样的图层——什么是图层

图层是将多个图像创建出具有工作流程效果的构建块，这就好比一张完整的图像，由层叠在一起的透明纸组成，可以透过图层的透明区域看到下面一层的图像，这样就组成了一个完整的图像效果。

4.1.1 图层的特性

Photoshop CC 的图层都具有如下三个特性。

✦ 独立：图像中的每个图层都是独立的，因而，当移动、调整或删除某个图层时，其他的图层不受影响，如图 4-1 所示为移动图层。

图 4-1 图层独立性

✦ 透明：图层可看作是透明的胶片，未绘制图像的区域可看见下方图层的内容。将众多的图层按一定次序叠加在一起，便可得到复杂的图像，可以看到下面图层的内容，如图 4-2 所示。

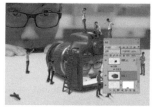

图 4-2 图层透明性

✦ 叠加：图层由上至下叠加在一起，但并不是简单地堆积，通过控制各图层的混合模式和透明度，可得到千变万化的图像合成效果，如图 4-3 所示。

图 4-3 图层叠加

> 💡 **技巧提示：**
> 在编辑图层前，首先应在"图层"面板中单击所需图层，将其选择，所选图层成为"当前图层"。绘画、颜色和色调调整都只能在一个图层中进行，而移动、对齐、变换或应用"样式"面板中的样式时，可以一次处理所选的多个图层。

第 4 章素材文件

4.1.2　图层的类型

在 Photoshop 中可以创建多种类型的图层，每种类型的图层都有不同的功能和用途，它们在图层面板中的显示状态也各不相同，如图 4-4 所示。

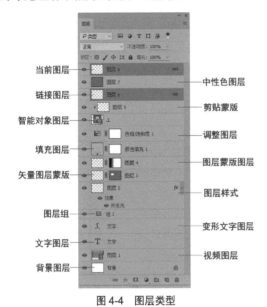

图 4-4　图层类型

+ 当前图层：当前选择的图层，在对图像进行处理时，编辑操作将在当前图层中进行。

+ 中性色图层：填充了黑色、白色、灰色的特殊图层，结合特定图层混合模式可用于承载滤镜或在上面绘画。

+ 链接图层：保持链接状态的图层。

+ 剪贴蒙版：蒙版的一种，下面图层中的图像可以控制上面图层的显示范围，常用于合成图像。

+ 智能对象图层：包含嵌入的智能对象的图层。

+ 调整图层：可以调整图像的色彩，但不会永久更改像素值。

+ 填充图层：通过填充"纯色""渐变"或"图案"而创建的特殊效果的图层。

+ 图层蒙版图层：添加了图层蒙版的图层，通过对图层蒙版的编辑，可以控制图层中图像的显示范围和显示方式，是合成图像的重要方法。

+ 矢量蒙版图层：带有矢量形状的蒙版图层。

+ 图层样式：添加了图层样式的图层，通过图层样式可以快速创建特效。

+ 图层组：用来组织和管理图层，以便于查找和编辑图层。

+ 变形文字图层：进行了变形处理的文字图层。与普通的文字图层不同，变形文字图层的缩览图上用一个弧线形的标志。

+ 文字图层：使用文字工具输入文字时，创建的文字图层。

+ 视频图层：包含视频文件帧的图层。

+ 背景图层：图层面板中最下面的图层。

4.1.3　图层面板

"图层"面板用于创建、编辑和管理图层，以及为图层添加样式。面板中列出了文档中包含的所有图层、图层组和图层效果，如图 4-5 所示。

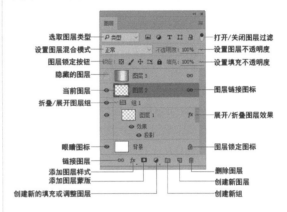

图 4-5　"图层"面板

+ 选取图层类型：当图层数量较多时，可在该选项下拉列表中选择一种图层类型（包括名称、效果、模式、属性、颜色），让"图层"面板只显示此类图层，隐藏其他类型的图层。

+ 打开 / 关闭图层过滤：单击该按钮，可以启用或停用图层过滤功能。

+ 设置图层混合模式：从下拉列表框中可以选择图层的混合模式。

+ 设置图层不透明度：输入数值，可以设置当前图层的不透明度。

+ 图层锁定按钮：用来锁定当前图层的属性，使其不可编辑，包括透明像素、图像像素、位置和锁定全部属性。

知识拓展：如何调整图层缩览图的大小？

在"图层"面板中，图层名称左侧的图像是该图层的缩览图，它显示了图层中包含的图像内容，缩览图中的棋盘格代表了图像的透明区域。在图层缩览图上右击，可在打开的快捷菜单中调整缩览图的大小。

图层缩览图　　　　放大的图层缩览图

- 设置填充不透明度：设置当前图层的填充不透明度，它与图层的不透明度类似，但不会影响图层效果。
- 隐藏的图层：用于控制图层的显示或隐藏。当该图标显示为眼睛形状时，表示图层处于显示状态；当该图标显示为空格形状时，表示图层处于隐藏状态。处于隐藏状态的图层，不能被编辑。
- 当前图层：在 Photoshop 中，可以选择一个或多个图层以便在上面工作，当前选择的图层以加色显示。对于某些操作，一次只能在一个图层上工作。单个选定的图层称为当前图层。当前图层的名称将出现在文档窗口的标题栏中。
- 图层链接图标：显示该图标的多个图层为彼此链接的图层，它们可以一同移动或进行变换操作。
- 折叠/展开图层组：单击该图标可折叠或展开图层组。
- 折叠/展开图层效果：单击该图标可以展开图层效果列表，显示当前图层添加的所有效果的名称。再次单击，可折叠图层效果列表。
- 眼睛图标：有该图标的图层为可见图层，单击它可以隐藏图层，隐藏的图层不能进行编辑。
- 图层锁定图标：显示该图标时，表示图层处于锁定状态。
- 链接图层：用来连接当前选择的多个图层。
- 添加图层样式：单击该按钮，在打开的菜单中可选择需要添加的图层样式，为当前图层添加图层样式。
- 添加图层蒙版：单击该按钮，即可为当前图层添加图层蒙版。
- 创建新的填充或调整图层：单击该按钮，在弹出的菜单中选择填充或调整图层选项，添加填充图层或调整图层。
- 删除图层：选择图层或图层组，单击该按钮可将其删除。
- 创建新图层：单击该按钮可以创建一个图层。

- 创建新组：单击该按钮可以创建一个图层组。

图层面板中包含多个快捷菜单，是对图层面板各项功能的重要补充和扩展，单击面板右上角的倒三角按钮，可以打开图层面板快捷菜单，如图4-6所示。

- 新建组/从图层新建组：新建图层组或将当前选定的图层新建到图层组。
- 转换为智能对象：将选定的图层转换为智能对象。
- 编辑内容：编辑敢对对象中的内容。
- 混合选项：通过"图层样式"对话框设置图层的图层样式。
- 编辑调整：通过调整面板编辑当前创建的填充或调整图层的相关选项。
- 取消图层链接/选择链接图层：对选定的图层进行链接或选择与当前选定图层相链接的所有图层。

图 4-6　图层面板快捷菜单

- 向下合并/合并可见图层/拼合图像：设置选定的多个图层的合并方式。
- 动画选项：显示或隐藏图层面板中的动画选项。
- 面板选项：通过面板选项对话框设置缩览图的大小、缩略图内容等选项。
- 关闭/关闭选项卡组：选中该选项，将关闭图层面板或图层面板所在的选项卡组。

4.2　聪明地运用图层——图层的基础操作

在图层面板中，可以通过各种方法来创建图层。在编辑图像的过程中，也可以创建图层。例如，从其他图像中复制图层、粘贴图像时自动生成图层等，下面就来学习图层的具体创建方法。

4.2.1　新建图层

单击图层面板底部的"创建新图层"按钮 ，在当前图层的上方会得到一个新建图层，并自动命名，如图4-7所示。

图 4-7　新建图层

技巧提示：

默认情况下，新建图层会置于当前图层的上方，并自动成为当前图层。按 Ctrl 键单击创建新图层按钮，则在当前图层下方创建新图层。

执行"图层"|"新建"|"图层"命令或按 Ctrl ＋ Shift ＋ N 快捷键，在弹出的如图 4-8 所示的"新建图层"对话框单击"确定"按钮，即可得到新建图层。

图 4-8　"新建图层"对话框

在弹出的"新建图层"对话框中可以设置图层的颜色，如图 4-9 所示。

图 4-9　更改层颜色

技巧提示：

在"颜色"下拉列表中选择一种颜色后，可以使用颜色标记图层。用颜色标记图层在 Photoshop 中称为颜色编码。为某些图层或图层组设置一个可以区别于其他图层或组的颜色，便于有效地区分不同用途的图层。

4.2.2　背景图层与普通图层的转换

使用白色背景或彩色背景创建新图像时，图层面板中最下面的图像为背景。

1. 背景图层转换为普通图层

"背景"图层是较为特殊的图层，无法修改它的堆叠顺序、混合模式和不透明度。如需进行这些操作，要将"背景"图层转换为普通图层。

双击"背景"图层，打开"新建图层"对话框，如

图 4-10 所示。在该对话框中可以为它设置名称、颜色、模式和不透明度，设置完成后单击"确定"按钮，即可将其转换为普通图层，如图 4-11 所示。

图 4-10　"新建图层"　　图 4-11　背景图层转换为普通
　　　　对话框　　　　　　　　　　　　图层

2. 普通图层转换为背景图层

在创建包含透明内容的新图像时，图像中没有"背景"图层。

如果当前文件中没有"背景"图层，可选择一个图层，然后执行"图层"|"新建"|"背景图层"命令，将该图层转换为背景图层。

技巧提示：

按住 Alt 键双击"背景"图层，可以不必打开对话框而直接将其转换为普通图层。

知识拓展：编辑图像时如何创建图层？

创建选区后，按 Ctrl+C 快捷键复制选中的图像，粘贴（按 Ctrl+V 快捷键）图像时，可以创建一个新的图层；如果打开了多个文件，则使用移动工具将一个图层拖至另外的图像中，可将其复制到目标图像，同时创建一个新的图层。

需要注意的是，在图像间复制图层时，如果两个文件的打印尺寸和分辨率不同，则图像在两个文件间的视觉大小会有变化。例如，在相同打印尺寸的情况下，源图像的分辨率小于目标图像的分辨率，则图像复制到目标图像后，会显得比原来小。

4.2.3　选择图层

若想编辑某个图层，首先应选择该图层，使该图层成为当前图层。在 Photoshop CC 中，可以同时选择多个图层进行操作，当前选择的图层以加色显示。选择图层有两种方法，一种方法是在图层面板中选择，另一种方法是在图像窗口中选择。

在图层面板中，每个图层都有相应的图层名称和缩略图，因而，可以轻松区分各个图层。如果需要选择某个图层，拖曳图层面板滚动条，使该图层显示在图层面

板中，然后单击该图层即可。

处于选择状态的图层与未选择的图层有一定区别，选择的图层将以深灰色显示，如图 4-12 所示。

选择工具选项栏如图 4-13 所示，单击  下拉按钮，从下拉列表中可以控制是选择图层组还是选择图层。当选择"组"方式时，无论是使用何种选择方式，只能选择该图层所在的图层组，而不能选择该图层。

图 4-12　选择"图层 1"　　　图 4-13　选择工具选项栏
　　　　图层

+ 选择多个连续图层：如果要选择连续的多个图层，在选择一个图层后，按住 Shift 键在"图层"面板中单击另一个图层的图层名称，则两个图层之间的所有图层都会被选中，如图 4-14 所示。

+ 选择多个不连续图层：如果要选择不连续的多个图层，在选择一个图层后，按住 Ctrl 键在"图层"面板中单击另一个图层的图层名称，如图 4-15 所示。

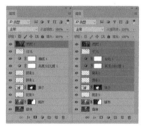

图 4-14　选择多个连续　　图 4-15　选择多个不连续的
　　　　图层　　　　　　　　　　图层

+ 选择同类图层：如果只选择同一类型的图层，可以单击图层过滤组中的相应按钮，进行筛选，如图 4-16 所示。

+ 选择所有图层：执行"选择"|"所有图层"命令，可以选择"图层"面板中所有的图层。

+ 选择链接图层：选择一个链接的图层，执行"图层"|"选择链接图层"命令，可以选择与之链接的所有图层。

+ 取消选择图层：如果不想选择任何图层，可在面板中最下面的图层下方空白处单击，如图 4-17 所示；也可以执行"选择"|"取消选择图层"命令取消选择，如图 4-18 所示。

图 4-16 筛选　　　图 4-17　取消选择　图 4-18　"取消选择
　图层　　　　　　　图层　　　　　图层"命令

在图像窗口中选择工具箱中的移动工具 ，右击，在弹出的快捷菜单中也可以选择图像，如图 4-19 所示；选择一个图层后，按 Ctrl+[快捷键可将当前图层切换到与之相邻的下一个图层，按 Ctrl+] 快捷键则可将当前图层切换到与之相邻的上一个图层，如图 4-20 所示。

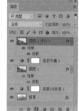

图 4-19　在图像窗口中选择　　图 4-20　调整图层顺序
　　　　图层

知识拓展：如何快速切换到当前图层？

选择一个图层后，按 Alt+] 快捷键，可以将当前图层切换到与之相邻的上一个图层；按 Alt+[快捷键，则可将当前图层切换到与之相邻的下一个图层。

图层面板　　　　切换与之相邻的　　　切换与之相邻的
　　　　　　　　　上一个图层　　　　　下一个图层

4.2.4　复制图层

通过复制图层可以复制图层中的图像。在 Photoshop CC 中，不但可以在同一图像中复制图层，而且还可以在两个不同的图像之间复制图层。

如果是在同一图像内复制，执行"图层"|"复制图层"命令，或拖曳图层至"创建新图层"按钮 ，即可

得到当前选择图层的复制图层。

按 Ctrl ＋ J 快捷键，可以快速复制当前图层，也可在其名称上右击，在弹出的快捷菜单中选择"复制图层"命令。

如果是在不同的图像文档之间复制，首先在 Photoshop 桌面中同时显示这两个图像窗口，然后在源图像的图层面板中拖曳该图层至目标图像窗口即可。

如果需要在不同图像之间复制多个图层，首先应选择这些图层，然后使用移动工具 在图像窗口之间拖曳复制。

4.2.5 实战——运用"复制图层"制作

在摄影时，由于外在的因素，拍出的照片远远不及自己想要的效果，这时就需要在软件中进行后期处理，本案例制作的是一幅昏暗的黄昏景，通过复制图层及调整图层的混合模式来得到想要的效果。

素材文件路径：素材 \ 第 4 章 \4.2\4.2.5\ 黄昏 .jpg

01 启动 Photoshop CC 2018 后，执行"文件" | "打开"命令，选择本书配套素材中的"素材 \ 第 4 章 \4.2\4.2.5\ 黄昏 .jpg"，如图 4-21 所示。

02 执行"图层" | "复制图层"命令，或按 Ctrl+J 快捷键，复制图层，得到"图层 1"图层，设置"图层 1"图层的混合模式为"柔光"，如图 4-22 所示。

图 4-21 打开图像　　　　图 4-22 复制图层

4.2.6 链接 / 取消链接图层

Photoshop 允许将多个图层进行链接，以便可以同时进行移动、旋转、缩放等操作。与同时选择的多个图层不同，图层的链接关系可以随文件一起保存，除非用户解除了它们之间的链接。

单击图层面板底端的链接图层按钮 ，图层即建立链接关系，每个链接图层的右侧都会显示一个链接标记 ，如图 4-23 所示。链接之后，对其中任何一个图层执行变换操作，其他链接图层也会发生相应的变化。

当需要解除某个图层的链接时，可以选择该图层，如"图层 3"图层，如图 4-24 所示。然后再单击图层底部的 按钮，该图层即与其他两个图层解除链接关系，如图 4-25 所示。

图 4-23 链接　　图 4-24 选择欲　　图 4-25 取消选择
　图层　　　解除链接的图层　　的图层链接

某一个图层的链接解除后，并不会影响其他图层之间的链接关系，因此，当选择其中一个图层时，其右侧仍然会显示出链接标记。

4.2.7 更改图层名称和颜色

在图层数量比较多的文档中，可以为一些重要的图层设置容易识别的名称或颜色，以便在操作中能够快速找到它们。

更改图层名称的操作非常简单。选中图层，如图 4-26 所示，执行"图层" | "重命名图层"命令，或在图层面板中双击图层的名称，在出现的文本框中直接输入新的名称即可，如图 4-27 所示。

如果要更改图层的颜色，选择该图层并右击，在弹出的快捷菜中选择相应的颜色，如图 4-28 所示。

图 4-26 选择　　图 4-27 重命名　　图 4-28 更改图层
　图层　　　　图层　　　　颜色

4.2.8 显示与隐藏图层

单击图层前的 ● 图标，该图层即由可见状态转换为隐藏状态，同时眼睛图标也显示为 ▢ 形状，如图 4-29 所示。当图层处于隐藏状态时，单击该图层的 ▢ 图标，该图层即由不可见状态转换为可见状态，眼睛图标也显示为 ● 形状。

图 4-29　显示与隐藏图层

技巧提示：
按住 Alt 键单击图层的眼睛图标 👁，可显示 / 隐藏除本图层外的所有其他图层。

4.2.9　锁定图层

Photoshop 提供了图层锁定功能，以限制图层编辑的内容和范围，避免错误操作。单击图层面板中的 4 个锁定按钮，即可实现相应的图层锁定，如图 4-30 所示。

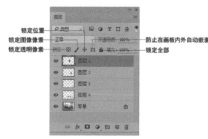

图 4-30　图层锁定

- 锁定透明素 🔲：在图层面板中选择图层或图层组，然后单击 🔲 按钮，则图层或图层组中的透明像素被锁定。当使用绘图工具绘图时，将只能编辑图层非透明区域（即有图像像素的部分）。
- 锁定图像像素 🖌：单击此按钮，则任何绘图、编辑工具和命令都不能在该图层上进行编辑，绘图工具在图像窗口上操作时将显示禁止光标 ⃠。
- 锁定位置 ✛：单击此按钮，图层不能进行移动、旋转和自由变换等操作，但可以正常使用绘图和编辑工具进行图像编辑。
- 防止在画板内外自动嵌套 🔲：单击此按钮，阻止在画板内部或外部自动嵌套。
- 锁定全部 🔒：单击此按钮，图层被全部锁定，不能移动位置，不能执行任何图像编辑操作，也不能更改图层的不透明度和混合模式。"背景"图层即默认为全部锁定。

如果多个图层需要同时被锁定，首先选择这些图层，执行"图层"|"锁定图层"命令，在随即弹出的如图 4-31 所示的对话框中设置锁定的内容即可。

知识拓展：当图层只有部分属性被锁定时，图层名称右侧会出现一个空心的锁状图标 🔓；当所有属性都被锁定时，锁状图标 🔒 是实心的。

图 4-31　"锁定图层"对话框

4.2.10　实战——运用"锁定图层"为嘴唇更改口红颜色

在编辑图层时，常常运用到锁定图层，本案例通过使用"锁定透明像素"来为嘴唇更改口红的颜色。

素材文件路径：素材 \ 第 4 章 \4.2\4.2.10\ 嘴唇 .psd

01 启动 Photoshop CC 2018 后，执行"文件"|"打开"命令，选择本书配套素材中的"素材 \ 第 4 章 \4.2\4.2.10\ 嘴唇 .psd"，如图 4-32 所示。

02 在"图层"面板中选择"嘴唇"图层，单击"锁定透明像素"按钮 🔲，锁定透明像素，如图 4-33 所示。

图 4-32　打开图像　　　　图 4-33　锁定透明像素

03 选择工具箱中的"渐变"工具 ▥，在工具选项栏的"渐变编辑器"对话框中选择"紫，绿，橙渐变"，单击"径向渐变"按钮 ▣，从图像的左侧往右侧拖曳鼠标，填充渐变，如图 4-34 所示。

04 设置该图层的图层混合模式为"色相"，图像效果如图 4-35 所示。

图 4-34　拉出渐变　　　　图 4-35　最终效果

4.2.11　删除图层

对于多余的图层，应及时将其从图像中删除，以减少图像文件的大小。在实际工作中，可以根据具体情况选择最快捷的删除图层的方法。

如果需要删除的图层为当前图层，可以单击图层面板底端的"删除图层"按钮 🗑，或执行"图层"|"删除"|"图层"命令，在弹出的如图 4-36 所示的提示信息框中单击"是"按钮即可。

图 4-36　确认图层删除提示框

如果需要删除的图层不是当前图层，则可以移动光标至该图层上方，然后按鼠标并拖曳至 🗑 按钮上，当该按钮呈按下状态时释放鼠标即可。

如果需要同时删除多个图层，则可以首先选择这些图层，然后单击 🗑 按钮删除。

如果需要删除所有处于隐藏状态的图层，可执行"图层"|"删除"|"隐藏图层"命令。

如果当前选择的工具是移动工具 ↔，则可以通过直接按 Delete 键删除当前图层（一个或多个）。

 技巧提示：
　　按住 Alt 键单击删除 🗑 按钮可以快速删除图层，而无须确认。

4.2.12　栅格化图层内容

如果要在文字图层、形状图层、矢量蒙版或智能对象等包含矢量数据的图层，以及填充图层上使用绘画工具或滤镜，应先将图层栅格化，使图层中的内容转换为光栅图像，然后才能够进行编辑。执行"图层"|"栅格化"下拉菜单中的命令可以栅格化图层中的内容。

✦ 文字：栅格化文字图层，被栅格化的文字将变成光栅图像，不能再修改文字的内容。如图 4-37 所示为原文字图层，如图 4-38 所示为栅格化后的文字图层。

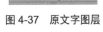

图 4-37　原文字图层　　图 4-38　栅格化后的文字图层

✦ 形状/填充内容/矢量蒙版：执行"形状"命令，可栅格化形状图层；执行"填充内容"命令，可栅格化形状图层的填充内容，但保留矢量蒙版；执行"矢量蒙版"命令，可栅格化形状图层的矢量蒙版，同时将其转换为图层蒙版，如图 4-39 所示。

栅格化"形状"图层　　　栅格化"矢量蒙版"

图 4-39　栅格化图层

✦ 智能对象：可栅格化智能对象图层，如图 4-40 所示。

图 4-40　栅格化智能对象图层

✦ 视频：可栅格化视频图层，选定的图层将被拼合到"动画"面板中选定的当前帧的复合中。

✦ 3D：栅格化 3D 图层。

✦ 图层/所有图层：执行"图层"命令，可以栅格化当前选择的图层，执行"所有图层"命令，可格式化包含矢量数据、智能对象和生成数据的所有图层。

4.2.13　清除图像的杂边

当移动或粘贴选区时，选区边框周围的一些像素也会包含在选区内，因此，粘贴选区的边缘周围会产生边缘或晕圈。执行"图层"|"修边"子菜单中的命令可以去除这些多余的像素，如图 4-41 和图 4-42 所示。

图 4-41　打开图像　　图 4-42　"修边"子菜单

✦ 颜色净化：去除彩色杂边。

✦ 去边：用包含纯色的邻近像素的颜色替换任何边缘像

素的颜色。

✦ 移去黑色杂边：如果将黑色背景上创建的消除锯齿的选区粘贴到其他颜色的背景上，可执行该命令来消除黑色杂边。

✦ 移去白色杂边：如果将白色背景上创建的消除锯齿的选区粘贴到其他颜色的背景上，可执行该命令来消除白色杂边。

4.3 重重叠叠的图层——排列与分布图层

图层面板中的图层是按照从上到下的顺序堆叠排列的，上面图层中的不透明部分会遮盖下面图层中的图像，因此，如果改变面板中图层的堆叠顺序，图像的效果也会发生改变。

4.3.1 实战——改变图层的顺序

在图层面板中，将一个图层的名称拖至另外一个图层的上面或者下面，当突出显示的线条出现在要放置图层的位置时，释放鼠标即可调整图层的堆叠顺序，接下来通过具体的操作来讲解。

素材文件路径：素材 \ 第 4 章 \4.3\4.3.1\ 绘画 .psd

4.3.1 教学视频

01 启动 Photoshop CC 2018 后，执行"文件"|"打开"命令，选择本书配套素材中的"素材 \ 第 4 章 4.3\4.3.1\ 绘画 .psd"，如图 4-43 所示。

02 选中"图层 3"，执行"图层"|"排列"子菜单中的命令，如图 4-44 所示。

图 4-43 打开文件   图 4-44 "排列"
子菜单

03 选择"后移一层"命令，图层 3 往后移动一个图层，如图 4-45 所示。

04 将"图层 3"拖曳到"图层 2"的上方，调整图层的顺序，如图 4-46 所示。

图 4-45 调整图层   图 4-46 调整图层

05 选择"图层 3"，按 Ctrl+Shift+[快捷键，将该图层置入最底部，如图 4-47 所示。

06 按 Ctrl+] 快捷键，将"图层 3"向上移动一层，如图 4-48 所示。

图 4-47 调整图层   图 4-48 调整图层

💡 **技巧提示：**

如果选择的图层位于图层组中，则执行"置为顶层"和"置为底层"命令时，可以将图层调整到当前图层组的最顶层或最底层。

4.3.2 实战——对齐与分布命令的使用

Photoshop 的对齐和分布功能用于准确定位图层的位置。在进行对齐和分布操作之前，需要首先选择这些图层，或者将这些图层设置为链接图层。下面使用"对齐"和"分布"来操作对象。

素材文件路径：素材 \ 第 4 章 \4.3\4.3.2\ 鸟 .psd

4.3.2 教学视频

01 启动 Photoshop CC 2018 后，执行"文件"|"打开"命令，选择本书配套素材中的"素材 \ 第 4 章 4.3\4.3.1\ 绘画 .psd"，如图 4-49 所示。

02 选中除"背景"图层以外的所有图层。执行"图层"|"对齐"|"顶边"命令，可以将选定图层上的顶端像素与所有选定图层上最顶端的像素对齐，如图 4-50 所示。

图 4-49 打开图像   图 4-50 顶边内容

03 按 Ctrl+Z 快捷键撤销上一步操作。执行"垂直居中"命令，可以将每个选定图层上的垂直像素与所有选定的垂直中心像素对齐，如图 4-51 所示。

04 按 Ctrl+Z 快捷键撤销上一步操作。执行"水平居中"命令，可以将选定图层上的水平中心像素与所有选定图层的水平中心像素对齐，如图 4-52 所示。

图 4-51　垂直居中内容　　图 4-52　水平居中内容

05 按 Ctrl+Z 快捷键，取消对齐，打散图层的分布，如图 4-53 所示。

06 选中除背景的图层，执行"图层"|"分布"|"左侧"命令，可以从每个图层的左端像素开始，间隔均匀地分布图层，如图 4-54 所示。

图 4-53　打散内容　　图 4-54　左侧分布

技巧提示：
　　如果当前使用的是"移动"工具，可单击工具选项栏上的 按钮来对齐图层；单击 按钮来进行图层的分布操作。

4.4　合并与盖印图层

　　尽管 Photoshop CC 对图层的数量没有限制，用户可以新建任意数量的图层，但图像的图层越多，打开和处理时所占用的内存和保存时所占用的磁盘空间也就越大。因此，及时合并一些不需要修改的图层，减少图层数量，就显得非常必要。

4.4.1　合并图层

　　如果需要合并两个及两个以上的图层，可通过"图层"面板将其选中，然后执行"图层"|"合并图层"命令，合并后的图层使用上面图层的名称，如图 4-55 所示。

图 4-55　合并图层

4.4.2　向下合并可见图层

　　如果需要将一个图层与它下面的图层合并，可以选择该图层，然后执行"图层"|"向下合并"命令，或者按 Ctrl+E 快捷键，即可快速完成，如图 4-56 所示，向下合并后，显示的名称为下面图层的名称。

图 4-56　向下合并图层

4.4.3　合并可见图层

　　如果需要合并图层中可见的图层，选中所有图层，执行"图层"|"合并可见图层"命令，或按 Ctrl+Shift+E 快捷键，便可将它们合并到背景图层上，此时，隐藏的图层不能合并进去，如图 4-57 所示。

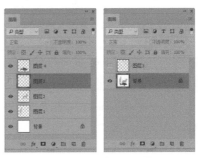

图 4-57　合并可见图层

4.4.4 拼合图层

如果要将所有的图层都拼合到背景图层中，可以执行"图层"|"拼合图像"命令，如果合并时图层中有隐藏的图层，系统将弹出一个提示对话框，单击其中的"确定"按钮，隐藏图层将被删除，单击"取消"按钮则取消合并操作，如图 4-58 所示。

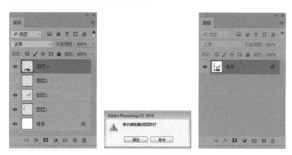

图 4-58　拼合图层

4.4.5 盖印图层

使用 Photoshop 的盖印功能，可以将多个图层的内容合并到一个新的图层，同时使源图层保持完好。Photoshop 没有提供盖印图层的相关命令，只能通过快捷键进行操作。

选择需要盖印的多个图层，然后按 Ctrl ＋ Alt ＋ E 快捷键，即得到包含当前所有选择图层内容的新图层。

4.5 图层管理的好帮手——使用图层组管理图层

当图像的图层数量达到成十上百之后，图层面板就会显得非常杂乱。为此，Photoshop 提供了图层组的功能，以方便图层的管理。图层与图层组的关系类似于 Windows 系统中的文件与文件夹的关系。图层组可以展开或折叠，也可以像图层一样设置透明度、混合模式、添加图层蒙版，进行整体选择、复制或移动等操作。

4.5.1 创建图层组

在图层面板中单击"创建新组"按钮 ，或执行"图层"|"新建"|"组"命令，即可在当前选择图层的上方创建一个图层组，如图 4-59 所示。双击图层组名称位置，在出现的文本框中可以输入新的图层组名称。

通过这种方式创建的图层组不包含任何图层，需要通过拖曳的方法将图层移动至图层组中。在需要移动的图层上按鼠标，然后拖曳至图层组名称或 图标上释放

鼠标即可，如图 4-60 所示，结果如图 4-61 所示。

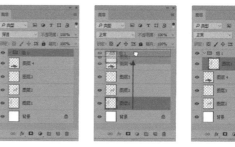

图 4-59　新建组　　图 4-60　创建组并　　图 4-61　移动图层
　　　　　　　　　　　　拖曳图层　　　　　结果

若要将图层移出图层组，则可再次将该图层拖曳至图层组的上方或下方释放鼠标，或者直接将图层拖出图层组区域。

组也可以直接从当前选择图层创建得到，这样新建的图层组将包含当前选择的所有图层，按住 Shift 或 Ctrl 键，选择需要添加到同一图层组中的所有图层，执行"图层"|"新建"|"从图层建立组"命令，或按 Ctrl ＋ G 快捷键即可。

> **技巧提示：**
>
> 选中图层以后，执行"图层"|"新建"|"从图层建立组"命令，打开"从图层建立组"对话框，设置图层组的名称、颜色和模式等属性，可以将其创建在设置了特定属性图层组内。

4.5.2 使用图层组

当图层组中的图层比较多时，可以折叠图层组以节省图层面板空间。折叠时只需单击图层组中的下三角按钮 即可，如图 4-62 所示。当需要查看图层组中的图层时，再次单击该按钮，又可展开图层组各图层。

图层组也可以像图层一样，设置属性、移动位置、更改透明度、复制或删除，操作方法与图层完全相同。

右击图层组空白区域，可设置图层组的颜色，如图 4-63 所示。

单击图层组左侧的眼睛图标 ，可隐藏图层组中的所有图层，再次单击又可重新显示。

拖曳图层组至图层面板底端的 按钮，可复制当前图层组。选择图层组后单击 按钮，弹出如图 4-64 所示的对话框，单击"组和内容"按钮，将删除图层组和图层组中的所有图层；单击"仅组"按钮，将只删除图层组，图层组中的图层将被移出图层组。

图 4-62　折叠　　图 4-63　"组　　图 4-64　提示
图层组　　　　属性"菜单　　　　信息框

4.6　神奇的图层样式——图层样式介绍

所谓图层样式，实际上就是由投影、内阴影、外发光、内发光、斜面和浮雕、光泽、颜色叠加、图案叠加、渐变叠加、描边等图层效果组成的集合，它能够在顷刻间将平面图形转化为具有材质和光影效果的立体物体。

4.6.1　添加图层样式

如果要为图层添加样式，可以选择这一图层，然后采用下面任意一种方式打开"图层样式"对话框。

✦ 执行"图层"|"图层样式"子菜单中的样式命令，可打开"图层样式"对话框，并进入到相应的样式设置面板，如图 4-65 所示。

✦ 在图层面板中单击"添加图层样式"按钮 _fx_，在打开的下拉菜单中选择一个样式选项，如图 4-66 所示，也可以打开"图层样式"对话框，并进入到相应的样式设置面板。

图 4-65　投影效果参数　　图 4-66　下拉菜单

✦ 双击需要添加样式的图层，可打开"图层样式"对话框，在对话框左侧可以选择不同的图层样式选项。

技巧提示：
图层样式不能用于"背景"图层，但是可以按住 Alt 键双击"背景"图层，将它转换为普通图层，然后为其添加图层样式效果。

4.6.2　了解"图层样式"对话框

执行"图层"|"图层样式"|"混合选项"命令，弹出"图层样式"对话框，如图 4-67 所示。

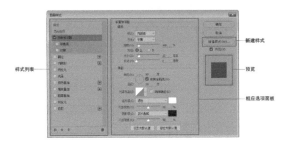

图 4-67　"图层样式"对话框

✦ 样式列表：提供样式、混合选项和各种图层样式选项的设置。选中样式复选框可应用该样式，单击样式名称可切换到相应的选项面板。

✦ 新建样式：将自定义效果保存为新的样式文件。

✦ 预览：通过预览形态显示当前设置的样式效果。

✦ 相应选项面板：在该区域显示当前选择的选项对应的参数设置。

技巧提示：
使用图层样式虽然可以轻而易举得到特殊效果，但也不可滥用，要注意使用场合及各种图层效果间的合理搭配，否则就会画蛇添足，适得其反。

4.6.3　混合选项面板

默认情况下，在打开"图层样式"对话框后，都将切换到面板中，如图 4-68 所示，此面板主要可对一些相对常见的选项，如混合模式、不透明度、混合颜色等参数进行设置。

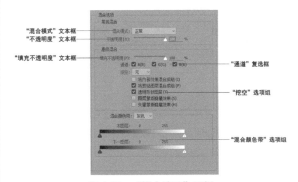

图 4-68　"混合选项"面板

✦ "混合模式"文本框：单击右侧的下拉按钮，可打开下拉列表，在列表中选择任意一个选项，即可使当前图层按照选择的混合模式与下层图层叠加在一起。

+ "不透明度"文本框：通过拖曳滑块或直接在文本框中输入数值，设置当前图层的不透明度。

+ "填充不透明度"文本框：通过拖曳滑块或直接在文本框中输入数值，设置当前图层的填充不透明度。填充不透明度，影响图层中绘制的像素或图层中绘制的形状，但不影响已经应用图层的任何图层效果的不透明度。

+ "通道"复选框：可选择当前显示出不同的通道效果。

+ "挖空"选项组：可以指定图层中哪些图层是"穿透"的，从而使其他图层中的内容显示出来。

+ "混合颜色带"选项组：通过单击"混合颜色带"右侧的下拉按钮，在打开的下拉列表中选择不同的颜色选项，然后通过拖曳下方的滑块，调整当前图层对象的相应颜色。

4.6.4 实战——运用"混合选项"抠烟花

矢量蒙版、图层蒙版、剪贴蒙版都是在"图层"面板中设定，而混合颜色带则隐藏在"图层样式"对话框中。本实例主要运用混合颜色带对图像进行抠图。

素材文件路径：素材 \ 第 4 章 \4.6\4.6.4\ 星空、烟花 .jpg

4.6.4 教学视频

01 启动 Photoshop CC 2018 后，执行"文件" | "打开"命令，选择本书配套素材中的"素材 \ 第 4 章 \4.6\4.6.4\ 遥望星空、烟花 .jpg"，单击"打开"按钮。

02 选择"移动"工具，将烟花拖入到星空文档中，如图 4-69 所示。

03 按 Ctrl+T 快捷键显示定界框，缩小图像。双击"烟花"图层，打开"图层样式"对话框，如图 4-70 所示。

图 4-69　拖曳文件

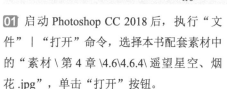
图 4-70　"图层样式"对话框

04 按住 Alt 键单击"本图层"中的黑色滑块，分开滑块，将右半边滑块向右拖至靠近白色滑块处，使烟花周围的灰色能够很好地融合到背景图像中，如图 4-71 所示。

05 按 Ctrl++ 快捷键，放大图像。单击图层面板底部的

"添加图层蒙版"按钮，为烟花电图层添加蒙版，如图 4-72 所示。

图 4-71　混合颜色带参数

图 4-72　添加蒙版

06 选择工具箱中的"画笔"工具，设置前景色为黑色，用柔边缘笔刷在烟花周围涂抹，使烟花融入星空中，如图 4-73 所示。

07 同上述添加烟花的操作方法，添加其他的烟花效果，如图 4-74 所示。

图 4-73　画笔涂抹

图 4-74　最终效果

> **技巧提示：**
> 混合颜色带适合抠取背景简单、没有烦琐内容且对象与背景之间的色调差异大的图像，如果对所选取的对象的精度要求不高，或者只是想看图像合成的草图，用混合颜色带进行抠图是比较不错的选择。

4.6.5 "斜面与浮雕"面板

"斜面与浮雕"是一个非常实用的图层效果，可用于制作各种凹陷或凸出的浮雕图像或文字。在"图层样式"对话框中选择左侧样式列表中的"斜面和浮雕"复选框，并单击该选项，即可切换至"斜面和浮雕"面板，在面板中，对图层添加结构与阴影的各种组合，如图 4-75 所示。

图 4-75　"斜面与浮雕"面板

+ "光泽"等高线面板：单击右侧的下拉按钮，打开下拉面板，该面板中显示出所有软件自带的光泽等高线

效果，通过单击该面板中的选项，可自动设置其光泽等高线效果。

✦ 等高线"图案"选项组：在该选项组中，可对当前图层对象中所应用的等高线效果进行设置。其中包括等高线类型、等高线范围等。

✦ 纹理"图案"选项组：在该选项组中，可对当前图层对象中所应用的图案效果进行设置，其中包括图案的类型、图案的大小和深度等效果。

4.6.6　实战——运用"斜面与浮雕"制作下午茶海报

"斜面和浮雕"效果可以对图层添加高光与阴影的各种组合，本实例主要运用"斜面和浮雕"来制作海报当中的巧克力。

素材文件路径：素材 \ 第 4 章 \4.6\4.6.6\ 下午茶海报 .jpg

01 启动 Photoshop CC 2018 后，执行"文件"｜"打开"命令，选择本书配套素材中的"素材\第 4 章\4.6\4.6.6\ 下午茶海报 .jpg"，单击"打开"按钮，如图 4-76 所示。

02 选择工具箱中的"自定形状"工具，设置"工具模式"为形状，填充为咖啡色（# 623e3e），描边为无，"自定形状"拾色器中选择"红心形卡"，在海报的盘子中间绘制心形，如图 4-77 所示。

图 4-76　打开图像　　　图 4-77　绘制形状

03 按 Ctrl+T 快捷键显示定界框，旋转咖啡色的心形，如图 4-78 所示。

04 双击心形图层，打开"图层样式"对话框，在弹出的对话框中设置"投影"各项参数，如图 4-79 所示。

图 4-78　旋转形状　　　图 4-79　添加投影

05 在弹出的对话框中分别设置"斜面与浮雕""等高线""纹理"等参数，如图 4-80 所示。

图 4-80　"斜面与浮雕"参数

06 单击"确定"按钮关闭对话框，此时图像效果如图 4-81 所示。

07 同上述绘制心形巧克力的操作方法，制作其他两颗心形巧克力，如图 4-82 所示。

图 4-81　图像效果　　　图 4-82　最终效果

4.6.7　实战——为明信片添加"描边"效果

"描边"效果用于在图层边缘产生描边效果，它对于硬边形状、文字等特别有用，接下来通过添加"描边"样式为明信片制作不一样的效果。

素材文件路径：素材 \ 第 4 章 \4.6\4.6.7\ 明信片 .psd

01 启动 Photoshop CC 2018 后，执行"文件"｜"打开"命令，选择本书配套素材中的"素材 \ 第 4 章 \4.6\4.6.7\ 明信片 .psd"，单击"打开"按钮，如图 4-83 所示。

02 单击图层面板底部的"添加图层样式"按钮，在弹出的下拉菜单中选择"描边"选项，设置对话框中的"大小"为 3 像素，位置为"外部"，"颜色"为黑色，如图 4-84 所示。

图 4-83　打开图像　　　图 4-84　描边参数

03 更改填充类型为"渐变"，并设其他参数及效果，如图 4-85 所示。

04 在"填充类型"下拉列表中选择"图案"选项，单击"图案"拾色器，选择相应的图案来填充描边，如图 4-86 所示。

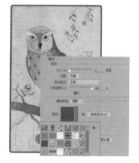

图 4-85　更改描边类型　　　图 4-86　更改描边类型

05 按 Ctrl+O 快捷键，打开"定义图案 .png"素材，执行"编辑"|"定义图案"命令，将图案进行自定义，如图 4-87 所示。

06 返回"明信片 .psd"文档，在图层面板双击描边选项，在弹出的对话框中更改图案样式，如图 4-88 所示。

图 4-87　"定义图案"对话框　　图 4-88　最终效果

4.6.8　实战——"内阴影"样式的使用

"内阴影"效果可以在紧靠图层内容的边缘内添加阴影，使图层内容产生凹陷效果。

素材文件路径：素材 \ 第 4 章 \4.6\4.6.8\ 礼盒 .psd

01 启动 Photoshop CC 2018 后，执行"文件"|"打开"命令，选择本书配套素材中的"素材 \ 第 4 章 \4.6\4.6.8\ 礼盒 .psd"，单击"打开"按钮，如图 4-89 所示。

02 在"图层"面板中选择"图层 1"图层，单击图层面板底部"添加图层样式"按钮 _fx_，在弹出的下拉菜单中选择"内阴影"选项，如图 4-90 所示。

图 4-89　打开图像　　　图 4-90　"内阴影"
　　　　　　　　　　　　　　　　　参数

03 设置"内阴影"选项的各项参数，如图 4-91 所示。

04 单击"确定"按钮，此时图像效果如图 4-92 所示。

图 4-91　"内阴影"　　　图 4-92　最终效果
参数

4.6.9　实战——"内发光"样式的使用

"内发光"效果可以沿图层内容的边缘向内创建发光效果。

素材文件路径：素材 \ 第 4 章 \4.6\4.6.9\ 眼睛 .jpg

01 启动 Photoshop CC 2018 后，执行"文件"|"打开"命令，选择本书配套素材中的"素材 \ 第 4 章 \4.6\4.6.9\ 眼睛 .jpg"，单击"打开"按钮，如图 4-93 所示。

02 选择工具箱中的"套索"工具 ，在眼睛的眼球上创建选区，如图 4-94 所示。

图 4-93　打开图像　　　图 4-94　创建选区

03 按 Shift+F6 快捷键，羽化 3 个像素，按 Ctrl+J 快捷键，复制眼球。单击图层面板底部的"添加图层样式"按钮 ，在弹出的下拉菜单中选择"内发光"选项，设置参数，如图 4-95 所示。

04 参数设置完毕后，单击"确定"按钮，图像效果如

图 4-96 所示。

图 4-95　"内发光"
参数

图 4-96　图像效果

05 单击图层面板底部的"创建新的填充或调整图层"按钮，创建"纯色填充"调整图层，在弹出的"拾色器"对话框中选择蓝色（#2094f7），按 Ctrl+Alt+G 快捷键创建剪贴蒙版，如图 4-97 所示。

06 设置该调整图层的混合模式为"颜色减淡"，不透明度为 50%，如图 4-98 所示。

图 4-97　"纯色"调整图层

图 4-98　最终效果

4.6.10　实战——"光泽"样式的使用

　　"光泽"效果可以应用光滑光泽的内部阴影，通常用来创建金属表面的光泽外观。

素材文件路径：素材 \ 第 4 章 \4.6\4.6.10\ 金手镯 .psd

01 启动 Photoshop CC 2018 后，执行"文件"｜"打开"命令，选择本书配套素材中的"素材 \ 第 4 章 \4.6\4.6.10\ 金手镯 .psd"，单击"打开"按钮，如图 4-99 所示。

4.6.10 教学视频

02 选择"图层 1"，单击图层面板底部的"添加图层样式"按钮，在弹出的下拉菜单中选择"光泽"选项，设置参数，如图 4-100 所示。

图 4-99　打开图像

图 4-100　"光泽"参数

03 参数设置完毕后，单击"确定"按钮，效果如图 4-101 所示。

图 4-101　最终效果

4.6.11　实战——"颜色叠加"样式的使用

　　"颜色叠加"样式可以使图像产生一种颜色叠加效果。

素材文件路径：素材 \ 第 4 章 \4.6\4.6.11\ 鲜花 .jpg

01 启动 Photoshop CC 2018 后，执行"文件"｜"打开"命令，选择本书配套素材中的"素材 \ 第 4 章 \4.6\4.6.11\ 鲜花 .jpg"，单击"打开"按钮，如图 4-102 所示。

4.6.11 教学视频

02 单击图层面板底部的"添加图层样式"按钮，在弹出的下拉菜单中选择"颜色叠加"选项，设置参数如图 4-103 所示。

图 4-102　打开图像　　　图 4-103　"颜色叠加"参数

03 单击"确定"按钮，此时图像效果如图 4-104 所示。

图 4-104　最终效果

4.6.12 实战——使用"渐变叠加"样式制作七彩景象

　　"渐变叠加"样式可以使图像产生一种渐变叠加效果。

素材文件路径：素材＼第 4 章＼4.6\4.6.12\ 喵咪 .jpg

4.6.12 教学观频

01 启动 Photoshop CC 2018 后，执行"文件"｜"打开"命令，选择本书配套素材中的"素材＼第 4 章＼4.6\4.6.12\ 喵咪 .jpg"，单击"打开"按钮，如图 4-105 所示。

02 双击背景图层，将背景图层转换为普通图层。单击图层面板底部的"添加图层样式"按钮，在弹出的对话框中选择"渐变叠加"选项，设置渐变色为色谱渐变，混合模式为"颜色"，如图 4-106 所示。

03 单击"确定"按钮，此时图像效果如图 4-107 所示。

图 4-105　打开图像　　图 4-106　　"渐变叠加"参数

图 4-107　最终效果

4.6.13 实战——"图案叠加"样式的使用

　　"图案叠加"效果可以在图层上叠加指定的图案，并且可以缩放图案，设置图案的不透明度和混合模式。

素材文件路径：素材＼第 4 章＼4.6\4.6.13\定义图案 .tig、音乐播放器 .png

01 启动 Photoshop CC 2018 后，执行"文件"｜"新建"命令，在弹出的对话框中设置参数，新建文档，如图 4-108 所示。

4.6.13 教学观频

02 双击该背景图层，将图层转换为普通图层。单击图层面板底部的"添加图层样式"按钮，在弹出的菜单中选择"内阴影"选项，设置参数，如图 4-109 所示。

图 4-108　　"新建"　　图 4-109　　"内阴影"参数
　　　　对话框

03 按 Ctrl+O 快捷键打开"图案 .tif"素材。执行"编辑"｜"定义图案"命令，将素材定义为图案，如图 4-110 所示。

04 切换至"未标题 -1"文档。双击"图层 0"后面的图标，打开"图层样式"对话框，设置"渐变叠加"的参数，如图 4-111 所示。

图 4-110　定义图案　　图 4-111　　"渐变叠加"参数

05 单击图层面板底部的"新建新图层"按钮，新建图层，填充白色。双击该图层，打开"图层样式"对话框，在弹出的对话框中选择"渐变叠加"选项，打开"渐变编辑器"拾色器，单击按钮，选择"特殊效果"，如图 4-112 所示。

06 在"特殊效果"渐变编辑器中选择"灰条纹"渐变，如图 4-113 所示。

图 4-112　　"渐变编辑器"　　图 4-113　　"灰条纹"渐变
　　　　对话框

07 单击"确定"按钮，关闭"渐变编辑器"对话框。设置"渐变叠加"的各项参数，如图 4-114 所示。

08 在"左侧"的样式下单击"图案叠加"选项,打开"图案"拾色器,选择定义的图案,如图 4-115 所示。

 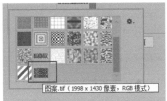

图 4-114　"渐变叠加"　　图 4-115　添加图案
　　　　　　参数

09 设置"图案叠加"图层样式的各项参数,如图 4-116 所示。

10 单击"确定"按钮,关闭"图层样式"对话框,设置"图层 1"的填充为 0%,图像效果如图 4-117 所示。

11 按 Ctrl+O 快捷键,打开"音乐播放器 .png"文件,选择"移动"工具 ⊕ 将素材添加到利用"图案叠加"制作的背景中,如图 4-118 所示。

图 4-116　"图案叠加"　图 4-117　图像　图 4-118　最终
　　　　　　参数　　　　　　　　效果　　　　　　　效果

知识拓展:如何使用预设的纹理映射浮雕效果?

　　单击图案右侧的 ▦ 按钮,打开下拉面板,再单击面板右上角的 ✿ 按钮,可以在打开的菜单中选择一个纹理素材库,将其载入使用。

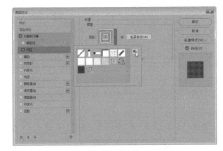

纹理素材库

4.6.14　实战——"外发光"样式的使用

　　"外发光"效果可以沿图层内容的边缘向外创建发光效果。

4.6.14 教学视频

01 启动 Photoshop CC 2018 后,执行"文件"|"打开"命令,选择本书配套素材中的"素材 \ 第 4 章 \4.6\4.6.14\ 鸭星人 .psd",单击"打开"按钮,如图 4-119 所示。

02 选择"图层 1",单击图层面板底部的"添加图层样式"按钮 fx.,在弹出的下拉菜单中选择"外发光"选项,设置参数,如图 4-120 所示。

03 参数设置完毕,单击"确定"按钮,得到如图 4-121 所示的图像效果。

图 4-119　打开　　图 4-120　"外发　　图 4-121　最终
　　　　　图像　　　　　　　光"参数　　　　　　效果

4.6.15　实战——"投影"样式的使用

　　"投影"效果可以为图层内容添加投影,使其产生立体感。

4.6.15 教学视频

01 启动 Photoshop CC 2018 后,执行"文件"|"打开"命令,选择本书配套素材中的"素材 \ 第 4 章 \4.6\4.6.15\ 鞋子 .jpg",单击"打开"按钮,如图 4-122 所示。

02 选择"魔棒"工具 ∕,在鞋子上创建选区,按 Ctrl+J 快捷键复制鞋子至新的图层。执行"图层"|"图层样式"|"投影"命令,在弹出的对话框中设置参数,如图 4-123 所示。

图 4-122　打开图像　　图 4-123　"投影"参数

03 单击"确定"按钮关闭对话框。执行"图层"|"图层样式"|"创建图层"命令,创建一个包含投影的图层,如图 4-124 所示。

04 按 Ctrl+T 快捷键显示定界框，在定界框中右击，在弹出的快捷菜单中，选择"斜切"命令，对投影进行斜切处理，如图 4-125 所示。

05 按 Enter 键确认操作。单击图层面板底部"创建图层蒙版"按钮 ■，创建一个图层蒙版。选择"渐变"工具 ■，在"渐变编辑器"中设置黑色到透明色的渐变，单击"线性渐变"按钮 ■，从鞋底往鞋尖拖曳直线，隐藏多余的投影区域，如图 4-126 所示。

图 4-124　创　图 4-125　斜切投影　图 4-126　添加蒙版
建图层

06 选择"移动"工具 ■，移动投影至鞋底区域，如图 4-127 所示。

图 4-127　最终效果

4.6.16　认识"样式"面板

选择"图层样式"对话框后左侧样式列表中的"样式"选项，并单击该选项，即可切换至"样式"面板，在样式面板中可显示当前可应用的图层样式，如图 4-128 所示为默认的样式，单击样式图标即可应用该样式。如图 4-129 所示为样式的面板菜单。

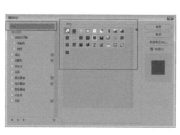

图 4-128　"样式"面板　图 4-129　面板菜单

4.6.17　实战——"样式库"的使用

除了"样式"面板上显示的样式外，Photoshop CC 还提供了其他的样式，它们按照不同的类型放在不同的库中，接下来具体讲解如何调用"样式库"。

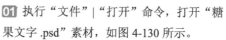

素材文件路径：素材 \ 第 4 章 \4.6\4.6.17\ 糖果文字 .psd

4.6.17 教学视频

01 执行"文件"|"打开"命令，打开"糖果文字 .psd"素材，如图 4-130 所示。

02 选择"图层 1"，在"样式"面板中单击右上角的 ■ 按钮，在弹出的下拉菜单中选择"文字样式"选项，如图 4-131 所示。

图 4-130　打开图像　　图 4-131　样式面板

03 弹出提示框，如图 4-132 所示，单击"追加"按钮。

图 4-132　提示框

04 这样便可将样式添加到面板中，如图 4-133 所示；单击所需要的样式，便可快速添加该样式，如图 4-134 所示。

图 4-133　"样式"　　图 4-134　选择样式
面板

05 样式添加后，也可更改样式中的参数，在图层面板中单击"描边"样式，弹出"图层样式"对话框，更改参数，如图 4-135 所示。

06 更改完毕后，单击"确定"按钮，得到如图 4-136 所示的图像效果。

图 4-135　"图层样式"　　　图 4-136　最终效果
　　　　　对话框

4.6.18　存储样式库

如果在"样式"面板中创建了大量的自定义样式，可以将这些样式保存为一个独立的样式库。

执行"样式"面板菜单中的"存储样式"选项，打开"存储"对话框，如图 4-137 所示，输入样式库名称和保存位置，单击"保存"按钮，即可将面板中的样式保存为一个样式库，如果将自定义的样式库保存在 Photoshop 程序文件夹的"Presete>Styles"文件夹中，则重新运行 Photoshop 后，该样式库的名称会出现在"样式"面板菜单的底部。

图 4-137　存储样式库

4.6.19　修改、隐藏与删除样式

通过隐藏或删除图层样式，可以去除为图层添加的图层样式效果，方法如下。

✦ 删除图层样式：添加图层样式的图层右侧会显示 fx 图标，单击该图标可以展开所有添加的图层效果，拖曳该图标或"效果"栏至面板底端删除按钮 🗑，可以删除图层样式，如图 4-138 所示。

✦ 删除样式效果：拖曳效果列表中的图层效果至删除按钮 🗑，可以删除该图层效果，如图 4-139 所示。

✦ 隐藏样式效果：单击图层样式效果左侧的眼睛图标 👁，可以隐藏该图层效果。

✦ 修改图层样式：在"图层"面板中，双击一个效果的名称，可以打开"图层样式"对话框并进入该效果的设置面板，便可修改图层样式参数了。

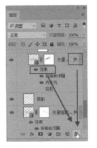

图 4-138　删除图层样式　　　图 4-139　删除图层效果

4.6.20　复制与粘贴样式

快速复制图层样式，有鼠标拖曳和菜单命令两种方法可供选用。

1. 鼠标拖曳

展开图层面板图层效果列表，拖曳"效果"项或图标 fx 至另一图层上方，即可移动图层样式至另一个图层，此时光标显示为 ⟨⟩ 形状，同时在光标下方显示 fx 标记，如图 4-140 所示。

而如果在拖曳时按住 Alt 键，则可以复制该图层样式至另一图层，此时光标显示为 ▶ 形状，如图 4-141 所示。

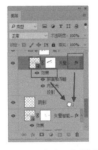

图 4-140　移动图层样式　　　图 4-141　复制图层样式

2. 菜单命令

在具有图层样式的图层上右击，在弹出的快捷菜单中选择"复制图层样式"命令，然后在需要粘贴样式的图层上右击，在弹出的快捷菜单中选择"粘贴图层样式"命令即可。

4.6.21　缩放样式效果

当我们对添加了效果的图层对象进行缩放时，效果仍然保持原来的比例，而不会随着对象大小的变化而改变。如果要获得与图像比例一致，就需要单独对效果进行缩放。

执行"图层"|"图层样式"|"缩放效果"命令，可打开"缩放图层效果"对话框，如图 4-142 所示。

在对话框的"缩放"下拉列表中可选择缩放比例，也可直接输入缩放的数值，如图 4-143 所示为设置"缩放"分别为 20 和 200 的效果。"缩放效果"命令只缩放图层样式中的效果，而不会缩放应用了该样式的图层。

图 4-142　"缩放图　　　图 4-143　缩放图层样式
层效果"对话框

4.6.22　将图层样式创建为图层

图层样式虽然丰富，但要想进一步对其进行编辑，如在效果内容上绘画或应用滤镜，则需要先将效果创建为图层。

首先选中添加了样式的图层，执行"图层"|"图层样式"|"创建图层"命令，系统会弹出一个提示对话框，如图 4-144 所示。

单击"确定"按钮，样式便会从原图层中剥离出来成为单独的图层，如图 4-145 所示。在这些图层中，有的会被创建为剪贴蒙版，有的则被设置了混合样式，以确保转换前后的图像效果不会发生变化。

图 4-144　提示对话框　　图 4-145　转换图层样式为图层

4.6.23　实战——音乐吉他

图层样式也叫图层效果，它可以为图层中的图像内容添加投影、发光、浮雕、描边等效果，创建具有真实质感的水晶、玻璃、金属和纹理特效。本节利用"图层样式"制作一把音乐吉他。

素材文件路径：素材 \ 第 4 章 \4.6\4.6.23\ 配件、素材 .png

4.6.23 教学视频

01 启动 Photoshop CC 2018 后，执行"文件"|"新建"命令，在弹出的对话框中设置"宽度"为 29.7 厘米、"高度"为 21 厘米、"分辨率"为 300 像素 / 英寸，新建文档。新建图层，单击图层面板底部"添加图层样式"按钮 fx，在弹出的对话框中分别设置"颜色叠加""渐变叠加""图案叠加"的参数，如图 4-146 所示。

图 4-146　"图层样式"参数

02 单击"确定"按钮关闭对话框。选择工具箱中的"矩形"工具，设置"工具模式"为形状、"填充"为黑色、"描边"为无，在文档中绘制矩形，如图 4-147 所示。

03 选中全部的矩形形状图层，按 Ctrl+J 快捷键复制矩形，如图 4-148 所示。

图 4-147　绘制矩形形状　　图 4-148　复制矩形形状

04 选中全部矩形形状图层，按 Ctrl+E 快捷键合并图层。执行"编辑"|"自由变换"命令，显示定界框，单击工具选项栏上的"变形"按钮，在"变形"下拉菜单中选择"旗帜"变形选项，如图 4-149 所示。

05 按 Enter 键确认操作。双击该图层，打开"图层样式"对话框，分别设置"斜面与浮雕""投影"参数，如图 4-150 所示。

06 单击"确定"按钮关闭对话框，设置该图层的"填充"为 0%，如图 4-151 所示。

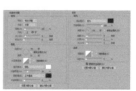

图 4-149　变形　　图 4-150　"图层样式"　　图 4-151　图像
　　形状　　　　　　参数　　　　　　　效果

07 选择"移动"工具➕将矩形图层移动到合适的位置。选择"钢笔"工具✐，设置"工具模式"为路径，在图像中绘制吉他形状，如图 4-152 所示。

08 按 Ctrl+Enter 快捷键将路径转换为选区，新建图层，填充白色。执行"图层"|"智能对象"|"转换为智能对象"命令，将该图层转换为智能图层，双击该图层的智能图标，会在一个新的窗口中打开智能对象的原始文件，如图 4-153 所示。

图 4-152　绘制路径　　　图 4-153　智能对象

09 按住 Ctrl 键单击吉他图层，载入选区，设置前景色为土黄色（#a24500），按 Ctrl+Delete 快捷键填充前景色。执行"滤镜"|"杂色"|"添加杂色"命令，在弹出的对话框中设置参数，如图 4-154 所示。

10 设置背景色为淡黄色（#c7790a）。执行"滤镜"|"渲染"|"纤维"命令，在弹出的对话框中设置参数，如图 4-155 所示。

 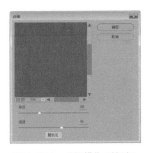

图 4-154　"添加杂色"　　　图 4-155　"纤维"对话框
　　　　　对话框

11 单击图层面板底部的"添加图层样式"按钮 fx，在弹出的菜单中分别设置"描边""内阴影""颜色叠加""渐变叠加"的参数，如图 4-156 所示。

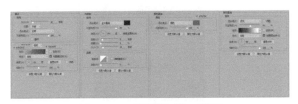

图 4-156　"图层样式"对话框

12 载入吉他选区。单击图层面板底部的"创建新的填充或调整图层"按钮 ◉，创建"渐变填充"调整图层，在弹出的对话框中设置参数，如图 4-157 所示。

13 设置该"渐变填充"调整图层的混合模式为"颜色"。选择"钢笔"工具✐，设置"工具模式"为形状、"填充"为土黄色（#572a02）、描边为无，在吉他中绘制形状，如图 4-158 所示。

14 执行"图层"|"图层样式"|"斜面与浮雕"命令，在弹出的对话框中设置如图 4-159 所示的参数。

图 4-157　"渐变填　图 4-158　绘制　图 4-159　"斜面
　　充"对话框　　　矩形条　　　与浮雕"参数

15 选择"钢笔"工具✐，设置"工具模式"为路径，在吉他中绘制圆形路径，如图 4-160 所示。

16 按 Ctrl+Enter 快捷键将路径转换为选区，新建图层，随意填充颜色。双击该图层，打开"图层样式"对话框，设置"内阴影"参数，如图 4-161 所示。

17 单击"确定"按钮关闭对话框，设置图层填充为 0%。选择"椭圆选框"工具◯，结合"减选"创建圆形选区，新建图层，填充黄色（#f3bf20），如图 4-162 所示。

18 为该图层添加"斜面与浮雕"的图层样式，如图 4-163 所示。

图 4-160　绘　图 4-161　"内　图 4-162　绘　图 4-163　"斜面
　制路径　　阴影"参数　　制选区　　与浮雕"参数

19 同方法，添加其他的圆形，并设置"图层样式"，如图 4-164 所示。

20 按 Ctrl+O 快捷键，打开"配件"素材，添加到吉他中，如图 4-165 所示。

21 执行"文件"|"存储"命令，将智能图层的图像存储到原文件，如图 4-166 所示。

22 同上述绘制吉他身的操作方法，结合"图层样式"

绘制吉他其他的部分，如图 4-167 所示。

图 4-164　添 图 4-165　添 图 4-166　存储 图 4-167　制作
加图层样式　 加素材　　 文件　　 吉他其他部分

23 选择"直线"工具，设置"工具模式"为形状、"填充"为无、"描边"为金黄色（# fff100），绘制吉他的琴弦，设置其混合模式为"柔光"，如图 4-168 所示。

24 选择"钢笔"工具，设置"工具模式"为路径，在文件中绘制音乐波动，如图 4-169 所示。

图 4-168　制作琴弦　　　　 图 4-169　绘制路径

25 按 Ctrl+Enter 快捷键将路径转换为选区，新建图层，填充红色。单击"添加图层蒙版"按钮，选择"画笔"工具，单击"画笔预设选取器"按钮，载入"斑驳画笔"，用画布在图层蒙版上涂抹，隐藏红色的波动图形，如图 4-170 所示。

26 按 Ctrl+O 快捷键，打开素材，将素材添加到文档中，如图 4-171 所示。

图 4-170　画笔涂抹　　　 图 4-171　添加素材

27 在"图层 1"上方新建图层，选择"画笔"工具，使用柔边缘笔刷在吉他底部绘制黑色阴影部分，如图 4-172 所示。

28 执行"滤镜"|"模糊"|"高斯模糊"命令，在弹出的对话框设置参数，为图形添加阴影，最终效果如图 4-173 所示。

 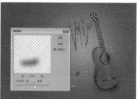

图 4-172　画笔涂抹　　　 图 4-173　最终效果

4.7　透明度的调整与效果——图层的不透明度

在图层面板中有两个控制图层的不透明度的选项，即"不透明度"和"填充"。

"不透明度"选项控制着当前图层、图层组中绘制的像素和形状的不透明度，如果对图层应用了图层样式，则图层样式的不透明度也会受到该值的影响。"填充"选项只影响到图层中绘制的像素和形状的不透明度，不会影响图层样式的不透明度。

素材文件路径：素材 \ 第 4 章 \4.7\ 舞者 .psd

4.7 教学视频

01 启动 Photoshop CC 2018 后，执行"文件"|"打开"命令，选择本书配套素材中的"素材 \ 第 4 章 \4.7\ 舞者 .psd"，单击"打开"按钮，如图 4-174 所示。

02 选中"图层 1 的投影"图层，在图层面板中设置图层的"填充"为 100%，效果如图 4-175 所示。

图 4-174　打开文件　　　 图 4-175　设置填充参数

03 按 Ctrl+Z 快捷键，返回上一步，取消填充的设置，在图层面板中设置图层的不透明度为 50%，此时图像效果如图 4-176 所示。

图 4-176　设置不透明度参数

4.8 丰富的图层效果——图层的混合样式

一幅图像中的各个图层由上到下叠加在一起，并不仅仅是简单的图像堆积，通过设置各个图层的不透明度和混合模式，可控制各个图层图像之间的相互影响和作用，从而将图像完美地融合在一起。混合模式控制图层之间像素颜色的相互作用。Photoshop 可使用的图层混合模式有正常、溶解、叠加、正片叠底等二十几种，不同的混合模式会得到不同的效果。

4.8.1 混合模式的使用

在"图层"面板中选择一个图层，单击面板顶部的 正常 按钮，展开下拉列表即可选择混合模式，如图 4-177 所示。为图像添加一个渐变填充的图层，调整其混合模式，演示它与下面背景图层是如何混合的。

+ 正常模式：默认的混合模式，图层的不透明度为 100% 时，完全遮盖下面的图像，如图 4-178 所示。降低不透明度可以使其与下面的图层混合。

+ 溶解模式：设置该模式并降低图层的不透明度时，可以使半透明区域上的像素离散，产生点状颗粒，如图 4-179 所示。

图 4-177 "混合模式"面　图 4-178　正常　图 4-179　溶解
　　　　　　　　板　　　　　　　　模式　　　　　　模式

+ 变暗模式：比较两个图层，当前图层中较亮的像素会被底层较暗的像素替换，亮度值比底层像素低的像素保持不变，如图 4-180 所示。

+ 正片叠底模式：当前图层中的像素与底层的白色混合时保持不变，与底层的黑色混合时则被其替换，混合结果通常会使图像变暗，如图 4-181 所示。

+ 颜色加深模式：通过增加对比度来加强深色区域，底层图像的白色保持不变，如图 4-182 所示。

+ 线性加深模式：通过减小亮度使像素变暗，它与"正片叠底"模式的效果相似，但可以保留下面图像更多的颜色信息，如图 4-183 所示。

图 4-180　变暗 图 4-181　正片 图 4-182　颜色 图 4-183　线性
模式　　　　　叠底模式　　　加深模式　　　加深模式

+ 深色模式：比较两个图层的所有通道值的总和并显示值较小的颜色，不会生成第三种颜色，如图 4-184 所示。

+ 变亮模式：与"变暗"模式的效果相反，当前图层中较亮的像素会替换底层较暗的像素，而较暗的像素则被底层较亮的像素替换，如图 4-185 所示。

+ 滤色模式：与"正片叠底"模式相反，它可以使图像产生漂白的效果，类似于多个摄影幻灯片在彼此之上的投影，如图 4-186 所示。

+ 颜色减淡模式：与"颜色加深"模式的效果相反，它通过减小对比度来加亮底层的图像，并使眼色变得更加饱和，如图 4-187 所示。

图 4-184　深色 图 4-185　变亮 图 4-186　滤色 图 4-187　颜色
模式　　　　　模式　　　　　模式　　　　　减淡模式

+ 线性减淡（添加）模式：与"线性加深"模式的效果相反。通过增加亮度来减淡颜色，亮化效果比"滤色"和"颜色减淡"模式都强烈，如图 4-188 所示。

+ 浅色模式：比较两个图层的所有通道值的总和并显示值较大的颜色，不会生成第三种颜色，如图 4-189 所示。

+ 叠加模式：可增强图像的颜色，并保持底层图像的高光和暗调，如图 4-190 所示。

+ 柔光模式：当前图层中的颜色决定了图像变亮或是变暗。如果当前图层中的像素比 50% 灰色亮，则图像亮；如果像素比 50% 灰色暗，则图像变暗。产生的效果与发散的聚光灯照在图像上相似，如图 4-191 所示。

图 4-188　线性 图 4-189　浅色 图 4-190　叠加 图 4-191　柔光
减淡（添加）　　　模式　　　　　模式　　　　　模式
模式

+ **强光模式**：当前图层中的像素比 50% 灰色亮，则图
  像亮；如果像素比 50% 灰色暗，则图像变暗。产生
  的效果与耀眼的聚光灯照在图像上相似，如图 4-192
  所示。
+ **亮光模式**：如果当前图层中的像素比 50% 灰色亮，
  则通过减小对比度的方式使图像变亮；如果当前图层
  中的像素比 50% 灰色暗，则通过增加对比度的方式
  使图像变暗。可以使混合后的颜色更加饱和，如图
  4-193 所示。
+ **线性光模式**：如果当前图层中的像素比 50% 灰色亮，
  则通过减小对比度的方式使图像变亮；如果当前图层
  中的像素比 50% 灰色暗，则通过增加对比度的方式
  使图像变暗。"线性光模式"可以使图像产生更高的
  对比度，如图 4-194 所示。
+ **点光模式**：如果当前图层中的像素比 50% 灰色亮，
  则替换暗的像素；如果当前图层中的像素比 50% 灰
  色暗，则替换亮的像素，如图 4-195 所示。

图 4-192　强光 图 4-193　亮光 图 4-194　线性 图 4-195　点光
模式　　　　　模式　　　　　光模式　　　　模式

+ **实色混合模式**：如果当前图层中的像素比 50% 灰色
  亮，会使底层图像变亮；如果当前图层中的像素比
  50% 灰色暗，会使底层图像变暗，该模式通常会使图
  像产生色调分离效果，如图 4-196 所示。
+ **差值模式**：当前图层的白色区域会使底层图像产生
  反相效果，而黑色则不会对底层图像产生影响，如
  图 4-197 所示。
+ **排除模式**：与"差值"模式的原理基本相似，但该模
  式可以创建对比度更低的混合效果，如图 4-198 所示。

+ **减去模式**：可以从目标通道中相应的像素上减去源通
  道中的像素值，如图 4-199 所示。

图 4-196　实色 图 4-197　差值 图 4-198　排除 图 4-199　减去
混合模式　　　　模式　　　　　模式　　　　　模式

+ **划分模式**：查看每个通道中的颜色信息，从基色中划
  分混合色，如图 4-200 所示。
+ **色相模式**：将当前图层的色相应用到底层图像的亮度
  和饱和度中，可以改变底层图像的色相，但不会影响
  其亮度和饱和度。对于黑色、白色和灰色区域，该模
  式不起作用，如图 4-201 所示。
+ **饱和度模式**：将当前图层的饱和度应用到底层图像的
  亮度和色相中，可以改变底层图像的饱和度，但不会
  影响其亮度和色相，如图 4-202 所示。

图 4-200　划分 图 4-201　色相 图 4-202　饱和度
模式　　　　　模式　　　　　模式

+ **颜色模式**：将当前图层的色相与饱和度应用到底层图
  像中，但保持底层图像的亮度不变，如图 4-203 所示。
+ **明度模式**：将当前图层的亮度应用于底层图像的颜色
  中，可以改变底层图像的亮度，但不会对其色相与饱
  和度产生影响，如图 4-204 所示。

图 4-203　颜色模式　　　　　图 4-204　明度模式

4.8.2　实战——运用"混合模式"制作双重曝光效果

本案例通过更改图层的混合模式来制作双重曝光效果。

4.8.2 教学视频

素材文件路径：素材 \ 第 4 章 \4.8\4.8.2\ 人物 .png、素材 1、2.jpg

01 启动 Photoshop CC 2018 后，执行"文件" |"打开"命令，在弹出的对话框中打开"素材 1.jpg"素材，如图 4-205 所示。

02 将"背景"图层拖曳至"创建新图层"按钮 上复制图层，设置其混合模式为"滤色"，如图 4-206 所示。

图 4-205　打开图像　　图 4-206　设置图层混合模式

03 按 Ctrl+J 快捷键两次，复制图层，并设置最上面的图层混合模式为"叠加"，如图 4-207 所示。

04 在"图层"面板中选择背景图层，设置前景色为浅酒红色（# ad8989），按 Alt+Delete 快捷键填充前景色，如图 4-208 所示。

图 4-207　设置图层混合模式　　图 4-208　填充前景色

05 按 Ctrl+O 快捷键打开"人物 .png"素材，运用"移动"工具 将素材添加到编辑的文档中，设置其不透明度为 71%，如图 4-209 所示。

06 单击图层面板底部"创建新的填充或调整图层"按钮，在弹出的快捷菜单中选择"颜色查找"选项，设置相关参数，按 Ctrl+Alt+G 快捷键创建剪切蒙版，只调整人物素材的颜色，如图 4-210 所示。

07 执行"文件" |"置入嵌入的智能对象"命令，将"素材 2.jpg"置入图像中，并将该图层放置在人物图层上方，按 Ctrl+Alt+G 快捷键创建剪贴蒙版，设置其混合模式为"柔光"，图像效果如图 4-211 所示。

08 单击"添加图层蒙版"按钮 ，为该图层添加蒙版，选择"画笔"工具 ，用黑色的柔边缘笔刷擦除多余的图像，图像效果如图 4-212 所示。

图 4-209　拖曳素材　　图 4-210　添加素材

图 4-211　添加素材　　图 4-212　最终效果

4.9　色彩的魅力——填充图层

填充图层是向图层填充纯色、渐变和图案创建的特殊图层。在 Photoshop 中，可以创建三种类型的填充图层：纯色填充图层、渐变填充图层和图案填充图层。创建了填充图层后，可以通过设置混合模式，或者调整图层的不透明度来创建特殊的图像效果。填充图层可以随时修改或者删除，不同类型的填充图层之间还可以互相转换，也可以将填充图层转换为调整图层。

4.9.1　实战——运用"纯色填充" 调整图层对微景调色

纯色填充图层，是用一种颜色进行填充的可调整图层。接下来通过具体操作进行讲解。

素材文件路径：素材 \ 第 4 章 \4.9\4.9.1\ 桃花 .jpg

4.9.1 教学视频

01 启动 Photoshop CC 2018 后，执行"文件"|"打开"命令，在弹出的对话框中打开"桃花 .jpg"素材，如图 4-213 所示。

02 单击图层面板底部"创建新的填充或调整图层"按钮 ，创建"纯色"调整图层，在弹出的"拾色器"对话框中设置棕色（# 463a3a），并设置其混合模式为"变亮"，减淡图像中黑色区域，如图 4-214 所示。

图 4-213　打开图像　　　图 4-214　创建"纯色填充"
　　　　　　　　　　　　　　　　　调整图层

03 创建"纯色"调整图层，在弹出的"拾色器"对话框中设置浅蓝色（#8becf2），并设置其混合模式为"叠加"、不透明度为13%，提高图像的亮度，如图 4-215 所示。

04 按 Ctrl+Alt+Shift+E 快捷键盖印图层，设置该图层的混合模式为"叠加"，去除图像的灰度，如图 4-216 所示。

图 4-215　创建"纯色填充"　　　图 4-216　盖印图层
　　　　　调整图层

05 单击"添加图层蒙版"按钮，为该图层添加蒙版。选中蒙版，按 D 键系统默认前背景色为黑白，按 B 键切换到"画笔"工具，在需要隐藏的位置上涂抹，如图 4-217 所示。

06 创建"纯色"调整图层，在弹出的"拾色器"对话框中设置蓝色（#3cd7f8），并设置其混合模式为"柔光"，提高图像的亮度，如图 4-218 所示。

07 按 Ctrl+O 快捷键打开"文字"素材，将其添加到图像中，最终效果如图 4-219 所示。

图 4-217　添加蒙版　　　图 4-218　创建　图 4-219　最终
　　　　　　　　　　　　　"纯色填充"调　　　效果
　　　　　　　　　　　　　　整图层

4.9.2　实战——运用渐变填充图层制作蔚蓝天空

渐变填充图层，所填充的颜色为渐变色，其填充的效果和渐变填充工具填充的效果相似，不同的是渐变填充图层，可以进行反复修改。接下来通过具体操作进行讲解。

素材文件路径：素材 \ 第 4 章 \4.9\4.9.2\ 小镇 .jpg

4.9.2 教学视频

01 启动 Photoshop CC 2018 后，执行"文件"|"打开"命令，在弹出的对话框中打开"小镇 .jpg"素材，如图 4-220 所示。

02 选择"快速选择"工具，在工具选项栏中单击按钮，选择天空，如图 4-221 所示。

图 4-220　打开图像　　　图 4-221　选择天空

03 执行"图层"|"新建填充图层"|"渐变"命令，或单击图层面板中的"创建新的填充或调整图层"按钮，在打开的下拉菜单中选择"渐变"选项，打开"渐变填充"对话框，单击渐变条，在弹出的"渐变编辑器"对话框中自定"白色到蓝色"的渐变，如图 4-222 所示。

04 单击"确定"按钮关闭对话框，效果图如图 4-223 所示。

图 4-222　"渐变填充"调整图层　　　图 4-223　最终效果

4.9.3　实战——运用图案填充图层为裙子贴花

图案填充图层，是运用图案填充的图层，在

Photoshop 中有许多预设图案。若预设图案不理想，也可以自定图案进行填充。本案例通过运用图案填充图层为裙子贴花。

素材文件路径：素材 \ 第 4 章 \4.9\4.9.3\ 高叉裙美女 .jpg

4.9.3 教学视频

01 启动 Photoshop CC 2018 后，执行"文件" | "打开"命令，选择本书配套素材中的"素材 \ 第 4 章 \4.9\4.9.3\ 高叉裙美女 .jpg"，如图 4-224 所示。

02 按 Ctrl+O 快捷键打开"图案"素材。执行"编辑" | "定义图案"命令，对图案进行定义，如图 4-225 所示。

图 4-224　打开图像　　图 4-225　定义图案

03 返回人物文件，选择"磁性套索"工具 ，利用"加选"与"减选"按钮，将人物白色裙子部分选中，如图 4-226 所示。

04 单击图层面板底部"创建新的填充或调整图层"按钮 ，创建"图案填充"调整图层，在弹出的对话框中选择存储的自定义图案，并调整参数，如图 4-227 所示。

05 单击"确定"按钮关闭对话框，设置"图案填充"调整图层的混合模式为"颜色加深"，效果图如图 4-228 所示。

图 4-226　创建　图 4-227　"图案填充"　图 4-228　最终
　　选区　　　　调整图层　　　　　　效果

4.10　不要低像素——智能对象

智能对象是 Photoshop 提供的一种较先进的功能，

可以把它看作一种容器，可以在其中嵌入位图或矢量图像数据。例如，Photoshop 的图层或 Adobe Illustrator 图形。

智能对象的好处是能够保持相对的独立性，能够灵活地在 Photoshop 中以非破坏性方式缩放、旋转图层、变形，或者添加滤镜效果。

在 Photoshop 中，智能对象表现为一个图层，类似于文字图层、调整图层或填充图层，并在图层缩览图右下方显示智能对象标记 。

4.10.1　了解智能对象的优势

众所周知，如果在 Photoshop 中频繁地缩放图像，会导致图像细节丢失而变得越来越模糊，但如果将该对象转换为智能对象，就不会有这种情况，不管对智能对象进行如何变换。

总的来说，使用智能对象具有如下优点：

✦ 可进行非破坏性变换。可以根据需要按任意比例缩放图层，而不会丢失原始图像数据。

✦ 保留 Photoshop 不会以本地方式处理的数据，如 Illustrator 中的复杂矢量图片。 Photoshop 会自动将文件转换为它可识别的内容。

✦ 可以将智能对象创建为多个复制图层，对原始内容进行编辑后，所有与之链接的复制图层都会自动更新。

✦ 将多个图层内容创建为一个智能对象以后，可以简化"图层"面板中的图层结构。

✦ 应用于智能对象的所有滤镜都是智能滤镜，智能滤镜可以随时修改参数或者撤销，并且不会对图像造成任何破坏。

4.10.2　创建智能对象

创建智能对象，可以使用如下方法：

✦ 使用"置入"命令置入的矢量图形或位图图像，Photoshop 将其自动转化为智能对象。

✦ 选择一个或多个图层后，执行"图层" | "智能对象" | "转换为智能对象"命令，这些图层即被打包到一个名为"智能对象"的图层中。

✦ 复制现有的智能对象，以便创建引用相同源内容的两个版本。

✦ 将选定的 PDF 或 Adobe Illustrator 图层或对象拖入 Photoshop 文档中。

✦ 将图片从 Adobe Illustrator 中复制并粘贴到 Photoshop 文档中。

4.10.3 编辑智能对象内容

智能对象是一类特殊的对象，由于其源数据受到保护，因此，只能进行有限的编辑操作。

可以进行缩放、旋转、斜切，但不能进行扭曲、透视、变形等操作。

可以更改智能对象图层的混合模式、不透明度，并且可以添加图层样式。

不能直接对智能对象使用颜色调整命令，只能使用调整图层进行调整。

如果需要更改智能对象的内容，需要进行下述操作：

从"图层"面板中选择智能对象，执行"图层"|"智能对象"|"编辑内容"命令，或者单击两次"图层"面板中的智能对象缩略图。

如果智能对象是矢量数据，将打开 Illustrator 进行编辑，如果是位图数据，则在 Photoshop 中打开一个新的图像窗口进行编辑。

智能对象内容编辑完成后，执行"文件"|"存储"命令以提交更改。

返回到包含智能对象的 Photoshop 文档，智能对象的所有实例均已更新。

4.10.4 实战——替换智能对象内容

Photoshop 中的智能对象具有相当大的灵活性，创建了智能对象后，可以用一个新建的内容替换在智能对象中嵌入的内容。

素材文件路径：素材 \ 第 4 章 \4.10\4.10.4\ 按钮 .psd

01 启动 Photoshop CC 2018 后，执行"文件"|"打开"命令，选择本书配套素材中的"素材\第4章\4.10\4.10.4\按钮 .psd"，选中"按钮"图层，如图 4-229 所示。

图 4-229　打开智能图像

02 执行"图层"|"智能对象"|"替换内容"命令，打开"置入"对话框，选择一个"按钮 .png"文件，单击"置入"按钮，可将其转入到 Photoshop 中，替换当前选择的智能对象，如图 4-230 所示。

图 4-230　替换智能对象

4.10.5 将智能对象转换到图层

选择需要转换为普通图层的智能对象，执行"图层"|"智能对象"|"栅格化"命令，或在智能对象图层上右击，在弹出的快捷菜单中选择"栅格化图层"命令，可将智能对象转换为普通图层，转换为普通图层后，原图层缩览图上的智能对象标志也会消失。

4.10.6 导出智能对象内容

执行"图层"|"智能对象"|"导出内容"命令，Photoshop 将以智能对象的原始置入格式（JPEG、AI、TIF、PDF 或其他格式）导出智能对象。如果智能对象是利用图层创建的，则以 PSB 格式将其导出。

4.11　综合实战——打散人像效果

图层样式可以随时修改或隐藏，具有非常大的灵活性，本案例就利用图层样式合成图像。

素材文件路径：素材 \ 第 4 章 \4.11\ 人物、点缀、植物 1、2.png、背景 1、背景 2.jpg、粒子扩散笔刷

01 启动 Photoshop CC 2018 后，执行"文件"|"新建"命令，在弹出的对话框中设置参数，如图 4-231 所示。

4.11 教学视频

02 单击"创建"按钮关闭对话框，新建文档，并填充黑色。按 Ctrl+O 快捷键打开"人物"素材，拖曳至新的文档中，按 Ctrl+T 快捷键显示定界框，调整图像的大小及位置，单击"图层"面板底部的"添加图层蒙版"按钮 ▣，添加图层蒙版。选择"画笔"工具 ✍，打开"画笔预设"面板，单击 ✿ 按钮，在弹出的菜单中选择"导入画笔"选项，导入"粒子打散分散效果"笔刷，如图 4-232 所示。

图 4-231　新建文档

图 4-232　导入笔刷

03 用黑色的柔边笔刷擦除人物肩膀旁边的区域，隐藏该区域，如图 4-233 所示。

04 在人物图层上新建一个图层，按 Ctrl+Alt+G 快捷键创建剪贴蒙版。选择工具箱中的"渐变"工具，单击"渐变拾色器"按钮，在弹出的面板中选择如图 4-234 所示的渐变。

图 4-233　涂抹隐藏图像

图 4-234　选择渐变类型

05 按下"径向渐变"按钮，从人物下巴附近向四周拖曳鼠标，填充径向渐变，并设置渐变图层的混合模式为"柔光"、"不透明度"为 58%，如图 4-235 所示。

06 按 Ctrl+N 快捷键，打开"新建文档"对话框，在该对话框中设置"宽度"为 40 像素、"高度"为 40 像素、"分辨率"为 300 像素 / 英寸、"背景内容"为透明，新建文档。选择工具箱中的"铅笔"工具，设置前景色为白色，利用"柔边缘"笔尖在文档中绘制如图 4-236 所示的线条。

图 4-235　填充渐变

图 4-236　绘制线条

07 执行"编辑"|"定义图案"命令，将图案设置为自定义的图案。切换至编辑的文档，新建图层，重命名为"网格"。执行"编辑"|"填充"命令，在弹出的对话框中设置"填充内容"为图案，选择之前设置的自定图案，如图 4-237 所示。

08 单击"确定"按钮，此时填充图案的图像效果如图 4-238 所示。

图 4-237　"填充"对话框

图 4-238　填充线条图案

09 选择工具箱中的"矩形选框"工具，在人物脸部创建选区，按 Ctrl+Shift+I 快捷键反选选区，按 Delete 键删除选区内的图像，注意要把矩形的 4 条白色边都保留，如图 4-239 所示。

10 按 Ctrl+T 快捷键显示定界框，在定界框内右击，在弹出的快捷菜单中选择"变形"选项，拖动变形定界框的控制点，将网格进行变形，如图 4-240 所示。

图 4-239　减去多余线条

图 4-240　变形线条

11 按 Enter 键确认变形。设置图层混合模式为"叠加"、"不透明度"为 50%，如图 4-241 所示。

12 选择工具箱中的"魔棒"工具，按住 Shift 键单击不同的矩形小方格，加选选区，如图 4-242 所示。

图 4-241　设置图层混合模式

图 4-242　创建选区

13 新建图层，并填充黑色。双击该图层，打开"图层样式"对话框，在弹出的对话框中设置"斜面与浮雕"参数，如图 4-243 所示。

图 4-243　设置"斜面与浮雕"参数

14 按 Ctrl+O 快捷键，打开"植物"和"点缀"等素材，添加到编辑的文档中，丰富画面层次，如图 4-244 所示。

图 4-244　制作其他人体飞块

15 执行"文件"|"置入嵌入对象"命令，在弹出的对话框中置入"背景 1"与"背景 2"素材。在"背景 2"素材上添加蒙版，选择工具箱中的"渐变"工具 ，在"渐变编辑器"中选择黑色到透明色的渐变，按下"线性渐变"按钮 ，从右向左拖曳鼠标，填充线性渐变，隐藏部分素材，让"背景 1"与"背景 2"合二为一，增加画面的科技感，如图 4-245 所示。

图 4-245　最终效果

5.1 玩转颜色模式——图像的颜色模式

颜色模式是用来提供将颜色翻译成数字数据的一种方法，从而使颜色能在多种媒体中得到一致的描述。Photoshop 支持的颜色模式主要包括 CMYK、RGB、灰度、双色调、Lab、多通道和索引颜色模式，较常用的是 CMYK、RGB、Lab 颜色模式等，不同的颜色模式有其不同的作用和优势。

颜色模式不仅影响可显示颜色的数量，还影响图像的通道数和图像的文件大小。下面将对图像的颜色模式进行详细介绍。

5.1.1 查看图像的颜色模式

查看图像的颜色模式，了解图像的属性，可以方便用户对图像进行各种操作。执行"图像"|"模式"命令，在打开的子菜单中被勾选的选项即为当前图像的颜色模式，如图 5-1 所示。另外，在图像的标题栏中可直接查看图像的颜色模式，如图 5-2 所示。

图 5-1　颜色模式　　　　图 5-2　标题栏颜色模式信息

5.1.2 位图模式

位图模式使用两种颜色值（黑色或白色）来表示图像的色彩，因而，又称为 1 位图像或黑白图像。位图模式图像要求的存储空间很少，但无法表现出色彩、色调丰富的图像，因此，仅适用于一些黑白对比强烈的图像。

打开一张 RGB 模式的彩色图像，如图 5-3 所示。执行"图像"|"模式"|"灰度"命令，先将其转换为灰度模式，如图 5-4 所示。再执行"图像"|"模式"|"位图"命令，弹出"位图"对话框，如图 5-5 所示，在"输出"选项中设置图像的输出分辨率，然后在"方法"选项中选择"扩散仿色"转换方法，单击"确定"按钮，得到如图 5-6 所示的位图模式。

图 5-3　打开文件　　图 5-4　灰度模式　　图 5-5　"位图"　　图 5-6　扩散仿色
　　　　　　　　　　　　　　　　　　　　对话框

5.1.3　灰度模式

灰度模式的图像由 256 级的灰度组成，不包含颜色。彩色图像转换为该模式后，Photoshop 将删除原图像中所有颜色信息，而留下像素的亮度信息。

灰度模式图像的每一个像素能够用 0~255 的亮度值来表现，因而，其色调表现力较强，0 代表黑色，255 代表白色，其他值代表了黑、白中间过渡的灰色。在 8 位图像中，最多有 256 级灰度，在 16 和 32 位图像中，图像中的级数比 8 位图像要大得多。如图 5-7 所示为将 RGB 模式图像转换为灰度模式图像。

图 5-7　灰度模式

5.1.4　双色调模式

在 Photoshop 中可以分别创建单色调、双色调、三色调和四色调。其中双色调是用两种油墨打印的灰度图像。在这些图像中，使用彩色油墨来重现色彩灰色，而不是重现不同的颜色。彩色图像转换为双色调模式时，必须首先转换为灰度模式，如图 5-8 和图 5-9 所示。

图 5-8　转换为灰度模式　　图 5-9　双色调模式示意图

5.1.5　索引模式

索引模式最多可使用 256 种颜色的 8 位图像文件。当转换为索引颜色时，Photoshop 将构建一个颜色查找表（CLUT），以存放图像中的颜色。如果原图像中的某种颜色没有出现在该表中，则程序会选取最接近的一种，或使用仿色以现有颜色来模拟该颜色。

在索引颜色模式下只能进行有限的图像编辑。若要进一步编辑，需临时转换为 RGB 模式。如图 5-10 所示为 RGB 颜色模式转换为索引模式。

图 5-10　转换为索引模式

5.1.6　RGB 模式

众所周知，红、绿、蓝常称为光的三原色，绝大多数可视光谱可用红色、绿色和蓝色（RGB）三色光的不同比例和强度混合来产生。在这三种颜色的重叠处产生青色、洋红、黄色和白色。由于 RGB 颜色合成可以产生白色，因此，也称它们为加色模式。加色模式用于光照、视频和显示器。例如，显示器就是通过红色、绿色和蓝色荧光粉发射光产生颜色。

RGB 模式为彩色图像中每个像素的 RGB 分量指定一个介于 0（黑色）~255（白色）之间的强度值。例如，亮红色可能 R 值为 246，G 值为 20，而 B 值为 50。当这 3 个分量的值相等时，结果是中性灰色。当所有分量的值均为 255 时，结果是纯白色；当该值为 0 时，结果是纯黑色。

RGB 图像通过三种颜色或通道，可以在屏幕上重新生成多达 1670（256×256×256）万种颜色；这三个通道可转换为每像素 24（8×3）位的颜色信息。新建的 Photoshop 图像默认为 RGB 模式。

打开一张多通道模式文件，如图 5-11 所示。执行"图像"|"模式"|"RGB 颜色"命令，即可将其转换为 RGB 颜色模式，如图 5-12 所示。

图 5-11　多通道模式　　图 5-12　RGB 颜色模式

5.1.7　CMYK 模式

CMYK 模式以打印在纸上的油墨的光线吸收特性为基础。当白光照射到半透明油墨上时，色谱中的一部分被吸收，而另一部分被反射回眼睛。理论上，纯青色（C）、洋红（M）和黄色（Y）色素合成的颜色吸收所有光线并生成黑色，因此，这些颜色也称为减色。但由于所有打印油墨都包含一些杂质，因此，这三种油墨混合实际生成的是土灰色，为了得到真正的黑色，必须在油墨中加入黑色（K）油墨（为避免与蓝色混淆，黑色用 K 而非 B 表示）。将这些油墨混合重现颜色的过程称为四色印刷。减色（CMY）和加色（RGB）是互补色。每对减色产生一种加色，反之亦然。

　　CMYK 模式为每个像素的每种印刷油墨指定一个百分比值。为最亮（高光）颜色指定的印刷油墨颜色百分比较低，而为较暗（阴影）颜色指定的百分比较高。例如，亮红色可能包含 2% 青色、93% 洋红、90% 黄色和 0% 黑色。在 CMYK 图像中，当四种分量的值均为 0% 时，就会产生纯白色。

　　在准备要用印刷色打印的图像时，应使用 CMYK 模式。将 RGB 图像转换为 CMYK 模式即产生分色。如果创作由 RGB 图像开始，最好先编辑，然后再转换为 CMYK，如图 5-13 和图 5-14 所示分别为 RGB 彩色模式和 CMYK 模式的示意图。

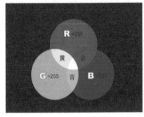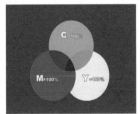

图 5-13　RGB 彩色模式示意图　图 5-14　CMYK 模式示意图

5.1.8　Lab 颜色模式

　　Lab 模式是目前包括颜色数量最广的模式，也是 Photoshop 在不同颜色模式之间转换时使用的中间模式。

　　Lab 颜色由亮度（光亮度）分量和两个色度分量组成。L 代表光亮度分量，范围为 0 ～ 100，a 分量表示从绿色到红色到黄色的光谱变化，b 分量表示从蓝色到黄色的光谱变化，两者范围都是＋ 120 ～－ 120。如果只需要改变图像的亮度而不影响其他颜色值，可以将图像转换为 Lab 颜色模式，然后在 L 通道中进行操作。

　　Lab 颜色模式最大的优点是颜色与设备无关，无论使用什么设备（如显示器、打印机、计算机或扫描仪）创建或输出图像，这种颜色模式产生的颜色都可以保持一致。

5.1.9　实战——"LAB"颜色模式的使用

　　本案例通过"RGB 颜色模式"转换为"LAB"颜色

模式来制作出复古色调的效果。

素材文件路径：素材 \ 第 5 章 \5.1\5.1.9\ 人物 .jpg

5.1.9 教学视频

01 启动 Photoshop CC 2018 后，执行"文件"|"打开"命令，选择本书配套素材中的"素材 \ 第 5 章 \5.1\5.1.9\ 人物 .jpg"，如图 5-15 所示。

02 执行"图像"|"模式"|"Lab 颜色"命令，转换为 Lab 颜色模式。

03 切换到"通道"面板，选择"a 通道"，按 Ctrl+A 快捷键，全选通道内容，再按 Ctrl+C 快捷键复制选区内容，选择"b 通道"，按 Ctrl+V 快捷键，粘贴选区内容。

04 按 Ctrl+D 快捷键，取消选区，按 Ctrl+2 快捷键，切换到复合通道，得到如图 5-16 所示的图像效果。

图 5-15　打开文件　　　图 5-16　Lab 模式

5.1.10　多通道模式

　　多通道是一种减色模式，将 RGB 模式转换为多通道模式后，可以得到青色、洋红和黄色通道，此外，如果删除 RGB、CMYK、Lab 模式的某个颜色通道，图像会自动转换为多通道模式。在多通道模式下，每个通道都使用 256 级灰度。如图 5-17 和图 5-18 所示为 RGB 模式转换为多通道模式。

图 5-17　RGB 模式　　　图 5-18　多通道模式

5.2　百变图像整体调色——图像的基本调整命令

在"图像"菜单中包含了调整图像色彩和色调的一系列命令。在最基本的调整命令中，"自动色调""自动对比度"和"自动颜色"命令可以自动调整图像的色调或者色彩，而"亮度/对比度"和"色彩平衡"命令则可通过对话框进行调整。

5.2.1　实战——"自动色调"调整命令的使用

"自动色调"命令可让 Photoshop 自动快速地扩展图像色调范围，使图像最暗的像素变黑（色阶为 0），最亮的像素变白（色阶为 255），并在黑白之间所有范围上扩展中间色调。

自动色调命令调整明显缺乏对比度、发灰、暗淡的图像效果较好。由于它是分别设置每个颜色通道中的最亮和最暗像素为黑色和白色，然后按比例重新分配各像素的色调值，因此，可能会影响色彩平衡。

素材文件路径：素材 \ 第 5 章 \5.2\5.2.1\ 花 .jpg

01 启动 Photoshop CC 2018 后，执行"文件" | "打开"命令，选择本书配套素材中的"素材 \ 第 5 章 \5.2\5.2.1\ 花 .jpg"，如图 5-19 所示。

02 执行"图像"|"自动色调"命令，或按 Ctrl+Shift+L 快捷键，效果图如图 5-20 所示。

图 5-19　原图　　　　图 5-20　自动色调调整

5.2.2　实战——"自动对比度"调整命令的使用

"自动对比度"命令可以自动调整图像的对比度，使高光看上去更亮，阴影看上去更暗。下面通过具体的操作来查看前后的不同效果。

素材文件路径：素材 \ 第 5 章 \5.2\5.2.2\ 水果 .jpg

01 启动 Photoshop CC 2018 后，执行"文件" | "打开"命令，选择本书配套素材中

的"素材 \ 第 5 章 \5.2\5.2.2\ 水果 .jpg"，如图 5-21 所示。

02 执行"图像"|"自动对比度"命令，或按 Ctrl+Shift+Alt+L 快捷键，图像效果如图 5-22 所示。

图 5-21　打开文件　　　图 5-22　自动对比度调整

> 💡 **技巧提示：**
> "自动对比度"命令不会单独调整通道，它只会调整色调，而不会改变色彩平衡，因此，也不会产生色偏，但也不能用于消除色偏。该命令可以改进彩色图像的外观，但无法改善单色图像。

5.2.3　实战——"自动颜色"调整命令的使用

快速校正图像颜色，可以执行"图像"|"自动颜色"命令。该命令自动对图像的色相和色调进行判断，从而纠正图像的对比度和色彩平衡。

素材文件路径：素材 \ 第 5 章 \5.2\5.2.3\ 玩具猫咪 .jpg

01 启动 Photoshop CC 2018 后，执行"文件" | "打开"命令，选择本书配套素材中的"素材 \ 第 5 章 \5.2\5.2.3\ 玩具猫咪 .jpg"，如图 5-23 所示。

02 执行"图像"|"自动颜色"命令，或按 Ctrl+Shift+B 快捷键，调整图像如图 5-24 所示。

图 5-23　打开图像　　　图 5-24　自动颜色调整

5.2.4　实战——"亮度/对比度"命令的使用

"亮度/对比度"命令用来调整图像的亮度和对比度，它只适用于粗略地调整图像。在调整时有可能丢失图像细节，对于高端输出，最好使用"色阶"或"曲线"

命令来调整。

素材文件路径：素材 \ 第 5 章 \5.2\5.2.4\ 糕点 .jpg

01 启动 Photoshop CC 2018 后，执行"文件"｜"打开"命令，选择本书配套素材中的"素材 \ 第 5 章 \5.2\5.2.4\ 糕点 .jpg"，如图 5-25 所示。

02 执行"图像"|"调整"|"亮度 / 对比度"命令，打开"亮度 / 对比度"对话框，设置亮度为 -49、对比度为 +78，如图 5-26 所示。

图 5-25　打开看图像　　图 5-26　亮度 / 对比度效果

03 勾选"使用旧版"复选框，再设置亮度为 -49、对比度为 +78，此时调整效果如图 5-27 所示。

04 取消选中"使用旧版"复选框，单击"亮度 / 对比度"对话框中的"自动"按钮，自动给图像调整颜色，如图 5-28 所示。

图 5-27　使用旧版效果　　图 5-28　自动调整效果

5.2.5　了解"色阶"调整命令

使用色阶命令可以调整图像的阴影、中间调和的强度级别，从而校正图像的色调范围和色彩平衡。"色阶"命令常用于修正曝光不足或过度的图像，同时也可对图像的对比度进行设置。执行"图像"|"调整"|"色阶"命令，打开"色阶"对话框，如图 5-29 所示。

✦ 通道：选择需要调整的颜色通道，系统默认为复合颜色通道。在调整复合通道时，各颜色通道中的相应像素会按比例自动调整以避免改变图像色彩平衡。

✦ 输入色阶：拖曳输入色阶下方的三个滑块，或直接在输入色阶框中输入数值，分别设置阴影、中间色调和高光色阶值来调整图像的色阶。其中的直方图面板用来显示图像的色调范围和各色阶的像素数量。

有时图像虽然得到了从高光到阴影的全部色调范

围，但照片可能受不正常曝光的影响，图像整体仍然太暗（曝光不足），或者图像整体太亮（曝光过度）。此时可以移动输入色阶的中间色调滑块以调整灰度系数，向左移动可加亮图像，向右移动可调暗图像。

✦ 输出色阶：拖曳输出色阶的两个滑块，或直接输入数值，以设置图像最高色阶和最低色阶。向右拖曳黑色滑块，可以减少图像中的阴影色调，从而使图像变亮；向左侧拖曳白色滑块，可以减少图像的高光，从而使图像变暗。

✦ 自动：单击该按钮，可自动调整图像的对比度与明暗度。

✦ 选项：单击该按钮，可弹出"自动颜色校正选项"对话框，如图 5-30 所示，用于快速调整图像的色调。

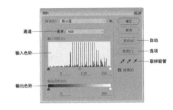

图 5-29　"色阶"对话框　　图 5-30　"自动颜色校正选项"对话框

✦ 取样吸管：从左到右 3 个吸管依次为黑色吸管、灰色吸管和白色吸管，单击其中任意一个吸管，然后将光标移动到图像窗口中，光标会变成相应的吸管形状，此时单击即可完成色调调整。

照片在拍摄过程中往往会发生偏色现象，设置灰场吸管工具能够通过定义图像的中性灰色来调整图像偏色。所谓中性灰色，指的是各颜色分量相等的颜色，如果是 RGB 颜色模式，则 R=G=B，如颜色（RGB：125、125、125）。

使用灰场吸管工具纠正偏色，关键是要找准图像中的中性灰色位置，可以多次单击进行筛选，也可以根据生活常识来进行判断。

在"自动颜色校正选项"对话框中，"算法"定义增强对比度的类型；"目标颜色和剪贴"分别设置阴影、中间调、高光颜色和剪贴百分比；"存储为默认值"将参数设置存储为自动颜色校正的默认设置。

5.2.6　实战——"色阶"调整命令的使用

本案例通过"色阶"命令修正曝光不足的风景照。

素材文件路径：素材 \ 第 5 章 \5.2\5.2.6\ 蝶恋花 .jpg

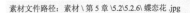

5.2.6 教学视频

01 启动 Photoshop CC 2018 后，执行"文件"｜"打开"命令，选择本书配套素材中的"素材\第5章\5.2\5.2.6\蝶恋花.jpg"，如图5-31所示。

02 执行"图像"｜"调整"｜"色阶"命令，或按 Ctrl＋L 快捷键，打开"色阶"对话框。在弹出的对话框中拖曳中间与右侧的滑块，增强亮调，如图5-32所示。

图5-31　打开图像　　　图5-32　色阶参数

技巧提示：
曝光是指相机通过光图大小、快门时间长短及感光度高低控制光线，并投射到感光元件，形成影响的过程。即按动快门形成影像的过程。

03 单击"确定"按钮关闭对话框，此时调整图像的效果如图5-33所示。

图5-33　色阶效果

知识拓展：如何同时调整多个通道？

如果要同时编辑多个颜色通道，可在执行"色阶"命令之前，先按住 Shift 键在"通达"面板中选择这些通道，这样"色阶"的"通道"菜单会显示目标通道的缩写，例如，RG 表示红色和绿色通道。

通道选择通道　　　色阶显示目标通道缩写

5.2.7　实战——"输出"色阶的使用

"输出"色阶可以设置图像的亮度范围，从而降低对比度。本案例通过设置不同的输出值来对比从而产生不同的效果。

素材文件路径：素材\第5章\5.2\5.2.7\人像摄影.jpg

01 启动 Photoshop CC 2018 后，执行"文件"｜"打开"命令，选择本书配套素材中的"素材\第5章\5.2\5.2.7\人像摄影.jpg"，如图5-34所示。

02 执行"图像"｜"调整"｜"色阶"命令，或按 Ctrl＋L 快捷键，打开"色阶"对话框，在"输出色阶"选项组中设置值为75和255，如图5-35所示。

03 删除上一步设置的数字，重新在输出色阶中输入0与170，效果图如图5-36所示。

图5-34　打开图像　图5-35　输出色阶　图5-36　输出色阶
　　　　　　　　　　　　效果　　　　　　　效果

知识拓展：

通常情况下，色阶的像素集中在右边，说明该图像的亮部所占区域较多；色阶的像素集中在左侧，说明该图像的暗部所占区域较多。

 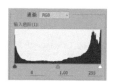

亮色调的图像　　　色阶的像素集中分布在右方

 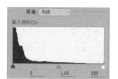

暗色调的图像　　　色阶的像素集中分布在左方

5.2.8　实战——"色阶"命令中吸管工具设置黑场和白场

使用黑场吸管在图像中取样，可以将单击点处的像素调整为黑色。使用白场吸管在图像中取样，可以根据单击点像素的亮度来调整其他中间调的平均亮度。本案例通过使用两种吸管工具来增强画面的对比度。

素材文件路径：素材 \ 第 5 章 \5.2\5.2.8 油菜花 .jpg

5.2.8 教学视频

01 启动 Photoshop CC 2018 后，执行"文件" | "打开"命令，选择本书配套素材中的"素材 \ 第 5 章 \5.2\5.2.8\油菜花 .jpg"，如图 5-37 所示。

02 执行"图像" | "调整" | "色阶"命令，或按 Ctrl ＋ L 快捷键，打开"色阶"对话框，选择黑色吸管 ◢ 和白色吸管 ◢，在不同的地方单击，如图 5-38 所示。

图 5-37　打开图像

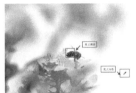
图 5-38　使用黑、白吸管调整图像色调范围

5.2.9　实战——"色阶"命令中吸管工具设置灰场

灰场吸管在图像中单击取样，可以根据单击点像素的亮度来调整其他中间调的平均亮度，接下来通过具体的操作进行讲解该吸管。

素材文件路径：素材 \ 第 5 章 \5.2\5.2.9 花朵特写 .jpg

5.2.9 教学视频

01 启动 Photoshop CC 2018 后，按 Ctrl+O 快捷键打开"素材 \ 第 5 章 \5.2\5.2.9\ 花朵特写 .jpg"，如图 5-39 所示。

02 执行"图像" | "调整" | "色阶"命令，或按 Ctrl+L 快捷键，打开"色阶"对话框，选择灰色吸管 ◢，在花朵岩石上单击，如图 5-40 所示。

图 5-39　打开图像

图 5-40　纠正图像偏色

5.2.10　了解"色相 / 饱和度"调整命令

"色相 / 饱和度"命令可以调整图像中特定颜色分量的色相、饱和度和亮度，或者同时调整图像中的所有颜色。该命令适用于微调 CMYK 图像中的颜色，以便它们处在输出设备的色域内。执行"图像" | "调整" | "色相 / 饱和度"命令，打开"色相 / 饱和度"对话框，如

图 5-41 所示。

图 5-41　"色相 / 饱和度"对话框

"色相 / 饱和度"对话框中各选项的含义如下。

✦ 预设：选择 Photoshop 提供的色相 / 饱和度预设或自定义预设。

✦ 编辑：在该下拉列表可以选择要调整的颜色。选择"全图"，可调整图像中所有的颜色；选择其他选项，则可以单独调整红色、黄色、绿色和青色等颜色。

✦ 色相：拖曳该滑块可以改变图像的色相。

✦ 饱和度：向右侧拖曳滑块可以增加饱和度，向左侧拖曳滑块可以减少饱和度。

✦ 明度：向右侧拖曳滑块可以增加亮度，向左侧拖曳滑块可降低亮度。

✦ 在图像中单击并拖曳鼠标可以修改取样颜色的饱和度；按住 Ctrl 键的同时拖曳鼠标可以修改取样颜色的色相。

✦ 着色：勾选该复选框后，可以将图像转换成为只有一种颜色的单色图像。变为单色图像后，拖曳"色相"滑块可以调整图像的颜色。

✦ 吸管工具：如果在"编辑"选项中选择了一种颜色，便可以用吸管工具拾取颜色。使用吸管工具 ◢ 在图像中单击可选择颜色范围；使用添加到取样工具 ◢ 在图像中单击可以增加颜色范围；使用从取样中减去工具 ◢ 在图像中单击可减少颜色范围。设置了颜色范围后，可以拖曳滑块来调整颜色的色相、饱和度或明度。

✦ 颜色条：在对话框底部有两个颜色条，它们以各自的顺序表示色轮中的颜色。上面的颜色条是显示调整前的颜色，下面的颜色条显示调整如何全饱和状态影响所有色相。

5.2.11　实战——"色相 / 饱和度"调整命令的使用

本案例通过使用"色相 / 饱和度"命令中的各个选项，来得到各种不同的效果。

素材文件路径：素材 \ 第 5 章 \5.2\5.2.11\ 蔷薇花 .jpg

5.2.11 教学视频

01 启动 Photoshop CC 2018 后，执行"文

件"｜"打开"命令，选择本书配套素材中的"素材
\第 5 章 \5.2\5.2.11\ 蔷薇花 .jpg"，打开素材文件，如图
5-42 所示。

02 执行"图像"｜"调整"｜"色相 / 饱和度"命令，或
按 Ctrl+U 快捷键，打开"色相 / 饱和度"对话框，设置
色相为 +39，如图 5-43 所示；改变色相的预览效果图如
图 5-44 所示。

图 5-42　打开　　图 5-43　　"色相 / 饱和度"　图 5-44　色相
图像　　　　　　　　对话框　　　　　　　　+39

知识拓展：色彩名称的含义？

　　"色相"是指色彩的相貌，如光谱中的红、橙、黄、
绿、蓝、紫为基本色相；"明度"是指色彩的明暗度；"纯
度"是指色彩的鲜艳程度，也称饱和度；以明度和纯度
共同表现的色彩的程度成为色调。

03 重新设置色相值为 -180，此时图像效果如图 5-45 所
示；选中"着色"复选框，调整如图 5-46 所示。

04 设置色相为 +140、饱和度为 +30，调整如图 5-47 所示。

图 5-45　色相 -180　图 5-46　着色效果　图 5-47　色相 140
　　　　　　　　　　　　　　　　　　　　饱和度 30

5.2.12　了解"自然饱和度"调整命令

　　"自然饱和度"命令，可以对画面的饱和度进行有
选择性的调整，它会对已经接近完全饱和的色彩降低调
整程度，而对不饱和的色彩进行较大幅度的调整。另外，
它还可以对皮肤肤色进行一定的保护，确保不会在调整
过程中变得过度饱和。

　　执行"图像"｜"调整"｜"自然饱和度"命令，弹出"自
然饱和度"对话框，如图 5-48 所示。

图 5-48　"自然饱和度"对话框

→ 自然饱和度：如果要对不饱和的颜色进行提高，并且
保护那些已经很饱和的颜色或者是肤色，不让它们受
较大的影响，就可以拖曳滑块向右。

→ 饱和度：同时对所有的颜色进行饱和度的提高，不管
当前画面中各个颜色的饱和度程度如何，全部都做出
同样的调整。这个功能与"色相 / 饱和度"工具有点
类似，但是比运用该工具调整效果上更加准确自然，
不会出现明显的色彩错误。

5.2.13　实战——"自然饱和度"调整命令的使用

　　本案例使用"自然饱和度"命令来调整低饱和度的
画面，增强饱和度。

素材文件路径：素材 \ 第 5 章 \5.2\5.2.13\ 皖南印象 .jpg

5.2.13 教学视频

01 启动 Photoshop CC 2018 后，执行"文
件"｜"打开"命令，选择本书配套素材中
的"素材 \ 第 5 章 \5.2\5.2.13\ 皖南印象 .jpg"，
打开素材文件，如图 5-49 所示。

02 执行"图像"｜"调整"｜"自然饱和度"命令，打开"自
然饱和度"对话框，设置"自然饱和度"为 +60、饱和
度为 +36，如图 5-50 所示。

图 5-49　打开图像　　　图 5-50　"自然饱和度"
　　　　　　　　　　　　　　　　对话框

03 单击"确定"按钮，如图 5-51 所示，此时图像饱和
度显得更加自然。

图 5-51　自然饱和度

知识拓展：什么是溢色？

　　显示器的色域（RGB 模式）比打印机（CMYK 模式）的色域广，因此，在显示器上看到或调出的颜色有可能打印不出来，那些不能被打印机准确输出的颜色为"溢色"。

5.2.14　了解"色彩平衡"调整命令

　　"色彩平衡"命令可以更改图像的总体颜色混合。在"色彩平衡"对话框中，相互对应的两个色互为补色（如青色和红色）。当提高某种颜色的比重时，位于另一侧的补色的颜色就会减少。执行"图像"|"调整"|"色彩平衡"命令。打开"色彩平衡"对话框，如图 5-52 所示。

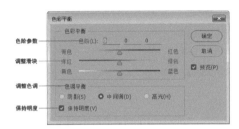

图 5-52　"色彩平衡"对话框

✦ "色阶"参数：设置色彩通道的色阶值，范围为 -100~+100。

✦ 调整滑块：拖曳滑块可向图像中增加或减少颜色。

✦ 调整色调：可选择一个色调范围来进行调整，包括"阴影""中间调"和"高光"。

✦ 保持明度：如果勾选"保持明度"复选框，可防止图像的亮度值随着颜色的更改而改变，从而保持图像的色调平衡。

5.2.15　实战——"色彩平衡"命令的使用

　　本案例通过滑动"色彩平衡"命令的各个滑块，得到不同的效果。

素材文件路径：素材 \ 第 5 章 \5.2\5.2.15\ 人像 .jpg

01 启动 Photoshop CC 2018 后，执行"文件"|"打开"命令，选择本书配套素材中的"素材 \ 第 5 章 \5.2\5.2.15\ 人像 .jpg"，打开素材文件，如图 5-53 所示。

02 执行"图像"|"调整"|"色彩平衡"命令，或按 Ctrl+B 快捷键，弹出"色彩平衡"对话框，如图 5-54 所示。

图 5-53　打开图像　　　图 5-54　"色彩平衡"对话框

03 在"色彩平衡"对话框中分别设置不同的数值，得到不同的图像效果，如图 5-55 所示。

增加青色 / 减少红色　　增加红色 / 减少青色　　增加洋红色 / 减少绿色

增加绿色 / 减少洋红　　增加黄色 / 减少蓝色　　增加蓝色 / 减少黄色

图 5-55　不同的滑块对图像的影响

5.2.16　实战——"色彩平衡"命令使用之保持明度

　　本案例通过选中"保持明度"复选框，可防止图像的亮度值随着颜色的更改而改变，从而保持图像的色调平衡。

素材文件路径：素材 \ 第 5 章 \5.2\5.2.16\ 水手 .jpg

01 启动 Photoshop CC 2018 后，执行"文件"|"打开"命令，选择本书配套素材中的"素材 \ 第 5 章 \5.2\5.2.16\ 水手 .jpg"，打开素材文件，如图 5-56 所示。

02 执行"图像"|"调整"|"色彩平衡"命令，或按 Ctrl+B 快捷键，打开"色彩平衡"对话框，在弹出的对话框中设置参数，如图 5-57 所示。

图 5-56　打开图像　　　图 5-57　"色彩平衡"参数

03 取消勾选"保持明度"复选框，得到如图 5-58 所示的图像效果；勾选"保持明度"复选框，得到如图 5-59 所示的图像效果。

图 5-58　不保持明度效果　　图 5-59　保持明度效果

5.2.17　了解"曲线"调整命令

与色阶命令类似，"曲线"命令也可以调整图像的整个色调范围，不同的是："曲线"命令不是使用 3 个变量（高光、阴影、中间色调）进行调整，而是使用调节曲线，它最多可以添加 14 个控制点，因而，曲线工具调整更为精确、更为细致。

按住 Ctrl 键的同时在图像的某个位置单击，曲线上会出现一个节点，调整该点可以调整指定位置的图像。

执行"图像"|"调整"|"曲线"命令，或按 Ctrl + M 快捷键，打开"曲线"对话框，如图 5-60 所示。

✦ 编辑点以修改曲线：在曲线上单击可增加锚点；将点拖曳对话框以外则删除锚点；拖曳锚点可调节曲线。

✦ 通过直接绘制来修改曲线：在曲线直接拖曳可以更改曲线走向。

✦ 显示修剪：显示图像中发生修剪的位置在"画布大小"对话框，分别将画布的"宽度"与"高度"多增加一厘米，并更改扩展的画布背景颜色在图像中单击取样，并在垂直方向拖曳以修改曲线。

在曲线上单击并修改曲线。

✦ 曲线显示选项：用于设置曲线的显示效果，各选项的含义如下：

✦ 光（0～255）：以 0～255 级色阶的方式显示曲线图。

✦ 颜料 / 油墨%：以 0%～100% 颜色浓度的方式显示色阶图。

✦ 通道叠加：控制是否显示不同颜色通道的调整曲线；如果分别对各颜色通道进行了调整，开启该选项，可以方便查看各通道调整曲线的形状，如图 5-61 所示，不同颜色的曲线分别代表不同的颜色通道。

✦ 基线：控制是否显示对角线那条浅灰色的基准线。

✦ 直方图：控制是否显示图像直方图，以便为图像调整提供参考。

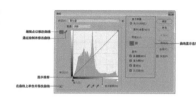

图 5-60　"曲线"对话框　　图 5-61　显示各颜色通道调整曲线

✦ 交叉线：控制是否显示在拖曳曲线时出现的水平和竖直方向的参考线。

✦ ▦、▦：单击按钮选择网格显示的数量。单击 ▦ 按钮，显示 4×4 的网格；单击 ▦ 按钮，显示 10×10 的表格。按住 Alt 键单击网格，可以快速在两种显示方式之间切换。

> 💡 **技巧提示：**
> 使用铅笔工具绘制曲线后，可以单击曲线对话框右边的"平滑"按钮，使曲线平滑。按住 Shift 键可以绘制直线。

知识拓展：

曲线在一个二维坐标系中，横轴代表输入色调，竖轴代表输出色调。从白到灰到黑的渐变条代表高光、中间调和阴影。除了调整这 3 个变量外，还可以调整 0~255 范围内的任意点。

当"曲线"对话框打开时，调整曲线呈现为一条呈 45° 角的直对角线，这样曲线上各点的输入色阶与输出色阶相同，图像仍保持原来的效果。而当设置之后，曲线形状发生改变，图像的输入与输出不再相同。因此，使用曲线命令调整图像，关键是如何控制曲线的形状。

知识拓展：调整时避免出现新的色偏？

使用"曲线"和"色阶"增加彩色图像的对比度时，通常还会增加色彩的饱和度，导致图像出现偏色。要避免出现色偏，可以通过"曲线"和"色阶"调整图层来应用调整，再将调整图层的混合模式设置为"明度"。

5.2.18　实战——"曲线"调整命令的使用

本案例通过调整"曲线"命令中的各个颜色通道，来提高画面的亮度及改变画面的色相。

素材文件路径：素材 \ 第 5 章 \5.2\5.2.18\ 花与昆虫 .jpg

01 启动 Photoshop CC 2018 后，执行"文件"|"打开"命令，选择本书配套素材中的"素材 \ 第 5 章 \5.2\5.2.18\ 花与昆虫 .jpg"，打开素材文件。

5.2.18 教学视频

02 执行"图像"|"调整"|"曲线"命令，或按 Ctrl ＋
M 快捷键，打开"曲线"对话框，在通道下拉列表框中
选择"RGB"通道，在中间基准线上单击添加一个节点，
并往左上角拖曳，整体提亮图像，选择"红"通道，往
右下方拖曳，压暗红色，其他颜色通道调整如图 5-62 所
示，以纠正图像的偏色。

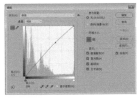　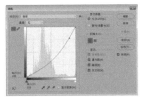

调整 RGB 通道　　　　　调整红通道

调整绿通道　　　　　调整蓝通道

图 5-62　曲线调整

03 单击"确定"按钮关闭对话框，完成图像调整，前
后对比图效果如图 5-63 所示。

图 5-63　对比效果

04 RGB 模式的图像通过调整红、绿、蓝 3 种光色的强
弱得到不同的图像效果；CMYK 模式的图像通过调整青
色、洋红、黄色和黑色 4 种颜色的油墨含量得到不同的
图像效果。

 技巧提示：
　　曲线在 Photoshop 的图像处理中应用非常广泛，例如，
调整图像明度、基本的抠图、制作质感等都要用到曲线。同样，
凡是用到通道的地方也会用到曲线。

知识拓展：怎样轻微移动控制点？

　　选择控制点后，按键盘中的方向键（←、→、↑、↓）
可轻移控制点。如果要选择多个控制点，可以按住 Shift
键单击它们（选中的控制点为实心黑色）。通常情况下，
编辑图像时，只需对曲线进行小幅度的调整即可实现，

曲线的变形幅度越大，越容易破坏图像。

5.2.19　实战——用"匹配颜色"调出粉红色调

　　"匹配颜色"是一个智能的颜色调整工具。它可以
使原图像匹配目标图像的亮度、色相和饱和度，使两幅
图像的色调看上去和谐统一，除了匹配两张不同图像的
颜色，"匹配颜色"命令也可以统一同一幅图像不同图
层之间的色彩。下面通过使用"匹配颜色"命令调出粉
红色调。

素材文件路径：素材 \ 第 5 章 \5.2\5.2.19\ 人像、粉色照片 .jpg

01 启动 Photoshop CC 2018 后，按 Ctrl+O
快捷键打开所选的素材，如图 5-64 所示。

图 5-64　打开图像

02 选择"人像"素材。执行"图像"|"调整"|"匹配颜色"
命令，弹出"匹配颜色"对话框，在"源"下拉列表框
中选择"粉色照片 .jpg"，如图 5-65 所示。

03 在图像选项中分布调整"明亮度""颜色强度""渐
隐"参数，如图 5-66 所示。

04 单击"确定"按钮关闭对话框，此时图像效果如图
5-67 所示。

图 5-65　匹配颜色　　图 5-66　设置参数　　图 5-67　匹配

参数　　　　　　　　　　　　　　　　　　效果

5.2.20　实战——"替换颜色"调整命令的使用

　　"替换颜色"命令可以在图像中选定特定颜色的图
像范围，然后替换其中的颜色。接下来使用"替换颜色"
命令替换裤子的颜色。

素材文件路径：素材 \ 第 5 章 \5.2\5.2.20\CG 插画 .jpg

5.2.20 教学视频

01 启动 Photoshop CC 2018 后，按 Ctrl+O 快捷键打开所选的素材，如图 5-68 所示。

02 执行"图像"|"调整"|"匹配颜色"命令，弹出"替换颜色"对话框，选择吸管工具，在红色头饰处单击选择需要替换的颜色，如图 5-69 所示。

图 5-68　打开图像　　　　图 5-69　替换颜色参数

03 拖曳"颜色容差"滑块，选取相近的颜色，如图 5-70 所示；在"替换"选项组中设置相应参数，如图 5-71 所示。

图 5-70　替换颜色参数　　　图 5-71　替换颜色参数

04 单击"添加到取样"按钮，在眼部装饰品不均匀处单击，添加替换颜色区域，如图 5-72 所示。

05 单击"确定"按钮，完成颜色替换，效果如图 5-73 所示。

图 5-72　添加区域　　　　图 5-73　替换颜色效果

知识拓展：

　　在"替换颜色"对话框中选择吸管工具，单击图像中要选择的颜色区域，使该图像中所有与单击处相同或相近的颜色被选中。如果需要选择不同的几个颜色区域，可以在选择一种颜色后，单击"添加到取样"吸管工具，在图像中单击其他需要选择的颜色区域。如果

需要在已有的选区中去除某部分选区，可以单击"从取样中减去"吸管工具，在图像中单击需去除的颜色区域。拖曳颜色容差滑块，调整颜色区域的大小。拖曳"色相""饱和度"和"明度"滑块，更改所选颜色直至得到满意效果。

5.2.21　实战——"颜色查找"调整命令调出背景色

　　"颜色查找"命令可以在图像中选定特定颜色的效果，对图像颜色进行查找。接下来使用"颜色查找"命令查找背景的颜色。

素材文件路径：素材 \ 第 5 章 \5.2\5.2.21\ 创意合成 .psd

5.2.21 教学视频

01 启动 Photoshop CC 2018 后，执行"文件"|"打开"命令，打开"创意合成 .PSD"素材，如图 5-74 所示。

02 观察图像发现人物颜色和背景颜色有些差别，在"图层"面板中选中人物图层，执行"图像"|"调整"|"颜色查找"命令，打开"颜色查找"对话框，如图 5-75 所示。

图 5-74　打开图像　　　图 5-75　"颜色查找"对话框

03 选择"3DLUT 文件"单选按钮，选择"NightFromDay. CUBE"颜色样式，如图 5-76 所示。

04 单击"确定"按钮关闭对话框，此时人物颜色色调与背景融为一体，如图 5-77 所示。

图 5-76　选择颜色参数　　　图 5-77　颜色查找效果

💡 **技巧提示：**

　　查找表（Look Up Table，LUT）在数字图像处理领域应用广泛。例如，在电影数字后期制作中，调色师需要利用查找表来查找有关颜色数据，它可以确定特定图像所要显示的颜色和强度，将索引号与输出值建立对应关系。

5.2.22　实战——"通道混和器"调整命令的使用

通道混和器利用存储颜色信息的通道混合通道颜色，从而改变图像的颜色。接下来通过具体的操作进行讲解"通道混和器"命令。

素材文件路径：素材 \ 第 5 章 \5.2\5.2.22\ 手 .jpg

01 启动 Photoshop CC 2018 后，执行"文件" | "打开"命令，选择本书配套素材中的"素材 \ 第 5 章 \5.2\5.2.22\ 手 .jpg"，打开素材文件，如图 5-78 所示。

02 执行"图像" | "调整" | "通道混和器"命令，打开"通道混和器"对话框，如图 5-79 所示。

图 5-78　打开图像　　图 5-79　"通道混和器"对话框

03 在"通道混和器"对话框的输出通道下拉列表中选择"红"通道，向右拖曳红色滑块，或在输入框中直接输入数值，如图 5-80 所示。

04 单击"确定"按钮，图像效果如图 5-81 所示。

图 5-80　"通道混和器"参数　　图 5-81　调整效果

05 在通道面板中可以看到红色通道的变化，如图 5-82 所示。

 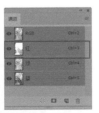

图 5-82　通道面板

技巧提示：
应用"通道混合器"命令可以将彩色图像转换为单色图像，或者将单色图像转换为彩色图像。

5.2.23　实战——"照片滤镜"调整命令的使用

"照片滤镜"的功能相当于传统摄影中滤光镜的功能，即模拟在相机镜头前加上彩色滤光镜，以便调整到达镜头光线的色温与色彩的平衡，从而使胶片产生特定的曝光效果。本案例通过使用"照片滤镜"命令中的滤镜制作出冷艳效果。

素材文件路径：素材 \ 第 5 章 \5.2\5.2.23\ 多肉植物 .jpg

01 启动 Photoshop CC 2018 后，执行"文件" | "打开"命令，选择本书配套素材中的"素材 \ 第 5 章 \5.2\5.2.23\ 多肉植物 .jpg"，打开素材文件，如图 5-83 所示。

02 执行"图像" | "调整" | "照片滤镜"命令，打开"照片滤镜"对话框，如图 5-84 所示。

图 5-83　打开图像　　图 5-84　"照片滤镜"对话框

03 在"滤镜"选项中选择"加温滤镜（85）"滤镜参数，调整浓度为 61%，选中"保留明度"复选框，如图 5-85 所示。

04 单击"确定"按钮关闭对话框，图像效果如图 5-86 所示。

图 5-85　照片滤镜参数　　图 5-86　照片滤镜效果

知识拓展：

定义照片滤镜的颜色，可以是自定义滤镜，也可以选择预设。对于自定义滤镜，选择"颜色"选项，然后单击色块，并使用 Adobe 拾色器指定滤镜颜色；对于预设滤镜，选择"滤镜"选项并从下拉列表中选取预设。

5.2.24　可选颜色

"可选颜色"调整命令可以校正颜色的平衡，主要

针对 RGB、CMYK 和黑、白、灰等颜色的组成进行调节。可以选择性地在图像某一主色调成分中增加或减少印刷颜色含量，而不影响该印刷色在其他主色调中的表现，从而对图像的颜色进行校正。例如，可以使用可选颜色命令显著减少或增加黄色中的青色成分，同时保留其他颜色的青色成分不变。执行"图像"|"调整"|"可选颜色"命令，打开"可选颜色"对话框，如图 5-87 所示。

图 5-87　"可选颜色"对话框

✦ **颜色：**颜色下拉列表框中选择要进行操作的颜色种类，然后分别拖曳对话框中的四个滑块，以减少或增加各油墨的含量。

✦ **相对：**选择该选项，按照总量的百分比更改现有的青色、洋红、黄色或黑色的含量。例如，图像中洋红含量为 50%，在"颜色"下拉列表框中选择洋红，并将洋红滑块拖至 10%，则将有 5% 添加到洋红，结果图像将含有 50%×10% ＋ 50%=55% 的洋红。

✦ **绝对：**选择该选项，以绝对值调整特定颜色中增加或减少百分比数值。以上述增加洋红为例，在此选项被选中的情况下，图像将含有 50% ＋ 10%=60% 的洋红。

> 💡 **技巧提示：**
> 可选颜色校正是高端扫描仪和分色程序使用的一种技术，用于在图像中的每个主要原色成分中更改印刷色的数量。

5.2.25　实战——使用"可选颜色"命令调出蓝色调

裁剪工具不仅可以用于裁剪图像，也可以用于增加画布区域。

01 启动 Photoshop CC 2018 后，执行"文件"｜"打开"命令，选择本书配套素材中的"素材＼第 5 章＼5.2＼5.2.25＼外景人物.jpg"，单击"打开"按钮，如图 5-88 所示。

02 执行"图像"|"调整"|"可选颜色"命令，打开"可选颜色"对话框，如图 5-89 所示。

图 5-88　打开图像　　　图 5-89　"可选颜色"
　　　　　　　　　　　　　　　　　对话框

03 在弹出的对话框中分别调整"黄""绿""洋红"颜色的数值，如图 5-90 所示。

图 5-90　可选颜色参数

04 单击"确定"按钮关闭对话框，此时图像效果如图 5-91 所示。

05 执行"窗口"|"历史记录"命令，打开"历史记录"面板，在"打开"操作步骤前设置历史记录画笔的源，如图 5-92 所示。

图 5-91　图像效果　　　图 5-92　设置历史记录画
　　　　　　　　　　　　　　　　　笔源

06 选择工具箱中的"历史记录画笔"工具，在人物上涂抹，恢复人物原本肤色，如图 5-93 所示。

07 执行"图像"|"调整"|"色彩平衡"命令，或按 Ctrl+B 快捷键打开"色彩平衡"对话框，在弹出的对话框中分布调整"阴影"及"高光"的颜色参数，如图 5-94 所示。

图 5-93　还原人物肌肤　　图 5-94　"色彩平衡"
　　　　　　　　　　　　　　　　　对话框

08 单击"确定"按钮关闭对话框，此时外景人物偏蓝青调，如图 5-95 所示。

图 5-95　图像效果

09 按 Ctrl+J 快捷键复制背景图层，得到"图层 1"。执行"滤镜"|"模糊"|"高斯模糊"命令，在弹出的对话框中设置参数，如图 5-96 所示。

10 单击"确定"按钮关闭对话框，设置该图层的混合模式为"叠加"、不透明度为 60%，图像效果如图 5-97 所示。

技巧提示：
在"可选颜色"对话框中即使只设置一种颜色，也可以改变图像效果。但使用时必须注意，若对颜色的设置不合适的话，会打乱暗部和亮部的结构。

技巧提示：
可选颜色校正是高端扫描仪和分色程序使用的一种技术，用于在图像中的每个主要原色成分中更改印刷色的数量。

图 5-96　"高斯模糊"　　图 5-97　高斯模糊效果
对话框

11 单击图层面板底部"创建图层蒙版"按钮 ，为"图层 1"添加蒙版，选择"画笔"工具 ，用黑色的柔边缘笔刷杂人物上涂抹，还原人物图像，如图 5-98 所示。

图 5-98　最终效果

5.2.26　实战——"阴影 / 高光"调整命令的使用

"阴影 / 高光"调整特别适合由于逆光摄影而形成剪影的照片，照片背景光线强烈，而主体及周围图像由于逆光而光线暗淡，在该命令的对话框中可以分别控制暗调和高光设置参数，系统默认设置为修复具有逆光问题的图像，接下来介绍具体的实例操作。

素材文件路径：素材 \ 第 5 章 \5.2\5.2.26\ 玫瑰女子 .jpg

5.2.26 教学视频

01 启动 Photoshop CC 2018 后，执行"文件"|"打开"命令，选择本书配套素材中的"素材\第 5 章\5.2\5.2.26\玫瑰女子 .jpg"，单击"打开"按钮，如图 5-99 所示。

02 执行"图像"|"调整"|"阴影 / 高光"命令，弹出"阴影 / 高光"对话框，如图 5-100 所示。

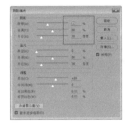

图 5-99　打开图像　　　图 5-100 阴影 / 高光调整参数

03 拖曳"阴影"和"高光"两个滑块，分别调整图像高光区域和阴影区域的亮度，将"阴影"滑块向右拖曳增加亮度，并调整"颜色"及"中间调"的数值，如图 5-101 所示。

04 单击"确定"按钮关闭对话框，调整"阴影"与"高光"后的图像效果如图 5-102 所示。

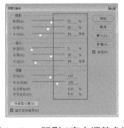

图 5-101　阴影 / 高光调整参数 图 5-102　阴影 / 高光调整效果

知识拓展：

在打开的"阴影 / 高光"对话框中，其"数量"文本框的默认设置为 50%，在调整图像使其黑色主体变亮时，如果中间调或较亮的区域更改得太多，可以尝试减小阴影的"数量"，使图像中只有最暗的区域变亮，但是如果需要既加亮阴影又加亮中间调，则将阴影的"数量"增大到 100%。

5.2.27 了解"曝光度"调整命令

　　"曝光度"命令用于模拟数码相机内部对数码照片的曝光处理，也常用于调整曝光不足或曝光过度的数码照片。执行"图像"|"调整"|"曝光度"命令，打开"曝光度"对话框，如图 5-103 所示。

图 5-103　"曝光度"对话框

✦ 曝光度：向右拖曳滑块或输入正值可以增加数码照片的曝光度，向左拖曳滑块或输入负值可以降低数码照片的曝光度。

✦ 位移：该选项使阴影和中间调变暗，对高光的影响很轻微。

✦ 灰度系数：使用简单的乘方函数调整图像灰度系数。

✦ 吸管工具：用于调整图像的亮度值（与影响所有颜色通道的"色阶"吸管工具不同）。"设置黑场"吸管工具将设置"位移"，同时将吸管选取的像素颜色设置为黑色；"设置白场"吸管工具将设置"曝光度"，同时将吸管选取的像素设置为白色（对于 HDR 图像为 1.0）；"设置灰场"吸管工具将设置"曝光度"，同时将吸管选取的像素设置为中度灰色。

> 💡 **技巧提示：**
> 　　"曝光度"对话框中的吸管工具分别用于在图像中取样以设置黑场、灰场和白场。由于曝光度的工作原理是基于线性颜色空间，而不是通过当前颜色空间运用计算来调整的，因此，只能调整图像的曝光度而无法调整色调。

5.2.28 实战——"曝光度"调整命令的使用

　　本案例通过改变"曝光度"的参数而得到不同的曝光效果。

素材文件路径：素材 \ 第 5 章 \5.2\5.2.28\ 人像 .jpg

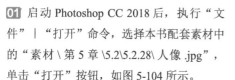

01 启动 Photoshop CC 2018 后，执行"文件"|"打开"命令，选择本书配套素材中的"素材 \ 第 5 章 \5.2\5.2.28\ 人像 .jpg"，单击"打开"按钮，如图 5-104 所示。

02 执行"图像"|"调整"|"曝光度"命令，打开"曝光度"对话框，如图 5-105 所示。

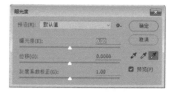

图 5-104　打开图像　　　　图 5-105　"曝光度"对话框

03 在对话框中设置"曝光度"参数为 1，图像效果如图 5-106 所示。

04 在对话框中设置"曝光度"参数为 -1，图像效果如图 5-107 所示。

图 5-106　曝光度为 1　　　图 5-107　曝光度为 -1

5.2.29 实战——宁静色调

　　本实例运用上述所学的调整命令调整图像。

素材文件路径：素材 \ 第 5 章 \5.2\5.2.29\ 国外人物 .jpg

01 启动 Photoshop CC 2018 后，执行"文件"|"打开"命令，选择本书配套素材中的"素材 \ 第 5 章 \5.2\5.2.29\ 国外人像 .jpg"，单击"打开"按钮，如图 5-108 所示。

02 执行"选择"|"色彩范围"命令，打开"色彩范围"对话框，在弹出的对话框中用"吸管"工具在人物脸颊暗部区域单击，选中调整范围，如图 5-109 所示。

图 5-108　打开图像　　　图 5-109　"色彩范围"
　　　　　　　　　　　　　　　命令对话框

03 单击"确定"按钮关闭对话框，此时图像中出现"色彩范围"命令创建选区，如图 5-110 所示。

04 按 Shift+F6 快捷键打开"羽化"对话框，设置羽化数值为 5；执行"图像"|"调整"|"曲线"命令，在弹出的对话框中调整 RGB 参数，提亮脸颊暗部区域，如图 5-111 所示。

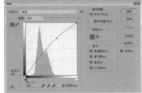

图 5-110　创建选区　　　图 5-111　曲线对话框

05 单击"确定"按钮关闭对话框，按 Ctrl+D 快捷键取消选区。选择工具箱中的"减淡"工具，设置"曝光度"为 20%，涂抹脸颊不均匀区域，如图 5-112 所示。

06 按 Ctrl+J 快捷键复制背景图层，得到"图层 1"。执行"图像"|"调整"|"颜色查找"命令，在弹出的对话框中选择查找的颜色，如图 5-113 所示。

图 5-112　调整脸颊参数　　图 5-113　"颜色查找"对话框

07 单击"确定"按钮关闭对话框，此时图像效果如图 5-114 所示。

08 执行"图像"|"调整"|"可选颜色"命令，在弹出的对话框中调整"青色"数值，如图 5-115 所示。

图 5-114　图像效果　　　图 5-115　"可选颜色"
　　　　　　　　　　　　　　　　　对话框

09 单击"确定"按钮关闭对话框，图像效果如图 5-116 所示。

10 执行"图像"|"调整"|"色彩平衡"命令，或按 Ctrl+B 快捷键打开"色彩平衡"对话框，调整"阴影"及"中间值"参数，如图 5-117 所示。

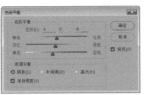

图 5-116　图像效果　　　图 5-117　"色彩平衡"对话框

11 单击"确定"按钮关闭对话框，图像最终效果如图 5-118 所示。

图 5-118　最终效果

5.3　特别的色彩效果——图像的特殊调整命令

"去色""反相""色调均化""阈值""渐变映射"和"色调分离"等命令更改图像中的颜色或亮度值，主要用于创建特殊颜色和色调效果，一般不用于颜色校正。

5.3.1　了解"黑白"调整命令

"黑白"调整命令，专用于将彩色图像转换为黑白图像，其控制选项可以分别调整六种颜色（红、黄、绿、青、蓝、洋红）的亮度值，从而帮助用户制作出高质量的黑白照片。执行"图像"|"调整"|"黑白"命令，打开"黑白"对话框，如图 5-119 所示。

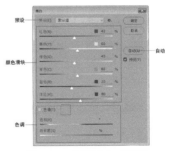

图 5-119　"黑白"对话框

✦ 预设：在该下拉列表中可以选择一个预调的调整设置。如果要存储当前的调整设置结果，可单击选项右侧的"预设选项"按钮，在弹出的下拉菜单中选择"存储预设"命令。

✦ 颜色滑块：拖曳滑块可调整图像中特定颜色的灰色调。

将滑块向左拖曳时，可以使图像的原色的灰色调变暗；向右拖曳则使图像的原色的灰色调变暗或变亮。如果将鼠标移至图像上方，光标变为吸管状。单击某个图像区域并按住鼠标或以高亮显示该位置的主色的色卡。单击并释放可高亮显示选定滑块的文本框。

✦ 色调：如果要对灰度应用色调，可选中"色调"复选框，并根据需要调整"色相"滑块和"饱和度"滑块。"色相"滑块可更改色调颜色，"饱和度"滑块可提高或降低颜色的集中度。单击色卡可打开拾色器并进一步微调色调颜色。

✦ 自动：单击该按钮，可设置基于图像的颜色值的灰度混合，并使灰度值的分布最大化。自动混合通常会产生极佳的效果，并可以用做颜色滑块调整灰度的起点。

5.3.2　实战——"黑白"调整命令的使用

本案例通过使用"黑白"调整命令制作黑白效果，并通过勾选"色调"复选框，调整"色相""饱和度"参数，制作不同的效果。

素材文件路径：素材 \ 第 5 章 \5.3\5.3.2\ 国外人像 .jpg

5.3.2 教学观频

01 启动 Photoshop CC 2018 后，执行"文件"｜"打开"命令，选择本书配套素材中的"素材 \ 第 5 章 \5.3\5.3.2\ 国外人像 .jpg"，单击"打开"按钮，如图 5-120 所示。

02 执行"图像"｜"调整"｜"黑白"命令，打开"黑白"对话框，如图 5-121 所示。

图 5-120　素材图像　　图 5-121　"黑白"对话框

03 在"预设"下拉列表中选择不同的模式，图像效果如图 5-122 所示。

蓝色滤镜　　　　　较暗　　　　　红外线

图 5-122　使用不同的预设

04 勾选"色调"复选框，对图像中的灰度应用颜色，预览效果如图 5-123 所示。

05 设置"色相"为 240、"饱和度"为 30，调整颜色，预览效果如图 5-124 所示。

图 5-123　单色调图像　　图 5-124　调整色调图像

💡 **技巧提示：**

　　"黑白"对话框可被看做"通道混和器"和"色相饱和度"对话框的综合，构成原理和操作方法类似。

💡 **技巧提示：**

　　按住 Alt 键单击某个色卡可将单个滑块复位到起初始设置。另外，按住 Alt 键时，对话框中的"取消"按钮将变为"复位"，单击"复位"按钮可复位所有的颜色滑块。

5.3.3　实战——"渐变映射"调整命令的使用

"渐变映射"命令的主要功能是将相等图像灰度范围映射到指定的渐变填充色。下面介绍具体操作步骤。

素材文件路径：素材 \ 第 5 章 \5.3\5.3.3\ 花和女子 .jpg

5.3.3 教学观频

01 启动 Photoshop CC 2018 后，按 Ctrl+O 快捷键打开"花和女子 .jpg"素材，如图 5-125 所示。

02 按 Ctrl+J 快捷键复制背景图层，得到"图层 1"。执行"图像"｜"调整"｜"渐变映射"命令，打开"渐变映射"对话框，在"灰度映射所用的渐变"的下拉列表中选择紫橙渐变色，如图 5-126 所示。

图 5-125　打开图像　　图 5-126　"渐变映射"对话框

03 图像预览效果如图 5-127 所示；勾选"反向"复选框，翻转渐变映射的颜色，预览效果如图 5-128 所示。

04 单击"确定"按钮关闭对话框，设置"图层 1"的混合模式为"划分"、不透明度为 30%，图像效果如图 5-129 所示。

图 5-127　设置渐　　图 5-128　渐变映射　　图 5-129　图像
　　　　　变色　　　　　　　　反向效果　　　　　　　　效果

知识拓展：如何保持色调的对比度？

渐变映射会改变图像色调的对比度。要避免出现这种情况，可以使用"渐变映射"调整图层，然后将调整图层混合模式设置为"颜色"，使它只改变图像的颜色，不会影响亮度。

5.3.4　实战——"去色"调整命令的使用

执行"去色"命令可以删除图像的颜色，彩色图像将变成黑白图像，但不改变图像的颜色模式。它给 RGB 图像中的每个像素指定相等的红色、绿色和蓝色值，从而得到去色效果。此命令与在"色相 / 饱和度"对话框中将"饱和度"设置为 -100 有相同的效果。下面介绍具体操作步骤。

素材文件路径：素材 \ 第 5 章 \5.3\5.3.4\SD 娃娃 .jpg

5.3.4 教学视频

01 启动 Photoshop CC 2018 后，按 Ctrl+O 快捷键打开"SD 娃娃 .jpg"素材，如图 5-130 所示。

02 执行"图像"|"调整"|"去色"命令，或按 Ctrl+Shift+U 快捷键，去色效果如图 5-131 所示。

图 5-130　打开图像　　　　图 5-131　去色效果

知识拓展：

"去色"命令只对当前图层或图像中的选区进行转化，不改变图像的颜色模式。

如果正在处理多层图像，则"去色"命令仅转换所选图层。

"去色"命令经常被用于将彩色图像转换为黑白图像，如果对图像执行"图像"|"模式"|"灰度"命令，直接将图像转换为灰度效果，当源图像的深浅对比度不大而颜色差异较大时，其转换效果不佳，如果将图像先去色，然后再转换为灰度模式，则能够保留较多的图像细节。

原图　　　　　直接将图像转换　　　去色后将图像转换
　　　　　　　　为灰度　　　　　　　为灰度

5.3.5　实战——"反相"调整命令的使用

"反相"命令反转图像中的颜色，可以使用此命令将一个正片黑白图像变成负片，或从扫描的黑白负片得到一个正片，下面介绍具体操作步骤。

素材文件路径：素材 \ 第 5 章 \5.3\5.3.5\ 荡秋千的女孩 .jpg

5.3.5 教学视频

01 启动 Photoshop CC 2018 后，按 Ctrl+O 快捷键打开"荡秋千的女孩 .jpg"素材，如图 5-132 所示。

02 执行"图像"|"调整"|"反相"命令，或按 Ctrl+I 快捷键，得到如图 5-133 所示的图像效果。

图 5-132　打开图像　　　　图 5-133　反相效果

5.3.6　实战——"阈值"命令的使用

"阈值"命令将灰度或彩色图像转换为高对比度的黑白图像，用户可以指定某个色阶作为阈值，所有比阈值色阶亮的像素转换为白色，而所有比阈值暗的像素转换为黑色，从而得到纯黑白图像。使用"阈值"命令，可以调整得到具有特殊艺术效果的黑白图像效果。

素材文件路径：素材 \ 第 5 章 \5.3\5.3.6\ 腊肉 .jpg

5.3.6 教学视频

01 启动 Photoshop CC 2018 后，按 Ctrl+O 快捷键打开"腊肉 .jpg"素材，如图 5-134 所示。

02 执行"图像"|"调整"|"阈值"命令，打开"阈值"对话框。该对话框中显示了当前图像像素亮度的直方图，预览效果如图 5-135 所示。

03 设置"阈值色阶"为 168，单击"确定"按钮，效果如图 5-136 所示。

图 5-134　打开 图像 　　图 5-135　色阶 =128 　　图 5-136　色阶 =168

5.3.7　实战——"色调均化"调整命令的使用

执行此命令时，Photoshop 会查找复合图像中的最亮和最暗值，并将这些值重新映射，使最亮值表示白色，最暗值表示黑色。然后，Photoshop 尝试对亮度进行色调均化，也就是在整个灰度中均匀分布中间像素值。下面介绍具体操作步骤。

素材文件路径：素材 \ 第 5 章 \5.3\5.3.7\ 自行车 .jpg

01 启动 Photoshop CC 2018 后，按 Ctrl+O 快捷键打开"自行车 .jpg"素材，如图 5-137 所示。

5.3.7 教学视频

02 执行"图像"|"调整"|"色调均化"命令，此时图像效果如图 5-138 所示。

图 5-137　打开图像 　　图 5-138　色调均化效果

5.3.8　实战——"色调分离"调整命令的使用

"色调分离"命令可以指定图像的色调级数，并按此级数将图像的像素映射为最接近的颜色。例如，在 RGB 图像中指定两个色调级可以产生六种颜色：两种红色、两种绿色和两种蓝色。在图像中创建特殊效果，创建大的单色色调区域时，此命令非常有用。在减少灰度图像中的灰色色调数时，其效果非常明显。同时它也可以在彩色图像中产生一些特殊效果。

素材文件路径：素材 \ 第 5 章 \5.3\5.3.8\ 柠檬片 .jpg

5.3.8 教学视频

01 启动 Photoshop CC 2018 后，按 Ctrl+O 快捷键打开"柠檬片 .jpg"素材，如图 5-139 所示。

02 执行"图像"|"调整"|"色调分离"命令，弹出"色调分离"对话框，如图 5-140 所示。

图 5-139　打开图像 　　图 5-140　色阶 =4

03 设置"色阶"为 2，预览效果如图 5-141 所示；设置"色阶"为 10，预览效果如图 5-142 所示。

图 5-141　色阶 =2 　　图 5-142　色阶 =18

5.4　不会破坏原图层的优势——调整图层

调整图层用于调整图像颜色和色调，且不破坏原图像。创建调整图层时，其参数设置存储在图层中，并作用于面板下方的所有图层。用户可随时根据需要修改调整参数，而无须担心原图像被破坏。

5.4.1　了解调整图层的优势

在 Photoshop 中，图像色彩与色调的调整方式有两种，一种方式是执行"图像"|"调整"下拉菜单中的命令，另一种方式是使用调整图层来操作。如图 5-143 所示为原图，如图 5-144 和图 5-145 所示为两种调整方式的调整效果。可以看到，"图像"|"调整"下拉菜单中的调整命令会直接修改所选图层中的像素数据，而调整图层可以达到同样的调整效果，但不会修改数据。

图 5-143　原图　　图 5-144　"调整"　　图 5-145　调整图层
　　　　　　　　　　　命令调整　　　　　　调整

下面介绍调整图层的优势。

+ 调整图层不破坏原图像。可以尝试不同的设置并随时重新编辑调整图层。也可以通过降低调整图层的不透明度来减轻调整的效果。

+ 编辑具有选择性。在调整图层的图像蒙版上绘画可将调整应用于图像的一部分。通过使用不同的灰度色调在蒙版上绘画，可以改变调整。

+ 能够将调整应用于多个图像。在图像之间复制和粘贴调整图层，以便快速应用相同的颜色和色调调整。

> **技巧提示：**
> 调整图层可以随时修改参数，而"图像"|"调整"菜单中的命令一旦应用以后，将文档关闭，图像就不能恢复了。

5.4.2　实战——调整及属性面板

执行"窗口"|"调整"命令，可显示 / 隐藏调整面板，单击"调整"面板中的按钮，即可创建属性面板。下面通过具体的操作讲解分析调整及属性面板。

素材文件路径：素材 \ 第 5 章 \5.4\5.4.2\ 七彩花 .psd

01 启动 Photoshop CC 2018 后，按 Ctrl+O 快捷键打开"七彩花 .psd"素材，如图 5-146 所示。

02 单击"调整"面板中的"亮度 / 对比度"按钮，创建"亮度 / 对比度"调整图层，并弹出属性面板，设置参数，并单击底部的"创建剪贴蒙版"按钮，将当前的调整图层与它下面的图层创建为一个剪贴蒙版组，使调整图层仅影响它下面的一个图层，如图 5-147 所示。

图 5-146　打开图像　　　图 5-147　"亮度 / 对比度"
　　　　　　　　　　　　　　　　　　　调整调整

03 再次单击该按钮，调整图层会影响下面的所有图层，如图 5-148 所示。

04 单击"切换图层可见性"按钮，可以隐藏或重新显示调整图层，隐藏调整图层后，图像便会恢复为原状，如图 5-149 所示。

图 5-148　作用全部图层　　图 5-149 隐藏调整图层效果

05 单击"删除此调整图层"按钮，可将选择的调整图层删除。

5.4.3　实战——"创建调整图层"调出梦幻紫色调

本案例使用"通道混合器""可选颜色""色彩平衡"等调整图层调出一幅梦幻紫色调效果。

素材文件路径：素材 \ 第 5 章 \5.4\5.4.3\ 美女 .jpg

5.4.3 教学视频

01 启动 Photoshop CC 2018 后，按 Ctrl+O 快捷键打开"美女 .jpg"素材，如图 5-150 所示。

02 将背景图层拖至图层底部的"创建新图层"按钮上，复制背景图层，得到"背景复制"图层。单击"调整"面板上的"曲线"按钮，创建"曲线"调整图层，在弹出的对话框中调整 RGB 通道参数，调整图像的亮度与对比度，如图 5-151 所示。

图 5-150　打开图像　　　图 5-151　调整 RGB
　　　　　　　　　　　　　　　　　　通道参数

03 单击"色相 / 饱和度"按钮，创建"色相 / 饱和度"调整图层，在弹出的对话框中选择"绿色"，使用"吸管"工具在图像背景绿色处单击，选取该地方的色彩，如图 5-152 所示。

04 调整"明度"参数，图像预览效果如图 5-153 所示。

图 5-152　吸取颜色

图 5-153　调整"明度"效果

05 观察图像发现，图像当中还有绿色区域没有被选中，单击"添加到取样"按钮，在绿色区域单击，将所有带有绿色的图像选中，此时图像效果如图 5-154 所示。

06 按 Ctrl+Shift+Alt+E 快捷键盖印图层。执行"图像"|"模式"|"CMYK 颜色"命令，将图像格式转换为 CMYK，单击图层面板底部的"创建新的填充或调整图层"按钮，创建"通道混合器"调整图层，分别调整"洋红""黄"颜色的数值，如图 5-155 所示。

图 5-154　选取绿色

图 5-155　通道混合器参数

07 按 Ctrl+Shift+Alt+E 快捷键盖印图层，执行"图像"|"模式"|"RGB 颜色"命令，将图像模式转换为 RGB 颜色模式，此时图像效果如图 5-156 所示。

08 创建"照片滤镜"调整图层，在"滤镜"下拉列表中选择"黄"，并设置其不透明度为 23%，如图 5-157 所示，为人物添加淡淡的黄色。

图 5-156　转换模式

图 5-157　照片滤镜参数

09 盖印图层。设置前景色为淡黄色（#edd7ba），选择"渐变"工具，在"拾色器"对话框中选择"浅黄色到透明"渐变，单击"径向渐变"按钮，设置渐变模式为"柔光"、不透明度为 53%，在图像的四周进行拖曳，制作光源点，如图 5-158 所示。

10 选择"快速选择"工具，按住 Shift 键在人物上创建选区，羽化 20 个像素。创建"可选颜色"调整图层，调整"白色""中性色"及"黄色"，去除人物肤色上的黄色，如图 5-159 所示。

图 5-158　制作光源点

图 5-159　可选颜色参数

11 按 Ctrl+O 快捷键打开"烟雾"素材，将其添加到图像当中，设置其混合模式为"滤色"。创建"色阶"调整图层，调整 RGB 参数，如图 5-160 所示。

12 按 Ctrl+Alt+G 快捷键创建剪贴蒙版。选中"烟雾"图层，单击图层面板底部的"添加图层蒙版"按钮，添加图层蒙版，选择"画笔"工具，用不透明度为 45% 的黑色柔边缘笔刷涂抹烟雾边缘，如图 5-161 所示。

图 5-160　色阶参数

图 5-161　添加烟雾

13 同上述添加烟雾的操作方法，添加其他的烟雾效果，如图 5-162 所示。

14 创建"色彩平衡"创建图层，设置"阴影"参数，如图 5-163 所示。

图 5-162　添加烟雾

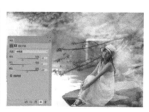
图 5-163　色彩平衡参数

15 创建"通道混合器"调整图层，调整"蓝"通道参数，此时图像效果如图 5-164 所示。

16 创建"纯色"调整图层，在弹出的"拾色器"对话框中选择粉色（#f9b5f3），并设置该调整图层的混合模式为"亮光"、不透明度为 18%，为图像添加淡淡粉色调，如图 5-165 所示。

图 5-164　通道混合器参数

图 5-165　最终效果

5.4.4 实战——通过修改调整图层参数改变嘴唇颜色

创建调整图层以后，可以随时修改调整参数。下面介绍具体操作步骤。

素材文件路径：素材 \ 第 5 章 \5.4\5.4.4\ 嘴唇 .jpg

5.4.4 教学视频

01 启动 Photoshop CC 2018 后，按 Ctrl+O 快捷键打开"嘴唇 .jpg"素材，如图 5-166 所示。

02 选择"快速选择"工具，在嘴唇上创建选区，羽化 5 个像素。单击图层面板底部的"创建新的填充或调整图层"按钮，创建"色相 / 饱和度"调整图层，选中"着色"复选框，调整参数，如图 5-167 所示。

03 更改嘴唇后的图像效果如图 5-168 所示。

图 5-166 打开　　　图 5-167　　　"色相 /　　　图 5-168 最终
图像　　　　　　　 饱和度"参数　　　　　 效果

5.4.5 删除调整图层

选择调整图层，按 Delete 键，或者将它拖曳到"图层"面板底部的删除图层按钮上，即可将其删除。如果只想删除蒙版而保留调整图层，可在调整图层的蒙版上右击，在弹出的快捷键菜单中选择"删除图层蒙版"命令。

5.5 综合实战——逆光人像

本实例通过使用多个调整图层来完成一幅逆光下的人像。

素材文件路径：素材 \ 第 5 章 \5.5\ 逆光人像 .jpg

5.5 教学视频

01 启动 Photoshop CC 2018 后，按 Ctrl+O 快捷键打开"素材 \ 第 5 章 \5.5\ 逆光人像 .jpg"，如图 5-169 所示。

02 按 Ctrl+J 快捷键复制背景图层，得到"图层 1"。单击"调整"面板中的"可选颜色"按钮，创建"可选颜色"调整图层，调整"黄"色的数值，如图 5-170 所示。

03 再次创建"可选颜色"调整图层，设置黄色的数值，将背景的绿色调整成黄色，如图 5-171 所示。

04 选择"图层 1"图层，创建"亮度 / 对比度"调整图层，

在弹出的对话框中调整"对比度"的参数，增加画面的对比，如图 5-172 所示。

图 5-169 打开图像　　　 图 5-170 可选颜色参数

图 5-171 可选颜色参数　　 图 5-172 亮度 / 对比度参数

05 在"可选颜色"调整图层上创建"色彩平衡"调整图层，在弹出的对话框中调整"阴影""中间调""高光"的参数，从"阴影""中间调"及"高光"区域调整黄色调，如图 5-173 所示。

图 5-173 图像效果

06 选中"色彩平衡"调整图层的蒙版，选择工具箱中的"画笔"工具，设置不透明度为 20%，用黑色的柔边缘笔刷涂抹人物面部，还原面部肤色，如图 5-174 所示。

07 单击图层面板底部的"创建新图层"按钮，新建图层，双击重命名为"逆光"。设置前景色为浅黄色（#ffe87a），选择"渐变"工具，在"渐变编辑器"对话框中选择"浅黄色到透明"的渐变，单击"线性渐变"按钮，按住 Shift 键从图像上方往下方拖曳，拉出垂直的线性渐变，如图 5-175 所示。

图 5-174 还原人物肤色　　 图 5-175 填充线性渐变

08 设置逆光图层的混合模式为"滤色"、不透明度为

68%。单击"创建图层蒙版"按钮 ，创建一个图层蒙版，选择"画笔"工具 ，用不透明度为 20% 的黑色柔边缘笔刷涂抹人物面部，还原面部肌肤色彩，如图 5-176 所示。

09 创建"曲线"调整图层，调整"RGB""红""蓝"通道参数，让图像偏黄色调，如图 5-177 所示。

图 5-176　设置混合模式　　图 5-177　曲线参数

10 此时图像效果如图 5-178 所示。

11 按 Ctrl+Alt+Shift+E 快捷键盖印图层，设置图层的混合模式为"叠加"、不透明度为 35%，图像效果如图 5-179 所示。

图 5-179　最终效果

图 5-178　图像效果

6.1 色彩填充的魅力——如何设置颜色

颜色设置是进行图像修饰与编辑前应掌握的基本技能。在 Photoshop 中，可以通过多种方法来设置颜色，例如，可以用吸管工具拾取图像的颜色，也可使用颜色面板或色板面板设置颜色，等等。下面学习如何设置颜色。

6.1.1 了解前景色与背景色

前景色与背景色是用户当前使用的颜色。工具箱中包含前景色和背景色的设置选项，它由设置前景色、设置背景色、切换前景色和背景色及默认前景色和背景色等部分组成，如图 6-1 所示。

图 6-1　设置前景色背景色

- "设置前景色"块：该色块中显示的是当前所使用的前景颜色，通常默认为黑色。单击工具箱中的"设置前景色"色块，在打开的"拾色器（前景色）"对话框中选择所需的颜色。
- "默认前景色和背景色"按钮 ：单击该按钮或按 D 键，可恢复前景色和背景色为默认的黑白颜色。
- "切换前景色和背景色"按钮 ：单击该按钮或按 X 键，可切换当前前景色和背景色。
- "设置背景色"块：该色块中显示的是当前所使用的背景颜色，通常默认为白色。单击该色块，即可打开"拾色器（背景色）"对话框，在其中可对背景色进行设置。

6.1.2 了解"拾色器"对话框

单击工具箱中的"设置前景色"或"设置背景色"色块，可以打开"拾色器"对话框，如图 6-2 所示。在"拾色器"对话框中可以基于 HSB、RGB、Lab、CMYK 等颜色模式指定颜色。还可以将拾色器设置为只能从 Web 安全或几个自定颜色系统中选取颜色。

图 6-2　"拾色器"对话框

- 拾取的颜色：显示当前拾取的颜色，在拖动鼠标时可显示光标的位置。
- 色域：在色域中可通过单击或拖动鼠标来改变当前拾取的颜色。
- 只有 Web 颜色：勾选该复选框，在色域中只显示 Web 安全色，如图 6-3 所示。此时拾取的任何颜色都是 Web 安全颜色。

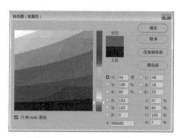

图 6-3　只显示 Web 安全色

+ 添加到色板：单击该按钮，可以将当前设置的颜色添加到"色板"面板。

+ 颜色滑块：拖动颜色滑块可以调整颜色范围。

+ 新的 / 当前："新的"颜色块中显示的是当前设置的颜色；"当前"颜色块中显示的是上一次设置的颜色；单击该图标，可将当前颜色设置为上一次使用的颜色。

+ 不是 Web 安全颜色图标 ：由于 RGB、HSB 和 Lab 颜色模型中的一些颜色在 CMYK 模型中没有等同的颜色，因此，无法打印出来。如果当前设置的颜色是不可打印的颜色，便会出现该警告标志。CMYK 中与这些颜色最接近的颜色显示在警告标志的下面，单击小方块可以将当前颜色替换为小方块中的颜色。

+ 点按以选择 Web 安全颜色 ：如果出现该标志，表示当前设置的颜色不能在网上正确显示。单击警告标志下面的小方块，可将颜色替换为最接近的 Web 颜色。

+ 颜色库：单击该按钮，可以切换到"颜色库"对话框。

+ 颜色值：输入颜色值可精确设置颜色。在 CMYK 颜色模式下，以青色、洋红、黄色和黑色的百分比来指定每个分量的值；在 RGB 颜色模式下，指定 0 到 255 之间的分量值；在 HSB 颜色模式下，以百分比指定饱和度和亮度，以及 0 度到 360 度的角度指定色相；在 Lab 模式下，输入 0 到 100 之间的亮度值，以及 -128 到 +127 之间的 A 值和 B 值，在"#"文本框中可输入一个十六进制值，例如，000000 是黑色，ffffff 是白色。

默认情况下，前景色为黑色，背景色为白色，下面具体介绍前 / 背景色。

素材文件路径：素材 \ 第 6 章 \6.1\6.1.3\1.jpg

6.1.3 教学视频

01 启动 Photoshop CC 2018 后，执行"文件" | "打开"命令，弹出"打开"对话框，选择本书配套素材中的"素材 \ 第 6 章 \6.1\6.1.3\1.

jpg"，单击"打开"按钮，如图 6-4 所示。

02 单击工具栏中的"设置背景色"按钮 ，打开"拾色器（前景色）"对话框，拖动"颜色"滑块至橙色区域，拖动"拾取的颜色"光标至右上角，或直接输入颜色为橙色（#ffb400），选取颜色，如图 6-5 所示。

图 6-4　打开文件　　　　图 6-5　设置前景色

03 选择工具箱中的"椭圆选框"工具 ，单击绘制图形，在画布中呈现的颜色是前景色，如图 6-6 所示。

04 选择工具箱中的"橡皮擦"工具 ，擦除图像，被擦除的区域显示的是背景色，如图 6-7 所示。在增加画布的大小时，增加的那部分画布也将以背景色来填充。

图 6-6　绘制图形　　　　图 6-7　擦除图形

> 技巧提示：
> 在颜色面板中也可以设置前景色和背景色。

选择"吸管"工具 后，吸管工具选项栏如图 6-8 所示。

+ 取样大小：用来设置吸管工具拾取颜色的范围大小，其下拉列表如图 6-9 所示。选择"取样点"选项，可拾取光标所在位置像素的精确颜色；选择"3×3 平均"选项，可拾取光标所在位置 3 个像素区域内的平均颜色，选择"5×5 平均"选项，可拾取光标所在位置 5 个像素区域内的平均颜色，其他选项依此类推。

图 6-8　吸管工具选项栏　　　图 6-9　"取样大小"下拉列表

+ 样本：用来设置吸管工具拾取颜色的图层。包括"所有图层"和"当前图层"两个选项,选择"所有图层"选项,拾取颜色为光标所在位置的颜色,选择"当前图层"选项,拾取颜色为当前图层光标所在位置的颜色,如图 6-10 所示。

图层面板　　　选择"所有图层"　　　选择"当前图层"
　　　　　　　　选项　　　　　　　选项

图 6-10　不同"样本"选项拾取颜色结果

6.1.5　实战——吸管工具的使用

"吸管"工具 可以快速从图像中直接选取颜色,下面介绍吸管工具的具体操作。

素材文件路径:素材 \ 第 6 章 \6.1\6.1.5\1.jpg

01 启动 Photoshop CC 2018 后,执行"文件"|"打开"命令,弹出"打开"对话框,选择本书配套素材中" 素材 \ 第 6 章 \6.1\6.1.5\1.jpg",单击"打开"按钮,如图 6-11 所示。

02 选择工具箱中的"吸管"工具 ,将光标移至图像上,单击可拾取单击处的颜色并将其作为前景色,如图 6-12 所示。

图 6-11　打开文件　　　　图 6-12　拾取前景色

03 按住 Alt 键的同时单击可拾取单击处的颜色并将其作为背景色,如图 6-13 所示。

04 如果将光标放在图像上,然后按住鼠标按键在屏幕上拖动,则可以拾取窗口、菜单栏和面板的颜色,如图 6-14 所示。

图 6-13　拾取背景色　　　图 6-14　拾取窗口、菜单栏和
　　　　　　　　　　　　　　　　　面板的颜色

6.1.6　实战——用颜色面板调整颜色

除了在工具箱中设置前 / 背景色,也可以在"颜色"面板上设置所需要的颜色,下面介绍具体的操作步骤。

01 执行"窗口"|"颜色"命令,打开"颜色"面板,"颜色"面板采用类似于美术调色的方式来混合颜色,如果要编辑前景色,可单击前景色色块,如图 6-15 所示。

02 如果要编辑背景色,则单击背景色色块,如图 6-16 所示。

 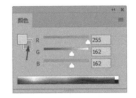

图 6-15　编辑前景色　　　图 6-16　编辑背景色

03 在 RGB 文本框中输入数值,或者拖动滑块可调整颜色,如图 6-17 和图 6-18 所示。

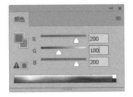 

图 6-17　在文本框输入数值　　图 6-18　拖动滑块

04 将光标放在面板下面的四色曲线图上,光标会变为  形状,单击可采集色样,如图 6-19 所示。

05 打开面板菜单,选择不同的命令可以修改四色曲线图的模式,如图 6-20 和图 6-21 所示。

图 6-19 采集色样　　图 6-20　修改颜色　　图 6-21　CMYK
　　　　　　　　　　　　　　模式　　　　　　颜色模式

6.1.7　实战——用色板面板设置颜色

"色板"面板中是一些系统预设的颜色,单击相应的颜色即可将其设置为前景。下面通过具体的操作来设置色板上的颜色。

01 执行"窗口"|"色板"命令,打开"色板"面板,"色

板"中的颜色都是预先设置好的，单击一个颜色样本，即可将它设置为前景色，如图6-22所示。按住Ctrl键单击，则可将它设置为背景色，如图6-23所示。

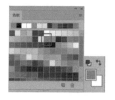 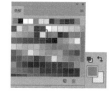

图6-22　拾取前景色　　图6-23　拾取背景色

02 "色板"面板菜单中提供了色板库，选择一个色板库，如图6-24所示，弹出提示框信息，如图6-25所示。单击"确定"按钮，载入的色板库会替换面板中原有的颜色，单击"追加"按钮，则可在原有的颜色后面追加载入的颜色，如图6-26所示，如果要让面板恢复为默认的颜色，可执行面板菜单中的"复位色板"命令。

图6-24　面板　　图6-25　追加　　图6-26　提示框
　　　　菜单　　　　　　颜色

6.2 鼠标变画笔——绘画工具

在Photoshop中，绘图与绘画是两个截然不同的概念。绘图是基于Photoshop的矢量功能创建的适量图形，而绘画则是基于像素创建的位图图像。

6.2.1 了解画笔工具选项栏与下拉面板

画笔工具 选项栏如图6-27所示，在开始绘图之前，应选择所需的画笔笔尖形状和大小，并设置不透明度、流量等画笔属性。

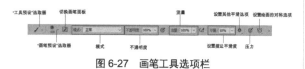

图6-27　画笔工具选项栏

✦ "工具预设"选取器：单击画笔图标以打开工具预设选取器，选择Photoshop提供的样本画笔预设。或者

单击面板右上方的快捷箭头，在弹出的快捷菜单中进行新建工具预设等相关命令的操作，或对现有画笔进行修改以产生新的效果，如图6-28所示。

✦ "画笔预设"选取器：单击画笔选项栏右侧的 按钮，可以打开画笔下拉面板，如图6-29所示。在面板中可以选择画笔样本、设置画笔的大小和硬度。如果需要转换为其他版本的画笔模板，单击面板上的按钮图标，在弹出的快捷菜单中选择"旧版画笔"命令，如图6-30所示，即可使用旧版的画笔。

图6-28　"工具预设"选取器　　图6-29　画笔下拉面板

图6-30　面板菜单

✦ 大小：拖动滑块或者在数值栏中输入数值可以调整画笔的大小，在Photoshop CC中将画笔大小的最大值调整到了5000像素。

✦ 硬度：用来设置画笔笔尖的硬度。

✦ 画笔列表：在列表中可以选择画笔样本。

✦ 创建新的预设：单击面板中的按钮，可以打开"画笔名称"对话框，设置画笔的名称后，单击"确定"按钮，可以将当前画笔保存为新的画笔预设样本。

✦ 画笔面板：单击该按钮，可打开画笔面板，用于设置画笔的动态控制。

✦ 模式：工具选项栏"模式"列表框用于设置画笔绘画颜色与底图的混合方式。画笔混合模式与图层混合模式含义、原理完全相同。

✦ 不透明度："不透明度"选项用于设置绘制图形的不

透明度，该数值越小，越能透出背景图像，如图 6-31 所示。

"不透明度"　　　"不透明度"　　　"不透明度"
为 10%　　　　　为 50%　　　　　为 100%

图 6-31　不同不透明度下画笔效果

✦ 流量：该选项用于设置画笔墨水的流量大小，以模拟真实的画笔，该数值越大，墨水的流量越大。当"流量"小于 100% 时，如果在画布上快速绘画，就会发现绘制图形的透明度明显降低。

✦ 设置描边平滑度：在使用该工具时，设置工具选项栏中的"平滑值（0~100）"即可对平滑描边。当"平滑值"为 0 时，相当于 Photoshop 早期版本中的旧版平滑；当"平滑值"为 100 时，描边的智能平滑量达到最大。

✦ 设置其他平滑选项：在该下拉列表中有四种平滑模式，可使用不同的模式平滑描边。

✦ 设置绘画的对称属性：使用该选项可以绘制对称图像。

✦ 喷枪：按下喷枪按钮，可转换画笔为喷枪工作状态，在此状态下创建的线条更柔和，而且如果使用喷枪工具时按住鼠标左键不放，前景色将在单击处淤积，直至释放鼠标。

✦ 绘图板压力按钮：单击该按钮后，数位板绘画时，光笔压力可覆盖"画笔"面板中的不透明度和大小设置。

在"画笔下拉面板"中单击面板右上角的 按钮，打开面板菜单，如图 6-32 所示，从菜单命令中选择一种命令。

图 6-32　面板菜单

✦ 新建画笔预设：用来创建新的画笔预设，与"画笔"面板中的按钮作用相同。

✦ 新建画笔组：用来创建新的画笔组，可以将新建的画笔进行分类处理。

✦ 重命名画笔：选择一个画笔后，可执行该命令重命名画笔。

✦ 删除画笔：选择一个画笔后，执行该命令可将其删除。

✦ 画笔名称 / 画笔描边 / 画笔笔尖：可以设置画笔在面板中的显示方式。选择"画笔名称"，只显示画笔的名称；选择"画笔描边"，只显示画笔的描边缩览图；选择"画笔笔尖"，只显示画笔的笔尖形态，如图 6-33 所示。每种显示方式可进行不同的组合方法，根据需要显示画笔。

图 6-33　画笔显示方式

✦ 显示其他预设信息：选择该命令，可在画笔后显示其他的详细信息，例如，"干介质画笔"组会显示使用该画笔的工具。

✦ 显示近期画笔：用来显示最近使用的画笔。

✦ 预设管理器：执行该命令可以打开"预设管理器"。

✦ 恢复默认画笔：当进行了添加或删除画笔的操作后，如果想让面板恢复为默认的画笔状态，可执行该命令。

✦ 导入画笔：执行该命令可以打开"载入"对话框，选择一个外部的画笔可将其载入"画笔预设选取器""画笔"面板中。

✦ 导出选中的画笔：可以将面板中的画笔保存为一个画笔库。

✦ 获取更多画笔：执行该命令可以联网获取更过的画笔。

✦ 转换后的旧版工具预设：执行该命令可以切换至旧版的工具预设，使用旧版的画笔绘制图形。

✦ 旧版画笔：执行该命令可以在"画笔预设选取器"中以文件夹的形式显示旧版画笔。

 技巧提示：
单击画笔面板菜单下方的画笔文件列表，可以快速载入画笔文件。

6.2.2 实战——使用"画笔工具"绘制卡通糖果

本案例利用"画笔"工具 ✐ 这些实用性的优势，

素材文件路径：素材 \ 第 6 章 \6.2\6.2.2\ 糖果 .jpg、文字 .png

6.2.2 教学视频

01 启动 Photoshop CC 2018 后，执行"文件"|
"打开"命令，弹出"打开"对话框，选择
本书配套素材中"素材 \ 第 6 章 \6.2\6.2.2\ 糖
果 .jpg"，单击"打开"按钮，如图 6-34 所示。

02 选择工具箱中的"画笔"工具 ✐，设置前景色为黑色，
按 Ctrl++ 快捷键放大图像，创建一个新图层，在绿色糖
果上绘制表情，如图 6-35 所示。

图 6-34 打开文件　　图 6-35 绘制表情

03 选择工具箱中的"油漆桶"工具 ，将光标放在眼
睛上，单击填充为黑色，如图 6-36 所示。

04 设置前景色为红色，将光标放在嘴巴区域，单击填
充嘴唇颜色，如图 6-37 所示。

图 6-36 填充颜色　　图 6-37 填充颜色

05 选择工具箱中的"画笔"工具 ✐，在眼睛下方绘制
几条短线腮红，令表情更加可爱，如图 6-38 所示。

06 设置前景色为白色，创建一个新图层，在图层中绘
制卡通线条，如图 6-39 所示。

图 6-38 绘制腮红　　图 6-39 绘制线条

07 按 Ctrl+O 快捷键，弹出"打开"对话框，选择本书
配套素材中的"素材 \ 第 6 章 \6.2\6.2.2\ 文字 .png"，按
Enter 键确认，拖动至糖果文档窗口，完成效果如图 6-40

所示。

图 6-40 添加文字

💡 **技巧提示：**
　　使用画笔工具时，在画面中单击，然后按住 Shift 键
单击画面中任意一点，两点之间会以直线连接。按住 Shift 键
还可以绘制水平、垂直或 45 度角为增量的直线。

6.2.3 了解铅笔工具选项栏

"铅笔"工具 ✐ 使用方法与"画笔"工具 ✐ 类似，
但铅笔工具只能绘制硬边线条或图形，和生活中的铅笔
非常相似。铅笔工具选项栏如图 6-41 所示。

图 6-41 铅笔工具选项栏

"自动抹除"选项是铅笔工具特有的选项。选中此
选项，可将铅笔工具当做橡皮擦来使用。一般情况下，
铅笔工具以前景色绘画，选中该选项后，在与前景色颜
色相同的图像区域绘图时，会自动擦除前景色而填入背
景色。

6.2.4 实战——使用"铅笔工具"制作像素图案

本例主要使用"铅笔"工具 ✐，制作带有像素图案
的背景素材。

素材文件路径：素材 \ 第 6 章 \6.2\6.2.4\2.jpg

6.2.4 教学视频

01 启动 Photoshop CC 2018 后，执行"文
件"|"新建"命令，弹出"新建"对话框，
设置其参数，单击"创建"按钮，如图 6-42
所示。

02 选择工具箱中的"铅笔"工具 ✐，设置前景色为黑色，
画笔大小为 1 像素，按 Ctrl+"+"快捷键放大画布，在
画布中单击或长按鼠标左键，绘制如图 6-43 所示的图案。

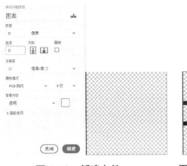

图 6-42　新建文件　　　图 6-43　绘制图案

03 执行"编辑"|"定义图案"命令，打开"图案名称"对话框，命名为"铅笔"，单击"确定"按钮，如图 6-44 所示。

图 6-44　定义图案

04 按 Ctrl+O 快捷键，弹出"打开"对话框，选择本书配套素材中的"素材 \ 第 6 章 \6.2\6.2.4\2.jpg"，按 Enter 键确认，如图 6-45 所示。

05 单击图层面板下方的"创建新图层"按钮，创建一个新图层，执行"编辑"|"填充"命令，在"内容"下拉列表框中选择"图案"选项，选择所定义的铅笔图案，设置参数如图 6-46 所示。

图 6-45　打开文件　　　图 6-46　填充图案

06 设置图层模式为划分，完成效果如图 6-47 所示。

图 6-47　设置图层模式

知识拓展

如果用缩放工具放大观察铅笔工具绘制的线条就会发现，线条边缘呈现清晰的锯齿。现在非常流行的像素画，主要是通过铅笔工具绘制的，并且需要出现这种锯齿。

6.2.5　了解"颜色替换工具"选项栏

选择"颜色替换"工具，其工具选项栏如图 6-48 所示。

图 6-48　"颜色替换工具"选项栏

模式：用来设置可以替换的颜色属性，包括"色相""饱和度""颜色"和"明度"。默认为"颜色"，它表示可以同时替换色相、饱和度和明度。

取样：用来设置颜色取样的方式，按下连续按钮，在拖动鼠标时可连续对颜色取样，按一次按钮，只替换包含第一次单击的颜色区域中的目标颜色。按下背景色板按钮，只替换包含当前背景色的区域。

限制：选择"不连续"选项，可替换出现在光标下任何位置的样本颜色。选择"连续"选项，只替换与光标下的颜色邻近的颜色。选择"查找边缘"选项，可替换包含样本颜色的连续区域，同时保留形状边缘的锐化程度。

容差：用来设置工具的容差，颜色替换工具只替换色板单击点颜色容差范围内的颜色，因此，该值越高，包含的颜色范围越广。

消除锯齿：勾选该复选框，可以为校正的区域定义平滑的边缘，从而消除锯齿。

6.2.6　实战——用"颜色替换工具"为衣服换色

本案例通过使用"颜色替换"工具将裙子替换成黄色。

素材文件路径：素材 \ 第 6 章 \6.2\6.2.6\1.jpg

01 启动 Photoshop CC 2018 后，执行"文件"|"打开"命令，弹出"打开"对话框，选择本书配套素材中的"素材 \ 第 6 章 \6.2\6.2.6\1.jpg"，单击"打开"按钮，如图 6-49 所示。

02 按 Ctrl+J 快捷键复制图层，设置前景色为黄色，选择工具箱中的"颜色替换"工具，在工具选项栏中单击"取样一次"按钮，设置容差为 30。

03 将光标放在衣服上，单击并拖动，"颜色替换"工具会对光标中心＋字中心的颜色进行取样，并将画笔所及区域的颜色转换为前景色，如图 6-50 所示。

图 6-49　打开文件　　　图 6-50　单次取样替换颜色

04 调整画笔大小，多次对衣服取样进行颜色替换，完成效果如图 6-51 所示。

图 6-51 完成效果

6.2.7 了解混合器画笔选项栏

"混合器画笔"工具✔，用混合器画笔工具可让不懂绘画的朋友轻易画出漂亮的画面，让专业人士如虎添翼，混合器画笔的工具选项栏如图 6-52 所示。

图 6-52 混合器画笔工具选项栏

+ 切换画笔面板：单击右侧的 ✔ 按钮，可以打开画笔面板，更方便地选择需要的画笔。
+ "每次描边后载入画笔" ✔：单击✔按钮，可以使光标下的颜色与前景色混合。
+ "每次描边后清理画笔" ✔：控制了每一笔涂抹结束后对画笔是否更新和清理。类似于画家在绘画时一笔过后是否将画笔在水中清洗的选项，如图 6-53 所示。

图 6-53 清洗前后对比

+ 在"混合画笔组合"下拉列表中，有系统提供的混合画笔。当选择某一种混合画笔时，右边的四个选择数值会自动改变为预设值。
+ 潮湿：设置从画布拾取的油彩量。
+ 载入：设置画笔上的油彩量。
+ 混合：设置颜色混合的比例。
+ 流量：这是以前版本其他画笔常见的设置，可以设置描边的流动速率。
+ 启用喷枪模式的作用是，当画笔在一个固定的位置一直描绘时，画笔会像喷枪那样一直喷出颜色。如果不启用这个模式，则画笔只描绘一下就停止流出颜色。

+ 对所有图层取样的作用是，无论本文件有多少图层，将所有图层作为一个单独的合并的图层看待。
+ 绘图板压力控制大小选项，当选择普通画笔时，选中该选项可以用绘图板来控制画笔的压力。

6.2.8 实战——使用"混合器画笔工具"制作水粉效果

本案例通过使用"混合器画笔"工具✔制作水粉效果。

素材文件路径：素材 \ 第 6 章 \6.2\6.2.8\1.jpg

6.2.8 教学视频

01 启动 Photoshop CC 2018 后，执行"文件"｜"打开"命令，弹出"打开"对话框，选择本书配套素材中的"素材 \ 第 6 章 \6.2\6.2.8\1.jpg"，单击"打开"按钮，如图 6-54 所示。

02 选择工具箱中的"混合器画笔"工具✔，在画布中右击，打开画笔预设下拉列表，选择不规则形状画笔，如图 6-55 所示。

图 6-54 打开文件 　　 图 6-55 打开画笔下拉面板

03 在工具选项栏中单击"当前画笔载入"下拉框，选择载入画笔选项并设置颜色为浅红色，单击"有用的混合画笔组合"下拉框，选择自定选项，设置参数如图 6-56 所示。

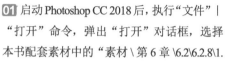

图 6-56 设置参数

04 按照图像纹理，拖动鼠标按一定的方向在图像背景中涂抹，如图 6-57 所示。

05 按键盘上的"["与"]"键，缩放画笔，依照相同的方式，分别涂抹小船与地面，效果如图 6-58 所示。

图 6-57 涂抹背景 　　 图 6-58 完整涂抹

06 执行"图像"|"调整"|"亮度/对比度"命令，打开"亮度/对比度"对话框，设置参数使水粉质感更为明显，完成效果如图 6-59 所示。

图 6-59　设置亮度/对比度

6.2.9　设置绘画光标显示方式

为了方便绘画操作，Photoshop 可以自由设置绘画时光标显示的方式和形状。执行"编辑"|"首选项"|"光标"命令，在打开的对话框中可以设置绘图光标和其他工具光标的外观，如图 6-60 所示。其中绘图工具包括橡皮擦、铅笔、画笔等工具。

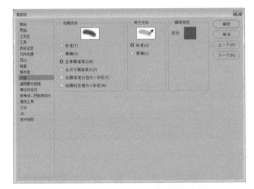

图 6-60　"显示与光标"设置参数

绘画光标有 5 种显示方式，效果如图 6-61 所示。

标准　　精确　　正常画笔　　全尺寸画　　显示
　　　　　　　　笔尖　　　　笔笔尖　　十字线

图 6-61　各种设置下绘画光标的外观

+ 标准：使用工具箱中各工具图标的形状作为光标形状。
+ 精确：使用十字形光标作为绘画光标，该光标形状便于精确绘图和编辑。
+ 正常画笔笔尖：光标形状使用画笔的一半大小，其形状为画笔的形状。
+ 全尺寸画笔笔尖：光标形状使用全尺寸画笔大小，其形状为画笔的形状。这样可以精确看到画笔所覆盖的范围和当前选择的画笔形状。
+ 在画笔笔尖中显示十字线：该选项只有在选择"正常

画笔笔尖"和"全尺寸画笔笔尖"显示方式才有效。选中该选项，可在画笔笔尖的中间位置显示十字形，以方便绘画操作。

 技巧提示：
按 CapsLock 键可以在绘画时快速切换光标显示方式。

6.3　绘画的好帮手——画笔面板

画笔面板是非常重要的面板，它可以设置各种绘画工具、图像修复工具、图像润饰工具和擦除工具的工具属性和描边效果。

6.3.1　了解画笔设置面板

执行"窗口"|"画笔"命令，或按 F5 键，打开"画笔"面板，如图 6-62 所示。

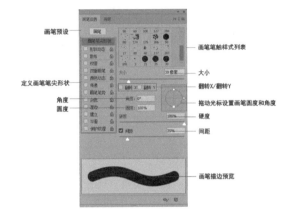

图 6-62　画笔面板

+ 画笔：单击该按钮，打开画笔面板，可以浏览、选择 Photoshop 提供的预设画笔。画笔的可控参数众多，包括笔尖的形状及相关的大小、硬度、纹理等特性，如果每次绘画前都重复设置这些参数，将是一件非常繁琐的工作。为了提高工作效率，Photoshop 提供了预设画笔功能，预设画笔是一种存储的画笔笔尖，并带有诸如大小、形状和硬度等定义的特性。Photoshop 提供的许多常用的预设画笔，如图 6-63 所示为几种预设画笔绘画效果，用户也可以将自己常用的画笔存储为画笔预设。

在工具选项栏中单击画笔预设下拉按钮，打开画笔预设下拉列表框，拖动滚动条即可浏览、选择所需的预设画笔，每个画笔的右侧还有该画笔绘画效果预览，如图 6-64 所示。

图 6-63　几种预设画笔效果

图 6-64　画笔预设下拉列表

+ 定义画笔笔尖形状以及形状动态、散布、纹理等预设。其中██图标表示该选项处于可用状态，██图标表示锁定该选项。

+ 翻转 X/ 翻转 Y：启用水平和垂直方向的画笔翻转。

+ 角度：通过在此文本框中输入数值调整画笔在水平方向上的旋转角度，取值范围为 -180°～180°。也可以通过在右侧的预览框中拖曳水平轴进行设置，不同角度值时的画笔效果如图 6-65 所示。

+ 圆度：用于控制画笔长轴和短轴的比例，可在圆度文本框中输入 0～100 之间的数值，或直接拖动右侧画笔控制框中的圆点来调整，如图 6-66 所示。

+ 画笔笔触样式列表：在此列表中有各种画笔笔触样式可供选择，用户可以选择默认的笔触样式，也可以自己载入需要的画笔进行绘制。默认的笔触样式一般有尖角画笔、柔角画笔、喷枪硬边圆形画笔、喷枪柔边圆形画笔和滴溅画笔等。

+ 大小文本框：此选项用于设置笔触的大小，可以设置 1～2500 像素的笔触大小，可以通过拖曳下方的滑块进行设置，也可以在右侧的文本框中直接输入数值来设置。

+ 在画笔形状编辑框中拖动圆坐标，可以设置画笔圆度和角度；也可以在"角度"和"圆度"文本框输入具体的参数值。

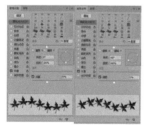

图 6-65　角度调整示例

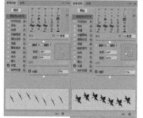

图 6-66　圆度调整示例

+ 硬度：设置画笔笔触的柔和程度，变化范围为 0%～100%，如图 6-67 所示为硬度为 0% 和 100% 的对比效果。

+ 间距：用于设置在绘制线条时，两个绘制点之间的距离。使用该项设置可以得到点画线效果，如图 6-68 所示为间距为 0 和 100 的对比效果。

+ 画笔描边预览：通过预览框查看画笔描边的动态。单击"创建新画笔"按钮██，打开画笔名称对话框，为画笔设置一个新的名称。单击"确定"按钮，可将当前设置的画笔创建为一个新的画笔样本。单击"删除画笔"按钮，可将选择的画笔样式删除。

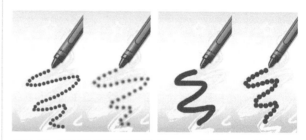

图 6-67　不同硬度画笔的绘画
　　　　　效果

图 6-68　不同间距画笔的绘画
　　　　　效果

 技巧提示：
　　选择画笔或铅笔工具后，在图像窗口任意位置右击，可快速打开画笔预设列表框。

6.3.2　形状动态

　　形状动态用于设置绘画过程中画笔笔迹的变化。如图 6-69 所示，形状动态包括大小抖动、最小直径、角度抖动、圆度抖动、最小圆度等内容。

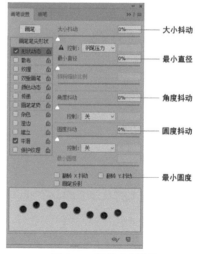

图 6-69　形状动态设置

+ 大小抖动：拖动滑块或输入数值，以控制绘制过程中画笔笔迹大小的波动幅度。数值越大，变化幅度就越大，如图 6-70 所示。

| 大小抖动 =0% | 大小抖动 =50% | 大小抖动 =100% |

图 6-70　大小抖动画笔效果

✦ 控制：用于选择大小抖动变化产生的方式。选择"关"，则在绘图过程中画笔笔迹大小始终波动，不予另外控制；选择"渐隐"，然后在其右侧文本框输入数值可控制抖动变化的渐隐步长，数值越大，画笔消失的距离越长，变化越慢，反之则距离越短，变化越化，如图 6-71 所示。如果安装了压力敏感的数值化板，还可以指定笔压力、笔倾斜和光笔旋转控制项。

| 最小直径 =0，渐隐 =5 | 渐隐 =10 | 渐隐 =15 |

图 6-71　渐隐抖动控制画笔效果

✦ 最小直径：控制画笔尺寸在发生波动时画笔的最小尺寸，数值越大，直径能够变化的范围也就越小，如图 6-72 所示。

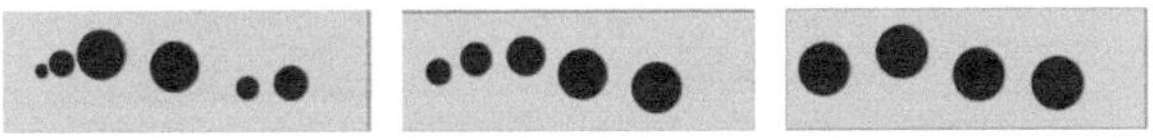

| 最小直径 =0% | 最小直径 =50% | 最小直径 =100% |

图 6-72　最小直径参数设置

✦ 角度抖动：控制画笔角度波动的幅度，数值越大，抖动的范围也就越大，如图 6-73 所示。

| 角度抖动 =0% | 角度抖动 =50% | 角度抖动 =100% |

图 6-73　角度抖动画笔效果

✦ 圆度抖动：控制在绘画时画笔圆度的波动幅度，数值越大，圆度变化的幅度也就越大，如图 6-74 所示。

✦ 最小圆度：控制画笔在圆度发生波动时画笔的最小圆度尺寸值。该值越大，发生波动的范围越小，波动的幅度也会相应变小。

| 圆度抖动 =0% | 圆度抖动 =50% | 圆度抖动 =100% |

图 6-74　圆度抖动画笔大小

6.3.3　散布

散布动态控制画笔偏离绘画路线的程度和数量，参

数面板如图 6-75 所示。

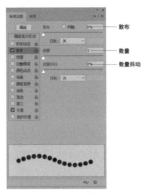

图 6-75　散布动态设置

✦ 散布：控制画笔偏离绘画路线的程度，数值越大，偏离的距离越大，如图 6-76 所示。若选中"两轴"复选框，则画笔将在 X、Y 两个方向分散，否则仅在一个方向上发生分散。

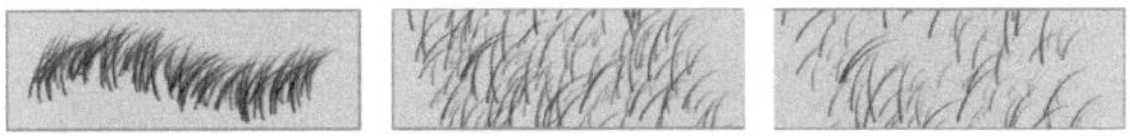

| 分散 =0% | 分散 =500% | 分散 =1000% |

图 6-76　散布变化效果

✦ 数量：控制画笔点的数量，数值越大，画笔点越多，变化范围为 1～16，如图 6-77 所示。

| 数量 =1 | 数量 =8 | 数量 =16 |

图 6-77　不同数量时的画笔绘画效果

✦ 数量抖动：用来控制每个空间间隔中画笔点的数量变化。

6.3.4　纹理

在画笔上添加纹理效果，可控制纹理的叠加模式、缩放比例和深度，如图 6-78 所示。

✦ 选择纹理：单击纹理下拉按钮，从纹理列表中可选择所需的纹理。勾选"反相"复选框，相当于对纹理执行了"反相"命令。

✦ 缩放：设置纹理的缩放比例。

✦ 亮度：设置纹理的明暗度。

✦ 对比度：用来设置纹理的对比强度，此值越大，对比度越明显。

✦ 为每个笔尖设置纹理：用来确定是否对每个画笔点都分别进行渲染。若不选择此项，则"深度""最小深度"及"深度抖动"参数无效。

✦ 模式：用于选择画笔和图案之间的混合模式。

✦ 深度：用来设置图案的混合程度，数值越大，纹理越明显。

✦ 最小深度：控制图案的最小混合程度。

✦ 深度抖动：控制纹理显示浓淡的抖动程度。

6.3.5 双重画笔

双重画笔指的是使用两种笔尖形状创建的画笔。首先在"模式"列表中选择两种画尖的混合模式，接着在下面的笔尖形状列表框中选择一种笔尖作为画笔的第二个笔尖形状，如图 6-79 所示。

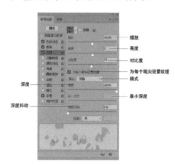

图 6-78　纹理动态设置　　图 6-79　双重画笔设置

6.3.6 颜色动态

"颜色动态"控制在绘画过程中画笔颜色的变化情况，其参数面板如图 6-80 所示。需注意的是，设置动态颜色属性时，画笔面板下方的预览框并不会显示出相应的效果。动态颜色效果只有在图像窗口绘画时才会看到。

图 6-80　颜色动态设置

✦ 前景 / 背景抖动：设置画笔颜色在前景色和背景色之间变化。例如，在使用草形画笔绘制草地时，可设置前景色为浅绿色、背景色为深绿色，这样就可以得到颜色深浅不一的草丛效果。

✦ 色相抖动：指定画笔绘制过程中画笔颜色色相的动态变化范围。

✦ 饱和度抖动：指定画笔绘制过程中画笔颜色饱和度的

动态变化范围。

✦ 亮度抖动：指定画笔绘制过程画笔亮度的动态变化范围。

✦ 纯度：设置绘画颜色的纯度变化范围。

6.3.7 画笔笔势

"画笔笔势"用来调整毛刷画笔笔尖、侵蚀画笔笔尖的角度，如图 6-81 所示。

6.3.8 传递

"传递"用来确定油彩在描边路线中的改变方式。单击画笔面板中的其他动态选项，会显示相关的设置内容，如图 6-82 所示。

图 6-81　画笔笔势设置　　图 6-82　传递设置

✦ 不透明抖动：用来设置画笔笔迹中油彩不透明度的变化程度。如果指定如何控制画笔笔迹的不透明度变化，可在"控制"下拉列表中选择一个选项。

✦ 流量抖动：用来设置画笔笔迹中油彩流量的变化程度。如果要指定如何控制画笔笔迹的流量变化，可在"控制"下拉列表中选择一个选项。

6.3.9 附加选项设置

附加选项设置没有参数面板，只选中相应的复选框即可，如图 6-83 所示。

图 6-83　附加选项设置

+ 杂色：在画笔的边缘添加杂点效果。
+ 湿边：沿画笔描边的边缘增大油彩量，从而创建水彩效果。
+ 喷枪：模拟传统的喷枪效果。
+ 平滑：可以使绘制的线条产生更顺畅的曲线。
+ 保护纹理：对所有的画笔使用相同的纹理图案和缩放比例，选择此选项后，当使用多个画笔时，可模拟一致的画布纹理效果。

6.3.10　实战——新建画笔打造彩色的泪

本实例通过画笔预设面板的设置，以及定义画笔命令，来制作彩色的泪。

素材文件路径：素材 \ 第 6 章 \6.3\6.3.10\1.jpg

01 启动 Photoshop CC 2018 后，执行"文件"|"打开"命令，弹出"打开"对话框，选择本书配套素材中的"素材 \ 第 6 章 \6.3\6.3.10\1.jpg"，单击"打开"按钮，如图 6-84 所示。

02 选择工具箱中的"画笔"工具 ，按 F5 键，打开画笔面板，设置参数如图 6-85 所示。

图 6-84　打开文件　　　图 6-85　打开画笔面板

03 单击形状状态栏，设置如图 6-86 所示的参数，在预览框中预览画笔效果。分别设置散布、颜色状态、传递参数，如图 6-87 至图 6-89 所示。

图 6-86　设置　图 6-87　设置　图 6-88　设置　图 6-89　设置
形状动态参数　散布参数　颜色动态参数　传递参数

04 单击工具栏中的前景 / 背景色板，设置前景色与背景色，如图 6-90 所示。

图 6-90　设置前景色与背景色

05 按 Ctrl++ 快捷键放大画布，单击并拖动鼠标，从人物眼角向外拖动鼠标，如图 6-91 所示。

06 按键盘上的"["与"]"键，缩放画笔大小，多次在人物两侧画出彩色图案，效果如图 6-92 所示。

图 6-91　画笔效果　　　图 6-92　整体效果

07 选择工具箱中的"裁剪"工具 ，将画布裁剪到适当大小，完成效果如图 6-93 所示。

图 6-93　裁剪画布

6.3.11　实战——用"绘画对称属性"绘制插画涂鸦

新增的"绘画对称属性选项"可以根据对称轴绘制出各种各样的插画，本案例通过设置对称属性，绘制插画。

01 启动 Photoshop CC 2018 软件，执行"编辑"|"首选项"|"技术预览"命令，打开"首选项"对话框，勾选"启用画笔对称"复选框，如 6-94 所示。

02 选择"文件"→"新建"命令，或按 Ctrl+N 快捷键打开"新建文档"对话框，在该对话框中设置相关参数，如图 6-95 所示。单击"创建"按钮新建空白文档。

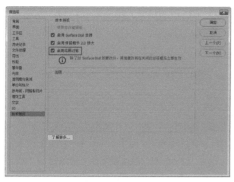

图 6-94　启动绘画对称

03 单击工具箱中的"画笔工具"按钮，选择一个笔刷，单击工具选项栏中的"设置绘画的对称属性"按钮，在弹出的快捷菜单中选择对称属性，如图 6-96 所示。

图 6-95　新建文档　　　图 6-96　选择对称属性

04 此时文档中会出现所选对称属性的对称轴，如图 6-97 所示。

05 按 Enter 键确认。新建图层，使用画笔工具在对称轴上绘画，绘制的图形会根据对称属性进行复制，如图 6-98 所示。

图 6-97　显示对称轴　　　图 6-98　绘制蝴蝶

06 选择工具箱中的"油漆桶"工具，设置不同颜色的前景色，为绘制的蝴蝶填充颜色，如图 6-99 所示。

图 6-99　为蝴蝶填色

6.4　不用画笔也能上色——填充颜色

在前面的章节中介绍了如何在 Photoshop 中定义颜色。本节将进一步介绍使用颜色或图案，使用各种颜色混合来填充选区、图像，以及如何向选区或路径的轮廓添加颜色。

6.4.1　了解油漆桶工具选项栏

"油漆桶"工具用于在图像或选区中填充颜色或图案，但油漆桶工具在填充前会对单击位置的颜色进行取样，从而只填充颜色相同或相似的图像区域，油漆桶工具选项栏如图 6-100 所示。

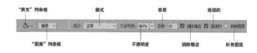

图 6-100　油漆桶工具选项栏

+ "填充"列表框：可选择填充的内容。当选择"图案"作为填充内容时，"图案"列表框被激活，单击其右侧的下拉按钮，可打开图案下拉面板，从中选择所需的填充图案。
+ "图案"列表框：通过图案列表定义填充的图案，并通过拾色器的快捷菜单进行图案的载入、复位、替换等操作。
+ 模式：设置实色或图案填充的模式。
+ 不透明度：用来设置填充内容的不透明度。
+ 容差：用来定义必须填充的像素的颜色相似程度。低容差会填充颜色值范围内与单击点像素非常相似的像素，高容差则填充更大范围内的像素。
+ 消除锯齿：可以平滑填充选区的边缘。
+ 连续的：只填充与单击点相邻的像素；取消勾选时可填充图像中的所有相似像素。
+ 所有图层：选择该选项，表示基于所有可见图层中的合并颜色数据填充像素；取消选中则仅填充当前图层。

6.4.2　实战—运用油漆桶工具为卡通画上色

本实例通过运用"油漆桶"工具填充前景色来为黑白的卡通画上色，为卡通画换上了亮丽的颜色及背景。

素材文件路径：素材 \ 第 6 章 \6.4\6.4.2\1.jpg

01 启动 Photoshop CC 2018，执行"文件"|"打开"命令，弹出"打开"对话框，选择本书配套素材中的"素材 \ 第 6 章 \6.4\6.4.2\1.

6.4.2 教学视频

jpg"，单击"打开"按钮，如图 6-101 所示。

02 选择工具栏中的前景色板，打开拾色器（前景色）对话框，选择浅红色（#ffa5a5），如图 6-102 所示。

图 6-101　打开文件　　　　图 6-102　设置前景色

03 选择工具箱中的"油漆桶"工具 ，将光标中的黑色箭头放在图像中，单击即可以填充前景色，如图 6-103 所示。

04 按 Ctrl++ 快捷键放大画布，更改前景色，对细节部分进行颜色填充，如图 6-104 所示。

图 6-103　填充颜色　　　　图 6-104　填充颜色

05 依照上述方式，对整个图像进行颜色填充，完成效果如图 6-105 所示。

图 6-105　完成效果

6.4.3　了解"填充"命令

除了使用油漆桶工具对图像进行实色或图案的填充外，还可以执行"填充"命令进行填充，"填充"命令可以说是对填充工具的扩展功能，它的一项重要功能是可以有效地保护图像中的透明区域，有针对性地填充图像。

执行"编辑"|"填充"命令，或按 Shift+F5 快捷键，打开"填充"对话框，如图 6-106 所示。

图 6-106　"填充"对话框

✦ 内容：定义应用何种内容对图像进行填充。

✦ 混合：指定填充混合的模式和不透明度。

✦ 保留透明区域：填充具有像素的区域，保留图像中的透明区域不被填充。这和图层的"锁定透明像素"按钮的作用相同。

6.4.4　实战——"填充"命令的使用

使用"填充"命令可以在当前图层或选区内填充颜色或图案，在填充时还可以设置不透明度和混合模式，下面介绍具体的操作步骤。

素材文件路径：素材 \ 第 6 章 \6.4\6.4.4\1.jpg

01 启动 Photoshop CC 2018 后，执行"文件"|"打开"命令，弹出"打开"对话框，选择本书配套素材中的"素材 \ 第 6 章 \6.4\6.4.4\1.jpg"，单击"打开"按钮，如图 6-107 所示。

02 选择工具箱中的"快速选择"工具 ，结合"添加到选区" 与"从选区中减去" ，对饼干区域进行选取，执行"选择"|"修改"|"羽化"命令，弹出"羽化选区"对话框，设置参数为 10 像素，如图 6-108 所示。

图 6-107　打开文件　　　　图 6-108　创建选区

03 执行"编辑"|"填充"命令，单击"使用"下拉列表框，选择岩石纹理图案，设置参数如图 6-109 所示。

04 完成效果如图 6-110 所示。

图 6-109　　　　　　　　　图 6-110

知识拓展

　　"内容识别"选项可以智能修复图像，删除任何图像细节或对象，删除的内容看上去似乎本来就不存在。

6.4.5　了解"描边"命令

　　在 Photoshop 中，可以执行"描边"命令在选区、路径或图层周围绘制实色边框。执行"编辑"|"描边"命令，弹出"描边"对话框，如图 6-111 所示，可以设置描边的宽度、位置及混合方式。

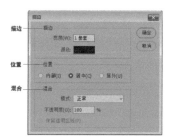

图 6-111　"描边"对话框

✦ 描边：定义描边的"宽度"，即硬边边框的宽度，以及通过单击颜色缩览图和拾色器定义描边的颜色。

✦ 位置：定义描边的位置在选区或图层边界的内部、外部或者沿选区或图层边界居中描边。

✦ 混合：指定描边的混合模式和不透明度，以及只对具有像素的区域描边，保留图像中的透明区域不被描边。

6.4.6　实战——"描边"命令的使用

　　本实例使用描边命令为人物添加白色的描边，制作出时尚插画效果。

素材文件路径：素材 \ 第 6 章 \6.4\6.4.6\1.jpg、2、4、5.png

6.4.6 教学视频

01 启动 Photoshop CC 2018 后，执行"文件" | "打开"命令，弹出"打开"对话框，选择本书配套素材中"素材 \ 第 6 章 \6.4\6.4.6\1.jpg"，单击"打开"按钮，如图 6-112 所示。

02 单击图层面板下方的"创建新图层"按钮 ，新建一个图层。选择工具箱中的"矩形选框"工具 ，在图像中心创建一个矩形选区并填充为白色，设置图层不透明度为 80%，如图 6-113 所示。

图 6-112　打开文件　　　　图 6-113　新建图层

03 执行"编辑"|"描边"命令，打开"描边"对话框，设置其参数，单击"确定"按钮，描边效果如图 6-114 所示。

图 6-114　描边

04 按 Ctrl+O 快捷键，弹出"打开"对话框，选择本书配套素材中的 "素材 \ 第 6 章 \6.4\6.4.6\2.png"，按 Enter 键确认。选择工具箱中的"移动"工具 ，拖动文件至 1 文档窗口，如图 6-115 所示。

05 执行"编辑"|"描边"命令，打开"描边"对话框，设置其参数，单击"确定"按钮，如图 6-116 所示。

图 6-115　拖动文件　　　　图 6-116　设置描边参数

06 新建一个图层，选择工具箱中的"矩形选框"工具 ■，在图像左侧创建一个矩形选区，如图 6-117 所示。

07 执行"编辑"|"描边"命令，打开"描边"对话框，设置其参数，如图 6-118 所示。

图 6-117　创建选区　　　图 6-118　设置描边参数

08 单击"确定"按钮，按 Ctrl+D 快捷键取消选区，选区描边效果如图 6-119 所示。

09 在矩形边框右侧创建一个小的矩形选区，按 Backspace 键删除选区，按 Ctrl+D 快捷键取消选区，如图 6-120 所示。

图 6-119　描边效果　　　图 6-120　删除选区

10 按 Ctrl+O 快捷键，弹出"打开"对话框，选择本书配套素材中的"素材 \ 第 6 章 \6.4\6.4.6\3.png"，按 Enter 键确认。选择工具箱中的"移动"工具 ✛，拖动文件至 1 文档窗口，按 Ctrl+T 快捷键自由变换，调整其位置与大小，如图 6-121 所示。

11 以相同方法添加本书配套素材中的"素材 \ 第 6 章 \6.4\6.4.6\3.png"文件，并拖动图层至人物图层下方，完成效果如图 6-122 所示。

图 6-121　拖动文件　　　图 6-122　完成效果

6.4.7　了解渐变工具选项栏

"渐变"工具 ■ 可以阶段性地对图像进行任意方向的填充，以表现图像颜色的自然过渡。以图像进行渐变填充时，首先要通过渐变工具的选项栏来完成渐变样式等各选项的设置，如图 6-123 所示。

图 6-123　渐变工具选项栏

✦ 显示当前渐变预设。单击渐变颜色条，可打开"渐变编辑器"对话框。

✦ 渐变类型，定义渐变的类型，Photoshop 可创建 5 种形式的渐变：线性渐变、径向渐变、角度渐变、对称渐变和菱形渐变，按下选项栏中的相应按钮即可选择相应的渐变类型。

　　◎线性渐变■：从起点到终点线性渐变。

　　◎径向渐变■：从起点到终点以圆形图案逐渐改变。

　　◎角度渐变■：围绕起点以逆时针环绕逐渐改变。

　　◎对称渐变■：在起点两侧对称线性渐变。

　　◎菱形渐变■：从起点向外以菱形图案逐渐改变，终点定义菱形的一角。

5 种渐变填充效果如图 6-124 所示，图中的箭头表示鼠标拖动的位置和方向。

线性渐变　　径向渐变　　角度渐变　　对称渐变　　菱形渐变

图 6-124　五种渐变效果

✦ 模式：打开此下拉列表可以选择渐变填充的色彩与底图的混和模式。

✦ 不透明度：输入 1 ～ 100％之间的数值以控制渐变填充的不透明度。

✦ 反向：选择此选项，所得到的渐变效果与所设置渐变颜色相反。

✦ 仿色：选择此选项，可使渐变效果过渡更为平滑。

✦ 透明区域：选择此选项，即可启用编辑渐变时设置的透明效果，填充渐变时得到透明效果。

6.4.8 了解渐变编辑器

虽然 Photoshop 提供了丰富的预设渐变，但在实际工作中，仍然需要创建自定义渐变，以制作具有个性的图像效果。单击选项栏渐变条，打开如图 6-125 所示的"渐变编辑器"，在此对话框中可以创建新渐变并修改当前渐变的颜色。

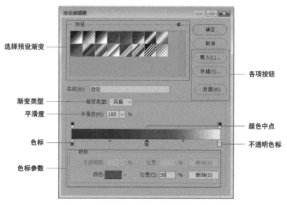

图 6-125　渐变编辑器

✦ 选择预设渐变。在编辑渐变之前可从预置框中选择一个渐变，以便在此基础上进行编辑修改。

✦ 渐变类型：设置显示为单色形态的实底或显示为多色带形态的杂色。

✦ 平滑度：调整渐变颜色的平滑程度。值越大，渐变越柔和；值越小，渐变颜色越分明。

✦ 色标：定义渐变中应用的颜色或者调整颜色的范围。通过拖动色标滑块可以调整颜色的位置；单击渐变颜色条可以增加色标。

✦ 在选项区域中双击对应的文本框或缩览图，可以设置色标的不透明度、位置和颜色等。

✦ 通过单击按钮可以实现相应的操作，包括将渐变文件载入到渐变预设、保存当前渐变预设、创建新的渐变预设。

✦ 不透明色标：调整渐变颜色的不透明度值，值越大越不透明。编辑方法和编辑色标的方法相同。

✦ 颜色中点：拖动滑块调整颜色或者透明度过渡范围。

6.4.9 实战——渐变工具之"线性渐变"的使用

线性渐变█可创建以直线从起点到终点的渐变，下面设置不同模式的线性渐变为图片调色。

素材文件路径：素材 \ 第 6 章 \6.4\6.4.9\1.jpg

6.4.9 教学视频

01 启动 Photoshop CC 2018 后，执行"文件"｜"打开"命令，弹出"打开"对话框，选择本书配套素材中的"素材 \ 第 6 章 \6.4\6.4.9\1.jpg"，单击"打开"按钮，如图 6-126 所示。

02 单击工具栏中的背景色板，打开拾色器（背景色）对话框，选择浅蓝色，当出现不是 Web 安全颜色图标时，单击颜色框，"拾取的颜色"光标自动跳转至最接近区域的安全颜色上，单击"确定"按钮，设置背景色为蓝色，如图 6-127 所示。

图 6-126　打开文件　　　图 6-127　设置背景色

03 同理，打开拾色器（前景色）对话框，设置前景色为黄色，如图 6-128 所示。

04 按 Ctrl+J 快捷键，将背景图层复制三层，选择图层 3 进行编辑。选择工具箱中的"渐变"工具█，在工具选项栏中单击"线性渐变"按钮█，单击工具选项栏中的渐变模式下拉列表框，选择正常，将光标放在画布左下角，长按鼠标左键将鼠标拖动至右上角，填充前景色到背景色的线性渐变，如图 6-129 所示。

图 6-128　设置前景色　　　图 6-129　正常模式的线性渐变

05 隐藏图层 3，选择图层 2 进行编辑，单击工具选项栏中渐变模式下拉列表框，选择正片叠底，以相同方式填充线性渐变，效果如图 6-130 所示。

06 隐藏图层 2，选择图层 1 进行编辑，单击工具选项栏中的渐变模式下拉列表框，选择柔光，以相同方式填充线性渐变，效果如图 6-131 所示。

图 6-130　正片叠底模式的　　　图 6-131　柔光模式的
　　　　　线性渐变　　　　　　　　　　线性渐变

6.4.10　实战——使用"渐变工具"给画面添加彩虹

本实例通过使用渐变工具 中提供的预设渐变给画面添加彩虹，下面介绍具体的操作步骤。

素材文件路径：素材 \ 第 6 章 \6.4\6.4.10\1.jpg

6.4.10 教学视频

01 启动 Photoshop CC 2018 后，执行"文件"|"打开"命令，弹出"打开"对话框，选择本书配套素材中的"素材 \ 第 6 章 \6.4\6.4.10\1.jpg"，单击"打开"按钮，如图 6-132 所示。

02 按 Ctrl+J 快捷键复制背景图层，选择工具箱中的"渐变"工具 ，打开渐变编辑器，选择预设栏中的彩虹渐变预设，如图 6-133 所示。

图 6-132　打开文件　　　　　图 6-133　彩虹渐变

03 拖动对话框下方的色标，设置颜色分布位置，如图 6-134 所示。

04 单击"确定"按钮，单击工具选项箱中的"径向渐变"按钮 ，设置渐变模式为滤色，长按鼠标左键沿箭头方向填充径向渐变，如图 6-135 所示。

图 6-134　设置颜色分布设置　　图 6-135　径向渐变

05 使用"快速选择"工具 ，对山与道路进行选择，如图 6-136 所示。

06 执行"选择"|"修改"|"羽化"命令，弹出"羽化选区"对话框，设置参数如图 6-137 所示。

图 6-136　选择山与道路　　图 6-137　"羽化选区"对话框

07 选择背景图层，按 Ctrl+J 快捷键复制选区，拖动图层至最上方，设置图层的不透明度为 75%，完成效果如图 6-138 所示。

图 6-138　完成效果

6.5　再见吧！瑕疵——图像修复工具

前面介绍了 Photoshop 强大的图像处理功能，下面继续介绍 Photoshop CC 在美化、修复图像方面的强大功能。通过简单、直观的操作，可以将各种有缺陷的数码照片加工为精美的图片，也可以基于设计的需要将普通的图像处理为特定的艺术效果。

6.5.1　"仿制源"面板

"仿制源"面板主要用于放置图章工具或修复画笔工具，使这些工具使用起来更加方便、快捷。在对图像进行修饰时，如果需要确定多个仿制源，使用该面板进行设置，即可在多个仿制源中进行切换，并可对克隆源区域的大小、缩放比例、方向进行动态调整，从而提高仿制工具的工作效率。

执行"窗口"|"仿制源"命令，即可在视图中显示"仿制源"面板，如图 6-139 所示。

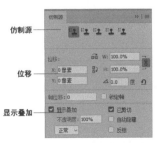

图 6-139　"仿制源"面板

✦ 仿制源：单击仿制源按钮，然后设置取样点，最多可以设置五个不同的取样源。通过设置不同的取样点，可以更改仿制源按钮的取样源。仿制源面板将存储本源，直到关闭文件。

✦ 位移：输入 W（宽度）或 H（高度），可缩放所仿制的源，默认情况下将约束比例。要单独调整尺寸或恢复约束选项，可单击"保持长宽比"按钮，指定 X 和 Y 像素位移时，可在相对于取样点的精确的位置进行绘制；输入旋转角度时，可旋转仿制的源。

✦ 显示叠加：要显示仿制源的叠加，可选择显示重叠并指定叠加选项。调整样本源叠加选项能够在使用仿制图章工具和修复画笔进行绘制时，更好地查看叠加和下面的图像，在"不透明度"选项中可以设置叠加的不透明度；勾选"自动隐藏"复选框，可在应用绘画描边时隐藏叠加；如果要设置叠加的外观，可从仿制源调整底部的弹出菜单中选择"正常""变暗""变亮"或"差值"混合模式；勾选"反相"复选框，可反相叠加中的颜色。

6.5.2 实战——"仿制源"面板的使用

本案例主要讲解在"仿制源"面板上使用仿制图章工具，使用"仿制源"面板制作海市蜃楼。

素材文件路径：素材 \ 第 6 章 \6.5\6.5.2\1.jpg

6.5.2 教学视频

01 启动 Photoshop CC 2018 后，执行"文件"|"打开"命令，弹出"打开"对话框，选择本书配套素材中的"素材 \ 第 6 章 \6.5\6.5.2\1.jpg"，单击"打开"按钮，如图 6-140 所示。

02 按 Ctrl+O 快捷键，弹出"打开"对话框，选择本书配套素材中的"素材 \ 第 6 章 \6.5\6.5.2\2.jpg"，按 Enter 键确认，如图 6-141 所示。

图 6-140 打开文件

图 6-141 打开文件

03 选择工具箱中的"仿制图章"工具，将光标放在城堡上方按住 Alt 键单击进行取样。执行"窗口"|"仿制源"命令，打开"仿制源"面板，在面板中设置"位移"参数，如图 6-142 所示。

04 回到 1 文档窗口，按 Ctrl+J 快捷键复制图层，在设置的位移位置单击，将取样点涂抹至图像中，如图 6-143 所示。

图 6-142 仿制源参数

图 6-143 仿制源效果

05 执行"图像"|"调整"|"曲线"命令，打开"曲线"对话框，调整图像色彩，完成效果如图 6-144 所示。

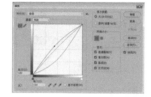

图 6-144 完成效果

💡 **技巧提示：**

在 Photoshop Extended 中，可以使用仿制图章工具和修复画笔工具来修饰或复制视频或动画帧中的对象。使用仿制图章对一个帧（源）的一部分内容取样，并在相同帧或不同帧（目标）的其他部分进行绘制。要仿制视频帧或动画帧，应打开"时间轴"面板，将当前时间指示器移动到包含要取样的源的帧。

6.5.3 了解仿制图章工具选项栏

"仿制图章"工具用于对图像的内容进行复制，既可以在同一幅图像内部进行复制，也可以在不同图像之间进行复制。仿制图章工具选项栏如图 6-145 所示。

对齐　　样本

图 6-145 仿制图章工具选项栏

✦ 对齐：勾选此复选框，在复制图像时，不论执行多少次操作，每次复制时都会以上次取样点的最终移动位置为起点开始复制，以保持图像的连续性。否则，在每次复制图像时，都会以第一次按下 Alt 键取样时的位置为起点进行复制，因而，会造成图像的多重叠加效果。

✦ 样本：可选择是从当前图层取样，还是当前及下方图层，或者所有图层。

6.5.4　实战——仿制图章工具的使用

本案例通过使用"仿制图章"工具 ![icon] 将实体透明化，制作创意马。

素材文件路径：素材 \ 第 6 章 \6.5\6.5.4\1.jpg

5.5.4 教学视频

01 启动 Photoshop CC 2018 后，执行"文件"｜"打开"命令，弹出"打开"对话框，选择本书配套素材中的"素材 \ 第 6 章 \6.5\6.5.4\1.jpg"，单击"打开"按钮，如图 6-146 所示。

02 选择"快速选择"工具 ![icon]，结合"添加到选区" ![icon] 与"从选区中减去" ![icon]，在马身体上创建选区，如图 6-147 所示。

图 6-146　打开文件　　　　图 6-147　创建选区

03 按 Ctrl+J 快捷键复制选区，双击图层，重命名为"马"，按住 Ctrl 键单击本图层载入选区。选择工具箱中的"仿制图章"工具 ![icon]，按住 Alt 键在马尾附近空白区域单击进行取样。放开 Alt 键按"["与"]"键缩放光标，令光标中水平线对齐背景，在选区中进行涂抹，如图 6-148 所示。

04 在背景中多次进行取样，缩放画笔将选区全部涂抹，效果如图 6-149 所示。

图 6-148　盖印图章　　　　图 6-149　盖印图章

05 双击"马"图层，打开"图层样式"对话框，设置"内发光"参数，如图 6-150 所示。

06 在画布中右击，弹出画笔菜单面板，单击画笔面板右上角的 ![icon] 按钮，在弹出菜单中选择"载入画笔"选项，打开"载入"对话框，选择本书配套素材中的"素材 \ 第 6 章 \6.5\6.5.4\ 精品泼溅水花笔刷 .ABR"，单击"确认"按钮载入画笔，在画笔面板选择合适水花笔刷，如图 6-151 所示。

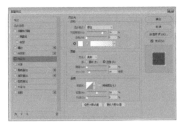

图 6-150　设置内发光　　　　图 6-151　载入画笔

07 单击图层面板下方的"创建新图层"按钮 ![icon]，新建一个图层，放大画笔，在马尾处单击画出水花，如图 6-152 所示。

08 按 Ctrl+T 快捷键自由变换，旋转控制点令水花走向吻合马尾，如图 6-153 所示。

图 6-152　水花效果　　　　图 6-153　自由变换

09 单击图层面板下方的"创建新图层"按钮 ![icon]，新建一个图层，另选一种水花笔刷，在马身体中画出水花，并按 Ctrl+T 快捷键自由变换，调整其位置与大小，如图 6-154 所示。

10 依照相同的方法，在马身体中及水面画出水花，并选择所有水花图层，右击，在弹出的快捷菜单中选择"合并图层"命令，双击图层重命名为水花，如图 6-155 所示。

图 6-154　添加水花　　　　图 6-155　合并图层

11 选择"水花"图层，长按 Ctrl 键单击"马"图层，载入选区，按 Ctrl+Shift+I 快捷键反向选择，选择工具箱中的"橡皮擦"工具 ![icon]，将人物擦出，如图 6-156 所示。

12 隐藏"水花"与"马"图层，选择背景图层，使用"快速选择"工具 ![icon]，在缰绳上创建选区，如图 6-157 所示。

图 6-156　调整边缘　　　　图 6-157　创建选区

⓭ 显示并选择"马"图层，按 Backspace 键删除选区，如图 6-158 所示。

⓮ 显示并选择"水花"图层，按 Backspace 键删除选区，按 Ctrl+D 快捷键取消选区，效果如图 6-159 所示。

图 6-158　删除选区　　　　图 6-159　删除选区

⓯ 单击图层面板下的"创建新的填充或调整图层"按钮 ◉，在弹出的选项框中选择"可选颜色"，打开"可选颜色"对话框，分别设置中性色、黄色与白色参数，如图 6-160 所示。

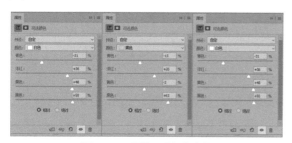

图 6-160　调整可选颜色参数

⓰ 完成效果如图 6-161 所示。

图 6-161　完成效果

知识拓展：光标中心的十字线有什么用处？

　　使用仿制图章时，按住 Alt 键在图像中单击，定义要复制的内容（称为"取样"），然后将光标放在其他位置，松开 Alt 键拖动鼠标涂抹，即可将复制的图像应用到当前位置。与此同时，画面中会出现一个圆形光标和一个十字形光标，圆形光标是正在涂抹的区域。而该区域的内容则是从十字形光标所在位置的图像上复制的。在操作时，两个光标始终保持相同的距离，只要观察十字形光标位置的图像，就知道将要涂抹出什么样的图像内容。

取样　　　　涂抹复制　　　　涂抹复制

6.5.5　实战——图案图章工具的使用

　　"图案图章"工具 ▥ 用于复制图案，在复制的过程中还可以对图案进行排列。复制的图案可以是 Photoshop 提供的预设图案，也可以是用户自己定义的图案。本案例使用"图案图章"工具 ▥ 制作艺术妆面。

素材文件路径：素材 \ 第 6 章 \6.5\6.5.5\1.jpg

6.5.5 教学视频

① 启动 Photoshop CC 2018 后，执行"文件"|"打开"命令，弹出"打开"对话框，选择本书配套素材中的"素材 \ 第 6 章 \6.5\6.5.5\1.jpg"，单击"打开"按钮，如图 6-162 所示。

② 按 Ctrl+O 快捷键，弹出"打开"对话框，选择本书配套素材中的"素材 \ 第 6 章 \6.5\6.5.5\2.jpg"，按 Enter 键确认，如图 6-163 所示。

图 6-162　打开文件　　　　图 6-163　打开文件

③ 执行"编辑"|"定义图案"命令，弹出"图案名称"对话框，设置名称为花，单击"确定"按钮，如图 6-164 所示。

④ 回到 1 文档窗口，按 Ctrl+J 快捷键复制图层，使用"魔棒"工具 ▨ 选取单色背景，按 Ctrl+Shift+I 快捷键反向

选择,如图 6-165 所示。

图 6-164 定义图案　　　　图 6-165 创建选区

05 执行"选择"|"修改"|"羽化"命令,弹出"羽化选区"对话框,设置参数如图 6-166 所示。

06 选择工具箱中的"图案图章"工具,在工具选项栏中设置模式为柔光,单击"图案拾取器"下拉框,选择自定义的花图案,如图 6-167 所示。

图 6-166 羽化选区　　　　图 6-167 选择图案

07 将光标放在人物皮肤上,单击将图案覆盖在皮肤上,按 Ctrl+D 快捷键取消选区,如图 6-168 所示。

08 选择工具箱中的"橡皮擦"工具,将人物眼睛擦出,虚化图像边缘,并设置图层的不透明度为 80%,完成效果如图 6-169 所示。

图 6-168 绘制图案　　　　图 6-169 完成效果

6.5.6 实战——使用污点修复画笔工具去除人物脸部痘痘

"污点修复画笔"工具用于去除照片中的杂色或污斑。Photoshop 能够自动分析鼠标单击处及周围图像不透明度、颜色与质感,从而进行自动采样与修复操作。下面介绍污点修复画笔工具的具体操作。

素材文件路径:素材 \ 第 6 章 \6.5\6.5.6\1.jpg

6.5.6 教学视频

01 启动 Photoshop CC 2018 后,执行"文件"|"打开"命令,弹出"打开"对话框,选择本书配套素材中的"素材 \ 第 6 章 \6.5\6.5.6\1.

jpg",单击"打开"按钮,如图 6-170 所示。

02 按 Ctrl++ 快捷键,放大图像内容,选择"污点修复画笔"工具,在选项栏中选择一个柔角笔尖,将"类型"设置为"近似匹配",将光标放在脸部的痘痘上,单击,如图 6-171 所示。

图 6-170 打开文件　　　　图 6-171 去除污点标志

03 污点修复效果如图 6-172 所示。

04 采用同样的方法修复脸部及鼻子的痘痘,完成效果如图 6-173 所示。

图 6-172 污点修复　　　　图 6-173 完成效果

知识拓展

污点修复画笔工具可以自动根据近似图像颜色修复图像中的污点,从而与图像原有的纹理、颜色、明度匹配,该工具主要针对小面积污点。注意设置画笔的大小需要比污点略大。

6.5.7 了解修复画笔工具选项栏

"修复画笔"工具与"仿制图章"工具原理及使用方法非常相似,也通过从图像中取样或用图案填充图像来修复图像。不同的是,修复画笔工具在填充时,会将取样点的像素融入到目标区域,从而使修复区域与周围图像完美地结合在一起。修复画笔工具选项栏如图 6-174 所示,在修复图像前应在"源"中选择取样的方式。

图 6-174 修复画笔工具选项栏

◆ 取样:选择此方式,修复画笔工具与仿制图章工具一样,通过从图像中取样来修复有缺陷的图像。

◆ 图案:选择此方式,修复画笔工具与图案图章工具一样，使用图案填充图像，但该工具在填充图案时，可根据周围的环境自动调整填充图案的色彩和色调。

知识拓展

污点修复画笔工具可以自动根据近似图像颜色修复图像中的污点，从而与图像原有的纹理、颜色、明度匹配，该工具主要针对小面积污点。注意设置画笔的大小需要比污点略大。

6.5.8 实战——修复画笔工具的使用

本案例通过使用修复画笔工具，复制小鸟。

素材文件路径：素材 \ 第 6 章 \6.5\6.5.8\1.jpg

01 启动 Photoshop CC 2018 后，执行"文件" | "打开"命令，弹出"打开"对话框，选择本书配套素材中的"素材 \ 第 6 章 \6.5\6.5.8\1. jpg"，单击"打开"按钮，如图 6-175 所示。

02 按 Ctrl+J 快捷键复制图层，选择工具栏中的"修复画笔"工具 ✎，在小鸟尾巴与树枝交界处按住 Alt 键单击进行取样，如图 6-176 所示。

　　图 6-175　打开文件　　　　图 6-176　取样图像

03 将光标移动到小鸟右侧，令光标中图案与树枝相叠合，长按鼠标左键在图像中拖动，至小鸟完整复制出来，如图 6-177 所示。

04 依照相同的方法，再次对图像进行取样并复制到图像左侧，完成效果如图 6-178 所示。

　　图 6-177　复制图像　　　　图 6-178　完成效果

6.5.9 实战——修补工具的使用

"修补"工具 ▣ 与修复画笔工具类似，不同的是修补工具适用于对图像的某一块区域进行整体操作。下面介绍修补工具的具体操作步骤。

素材文件路径：素材 \ 第 6 章 \6.5\6.5.9\1.jpg

01 启动 Photoshop CC 2018 后，执行"文件" | "打开"命令，弹出"打开"对话框，选择本书配套素材中的"素材 \ 第 6 章 \6.5\6.5.9\1.jpg"，单击"打开"按钮，如图 6-179 所示。

02 按 Ctrl++ 快捷键放大画布，选择工具栏中的"修补"工具 ▣，将光标移至人物袜子上，在瑕疵区域创建选区，如图 6-180 所示。

　图 6-179　打开文件　　　　图 6-180　创建选区

03 将光标放在选区内，拖动选区至颜色较为相近的干净区域，所创建选区内的图像将显示为移动选区内的图像，如图 6-181 所示。

04 释放鼠标，瑕疵去除效果如图 6-182 所示。

　图 6-181　拖动选区　　　　图 6-182　修补效果

05 多次在瑕疵区域创建选区，使用"修补"工具 ▣ 进行修改，如图 6-183 所示。

06 依照相同方法去除人物袜子上面的褶皱，完成效果如图 6-184 所示。

　　图 6-183　修补效果　　　　图 6-184　完成效果

知识拓展

若在选项栏中选中"目标"选项，则刚好相反，表示当前选中的区域是采样区域，下一步要移动该选区至需要修补的区域。

6.5.10　了解内容感知移动工具选项栏

　　用"内容感知移动"工具 ✖ 将选中的对象移动或扩展到图像的其他区域后，可以重组和混合对象，产生出色的视觉效果。内容感知移动工具选项栏如图 6-185 所示。

图 6-185　内容感知移动工具选项栏

✦ 模式：用来选择图像移动方式，包括"移动"和"扩展"。

✦ 结构：用来调整所选图像的范围。

✦ 颜色：设置此参数可控制移动图像的颜色。

✦ 对所有图层取样：如果文档中包含多个图层，勾选该复选框，可以对所有图层中的图像进行取样。

6.5.11　实战——内容感知移动工具的使用

　　"内容感知移动"工具 ✖ 是 Photoshop CS6 版本中新增的工具，在 Photoshop CC 中则更加细致，下面通过使用内容感知移动工具修复照片。

素材文件路径：素材 \ 第 6 章 \6.5\6.5.11\1.jpg

01 启动 Photoshop CC 2018 后，执行"文件"｜"打开"命令，弹出"打开"对话框，选择本书配套素材中的"素材 \ 第 6 章 \6.5\6.5.11\1.jpg"，单击"打开"按钮，如图 6-186 所示。

02 选择工具箱中的"内容感知移动"工具 ✖，长按鼠标左键，拖动鼠标沿人物边缘创建选区，如图 6-187 所示。

03 在工具选项栏的"模式"下拉列表框中选择"扩展"选项，设置"结构"为 3、"颜色"为 3，如图 6-188 所示。

图 6-186　打开文件　　　　图 6-187　创建选区

图 6-188　设置参数

04 将光标放在选区内，单击并向画面左侧拖动鼠标复制的内容，此时移动的选区周围会出现定界框，可以自由调节，如图 6-189 所示。

05 按 Enter 键确认，"内容感知移动"工具 ✖ 会识别当前背景与图像，自动融合图像，如图 6-190 所示。

图 6-189　移动选区　　　　图 6-190　图像扩展

06 依照上述方式在人物周围创建选区，在工具选项栏中设置"模式"为移动，拖动选区至画布右侧，如图 6-191 所示。

图 6-191　移动选区

07 按 Enter 键确认，"内容感知移动"工具 ✖ 会将选区中原来的图像移动到右侧，如图 6-192 所示。

08 选择工具箱中的"裁剪"工具 🔲，将画布右侧多余部分进行裁切，完成效果如图 6-193 所示。

图 6-192　图像扩展　　　　图 6-193　裁切画布

6.5.12　了解红眼工具选项栏

　　"红眼"工具 👁 是一个专用于数码照片修饰的工具，以去除照片中人物的红眼。红眼是由于相机闪光灯在视网膜上反光引起的。在光线暗淡的房间中拍照时，光线比较黑暗，人眼瞳孔放大，如果闪光灯的强光突然照射，瞳孔来不及收缩，强光直射视网膜，视觉神经的血红色就会出现在照片上形成"红眼"。为了避免红眼，可以使用相机的红眼消除功能。

　　红眼工具的使用方法非常简单，设置参数后，在图像中红眼位置单击一下即可。红眼工具选项栏如图 6-194 所示。

图 6-194　红眼工具选项栏

如果对修复结果不满意，可以还原修正，在选项栏中设置一个或多个以下选项，然后再次进行操作。

✦ 瞳孔大小：设置瞳孔（眼睛暗色的中心）的大小。

✦ 变暗量：设置瞳孔的暗度。

知识拓展

除了使用专门的红眼修复工具，还可以使用画笔工具，设置前景色为黑色，设置混合模式为"颜色"，也可以去除人物的红眼。

6.5.13 实战——红眼工具的使用

本案例使用"红眼"工具去除人物的红眼，下面介绍具体操作步骤。

素材文件路径：素材 \ 第 6 章 \6.5\6.5.13\1.jpg

01 启动 Photoshop CC 2018，执行"文件"｜"打开"命令，弹出"打开"对话框，选择本书配套素材中的"素材 \ 第 6 章 \6.5\6.5.13\1.jpg"，单击"打开"按钮，如图 6-195 所示。

02 按 Ctrl++ 快捷键放大画布，选择工具箱中的"红眼"工具，在工具选项栏中设置瞳孔大小为 75%、变暗量为 10%，将光标放在眼角，单击拖动出一个矩形框，选取红眼区域，如图 6-196 所示。

图 6-195 打开工具　　图 6-196 确定红眼矫正范围

03 松开鼠标，红眼区域被矫正，如图 6-197 所示。

04 按照相同的方法继续矫正红眼，如图 6-198 所示。

图 6-197 矫正红眼　　图 6-198 矫正红眼

05 选择工具箱中的"画笔"工具，设置不同明度与流量分别为 15，绘制眼睛的高光，令眼睛更加明亮活泼，完成效果如图 6-199 所示。

图 6-199 绘制高光

6.5.14 实战——历史记录画笔工具的使用

"历史记录画笔"工具可以将图像恢复到编辑过程中的某一步骤状态，或者将部分图像恢复为原样，该工具需要配合"历史记录"面板一同使用。下面介绍"历史记录画笔"工具的具体操作过程。

素材文件路径：素材 \ 第 6 章 \6.5\6.5.14\1.jpg

01 启动 Photoshop CC 2018 后，执行"文件"｜"打开"命令，弹出"打开"对话框，选择本书配套素材中的"素材\第 6 章 \6.5\6.5.14\1.jpg"，单击"打开"按钮，如图 6-200 所示。

02 按 Ctrl+J 快捷键复制图层，执行"图像"｜"调整"｜"黑白"命令，打开"黑白"对话框，设置参数如图 6-201 所示。

图 6-200 打开文件　　图 6-201 黑白调整

03 执行"图像"｜"调整"｜"曲线"命令，打开"曲线"对话框，调节参数如图 6-202 所示。调整效果如图 6-203 所示。

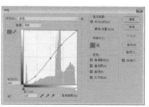

图 6-202 曲线调整　　图 6-203 调整效果

04 打开"历史记录"面板，如图 6-204 所示。在"通过复制的图层"操作步骤前面单击，所选步骤前面会显示历史记录画笔的源图标，如图 6-205 所示。

图 6-204　历史记录面板　　图 6-205　选择操作步骤

05 选择工具箱中的"历史记录画笔"工具，在画布中右击，打开画笔下拉面板，选择柔边画笔，如图 6-206 所示。

06 设置画笔大小，在人物嘴唇上涂抹，即可将其恢复到"通过复制的图层"时的状态，即彩色图像状态，如图 6-207 所示。

图 6-206　选择画笔　　图 6-207　恢复色彩图像

07 依照相同的方式涂抹眼球，完成效果如图 6-208 所示。

图 6-208　完成效果

6.5.15　实战——历史记录艺术画笔工具的使用

"历史记录艺术画笔"工具与历史记录画笔的工作方式完全相同，但它在恢复图像的同时会进行艺术化处理，创建出独具特色的艺术效果，下面介绍历史记录艺术画笔工具的具体操作步骤。

素材文件路径：素材 \ 第 6 章 \6.5\6.5.15\1.jpg

6.5.15 教学视频

01 启动 Photoshop CC 2018 后，执行"文件" | "打开"命令，弹出"打开"对话框，选择本书配套素材中的"素材 \ 第 6 章 \6.5\6.5.15\1.jpg"，单击"打开"按钮，如图 6-209 所示。

02 选择工具箱中的"历史记录艺术画笔"工具，在工具选项栏中的"样式"下拉列表框中选择"紧绷短"样式，如图 6-210 所示。

图 6-209　打开文件　　图 6-210　选择样式

03 右击，打开画笔下拉面板，选择柔边画笔，设置画笔大小为 25 像素，如图 6-211 所示。

04 按 Ctrl+J 快捷键复制背景图层，单击在图像中涂抹，绘制效果如图 6-212 所示。

图 6-211　选择画笔　　图 6-212　绘制艺术效果

05 单击图层面板底部的"创建新的填充或调整图层"按钮，在弹出的选项框中单击"亮度 / 对比度"选项，创建"亮度 / 对比度"调整图层，调节其参数，令图像更加明亮轻快，如图 6-213 所示。

图 6-213　设置亮度 / 对比度参数

6.6　再完美一点——图像润饰工具

图像修饰工具包括模糊工具、锐化工具和涂抹工具，使用这些工具，可以对图像对比度、清晰度进行控制，以创建真实、完美的图像。

6.6.1　实战——模糊工具的使用

"模糊"工具 ○ 可以柔化图像，减少图像的细节，本实例使用模糊工具模糊背景，突出花的部分。

素材文件路径：素材 \ 第 6 章 \6.6\6.6.1\1.jpg

6.6.1 教学视频

01 启动 Photoshop CC 2018 后，执行"文件"|"打开"命令，弹出"打开"对话框，选择本书配套素材中的"素材 \ 第 6 章 \6.6\6.6.1\1.jpg"，单击"打开"按钮，如图 6-214 所示。

02 选择工具箱中的"模糊"工具 ○，在工具选项栏中设置"强度"为 70%，涂抹左侧小花，模糊左侧的花朵，效果如图 6-215 所示。

图 6-214　打开文件　　　　图 6-215　模糊图像

6.6.2　实战——锐化工具的使用

"锐化"工具 △ 与"模糊"工具 ○ 恰恰相反，它通过增大图像相邻像素之间的反差，以锐化图像，从而使图像看起来更为清晰。下面使用锐化工具提高花的清晰度。

素材文件路径：素材 \ 第 6 章 \6.6\6.6.2\1.jpg

6.6.2 教学视频

01 启动 Photoshop CC 2018，执行"文件"|"打开"命令，弹出"打开"对话框，选择本书配套素材中的"素材 \ 第 6 章 \6.6\6.6.2\1.jpg"，单击"打开"按钮，如图 6-216 所示。

02 选择工具箱中的"锐化"工具 △，在工具选项栏中设置"强度"为 50%，涂抹花朵，锐化花朵，效果如图 6-217 所示。

图 6-216　打开文件　　　　图 6-217　锐化图像

6.6.3　实战——涂抹工具的使用

使用"涂抹"工具 ○ 涂抹图像，可以制作出类似于手指拖过湿油漆时的效果，本案例使用涂抹工具制作水面倒影效果。

素材文件路径：素材 \ 第 6 章 \6.6\6.6.3\1.jpg

6.6.3 教学视频

01 启动 Photoshop CC 2018 后，执行"文件"|"打开"命令，弹出"打开"对话框，选择本书配套素材中的" 素材 \ 第 6 章 \6.6\6.6.3\1.jpg"，单击"打开"按钮，如图 6-218 所示。

02 选择工具箱中的"快速选择"工具 ✐，对企鹅与天空进行选择，如图 6-219 所示。

图 6-218　打开文件　　　　图 6-219　创建选区

03 按 Ctrl+J 快捷键复制选区，按 Ctrl+T 快捷键自由变换，右击，在弹出的选项框中选择垂直翻转选项，如图 6-220 所示。

04 长按鼠标左键拖动定界框至适当位置，右击，在弹出的选项框中选择变形选项，拖动网格内任意位置，对图像进行自由变形，如图 6-221 所示。

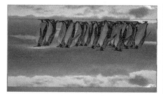 

图 6-220　垂直翻转　　　　图 6-221　自由变形

05 按 Enter 键确认，选择工具箱中的"涂抹"工具 ○，在工具选项栏中设置强度为 20，按住鼠标左键在图像中左右涂抹，如图 6-222 所示。

06 设置图层的不透明度为 75%，如图 6-223 所示。

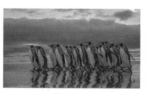 

图 6-222　涂抹图像　　　　图 6-223　设置图层不透明度

07 单击图层面板底部的"创建新的填充或调整图层"按钮 ○，在弹出的选项框中选择"曲线"选项，创建"曲线"调整图层，调节其参数，令图像色彩更为鲜明，完成效果如图 6-224 所示。

图 6-224　完成效果

6.7　精耕细作的好工具——颜色调整工具

图像颜色调整工具包括"加深"工具、"减淡"工具、"海绵"工具三个工具，以便对图像的局部进行色调和颜色上的调整。如果要对整幅图像或某个区域进行调整，则可以使用 Photoshop 的色调调整命令，如"色阶""曲线""亮度 / 对比度"命令等。

6.7.1　了解减淡工具选项栏

"减淡"工具，用于增强图像部分区域的颜色亮度。它和加深工具是一组效果相反的工具，两者常用来调整图像的对比度、亮度和细节。工具选项栏如图 6-225 所示。

图 6-225　减淡工具选项栏

✦ 范围：指定图像中区域颜色的加深范围，包括 3 个选项。

　　◎阴影：修改图像的低色调区域。

　　◎高光：修改图像高亮区域。

　　◎中间调：修改图像的中间色调区域，即介于阴影和高光之间的色调区域。

✦ 曝光度：定义曝光的强度，值越大；曝光度越大，图像变暗的程度越明显。

✦ 保护色调：这是加深和减淡工具在 Photoshop CS4 新增的一个复选框，它的作用是在操作的过程中保护画面的亮部和暗部尽量不受影响，或者说受到较小的影响，并且在影响色相可能受到改变的时候，尽量保持色相不发生改变。

技巧提示：

减淡或加深工具都属于色调调整工具，它们通过增加和减少图像区域的曝光度来变亮或变暗图像。其功能与"图像"|"调整"|"亮度 / 对比度"命令类似，但由于减淡和加深工具通过鼠标拖动的方式来调整局部图像，因而，在处理图像的局部细节方面更为方便和灵活。

6.7.2　实战——减淡工具的使用

本实例讲解减淡工具中的未保护色调与保护色调的两种截然不同的效果。

素材文件路径：素材 \ 第 6 章 \6.7\6.7.2\1.jpg

6.7.2 教学视频

01 启动 Photoshop CC 2018 后，执行"文件"|"打开"命令，弹出"打开"对话框，选择本书配套素材中的"素材 \ 第 6 章 \6.7\6.7.2\1.jpg"，单击"打开"按钮，如图 6-226 所示。

02 选择工具箱中的"减淡"工具，在工具选项栏设置曝光度为 20%，取消勾选"保护色调"复选框，单击在树叶上涂抹，减淡效果如图 6-227 所示。

图 6-226　打开文件　　图 6-227　未保护色调

03 按 Ctrl+Z 快捷键撤销一步，在工具选项栏中勾选"保护色调"复选框，再次涂抹图像中高光区域，效果如图 6-228 所示。

图 6-228　保护色调

6.7.3　实战——加深工具的使用

"加深"工具用于调整图像的部分区域颜色，以降低图像颜色的亮度，和减淡工具使用方法完全相同。

素材文件路径：素材 \ 第 6 章 \6.7\6.7.3\1.jpg

6.7.3 教学视频

01 启动 Photoshop CC 2018 后，执行"文件"｜"打开"命令，弹出"打开"对话框，选择本书配套素材中的"素材 \ 第 6 章 \6.7\6.7.3\1.jpg"，单击"打开"按钮，如图 6-229 所示。

02 选择工具栏中的"加深"工具，在工具选项栏中设置强度为 50%，单击在图像中阴影区域涂抹，完成效果如图 6-230 所示。

图 6-229 打开文件

图 6-230 加深图像

6.7.4 了解海绵工具选项栏

"海绵"工具为色彩饱和度调整工具，可以降低或提高图像色彩的饱和度。所谓饱和度，指的是图像颜色的强度和纯度，用 0%～ 100% 来衡量，饱和度为 0% 的图像为灰度图像。

使用海绵工具前，首先需要在工具选项栏中对工具模式进行设置，工具选项栏如图 6-231 所示。其中工作模式有增加饱和度和降低饱和度两种。

图 6-231 海绵工具选项栏

+ 模式：通过下拉列表设置绘画模式，包括"降低饱和度"和"饱和"两个选项。
  ◎ 降低饱和度：选择此工作模式时，使用海绵工具可降低图像的饱和度，从而使图像中的灰度色调增加。当已是灰度图像时，则会增加中间灰度色调。
  ◎ 饱和：选择此工作模式时，使用海绵工具可增加图像颜色的饱和度，使图像中的灰度色调减少。当已是灰度图像时，则会减少中间灰度色调颜色。
+ 流量：设置饱和度的更改效率。
+ 自然饱和度："自然饱和度"复选框是在 Photoshop CS4 版本中新增的功能，勾选该复选框后，操作更加智能化。例如，要运用海绵工具对图像进行降低饱和度的操作，则它会对饱和度已经很低的像素做较轻的处理，而对饱和度比较高的像素做较强的处理。

6.7.5 实战——海绵工具的应用

本实例通过使用"海绵"工具增加画面的饱和度，使得画面的视觉效果更加强烈。

素材文件路径：素材 \ 第 6 章 \6.7\6.7.5\1.jpg

01 启动 Photoshop CC 2018 后，执行"文件"｜"打开"命令，弹出"打开"对话框，选择本书配套素材中的"素材 \ 第 6 章 \6.7\6.7.5\1.jpg"，单击"打开"按钮，如图 6-232 所示。

6.7.5 教学视频

02 选择工具箱中的"海绵"工具，在工具选项栏中设置"模式"为"加色"模式，单击在图像中涂抹，将会增加所涂抹区域的饱和度，如图 6-233 所示。

图 6-232 打开的素材

图 6-233 加色

6.8 不要多余——橡皮擦工具

橡皮擦工具用于擦除背景或图像，共有"橡皮擦"工具、"背景橡皮擦"工具和"魔术橡皮擦"工具三种，分别在不同的场合使用。

6.8.1 了解橡皮擦工具选项栏

"橡皮擦"工具用于擦除图像像素。如果在背景图层上使用橡皮擦，Photoshop 会在擦除的位置填入背景色；如果当前图层为非背景图层，那么擦除的位置就会变为透明。橡皮擦工具选项栏如图 6-234 所示，其中可设置模式、不透明度、流量和喷枪等选项，这里仅对其特有的"模式"和"抹到历史记录"选项进行介绍。

图 6-234 橡皮擦工具选项栏

+ 模式：设置橡皮擦的笔触特性，可选择画笔、铅笔和块三种方式来擦除图像，所得到的效果与使用这些方式绘图的效果相同。
+ 抹到历史记录：勾选此复选框，橡皮擦工具就具有了历史记录画笔工具 的功能，能够有选择性地恢复图像至某一历史记录状态，其操作方法与历史记录画笔工具相同。

6.8.2　实战——用橡皮擦工具制作瓶子里的世界

本案例使用"橡皮擦"工具 ✐ 制作瓶子中的世界。

素材文件路径：素材 \ 第 6 章 \6.8\6.8.2\1、2.jpg

6.8.2 教学视频

01 启动 Photoshop CC 2018 后，执行"文件"|"打开"命令，弹出"打开"对话框，选择本书配套素材中"素材 \ 第 6 章 \6.8\6.8.2\1.jpg"，单击"打开"按钮，如图 6-235 所示。

02 执行"文件"|"置入嵌入的智能对象"命令，弹出"置入"对话框，选择相关素材中的"素材 \ 第 6 章 \6.8\6.8.2\2.jpg"，拖动四周控制点，调整其位置与大小，按 Enter 键确认，双击图层重命名为"景"，如图 6-236 所示。

图 6-235　打开文件　　　图 6-236　置入文件

03 选择背景图层，按 Ctrl+J 快捷键复制图层，并拖动图层至景图层上方。选择工具箱中的"橡皮擦"工具 ✐，在工具选项栏中设置画笔硬度为 0%，单击在瓶中空白部分擦除，此时擦除区域显示为透明，如图 6-237 所示。

04 单击图层面板下方的"创建新图层"按钮 ◪，新建一个图层，依照瓶身弧度创建一个椭圆形选区，并填充为白色，按 Ctrl+D 快捷键取消选区，如图 6-238 所示。

图 6-237　擦除瓶子　　　图 6-238　填充选区

05 选择"橡皮擦"工具 ✐，在工具选项栏中设置画笔硬度为 100，擦除高光以外区域，如图 6-239 所示。

06 选择工具箱中的"模糊"工具 ◌，在工具选项栏中设置强度为 30%，单击在高光边缘涂抹，将边缘柔化，完成效果如图 6-240 所示。

图 6-239　擦出高光区域　　　图 6-240　模糊高光

6.8.3　了解背景橡皮擦工具选项栏

"背景橡皮擦"工具 ✐ 用于将图层上的像素抹成透明，并且在抹除背景的同时在前景中保留对象的边缘，因而非常适合清除一些背景较为复杂的图像。如果当前图层是背景图层，那么使用背景橡皮擦工具擦除后，背景图层将转换为名为"图层 0"的普通图层。

"背景橡皮擦"工具 ✐ 的使用方法也比较简单，选择该工具后，沿着保留对象的周围拖动鼠标，画笔大小范围内与画笔中心取样点颜色相同或相似的区域（根据容差大小确定）即被清除，离保留对象较远的背景图像则可直接使用选框工具或橡皮擦工具去除。

配合使用工具选项栏，可以更灵活、更方便地使用背景橡皮擦工具，如图 6-241 所示。

图 6-241　背景橡皮擦工具选项栏

- ✦ 画笔：单击将弹出画笔下拉面板，可以设置画笔大小、硬度、角度、圆度和间距等参数，画笔的笔尖形状不能选择。

- ✦ 分别单击 3 个图标，可以以 3 种不同的取样模式进行擦除操作。方式：连续进行取样 ◪，在鼠标移动的过程中，随着取样点的移动而不断地取样，此时会发现背景色板颜色在操作过程中不断变化；方式：取样一次 ◪，以第一次擦除操作的取样作为取样颜色，取样颜色不随鼠标的移动而改变；方式：背景色板 ◪，以工具箱背景色板的颜色作为取样颜色，只擦除图像中有背景色的区域。

- ✦ 限制：用来选择擦除背景的限制类型，共三种。不连续——擦除容差范围内所有与取样颜色相同或相似的区域；连续——只擦除与取样颜色连续的区域；查找边缘——将擦除与取样颜色连续的区域，同时能够较好地保留颜色反差较大的边缘。

✦ 容差：用于控制擦除颜色区域的大小。数值越大，擦除的范围也就越大。

✦ 保护前景色：勾选此复选框，可以防止擦除与前景色颜色相同的区域，从而起到保护某部分图像区域的作用。

6.8.4 实战——用背景橡皮擦工具抠动物毛发

本案例通过使用"背景橡皮擦"工具 及结合工具选项栏的使用，抠取带有毛发的动物，更换其背景。

素材文件路径：素材 \ 第 6 章 \6.8\6.8.4\1、2.jpg

6.8.4 教学视频

01 启动 Photoshop CC 2018 后，执行"文件" | "打开"命令，弹出"打开"对话框，选择本书配套素材中的"素材 \ 第 6 章 \6.8\6.8.4\1.jpg"，单击"打开"按钮，如图 6-242 所示。

02 按 Ctrl+O 快捷键，弹出"打开"对话框，选择本书配套素材中的" 素材 \ 第 6 章 \6.8\6.8.4\2.jpg"，按 Enter 键确认。选择工具栏中的"背景橡皮擦"工具 ，单击工具选项栏中的"背景色板"按钮 ，设置容差为30，将光标放在背景区域，长按鼠标左键，沿图像边缘涂抹，如图 6-243 所示。

图 6-242　打开文件　　　　图 6-243　取样背景色板

03 多次涂抹图像边缘，将图像边缘的背景完整擦除，并创建一个新图层，填充为反差较为鲜明的红色，拖动图层至最下方以便于观察，如图 6-244 所示。

04 选择猫咪图层，使用"套索"工具 ，在图像周围创建一个选区，如图 6-245 所示。

图 6-244　擦除背景　　　　图 6-245　创建选区

05 按 Ctrl+Shift+I 快捷键反向选择，按 Backspace 键删除选区，按 Ctrl+D 快捷键取消选区，将猫咪完整抠出，

此时边缘还存留许多杂色，如图 6-246 所示。

06 单击工具选项栏中的"取样一次"按钮 ，按 Ctrl++ 快捷键放大画布，缩小画笔，将光标中心的"+"标志放在多余像素上并长按鼠标左键，沿边缘杂色擦除，如图 6-247 所示。

图 6-246　删除选区　　　　图 6-247　取样一次

07 按照相同的方法，仔细擦除背景的杂色，完整抠出猫咪，如图 6-248 所示。

08 选择工具箱中的"移动"工具 ，拖动抠取的图像至 1 文档窗口，按 Ctrl+T 快捷键自由变换，调整其位置与大小，如图 6-249 所示。

图 6-248　抠出图像　　　　图 6-249　拖动文件

09 执行"图像" | "调整" | "曲线"命令，打开"曲线"对话框，设置参数如图 6-250 所示。

10 新建一个图层，选择工具箱中的"画笔"工具 ，在画布中右击，打开画笔下拉面板，选择系统自带的小草画笔，如图 6-251 所示。

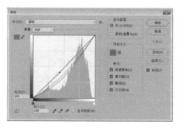

图 6-250　调整曲线参数　　　　图 6-251　选择画笔

11 按 F5 键打开画笔面板，分别设置画笔笔尖形状、形状动态、颜色动态及传递参数，并设置前景色与背景色分别为深浅不同的绿色，如图 6-252 所示。

12 按 Ctrl++ 快捷键放大画布，长按鼠标左键，沿猫咪腿部绘制草丛，令猫咪与背景更融合，如图 6-253 所示。

13 选择工具箱中的"橡皮擦"工具，选择柔边画笔，将绘制到左侧叶子上的小草擦除，如图 6-254 所示。

图 6-252　设置画笔动态

图 6-253　绘制小草　　　图 6-254　擦除小草

14 单击图层面板下方的"创建新的填充或调整图层"按钮，在弹出的选项框中单击可选颜色选项，打开"可选颜色"对话框，分别设置绿色、黄色、白色、中性色参数，如图 6-255 所示。

图 6-255　设置可选颜色参数

15 单击图层面板下方的"创建新的填充或调整图层"按钮，在弹出的选项框中单击色彩平衡选项，打开"色彩平衡"对话框，设置其参数，完成效果如图 6-256 所示。

图 6-256　设置色彩平衡参数

6.8.5　实战——使用魔术橡皮擦工具抠花朵

"魔术橡皮擦"工具是魔棒工具与背景橡皮擦工具功能的结合，它可以将一定容差范围内的背景颜色全部清除而得到透明区域。本实例运用魔术橡皮擦工具抠取花朵并添加绚丽的背景。

6.8.5 教学视频

01 启动 Photoshop CC 2018 后，执行"文件"|"打开"命令，弹出"打开"对话框，选择本书配套素材中的"素材 \ 第 6 章 \6.8\6.8.5\1.jpg"，单击"打开"按钮，如图 6-257 所示。

02 按 Ctrl+O 快捷键，弹出"打开"对话框，选择本书配套素材中的"素材 \ 第 6 章 \6.8\6.8.5\2.jpg"，按 Enter 键确认，如图 6-258 所示。

图 6-257　打开文件　　　图 6-258　打开文件

03 选择工具箱中的"吸管"工具，将吸管放在背景上单击吸取背景的颜色。选择工具箱中的"魔术橡皮擦"工具，在工具选项栏中单击"背景色板"按钮，设置"不连续"，将光标放在图像中背景区域，单击，删除背景色，如图 6-259 所示。

04 单击图层面板下方的"创建新图层"按钮，新建一个图层，填充为与图像色彩差异较大的颜色，拖动图层至最下方，以便于观察图像的抠取效果，如图 6-260 所示。

图 6-259　擦去背景　　　图 6-260　填充背景色

05 选择工具箱中的"移动"工具，拖动抠取的图像至 1 文档窗口，按 Ctrl+T 快捷键自由变换，调整其位置与大小，如图 6-261 所示。

06 执行"图像"|"调整"|"曲线"命令，打开"曲线"对话框，设置参数如图 6-262 所示。

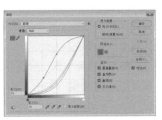

图 6-261　拖动图像　　　图 6-262　调整曲线参数

07 按 Ctrl+J 快捷键复制图像，按 Ctrl+T 快捷键自由变换，右击，将图像垂直翻转，拖动至适当位置，如图 6-263 所示。

08 选择工具箱中的"涂抹"工具，在花径上涂抹，制作倒影效果，完成效果如图 6-264 所示。

图 6-263　垂直翻转　　　　图 6-264　涂抹图像

6.9　综合实战——人像修饰

本案例将结合本章所学内容，对人像进行美化处理，并为人像添加妆容，让人物精神更加饱满。

素材文件路径：素材 \ 第 6 章 \6.9\1.jpg

6.9 教学视频

01 启动 Photoshop CC 2018 后，执行"文件"|"打开"命令，弹出"打开"对话框，选择本书配套素材中的"素材 \ 第 6 章 \6.9\1.jpg"，单击"打开"按钮，如图 6-265 所示。

02 按 Ctrl+J 快捷键复制图层，选择工具箱中的"污点修复画笔"工具，在人物脸上较明显的瑕疵区域单击，去除瑕疵，如图 6-266 所示。

图 6-265　打开文件　　　　图 6-266　去除污点

03 选择工具箱中的"模糊"工具，在工具选项栏中设置强度为 70%，单击，在人物皮肤上涂抹，令皮肤柔化光滑，如图 6-267 所示。

04 选择工具箱中的"锐化"工具，在工具选项栏中设置强度为 30%，单击，在人物五官上涂抹，令画面更加清晰，如图 6-268 所示。

图 6-267　模糊皮肤　　　　图 6-268　锐化五官

05 按 Ctrl+J 快捷键复制图层，选择工具箱中的"减淡"工具，在工具选项栏中单击范围下拉列表框，选择中间值，设置曝光度为 30%，保护色调，单击在人物高光区域涂抹，提亮肤色，如图 6-269 所示。

06 选择工具箱中的"加深"工具，在工具选项栏中单击范围下拉列表框，选择中间值，设置曝光度为 30%，保护色调，单击在人物阴影区域涂抹，加深轮廓，如图 6-270 所示。

图 6-269　提亮肤色　　　　图 6-270　加深阴影

07 单击工具栏中的前景色块，打开拾色器（前景色）对话框，对人物嘴唇的颜色进行取样，选择工具箱中的"混合器画笔"工具，在工具选项栏中设置参数如图 6-271 所示。

图 6-271　设置混合器画笔工具参数

08 单击图层面板下的"创建新图层"按钮，新建一个图层，长按鼠标左键在人物脸部与眼尾涂抹，为人物添加腮红与眼影，如图 6-272 所示。

09 单击工具选项栏中的"当前画笔载入"拾色器，打开拾色器（混合器画笔颜色）对话框，设置颜色为黄色，单击"确定"按钮，单击在眼角区域涂抹，添加眼影，双击图层重命名为腮红，如图 6-273 所示。

图 6-272　绘制腮红　　　　图 6-273　绘制眼影

10 选择工具箱中的"画笔"工具，在画布中右击，打开画笔下拉面板，选择柔边画笔，如图 6-274 所示。

11 单击图层面板下的"创建新图层"按钮 ，新建一个图层，选择工具箱中的"钢笔"工具 ，在图像中创建锚点，绘制眼线形状路径，如图 6-275 所示。

图 6-274　选择画笔　　　　图 6-275　绘制路径

12 右击，在弹出的选项框中选择"描边路径"选项，打开"描边路径"对话框，勾选"模拟压力"复选框，用画笔描边路径，如图 6-276 所示。

13 单击"确定"按钮，以相同方式绘制另一条眼线，双击图层重命名为眼线，效果如图 6-277 所示。

图 6-276　描边路径　　　　图 6-277　绘制眼线

14 在图像中右击，打开画笔下拉面板，单击面板右侧 按钮，打开面板菜单，选择"载入画笔"选项，选择本书配套素材中的"素材 \ 第 6 章 \6.9\ 睫毛 .abr"，选择一种睫毛画笔，如图 6-278 所示。

15 单击图层面板下的"创建新图层"按钮 ，新建一个图层，按"{"与"}"键缩放画笔，将睫毛状光标对齐眼线，单击，绘制睫毛，如图 6-279 所示。

图 6-278　载入画笔　　　　图 6-279　绘制睫毛

16 按 Ctrl+T 快捷键自由变换，在画布中右击，在弹出的选项框中选择"变形"选项，调整网格中控制点，令

睫毛贴合眼睛，双击图层重命名为睫毛 1，如图 6-280 所示。

17 新建图层，以相同方式分别绘制上睫毛与下睫毛，并重命名为睫毛 2、睫毛 3、睫毛 4，如图 6-281 所示。

图 6-280　自由变形　　　　图 6-281　添加睫毛

18 按 Shift+Ctrl+Alt+E 快捷键盖印可见图层，选择工具箱中的"颜色替换"工具 ，设置前景色为黄色，在工具选项栏中设置容差为 25%，涂抹耳环与项链，为饰品替换颜色，如图 6-282 所示。

19 选择工具箱中的"海绵"工具 ，在工具选项栏中的"模式"下拉列表框中选择加色，并设置流量为40%，涂抹耳环与项链，令颜色更加饱满，如图 6-283 所示。

图 6-282　颜色替换　　　　图 6-283　加色

20 按 Ctrl+J 快捷键复制图层，选择工具箱中的"画笔"工具 ，打开画笔下拉面板，选择柔边画笔。在工具选项栏的"模式"下拉列表框中选择叠加模式，分别设置前景色为红色、黄色、绿色，对头发进行涂抹，如图 6-284 所示。

21 选择工具箱中的"橡皮擦"工具 ，长按鼠标左键，涂抹绘制到头发以外的颜色，将其擦除，如图 6-285 所示。

图 6-284　绘制头发　　　　图 6-285　擦除颜色

22 单击图层面板下的"创建新的填充或调整图层"按钮 ，在弹出的选项框中单击"色阶"选项，打开"色阶"

对话框，调节参数如图 6-286 所示。

23 单击图层面板下的"创建新的填充或调整图层"按钮 ⚫，在弹出的选项框中单击曲线选项，打开"曲线"对话框，设置参数，如图 6-287 所示。

图 6-286 调整色阶　　　图 6-287 调整曲线

24 在工具选项栏的"模式"下拉列表框中选择正常模式，按 F5 键打开画笔面板，分别设置画笔笔尖形状、形状动态、散布、颜色动态及传递参数，并设置前景色与背景色分别为深浅不同的橙色，如图 6-288 所示。

图 6-288 设置画笔动态

25 新建一个图层，长按鼠标左键在图像中多次绘制光圈效果，如图 6-289 所示。

26 选择工具箱中的"涂抹"工具 ✋，长按鼠标左键，在部分光圈上进行涂抹，将其变形柔化，令画面更有层次感，完成效果如图 6-290 所示。

图 6-289 绘制光圈　　　图 6-290 涂抹光圈

7.1 矢量图和位图——了解图像的类型

要想深刻理解并掌握 Photoshop 等图形图像软件，必须了解图形图像的两个基本概念：位图图像和矢量图形。

计算机图形可以分为位图图像和矢量图形两大类型，Photoshop 是一个位图图像处理软件，因此，它具有位图图像处理软件的一些共同特点。例如，都是以"像素"为最基本单位对图像进行编辑和处理。

7.1.1 了解矢量图形

矢量图是由一些用数学方式描述的曲线组成，其基本组成单元是锚点和路径。无论缩放多少，矢量图的边缘都是平滑的。而且矢量图形文件所占的磁盘空间也很少，非常适合网络传输。目前网络上流行的 Flash 动画就是矢量图形格式。

矢量图形与分辨率无关，可以将它们缩放到任意尺寸，按任意分辨率打印，都不会丢失细节或降低清晰度，如图 7-1 所示的图形放大很大倍数后，构成图形的线条和色块仍然非常光滑，没有失真的现象。

图 7-1 矢量图形放大

矢量图形特别适合表现大面积色块的卡通、标志、插画、文字或公司 Logo。制作和处理矢量图形的软件有 CorelDRaw、Free Hand、Illustrator、AutoCAD 等。

虽然 Photoshop 是一个位图软件，但在 Photoshop 中使用钢笔工具、形状工具绘制的路径，以及使用文字工具输入的文字都属于矢量图形的范畴。

> **技巧提示：**
> 矢量图形文件格式很多，如 Adobe Illustrator 软件的 *.AI、*.EPS 和 SVG 格式，AutoCAD 软件的 *.dwg 和 dxf 格式，CorelDRaw 软件的 *.cdr 格式、Windows 标准图元文件 *.wmf 和增强型图元文件 *.emf 格式等。

7.1.2 了解位图图像

位图图像又称点阵图像或栅格图像，它是由许许多多的点组成的，这些点称为像素（Pixel）。不同颜色的像素点按照一定次序进行排列，就组成了色彩斑斓的图片。

当把位图图像放大到一定程度显示，在计算机屏幕上就可以看到一个个的方形小色块，如图 7-2 所示，这些小色块就是组成图像的像素。位图图像就是通过记录下每个像素的位置和颜色信息来保存图像，因此，图像的像素越多，每个像素的颜色信息越多，该图像文件所占磁盘空间也就越大。

图 7-2　位图图像

由于位图图像是通过记录每个像素的方式保存图像的，因而，它可以表现出图像的阴影和色彩的细微层次，从而看起来非常逼真。位图图像常用于保存图像复杂、色彩和色调变化丰富的图像，如人物、风景照片等。通过扫描仪、数码相机获取的图像，其格式都是位图图像格式。

位图图像与分辨率有关。当位图图像在屏幕上以较大的倍数显示，或以过低的分辨率打印时，就会看见锯齿状的图像边缘。因此，在制作和处理位图图像之前，应首先根据输出的要求，调整适当的图像的分辨率。

制作和处理位图图像的软件有 Adobe Photoshop、Corel Photo-Paint、FireWorks、Painter 和 Ulead PhotoImpact 等。

知识拓展：位图图像和矢量图形格式没有好坏之分，只是适用范围和领域不同而已。随着软件功能的增强，Photoshop 也具有了部分矢量图形的绘制能力。例如，Photoshop 创建的路径和形状就是矢量图形。Photoshop 文件既可以包含位图，又可以保存矢量数据。通过软件，矢量图可以轻松地转化为任何分辨率和大小的位图图像，而点阵图转化为矢量图则需要经过复杂的数据处理，而且生成的矢量图形的质量绝对不能和原来的图像相比，会丢失大量的图像细节。

7.2　初识路径——了解路径与锚点

要想掌握 Photoshop 的矢量工具，例如，钢笔工具和形状工具等，必须先了解路径与锚点。下面就来了解路径与锚点的特征，以及它们之间的关系。

7.2.1　什么是路径

路径是可以转换为选区或者使用颜色填充和描边的轮廓。

路径按照形态分为开放路径、闭合路径及复合路径。

开放路径相对于闭合路径，即起始锚点和结束锚点未重合，如图 7-3 所示。

闭合路径相对于开放路径，即起始锚点和结束锚点重合为一个锚点，是没有起点和终点的，路径呈闭合状态，

如图 7-4 所示。

复合路径是由两个独立的路径相交、相减等模式创建为一个新的复合状态路径，如图 7-5 所示。

图 7-3　开放路径　　图 7-4　闭合路径　　图 7-5　复合路径

7.2.2　什么是锚点

路径由直线路径段或曲线路径段组成，它们通过锚点连接。锚点分为两种，一种是平滑点，另一种是角点，平滑点连接可以形成平滑的曲线，如图 7-6 所示；角点连接形成指点，如图 7-7 所示，或者转角曲线，如图 7-8 所示。曲线路径段上的锚点有方向线，方向线的端点为方向点，它们用于调整曲线的形状。

图 7-6　平滑点　　图 7-7　角点连接　　图 7-8　角点连接
连接曲线　　　　的直线　　　　的转角曲线

7.2.3　了解绘图模式

Photoshop 中的钢笔工和形状等矢量工具可以创建不同类型的对象，包括形状图层、工作路径和像素图形，选择一个矢量工具后，需要先在工具选择栏中选择相应的绘制模式，然后再进行绘图操作。

选择"形状"选项后，可在单独的形状图层中创建形状，形状图层由填充区域和形状两部分组成，填充区域定义了形状的颜色、图案和图层不透明度，形状则是一个矢量图形，它同时出现在"路径"面板中，如图 7-9 所示。

图 7-9　形状绘图模式

选择"路径"选项后，可创建工作路径，它出现在"路径"面板中，如图 7-10 所示。路径可以转换为选区或创建矢量蒙版，也可以填充和描边从而得到光栅化的图像。

"宽度"为 3 像素，得到如图 7-15 所示的图像效果。

05 设置类型为渐变并选择渐变，得到如图 7-16 所示的图像效果；设置类型为图案并选择图案样式，效果图如图 7-17 所示。

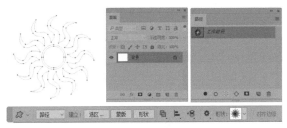

图 7-10　路径绘图模式

选择"像素"选项后，可以在当前图层上绘制栅格化的图形（图形的填充颜色为前景色）。由于不能创建矢量图形。因此，"路径"面板中也不会有路径，如图 7-11 所示。该选项不能用于钢笔工具。

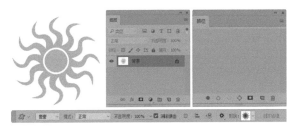

图 7-11　像素绘图模式

7.2.4　实战——形状

选择"形状"模式后，可以在填充及描边选项下拉列表组中选择纯色，渐变和图案对图形进行填充和描边，下面介绍"形状"模式的具体操作步骤。

01 新建一个"800*800"的白色文档，选择"自定形状"工具 ，在工具选项栏中设置"工具模式"为形状、"填充"为黄色（#dffd76）、"描边"为无、自定形状中选择 形状，拖动鼠标绘制形状，如图 7-12 所示。

02 在工具选项栏中设置"形状填充类型"为渐变，选择黄色到白色的渐变，得到如图 7-13 所示的图像效果。

03 设置"设置形状填充类型"为图案，选择图案，得到如图 7-14 所示的图像效果。

图 7-12　纯色填充　图 7-13　渐变填充　图 7-14　图案填充
　　　　形状　　　　　　　形状　　　　　　　形状

04 在"设置形状描边类型"下拉列表中选择"纯色"、

图 7-15　纯色填充　图 7-16　渐变填充　图 7-17　图案填充
　　　　描边　　　　　　　描边　　　　　　　描边

> **技巧提示：**
> 如果要自定义填充颜色，可单击 按钮，打开"拾色器"进行调整。

06 更改"设置形状描边宽度"为 15 点，得到如图 7-18 所示的图像效果；设置"描边选项"为虚线 ，得到如图 7-19 所示的效果图。

图 7-18　更改描边宽度　　　　图 7-19　更改描边类型

> **技巧提示：**
> 创建形状图层后，执行"图层"|"图层内容选项"命令，可以打开"拾色器"，修改形状的填充颜色。

7.2.5　路径

在工具选项栏中选择"路径"，选择并绘制路径后，可以按"选区""蒙版""形状"按钮，将路径转换为选区、矢量蒙版或形状图层，如图 7-20 所示。

绘制的路径　单击"选区"按　单击"蒙版"　单击"形状"
　　　　　钮得到的选区　按钮得到的矢　按钮得到的形
　　　　　　　　　　　量蒙版　　　状图层

图 7-20　转换路径类型

7.2.6 像素

在工具选项栏中选择"像素"选项后，可以为绘制的图像设置混合模式和不透明度，如图 7-21 所示。

✦ 模式：可以设置混合模式，让绘制的图像与下方其他图像产生混合效果。

✦ 不透明度：可以为图像指定不透明度，使其呈现透明效果。

✦ 消除锯齿：可以平滑图像的边缘，消除锯齿。

图 7-21　设置像素类型

7.3　妙笔生花——钢笔工具

钢笔工具是 Photoshop 中最为强大的绘图工具，它主要有两种用途：一是绘制矢量图形，二是用于选区对象，在作为选取工具使用时，钢笔工具描绘的轮廓光滑、准确，将路径转换为选区就可以准确地选择对象。

7.3.1　认识钢笔工具组

钢笔工具是绘制和编辑路径的主要工具，了解和掌握钢笔工具的使用方法是创建路径的基础。Photoshop 路径工具组包括五个工具，如图 7-22 所示，分别用于绘制路径、增加、删除锚点及转换锚点类型。

图 7-22　路径工具组

✦ 钢笔工具：最常用的路径工具，使用它可以创建光滑而复杂的路径。

✦ 自由钢笔工具：类似于真实的钢笔工具，它允许在单击并拖动鼠标时创建路径。

✦ 添加锚点工具：为已经创建的路径添加锚点。

✦ 删除锚点工具：从路径中删除锚点。

✦ 转换点工具：用于转换锚点的类型，可以将路径的圆角转换为尖角，或将尖角转换为圆角。

✦ 弯度钢笔工具：全新的弯度钢笔工具可以轻松创建曲线和直线段。无须切换工具可直接对路径进行切换、编辑、添加或删除平滑点或角点等操作。

钢笔工具选项栏如图 7-23 所示。

图 7-23　钢笔工具选项栏

✦ 定义路径的创建模式：单击此按钮，出现下拉列表框，"形状"——在形状图层中创建路径；"路径"——直接创建路径；"像素"——创建的路径为填充像素的框。

✦ 建立选项组：单击不同的按钮，分别将路径建立成不同的对象。单击某个图标，可以在钢笔工具和形状工具的选项栏之间切换。

✦ 创建复合路径的选项：选中此按钮下拉列表中相应的复合路径。

✦ 新建图层：单击该按钮，可以创建新的路径层。

✦ 合并形状：在原路径区域的基础上添加新的路径区域。

✦ 减去顶层形状：在原路径区域的基础上减去路径区域。

✦ 与形状区域相交：新路径区域与原路径区域交叉区域为新的路径区域。

✦ 排除重叠形状：原路径区域与新路径区域不相交的区域为最终的路径区域。

✦ 合并形状组件：可以合并重叠的路径组件。

✦ 对齐与分布：对象以不同的方式进行对齐。

✦ 调整形状顺序：可以将形状调整到不同的图层。

✦ 几何选项：显示当前工具的选项面板。选择钢笔工具后，在工具选项栏中单击此按钮，可以打开钢笔选项下拉面板。面板中有一个"橡皮带"选项，如图 7-24 所示。

图 7-24　钢笔选项

✦ 自动添加 / 删除：定义钢笔停留在路径上时是否具有直接添加或删除锚点的功能。

✦ 对齐边缘：将矢量形状边缘与像素网格对齐。

知识拓展：如何判断路径的走向？

单击钢笔工具选项栏中的 ⚙ 按钮，打开下拉面板，勾选"橡皮擦"选项，此后使用钢笔工具 ⌀ 绘制路径时，可以预先看到将要创建的路径段，从而判断出路径的走向。

図 7-25　打开图像　　　図 7-26　确定起点位置

03 放开鼠标按键，将光标移至下一处位置单击，创建第二个锚点，两个锚点会连接成一条由角点定义的直线路径。在其他区域单击可继续绘制直线路径，如图 7-27 所示。

04 如果想要闭合路径，可将光标放在路径的起点，当光标变为 状时，如图 7-28 所示；单击即可闭合路径，如图 7-29 所示。

図 7-27　绘制直线　図 7-28　光标变化　図 7-29　绘制直线

> **技巧提示：**
> 直线的绘制方法比较简单，在操作时只能单击，不要拖动鼠标，否则将创建曲线路径。如果要绘制水平、垂直或以 45°角为增量的直线，可以按住 Shift 键操作。

05 按 Ctrl+Enter 快捷键将路径转换为选区，新建图层，设置前景色为蓝色（#4b8eff），按 Alt+Delete 快捷键填充前景色，如图 7-30 所示。

06 按 Ctrl+D 快捷键取消选区。同上述绘制直线的操作方法，绘制天蓝色（#00d2ff）的矩形，如图 7-31 所示。

07 按 Ctrl+O 快捷键打开"图标 .png"素材，添加到绘制矩形上，如图 7-32 所示。

図 7-30　填充颜色　　図 7-31　绘制　　図 7-32　图像
　　　　　　　　　　　　　　　直线　　　　　　　效果

> **技巧提示：**
> 技巧一：路径间的运算关系，具有灵活的可编辑性。使用路径选择工具 选择路径，在工具选项栏上可设置其他的路径运算方式。假如当前两条路径为相减运算关系，如果要得到两条路径的交叉运算，可以使用路径选择工具 选择第二条路径，然后在选项栏上单击 按钮即可。
> 技巧二：在绘制路径的过程中，按 Delete 键可删除上一个添加的锚点，按 Delete 键两次删除整条路径，按三次则删除所有显示的路径。
> 技巧三：选择钢笔工具后，在绘图窗口中单击确定起始锚点，按住 Shift 键的同时，单击可创建与上起始锚点保持 45°整数倍夹角（如 0°、90°）。
> 技巧四：在使用钢笔工具时，按住 Ctrl 键可切换至直接选择工具 ，按住 Alt 键可切换至转换点工具 。

知识拓展：如何更改路径颜色？

单击钢笔工具选项栏中的 按钮，打开下拉面板，可以在"路径选项"中更改路径的"粗细"与"颜色"，但不能自定义更改"粗细"和"颜色"。

7.3.2　实战——使用"钢笔工具"绘制直线

选择钢笔工具后，在工具选项栏中选择"路径"选项，依次在图像窗口单击以确定路径各个锚点的位置，锚点之间将自动创建一条直线型路径，下面介绍具体的操作步骤。

素材文件路径：素材 \ 第 7 章 \7.3\7.3.2\APP 界面 .jpg、图标 .png

7.3.2 教学视频

01 启动 Photoshop CC 2018 后，按 Ctrl+O 快捷键打开"素材 \ 第 7 章 \7.3\7.3.2\APP 界面 .jpg"，如图 7-25 所示。

02 选择工具箱中的"钢笔"工具 ，在工具选项栏中设置"工作模式"为路径，将光标移至画面中，当光标变为 状时，单击可创建一个锚点，如图 7-26 所示。

7.3.3　实战——用"钢笔工具"绘制曲线

绘制曲线路径比绘制直线路径相对要复杂些，在绘制时方向线的长度和斜率决定了曲线段的形状。较短的方向线对应的路径曲率较少，而较长的方向线对应的路径曲率较大。下面介绍用"钢笔工具"绘制曲线的具体操作步骤。

素材文件路径：素材 \ 第 7 章 \7.3\7.3.3\ 背景、贺新年、新年猴子 .jpg

01 启动 Photoshop CC 2018 后，按 Ctrl+O 快捷键打开"素材 \ 第 7 章 \7.3\7.3.3\ 背景 .jpg"，如图 7-33 所示。

02 选择"钢笔"工具 ，在工具选项栏中设置"工具模式"为路径，在图像中线位置确定第一个锚点，如图 7-34 所示。

03 将光标移动至下一个位置上单击创建平滑点，调整方向线的长度和方向，此时钢笔光标变为箭头光标，拖动光标调整曲线的弧度，如图 7-35 所示。

图 7-33　打开图像　　图 7-34　确定　　图 7-35　调整
　　　　　　　　　　　　　　锚点　　　　　　弧度

04 继续创建平滑点即可生成一段光滑、流畅的曲线，如图 7-36 所示。

05 按此方法继续创建锚点，即可绘制曲线路径，如图 7-37 所示。

06 按 A 键切换到"路径选择"工具 ，通过 Ctrl 和 Alt 键调整路径的弧度，如图 7-38 所示。

图 7-36　绘制　　图 7-37　绘制　　图 7-38　调整路径
　　　曲线　　　　　　曲线　　　　　　弧度

07 选择"钢笔"工具 ，将光标放至路径中并右击，在弹出的快捷键菜单中选择"建立选区"命令，创建选区。新建图层，填充黄色（#ebc054），如图 7-39 所示。

08 同方法在黄色图形中绘制另外的钢笔图形，转换为选区，新建图层。执行"编辑"|"填充"命令，在弹出的对话框中选择"图案"选项，在"拾色器"中单击 ，

按钮载入图案，如图 7-40 所示。

09 单击"确定"按钮关闭对话框，设置图案的填充图层混合模式为"滤色"、不透明度为 70%，得到如图 7-41 所示的图像效果。

 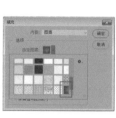 

图 7-39　填充　　图 7-40　"填充图案"　　图 7-41　填充
　　　颜色　　　　　　对话框　　　　　　图案

10 按 Ctrl+O 快捷键打开"贺新年"与"新年猴子"素材，将其添加到编辑的图形中，设置"贺新年"素材的颜色为红色（#ec2008），如图 7-42 所示。

11 利用文字工具组输入文字，图像效果如图 7-43 所示。

图 7-42　添加素材　　　图 7-43　图像效果

7.3.4　实战——用"钢笔工具"绘制转角曲线路径

通过单击并拖动鼠标的方式可以绘制光滑流畅的曲线，但是如果想要绘制与上一段曲线之间出现转折的曲线，就需要在创建锚点前改变方向线的方向。下面就通过转角曲线绘制一个心形图形。

素材文件路径：素材 \ 第 7 章 \7.3\7.3.4\ 底纹 .jpg

01 启动 Photoshop CC 2018 后，执行"文件"|"打开"命令，选择本书配套素材中的"素材 \ 第 7 章 \7.3\7.3.4\ 底纹 .jpg"，打开素材文件，如图 7-44 所示。

02 执行"视图"|"显示"|"网格"命令，显示网格，当前网格颜色为黑色，间隔也比较大，不利于图形的绘制，执行"编辑"|"首选项"|"参考线、网格和切片"命令，重新设置网格参数，如图 7-45 所示。

图 7-44 打开图像　　图 7-45 "网格"设置

03 选择"钢笔"工具 ⬚，设置"工具模式"为路径。在网格点上单击并在画面中向右上方拖动鼠标，创建一个平滑点，如图 7-46 所示；将光标移至下一个锚点处，单击并向下拖动鼠标创建曲线，如图 7-47 所示；将光标移至下一个锚点处，单击但不要拖动鼠标，创建一个角点，如图 7-48 所示。

图 7-46 建立锚点　图 7-47 创建第 2　图 7-48 创建角点
　　　　　　　　　 个锚点

04 在如图 7-49 所示的网格点上单击并向上拖动鼠标，创建曲线。将光标移至路径的起点上，单击闭合路径，如图 7-50 所示。

05 按住 Ctrl 键切换为"直接选择"工具 ⬚，在路径的起始处单击，显示锚点，如图 7-51 所示；此时当前锚点上会出现两条方向线，将光标移至左下角的方向线上，按住 Alt 键切换为"转换点"工具 ⬚，如图 7-52 所示；单击并向上拖动该方向线，使之于右侧的方向线对称，如图 7-53 所示；按 Ctrl+' 快捷键隐藏网格，完成绘制，如图 7-54 所示。

图 7-49 创建锚点　图 7-50 创建闭合　图 7-51 调整转换点
　　　　　　　　　 路径

图 7-52 调整锚点　图 7-53 转换为角点　图 7-54 隐藏网格

06 按 Ctrl+T 快捷键显示定界框，缩小心形图形，如图 7-55 所示；按 Enter 键确认操作，按 Ctrl+Enter 快捷键将路径转换为选区，填充白色（#fcfcfc），如图 7-56 所示。

07 同上述绘制转角曲线的操作方法，绘制其他的曲线，如图 7-57 所示。

图 7-55 缩小心形　图 7-56 填充颜色　图 7-57 图像效果

7.3.5　实战——用"弯度钢笔工具"绘制小鸟

新增的"弯度钢笔工具"无需添加 / 删除、转换锚点，就可以完成图形的绘制。本小节通过实战详细讲解"弯度钢笔工具"的使用方法。

01 启动 Photoshop CC 2018 软件后，执行"文件"|"新建"命令，或按 Ctrl+N 快捷键，打开"新建文档"对话框，设置如图 7-58 所示的参数。

02 单击"创建"按钮新建空白文档。选择工具箱中的"弯度钢笔工具"，设置工具选项栏中的"工具模式"为路径，单击"设置其他钢笔和路径选项"按钮，在弹出的下拉菜单中设置钢笔路径的粗细和颜色，如图 7-59 所示。

图 7-58 新建文档　　　图 7-59 更改路径颜色

03 在文档中单击确定第一个锚点，如图 7-60 所示。继续用"弯度钢笔工具"创建锚点，当创建至第三个锚点时，会呈现一条弯曲的路径，如图 7-61 所示。

图 7-60　确定锚点

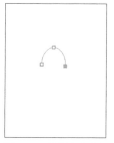

图 7-61　绘制完全路径

04 按此方法继续添加锚点，绘制出鸟大致轮廓，如图 7-62 所示。将光标放在锚点上，当光标变为 形状时，双击鼠标可以将平滑点转换为角点，如图 7-63 所示，再次双击可将角点转换为平滑点。

图 7-62　勾勒大致轮廓

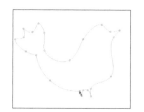

图 7-63　将平滑点转换为角点

05 将光标放在锚点上，当光标变为 形状时，可以拖动锚点，更改锚点的位置，如图 7-64 所示。将光标放在路径上，当光标变为 形状时，单击可在路径上添加锚点，如图 7-65 所示。

图 7-66　移动锚点位置

图 7-67　添加锚点

06 同上述编辑路径的操作方法，勾勒出鸟儿的大致轮廓，如图 7-68 所示。按 Ctrl+Enter 快捷键将路径转换为选区，新建图层，填充颜色（#e41d48），如图 7-69 所示。

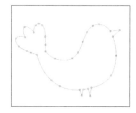

图 7-68　勾勒鸟儿轮廓

图 7-69　填充颜色

07 同方法，利用"弯度钢笔工具"绘制鸟儿其他的路径轮廓，完成鸟的绘制，如图 7-70 所示。

图 7-70　绘制小鸟插画

7.3.6　了解自由钢笔工具选项栏

与钢笔工具不同，自由钢笔工具 以徒手绘制的方式建立路径。在工具箱中选择该工具，移动光标至图像窗口中自由拖动，直至到达适当的位置后释放鼠标，光标所移动的轨迹即为路径。在绘制路径的过程中，系统会自动根据曲线的走向添加适当的锚点和设置曲线的平滑度。

选择自由钢笔工具 后，勾选选项栏中的"磁性的"复选框，自由钢笔工具也具有了和磁性套索工具 一样的磁性功能，在单击确定路径起始点后，沿着图像边缘移动光标，系统会自动根据颜色反差建立路径。

选择自由钢笔工具，在工具选项栏中单击 按钮，打开如图 7-71 所示的下拉菜单。

图 7-71　自由钢笔工具选项面板

+ 曲线拟合：沿路径按拟合贝塞尔曲线时允许的错误容差。px 值越小，允许的错误容差越小，创建的路径越精细。

+ 磁性的：勾选选项栏中的"磁性的"复选框。其中"宽度"选项用于检测自由钢笔工具从光标开始指定距离以内的边缘；"对比"选项用于指定该区域看做边缘所需的像素对比度，值越大，图像的对比度越低；"频率"选项用于设置锚点添加到路径中的频率。

+ 钢笔压力：使用绘图压力以更改钢笔的宽度。

7.3.7　实战——用"自由钢笔工具"为卡通猫咪添加胡须

本案例使用"自由钢笔工具"为卡通猫咪添加胡须，下面介绍具体的操作步骤。

素材文件路径：素材 \ 第 7 章 \7.3\7.3.6）猫咪 .jpg

01 启动 Photoshop CC 2018 后，按 Ctrl+O 快捷键打开"猫咪 .jpg"素材，如图 7-72 所示。

02 选择"自由钢笔"工具 ，设置"工具模式"为形状、"填充"为无、"描边"为黑色、"描边宽度"为 0.5 像素，在猫咪脸颊绘制胡须，如图 7-73 所示。

03 采用同样的方法绘制其他的胡须，如图 7-74 所示。

图 7-72　打开　　　图 7-73　使用自由　　　图 7-74　添加胡须
　　图像　　　　　　钢笔工具绘制路径　　　　　效果

7.3.8　实战——用"磁性钢笔工具"抠人物制作创建合成

磁性钢笔工具与磁性套索工具非常相似，在使用时，只需在对象边缘单击，然后放开鼠标沿边缘拖动，便会紧贴对象轮廓生成路径。下面就用磁性钢笔工具的特性来抠取人物，并添加创意合成背景。

素材文件路径：素材 \ 第 7 章 \7.3\7.3.7\ 创意背景、人物 .jpg

01 启动 Photoshop CC 2018 后，执行"文件"｜"打开"命令，选择本书配套素材中的"素材 \ 第 7 章 \7.3\7.3.6\ 人物 .jpg"，打开素材文件，如图 7-75 所示。

02 选择"自由钢笔"工具 ，在工具选项栏中选中"磁性"复选框，便可将它转换成"磁性钢笔"工具 ，单击 按钮，打开如图 7-76 所示的下拉列表，"曲线拟合"和"钢笔压力"是自由和磁性钢笔工具的共同选项，"磁性的"是控制磁性钢笔工具的选项。

图 7-75　打开任务　　　图 7-76　设置磁性钢笔工具参数

03 在人物边缘单击，然后放开鼠标按键沿边缘拖动，便会紧贴对象轮廓生成一个闭合路径，如图 7-77 所示。

04 按 Ctrl+Enter 快捷键将路径转换为选择，按 Ctrl+J 快捷键将选区的内容复制至新的图层中，如图 7-78 所示。

图 7-77　绘制闭合路径　　　图 7-78　复制图像

05 按 Ctrl+O 快捷键打开"创意背景 .jpg"素材，将抠取出来的人物拖曳至背景素材中，按 Ctrl+T 快捷键显示定界框缩小图像并水平翻转图像，如图 7-79 所示。

06 单击"创建图层蒙版"按钮 ，为人物添加蒙版，选择"画笔"工具 ，用黑色的柔边缘画笔涂抹人物，隐藏部分人物区域，如图 7-80 所示。

图 7-79　拖曳人物　　　图 7-80　添加图层蒙版

07 按 Ctrl+J 快捷键再次复制人物图层，按 Ctrl+T 快捷键垂直翻转人物，拖曳人物；选择"渐变"工具 ，用黑色到透明色的线性渐变在蒙版中从下往上拖曳，隐藏多余图像，如图 7-81 所示。

08 选择"吸管"工具 ，在创意背景的黄色区域单击，吸取该地方的颜色，在人物图像上新建图层，使用"画笔"工具 在人物边缘涂抹，制作光照光线，如图 7-82 所示。

图 7-81　制作倒影　　　图 7-82　画笔涂抹

09 设置该图层的混合样式为"叠加"，不透明度为 50%，按 Ctrl+Alt+G 快捷键创建剪贴蒙版，只为人物添加光线，如图 7-83 所示。

10 将"灯光 1"素材拖曳至图像中，调整大小，设置图层混合模式为"滤色"、不透明度为 88%，如图 7-84 所示。

图 7-83　添加光线　　　图 7-84　添加素材

11 按 Ctrl+J 快捷键复制"灯光 1"素材，按 Ctrl+T 快捷键垂直翻转图像并将图像移至最下方，移动定界框，如图 7-85 所示。

12 将不透明度更改为 50%。创建"纯色调整"图层，在"拾色器"对话框中选择淡黄色（#ffc98b），设置调整图层为"线性光"、不透明度为 20%，图像效果如图 7-86 所示。

图 7-85 制作倒影

图 7-86 最终效果

7.4 路径精加工——编辑路径

要想使用钢笔工具准确地描摹对象的轮廓，必须熟练掌握锚点和路径的编辑方法，下面就来了解如何对锚点和路径进行编辑。

7.4.1 选择和移动锚点、路径和路径段

Photoshop 提供了两个路径选择工具：路径选择工具 和直接选择工具 。

路径选择工具 用于选择整条路径。移动光标至路径区域内任意位置单击，路径所有锚点即被全部选中（以黑色实心显示），此时在路径上方拖动鼠标可移动整个路径，如图 7-87 所示；如果当前的路径有多条子路径，可按住 Shift 键依次单击，以连续选择各子路径，如图 7-88 所示。或者拖动鼠标拉出一个虚框，与框交叉和包围的所有路径都将被选择。如果要取消选择，可在画面空白处单击。

图 7-87 选择整条路径

图 7-88 选择多条路径

使用直接选择工具 ，单击一个锚点即可选择该锚点，选中锚点为黑色实心，未选中的锚点为空心方块，如图 7-89 所示；单击一个路径段，可以选择该路径段，如图 7-90 所示。

图 7-89 选择锚点

图 7-90 选择路径段

> 💡 **技巧提示：**
> 按住 Alt 键单击一个路径段，可以选择该路径段及路径段上的所有锚点。

选择锚点、路径和路径后，按住鼠标不放并拖动，即可将其移动，如果选择了锚点，光标从锚点上移开了，但又想移动锚点，可将光标重新定位在锚点上，按住并拖动鼠标才可将其移动，否则，只能在画面中拖动出一个矩形框，可以框选锚点或者路径段，但不能移动锚点。路径也是如此，从选择的路径上移开光标后，需要重新将光标定位在路径上才能将其移动。

> 💡 **技巧提示：**
> 按住 Alt 键移动路径，可在当前路径内复制子路径。如果当前选择的是直接选择工具 ，按住 Ctrl 键，可切换为路径选择工具 。

7.4.2 删除和添加锚点

使用添加锚点工具 和删除锚点工具 ，可添加和删除锚点。

选择添加锚点工具 后，移动光标至路径上，如图 7-91 所示；当光标变为 形状时，单击即可添加一个锚点，如图 7-92 所示；如果单击并拖动鼠标，可以添加一个个平滑点，如图 7-93 所示。

图 7-91 光标显示　图 7-92 添加锚点　图 7-93 平滑锚点

选择删除锚点工具 后，将光标放在锚点上，如图 7-94 所示；当光标变为 形状时，单击即可删除该锚点，如图 7-95 所示；使用直接选择工具 ，选择锚点后，按 Delete 键也可以将其删除，但该锚点两侧的路径段也会同时删除。如果路径为闭合路径，则会变为开放式路径，如图 7-96 所示。

图 7-94　光标显示　图 7-95　删除锚点　图 7-96　删除路径段

7.4.3　转换锚点的类型

使用转换点工具 ⊢ 可轻松完成平滑点和角点之间的相互转换。

如果当前锚点为角点，在工具箱中选择转换点工具 ⊢ ，然后移动光标至角点上，拖动鼠标可将其转换为平滑点，如图 7-97 和图 7-98 所示。如需要转换的是平滑点，单击该平滑点可将其转换为角点，如图 7-99 所示。

图 7-97　光标显示　图 7-98　角点转　图 7-99　平滑点
　　　　　　　　　　　　　平滑点　　　　　　转角点

7.4.4　实战——转换点工具的使用

上面讲解了转换点工具的知识，下面使用转换点工具进行具体的实例操作。

素材文件路径：素材 \ 第 7 章 \7.4\7.4.4\ 彩色气球 .jpg

7.4.4 教学视频

01 启动 Photoshop CC 2018 后，按 Ctrl+O 快捷键打开"彩色气球"素材，如图 7-100 所示。

02 选择"钢笔"工具 ⊘ ，设置"工具模式"为路径，在素材中绘制如图 7-101 所示的路径。

图 7-100　打开图像　　图 7-101　绘制曲线

03 选择"转换点"工具 ⊢ ，在需要转换为角点的锚点上单击，如图 7-102 所示。

04 再次单击角点并拖动，将角点转换为平滑点，如图 7-103 所示。

图 7-102　转换平滑点为角点　图 7-103　转换角点为平滑点

05 新建图层，选择"画笔"工具 ✓ ，在选项栏中选择"硬边圆"笔触形状，大小为 3 像素，切换到路径面板，右击工作路径，在弹出的快捷菜单中选择"描边路径"命令，弹出"描边路径"对话框，在"工具"下拉列表中选择画笔，如图 7-104 所示。

06 单击"确定"按钮关闭对话框，为图像添加气球丝带，如图 7-105 所示。

07 同上述操作方法，为气球全面添加丝带，如图 7-106 所示。

 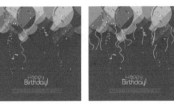

图 7-104　"描边路　图 7-105　描边效果　图 7-106　图像效果
　　　　径"对话框

技巧提示：

若想将平滑点转换成带有方向线的角点，可在选择转换点工具 ⊢ 后，移动光标至平滑点一侧的方向点上方拖动即可。

7.4.5　调整路径方向

使用直接选择工具 ⊢ 选中锚点之后，该锚点及相邻锚点的方向线和方向点就会显示在图像窗口中，方向线和方向点的位置确定了曲线段的曲率，移动这些元素将改变路径的形状。

移动方向点与移动锚点的方法类似，首先移动光标至方向点上，然后按下鼠标拖动，即可改变方向线的长度和角度。如图 7-107 所示为原图形，使用直接选择工具 ⊢ 拖动平滑点上的方向线时，方向线始终为一条直线状态，锚点两侧的路径段都会发生改变，如图 7-108 所示；使用转换点工具 ⊢ 拖动方向时，则可以单独调整平滑点任意一侧的方向线，而不会影响另外一侧的方向线和同侧的路径段，如图 7-109 所示。

图 7-107　原图

图 7-108　改变
方向线

图 7-109　单独
调整方向线

7.4.6　实战——路径的变换操作

与图像和选区一样，路径也可以进行旋转、缩放、斜切、扭曲等变换操作。下面通过具体的操作步骤来讲解路径的变换。

素材文件路径：素材 \ 第 7 章 \7.4\7.4.6\ 烟雨江南 .jpg

7.4.6 教学视频

01 启动 Photoshop CC 2018 后，执行"文件"|"打开"命令，打开相关素材中的"素材 \ 第 7 章 \7.4\7.4.6\ 烟雨江南 .jpg"素材，如图 7-110 所示。

02 选择"自定形状"工具，设置"工具模式"为路径，单击形状下拉按钮，在弹出的下拉面板中，单击右上角图标，在弹出的快捷菜单中选择"动物"选项，弹出"Adobe Photoshop"警示框，如图 7-111 所示。

图 7-110　打开文件　　　图 7-111　Adobe Photoshop 警
示框

03 单击"追加"按钮，在下拉列表中选择飞鸟图形，在画面中绘制，如图 7-112 所示。

04 执行"编辑"|"变换路径"|"缩放"|命令，将光标定位在定界框的角点处，当光标变为斜向的双向箭头时，按住 Shift+Alt 快捷键，往内拖动，缩小路径，如图 7-113 所示。

图 7-112　绘制形状　　　图 7-113　缩小形状

05 选择"路径选择"工具，按住 Alt 键，拖动中路径，

再复制一层，按 Ctrl+T 快捷键，进入自由变换状态，将光标定位在定界框的角点处，当出现旋转箭头时旋转图像，如图 7-114 所示。

06 再次复制一个鸟路径，按 Ctrl+T 快捷键，进入自由变换状态，右击，在弹出的快捷菜单中选择"斜切"命令，将光标定位中在间控制点处，当箭头变为白色并带有水平或垂直的双向箭头时，拖动鼠标，斜切变换图形，如图 7-115 所示。

图 7-114　旋转形状　　　图 7-115　斜切形状

07 同方法多次复制路径，调整图像的大小，如图 7-116 所示。

08 新建图层，按 Ctrl+Enter 快捷键将路径转换为选区，填充黑色，如图 7-117 所示。

图 7-116　复制形状　　　图 7-117　最终效果

7.4.7　实战——路径的运算方法

使用路径运算，可以在简单路径形状的基础上创建出复杂的路径。本案例将通过路径的运算来制作一幅禁止安全图标。

7.4.7 教学视频

01 启动 Photoshop CC 2018 后，执行"文件"|"新建"命令，在弹出的"新建"对话框中设置宽度为 17 厘米、高度为 13 厘米、分辨率为 150 像素 / 英寸。

02 选择"自定义形状"工具，设置"工具模式"为路径，在"自定形状拾色器"中选择左手图形，在文档中绘制图形，如图 7-118 所示。

03 按 Ctrl+T 快捷键显示定界框，旋转图形。选择"椭圆"工具，设置"工具模式"为路径，在属性面板中单击"减去顶层形状"按钮，在左手图形上按住 Shift 键绘制正圆，如图 7-119 所示。

图 7-118　绘制手形状　　图 7-119　减去顶层形状

04 在路径面板上按住 Ctrl 键单击绘制路径，载入选区，此时可以看到后一个路径减去前个路径的运算效果，如图 7-120 所示。

05 新建图层，填充红色（#bd0304），图像效果如图 7-121 所示。

图 7-120　减去顶层形状效果　　图 7-121　填充颜色

06 创建一个正圆路径，单击属性面板中"减去顶层形状"按钮，再次创建一个小型的正圆路径，在小型正圆中创建正圆，单击工具选项栏中的"合并图层"按钮，如图 7-122 所示。

07 按 Ctrl+Enter 快捷键将路径转换为选区，新建图层，填充红色，如图 7-123 所示。

图 7-122　合并路径　　图 7-123　填充颜色

08 按 Ctrl+D 快捷键取消选区。选择"矩形"工具，在文档中绘制如图 7-124 所示的交叉矩形路径。

09 选择"路径选择"工具，按住 Shift 键选中两个矩形路径，按 Ctrl+T 快捷键显示定界框旋转矩形路径，如图 7-125 所示。

图 7-124　绘制交叉路径　　图 7-125　旋转路径

10 按 Enter 键确认操作。切换至"矩形"工具，在工具选项栏中单击"减去顶层形状"按钮，载入选区，按 Delete 键删除选区图形，如图 7-126 所示。

11 选择"多边形套索"工具，选择中间正圆中的矩形，按 Ctrl+T 快捷键放大图形，并调整图形，如图 7-127 所示。

图 7-126　减去顶层形状效果　　图 7-127　图像效果

7.4.8　实战——创建自定义形状

绘制的形状可以保存为自定义的形状，以后需要时，可随时使用，不必重新绘制。下面将前面绘制的形状保存为自定义形状。

素材文件路径：素材 \ 第 7 章 \7.4\7.4.8\ 小兔子 .png

7.4.8 教学视频

01 单击"路径"面板中已绘制的工作路径，并选择该路径，画面中会显示路径图案，如图 7-128 所示。

02 执行"编辑"|"定义自定形状"命令，打开"形状名称"对话框，如图 7-129 所示。

图 7-128　创建路径　　图 7-129　"形状名称"对话框

03 需要此形状时，可选择"自定义形状"工具，单击工具选择栏"形状"选项右侧的按钮，打开下拉面板，就可以找到该形状，如图 7-130 所示。

04 绘制该形状，并填充黄色，并添加"内阴影"样式，如图 7-131 所示，效果如图 7-132 所示。

图 7-130　显示形状　　图 7-131　"内阴影"参数　　图 7-132　图像效果

7.4.9 路径的对齐与分布

路径选择工具的工具选项栏中包含路径对齐与分布的选项，如图 7-133 所示。

图 7-133 路径选择工具选项栏

✦ 对齐路径：工具选项栏中的对齐选项包括顶对齐 、垂直居中对齐 、底对齐 、左对齐 、水平居中对齐 和右对齐 。使用路径选择工具 选择需要对齐的路径后，单击工具选项栏中的一个对齐选项即可进行路径对齐操作。如图 7-134 所示为单击不同按钮的对齐结果。

✦ 分布路径：工具选项栏中的分布选项包括按顶分布 、垂直居中分布 、按底分布 、按左分布 、水平居中分布 和按右分布 。要分布路径，应至少选择三个路径组件，然后单击工具选项栏中的一个分布按钮即可进行路径的分布操作。如图 7-135 所示为单击不同按钮的分布结果。

图 7-134 对齐路径框

图 7-135 分布路径

7.5 管理路径的利器——路径面板

路径面板中显示了每条存储的路径、当前工作路径和当前矢量蒙版的名称和缩览图。通过面板可以保证和管理路径。

7.5.1 了解路径面板

执行"窗口"|"路径"命令，可以打开路径面板，如图 7-136 所示。

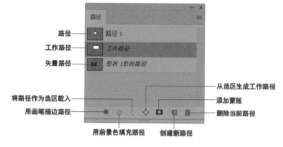

图 7-136 路径面板

✦ 路径：当前文件中包含的路径。

✦ 工作路径：使用钢笔工具或形状工具绘制的路径为工作路径。工作路径是出现在路径面板中的临时路径，如果没有存储便取消了对它的选择（在路径面板空白处单击，可取消对工具路径的选择），在绘制新的路径时，原工作路径将被新的工作路径替换，如图 7-137 所示。

原工作路径　　取消选择工作路径　　绘制新的工作路径

图 7-137 调整色调图像

✦ 矢量蒙版：当前文件中包含的矢量蒙版。

✦ 将路径作为选区载入：将当前选择的路径转换为选区。

✦ 用画笔描边路径：用画笔工具 描边路径。

✦ 用前景色填充路径：用前景色填充路径区域。

✦ 从选区中生成工作路径：从当前选择的选区中生成工作路径。

✦ 添加蒙版：从当前路径创建蒙版。

✦ 创建新路径：单击路径面板中的"创建新路径"按钮 ，可以新建路径，如图 7-138 所示。执行路径面板菜单中的"新建路径"命令，或按 Alt 键的同时单击面板中的"创建新路径"按钮，可以打开新路径对话框，在对话框中可输入路径的名称，单击"确定"按钮，也可以新建路径。新建路径后，可以使用钢笔工具或形状工具绘制图形，此时创建的路径不再是工作路径，如图 7-139 所示。勾选"色调"复选框，对图像中的灰度应用颜色，预览效果。

✦ 删除当前路径：可以删除当前选择的路径。

通过路径面板的面板菜单也可实现这些操作，面板菜单如图 7-140 所示。

图 7-138　新建路径　图 7-139　绘制图形　图 7-140　面板菜单

7.5.2　一次选择多个路径与隐藏路径

Photoshop CC 中的新增了允许处理多个路径，可以从"路径"面板菜单中将命令应用于多路径。在路径面板中按住 Shift 键并单击以选择多个路径。

若想隐藏路径，单击路径面板的空白处即可，操作后路径从图像窗口中消失。

> **技巧提示：**
> 按 Ctrl + H 快捷键，可隐藏图像窗口中显示的当前路径，但当前路径并未关闭，编辑路径操作仍对当前路径有效。

7.5.3　复制路径

1．在面板中复制

将要复制的路径拖动至"新建路径"按钮 上，或右击该路径，在弹出的快捷菜单中选择"复制路径"命令即可。

2．通过剪切板复制

运用路径选择工具 选择画面中的路径后，执行"编辑"|"复制"命令，可以将路径复制到剪贴板中。复制路径后，执行"编辑"|"粘贴"命令，可粘贴路径。如果在其他打开的图像中执行"粘贴"命令，可将路径粘贴到其他图像中。

7.5.4　实战——复制路径的使用方法

上面讲解了三种不同复制路径的方法，下面介绍复制路径的方法。

素材文件路径：素材 \ 第 7 章 \7.5\7.5.4\ 心形卡片 .psd、创意人物 .jpg

01 启动 Photoshop CC 2018 后，按 Ctrl+O 快捷键打开"心形卡片 .psd"素材，如图 7-141 所示。

7.5.4 教学视频

02 选择路径面板，单击路径 1，将其激活，按 Ctrl+C 快捷键复制路径，如图 7-142 所示。

图 7-141　打开图像　　　图 7-142　复制路径

03 打开"创意人物 .jpg"素材，切换至路径面板，单击面板底部的"创建新路径"按钮 ，新建路径，按 Ctrl+V 快捷键粘贴路径，如图 7-143 所示。

04 选择"路径选择"工具 ，将路径移动到人物手的位置，按 Ctrl+T 快捷键显示定界框，放大路径。新建图层，设置前景色为青色（#64f9ed），将光标放置在路径上，右击，在弹出的快捷菜单中选择"描边路径"命令，设置"工具"为画笔，勾选"模拟压力"复选框，单击"确定"按钮，图形效果如图 7-144 所示。

05 双击该图层，打开"图层样式"对话框，设置"外发光"参数，如图 7-145 所示。

图 7-143　粘贴路径　图 7-144　画笔描边　图 7-145　"外发光"参数

06 单击"创建图层蒙版"按钮 ，为画笔描边图层添加蒙版，选择"画笔"工具 ，用黑色的柔边缘笔刷涂抹画笔描边，隐藏部分图像，得到如图 7-146 所示的图像效果。

07 同方法，将"心形卡片 .psd"文件的路径复制到"创意人物 .jpg"中，图像效果如图 7-147 所示。

08 按 Ctrl+O 快捷键打开光束素材，添加到图像中，设置其混合模式为"线性减淡"，并对其变形，最终图像效果图如图 7-148 所示。

图 7-146　添加蒙版　图 7-147　复制路径　图 7-148　图像效果

7.5.5 保存路径

使用钢笔工具或形状工具创建路径时，新的路径作为"工作路径"出现在路径面板中。工作路径是临时路径，必须进行保存，否则，当再次绘制路径时，新路径将代替原工作路径。

保存工作路径方法如下：

（1）在路径面板中选择"工作路径"为当前路径。

（2）执行下列操作之一以保存工作路径：

✦ 拖动工作路径至面板底端的"创建新路径"按钮 回 上。

✦ 单击面板右上角的 回 按钮，从弹出的面板菜单中选择"新建路径"命令。

（3）工作路径保存之后，在路径面板中双击该路径名称位置，可为新路径命名。

7.5.6 删除路径

在路径面板中选择需要删除的路径后，单击"删除当前路径"按钮 回，或者执行面板菜单中的"删除路径"命令，即可将其删除。也可将路径直接拖至该按钮上删除。用路径选择工具 ▶ 选择路径后，按 Delete 键也可以将其删除。

7.5.7 路径的隔离模式

当一个文件中存在多个矢量路径，尤其是它们之间存在叠加关系时，在以前的版本中处理这些路径是非常麻烦的，Photoshop CC 版本中新增了隔离模式，可以通过隔离来编辑多个路径中的某个路径，而其他的路径不受影响。如图 7-149 所示为显示的路径，右击，在弹出的快捷菜单中选择"隔离图层"命令，便可隔离路径，如图 7-150 所示。

图 7-149 显示路径　　　图 7-150 隔离路径

7.5.8 实战——路径与选区的相互转换

路径与选区可以相互转换，即路径可以转换为选区，选区也可以转换为路径。下面介绍路径与选区的相互转换的具体操作。

素材文件路径：素材 \ 第 7 章 \7.5\7.5.8\ 插画 .jpg

7.5.8 教学视频

01 启动 Photoshop CC 2018 后，按 Ctrl+O 快捷键打开"插画 .jpg"素材，如图 7-151 所示。

02 选择"魔棒"工具 ↗，在背景上单击选择背景，如图 7-152 所示；按 Ctrl+Shift+I 快捷键反选选区，选中动画，如图 7-153 所示。

图 7-151 打开图像　图 7-152 创建选区　图 7-153 反选选区

03 单击路径面板中的"从选区生成工作路径"按钮 ◇，可以将选区转换为路径，如图 7-154 所示；路径面板上生成一个工作路径，如图 7-155 所示。

图 7-154 生成路径　　　图 7-155 路径面板

04 单击路径面板中的工作路径，单击"将路径作为选区载入" ⬚ 按钮，如图 7-156 所示；可以载入路径中的选区，如图 7-157 所示。

图 7-156 路径面板　　　图 7-157 载入选区

7.5.9 实战——描边路径制作音乐海报

本案例将通过描边路径来给制作不一样的音乐海报。

素材文件路径：素材 \ 第 7 章 \7.5\7.5.9\ 背景 .jpg

01 启动 Photoshop CC 2018 后，按 Ctrl+O

7.5.9 教学视频

快捷键打开"背景.jpg"素材，如图 7-158 所示。

02 选中"钢笔"工具 ，设置"工具模式"为形状、"填充"为砖红色（# ab5149）、"描边"为无，在背景上绘制如图 7-159 所示的形状。

03 利用"矩形"工具 与"椭圆"工具 制作形状上的琴弦口，如图 7-160 所示。

图 7-158　打开图像　图 7-159　绘制砖　图 7-160　绘制
　　　　　　　　　　　红色形状　　　　　　琴弦口

04 新建图层，设置前景色为白色，选择"画笔"工具 ，在"画笔预设选取器"中设置画笔大小为 2 像素。选择"钢笔"工具 ，设置"工具模式"为路径，沿着琴弦口按住 Shift 键绘制直线，如图 7-161 所示。

05 右击，在弹出的快捷菜单中选择"画笔描边"命令，设置"工具"为画笔，勾选"模拟压力"复选框，单击"确定"按钮，此时图像效果如图 7-162 所示。

06 同上述操作方法，绘制其他几根琴弦，如图 7-163 所示。

图 7-161　绘制直线　图 7-162　画笔描边　图 7-163　画笔描边

07 新建图层，选择"画笔"工具 ，在琴弦上绘制小白线，作为树杈，如图 7-164 所示。

08 选择"自定义形状"工具 ，设置"工具模式"为形状、"填充"为白色、"描边"为无、"自定义形状拾色器"形状为 ，在文档中绘制树叶，按 Ctrl+T 快捷键显示定界框，调整大小和位置，如图 7-165 所示。

09 同上述绘制形状的操作方法，依次绘制其他树叶形状和飞鸟形状，如图 7-166 所示。

图 7-164　画笔绘制　图 7-165　绘制树叶　图 7-166　图像效果
树杈

> **技巧提示：**
> "描边路径"对话框中可以选择画笔、铅笔、橡皮擦、背景橡皮擦、仿制图章、历史记录画笔、加深或减淡等工具描边路径，如果勾选"模拟压力"复选框，则可以使描边的线条产生粗细变化，在描边路径前，需要先设置好工具的参数。

7.6　快速画出不同形状——形状工具

形状实际上就是由路径轮廓围成的矢量图形。使用 Photoshop 提供的矩形、圆角矩形、椭圆、多边形、直线等形状工具，可以创建规则的几何形状，使用自定形状工具可以创建不规则的复杂形状。Photoshop 形状工具组如图 7-167 所示。

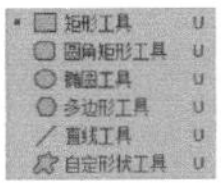

图 7-167　形状工具组

7.6.1　了解矩形工具

使用矩形工具 可绘制出矩形、正方形的形状、路径或填充区域，使用方法也比较简单。选择工具箱中的矩形工具 ，在选项栏中适当地设置各参数，移动光标至图像窗口中拖动，即可得到所需的矩形路径或形状。

矩形工具选项栏如图 7-168 所示，在使用矩形工具前应适当设置绘制的内容和绘制方式。

图 7-168　矩形工具选项栏

单击选项栏中的"几何选项"按钮 ，在其中可控制矩形的大小和长宽比例。

✦ 矩形选项：定义矩形的创建方式。

✦ 从中心：从中心绘制矩形。

✦ 对齐边缘：将边缘对齐像素边缘。

知识拓展：如何将透明背景的图像输出到 InDesign？

如果要将 Photoshop 中的图像输出到排版软件 InDesign 中，并且保持背景为透明状态，可以先在 Photoshop 中选取图像，并将文件保持为 PSD 格式，再切换到 InDesign，将文件置入即可。

7.6.2 实战——使用矩形工具制作电商抢先购广告

本案例通过使用矩形工具制作电商抢先购广告，下面介绍具体的制作过程。

素材文件路径：素材 \ 第 7 章 \7.6\7.6.2\护肤品、护肤品 1、礼盒、圣诞素材、烟花、元宝、素材 .png

01 启动 Photoshop CC 2018 后，执行"文件"|"新建"命令，在弹出的对话框中设置"宽度"为950像素、"高度"为365像素、"分辨率"为100像素/英寸、颜色为RGB颜色、文档颜色为深红色（#8b0e00），新建文档。选择"矩形"工具 ，设置"工具模式"为形状、"填充"为红色（#c32213）、"描边"为无，在文档中绘制矩形，如图 7-169 所示。

02 按 Ctrl+T 快捷键显示定界框，右击，在弹出的快捷菜单中选择"透视"命令，将光标放在矩形形状的锚点上变形，如图 7-170 所示。

图 7-169　绘制矩形形状　　　图 7-170　斜切矩形形状

03 按 Enter 键确认变形。在变形的矩形形状再次创建矩形形状，双击该形状图层，打开"图层样式"对话框，设置"渐变叠加"的参数，如图 7-171 所示。

04 单击"确定"按钮，关闭对话框，此时图像效果如图 7-172 所示。

图 7-171　设置"渐变叠加"参数　　图 7-172　图像效果

05 同方法，在底部绘制砖红色（# a11808）的矩形，如图 7-173 所示。

06 选择"直线"工具 ，设置"工具模式"为形状、"填充"为奶白色（#ffeeec）、"描边"为无，在两个矩形形状中按住 Shift 键绘制直线，设置其不透明度为18%，如图 7-174 所示。

图 7-173　绘制矩形形状　　　图 7-174　绘制线条

07 使用"矩形"工具 ▯，在左边绘制玫红色（# db273c）的矩形，调整大小及方向，如图 7-175 所示。

08 新建图层，设置前景色为深红色（# 830a01），画笔的笔触为3像素。选择"钢笔"工具 ✐，设置"工具模式"为路径，沿着玫红色矩形绘制斜线，右击，在弹出的快捷菜单中选择"画笔描边"命令，为斜线进行描边，如图 7-176 所示。

图 7-175　绘制矩形形状　　　图 7-176　绘制线条

09 新建图层，设置前景色为白色。选择"画笔"工具 ✐，设置笔刷为15像素的硬边圆，在玫红色上单击，制作模拟的灯光，如图 7-177 所示。

10 按 Ctrl+O 快捷键，打开素材文件夹，添加素材，最终效果如图 7-178 所示。

图 7-177　画笔涂抹制作灯光　　图 7-178　最终效果

知识拓展：如何在绘画过程中移动图形？

在绘制矩形、圆形、多边形、直线和自定义形状时，创建形状的过程中按空格键并拖动鼠标，可以移动形状。

7.6.3 实战——可编辑的圆角矩形工具

在 Photoshop CC 中，在绘制圆角矩形图形后，对其角半径进行修改。可单独调整每个圆角，并可以同时对多个图层上的矩形进行调整。

素材文件路径：素材 \ 第 7 章 \7.6\7.6.3\创意合成 .jpg

7.6.3 教学视频

01 启动 Photoshop CC 2018 后，按 Ctrl+O 快捷键，打开"创意合成 .jpg"素材，如图 7-179 所示。

02 按 Ctrl+J 快捷键，复制背景图层，得到图层 1，选中图层 1。选择"圆角矩形"工具，在选项栏中选择"路径"，设置"属性"面板中的圆角半径为 50 像素，在画面中绘制圆角矩形，如图 7-180 所示。

图 7-179　打开图像　　　图 7-180　绘制圆角矩形形状

03 单击属性面板上的"将角半径链接在一起"按钮，如图 7-181 所示，解除角半径的链接。

04 重新输入右上角和左下角的角半径值，如图 7-182 所示。

图 7-181　解除角半径链接　　　图 7-182　设置角半径参数

05 按 Ctrl+Enter 快捷键将路径转换为选区，单击图层面板底部的"添加图层蒙版"按钮，执行"图层"|"图层样式"|"投影"命令，设置参数，如图 7-183 所示。

06 添加投影效果如图 7-184 所示。

图 7-183　图层样式　　　图 7-184　最终效果

7.6.4　实战——使用椭圆工具制作向日葵相册

　　本案例通过使用椭圆工具制作精美的向日葵相册，下面介绍具体的操作步骤。

素材文件路径：素材 \ 第 7 章 \7.6\7.6.4\ 向日葵、婴儿、婴儿 1.jpg

7.6.4 教学视频

01 启动 Photoshop CC 2018 后，按 Ctrl+O 快捷键打开"向日葵 .jpg"素材，如图 7-185 所示。

02 选择"椭圆"工具，设置"工具模式"为形状、"填充"为白色、"描边"为黄色，在向日葵上按住 Shift 键绘制正圆，如图 7-186 所示。

图 7-185　打开图像　　　图 7-186　绘制椭圆形状

03 打开一张婴儿照片，放至合适的位置上，按 Ctrl+Alt+G 快捷键，创建剪贴蒙版，如图 7-187 所示。

04 依次打开其他三张儿童照片，放至相应位置上，并创建剪贴蒙版，得到的效果如图 7-188 所示。

图 7-187　添加照片　　　图 7-188　图像效果

7.6.5　了解多边形工具

　　使用多边形工具可绘制等边多边形，如等边三角形、五角星等。在使用多边形工具之前，应在选项栏中设置多边形的边数，如图 7-189 所示，系统默认为 5，取值范围为 3 ～ 100。

图 7-189　多边形工具选项栏

✦ 半径：该选项用于设置多边形半径的大小，系统默认以像素为单位。

✦ 平滑拐角：勾选此复选框，可平滑多边形的尖角。

✦ 星形：选中此选项，可绘制得到星形。

✦ 缩进边依据：设置星形边缩进的大小。

✦ 平滑缩进：平滑星形凹角。

7.6.6　实战——使用多边形工具制作 PPT 内页

通过使用多边形工具及设置选项栏中的参数来制作 PPT 内页，下面介绍具体的操作步骤。

素材文件路径：素材 \ 第 7 章 \7.6\7.6.6\ 炫彩背景、人物、风景 .jpg、文字 .png

01 启动 Photoshop CC 2018 后，按 Ctrl+O 快捷键打开"炫彩背景 .jpg"素材，如图 7-190 所示。

7.6.6 教学视频

02 选择"多边形"工具 ⬡，设置工具选项栏中的"工作模式"为形状、填充色为白色、描边为无，单击 ⚙ 按钮，弹出"多边形选项"面板，设置半径为 1 像素、边为 6，在画面中绘制，如图 7-191 所示。

图 7-190　打开图像

图 7-191　绘制多边形形状

03 在"图层"面板中设置该形状图层的不透明度为 50%。再次绘制六角的多边形形状，在工具选项栏中更改"填充"为无、"描边"为白色、"宽度"为 2 个像素，此时图像效果如图 7-192 所示。

04 同上述绘制多边形及描边多边形的操作方法，绘制其他的多边形形状，如图 7-193 所示。

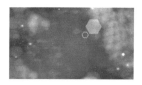
图 7-192　绘制多边形

图 7-193　绘制多边形

05 将光标放置在左下角最大的多边形上，按住 Ctrl 键并右击，在弹出的快捷菜单中选择最上面的命令，即可选择该图层，如图 7-194 所示。

06 按 Ctrl+O 快捷键打开"人物 .JPG"素材，将人物拖曳至图像中，按 Ctrl+Alt+G 快捷键创建剪贴蒙版，调整图像的大小，并将该多边形状图层的不透明度更改为 80%，如图 7-195 所示。

图 7-194　选择多边形形状图层

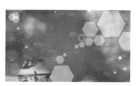
图 7-195　添加素材

07 同方法，在右上角最大的多边形形状中添加风景素材，如图 7-196 所示。

08 按 Ctrl+O 快捷键打开"文字 .png 素材"，添加到文档中，最终效果如图 7-197 所示。

图 7-196　添加素材

图 7-197　最终效果

7.6.7　了解直线工具选项栏

直线工具 ╱ 除可绘制直线形状或路径以外，还可绘制箭头形状或路径。

若绘制线段，首先可在如图 7-198 所示的选项栏的"粗细"文本框中输入线段的宽度，然后移动光标至图像窗口，拖动鼠标即可。若想绘制水平、垂直或呈 45° 角的直线，可在绘制时按住 Shift 键。

图 7-198　直线工具选项栏

如果绘制的是箭头，则需在选项栏的"箭头"选项中确定箭头的位置和形状。

+ 起点：箭头位于线段的开始端。
+ 终点：箭头位于线段的终止端。
+ 宽度：确定箭头宽度与线段宽度的比例，系统默认为 500%。
+ 长度：确定箭头长度与线段宽度的比例，系统默认为 1000%。
+ 凹度：确定箭头内凹的程度，范围为 -50% ~50%。

7.6.8　实战——直线工具的使用

本案例使用直线工具制作舞剧一幅创意广告，下面介绍具体操作步骤。

素材文件路径：素材 \ 第 7 章 \7.6\7.6.8\ 舞者 .jpg

01 启动 Photoshop CC 2018 后，按 Ctrl+O 快捷键打开"舞者 .jpg"素材，如图 7-199 所示。

7.6.8 教学视频

02 新建图层，设置前景色为红色，选择"画笔"工具 ✎，设置"画笔大小"为 2 个像素。选择"钢笔"工具 ✐，设置"工具模式"为路径，在人物裙子部分绘制路径，如图 7-200 所示。

03 右击，在弹出的快捷菜单中选择"画笔描边"命令，此时图像效果如图 7-201 所示。

图 7-199　打开图像　图 7-200　绘制路径　图 7-201　画笔描边

04 选择"直线"工具 ✏，设置"工具模式"为"形状"、"填充"为红色、"描边"为无，在人物舞裙上绘制直线，如图 7-202 所示。

05 单击直线选项图标 ⚙，弹出"直线选项"面板，勾选"终点"复选框，将"宽度"与"高度"分别设置为 500%，在"粗细"选项中设置为 1 像素，如图 7-203 所示。

图 7-202　绘制直线　　　图 7-203　直线选项参数

06 再次在图像中绘制直线，如图 7-204 所示。

07 选择"文字"工具 T，为图像添加文字，如图 7-205 所示。

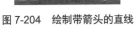

图 7-204　绘制带箭头的直线　　图 7-205　最终效果

7.6.9　了解自定形状工具

使用自定形状工具 ⬟ 可以绘制 Photoshop 预设的各种形状，以及自定义形状。

首先在工具箱中选择该工具，然后单击选项栏中的"形状"下拉列表按钮 ▦，从下拉列表中选择所需的形状，最后在图像窗口中拖动鼠标，即可绘制相应的形状，如图 7-206 所示。

单击下拉面板右上角的 ⚙ 按钮，可以打开面板菜单，如图 7-207 所示。在菜单的底部包含了 Photoshop 提供的预设形状库，选择一个形状库后，可以打开一个提示对话框，如图 7-208 所示。

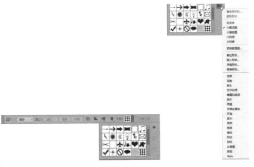

图 7-206　自定形状工具选项栏　　图 7-207　提示对话框

单击"确定"按钮，可以用载入的形状替换面板中原有的形状；单击"追加"按钮，可在面板中原有开关的基础上添加载入的形状；单击"取消"按钮，则取消操作。如图 7-209 所示为载入全部预设形状。

图 7-208　面板菜单　　　　图 7-209　全部预设形状

7.6.10　实战——用自定形状工具制作插画效果

本案例通过使用软件中预设的形状为画面添加各种类型的形状，制作出极具趣味的插画效果。

素材文件路径：素材 \ 第 7 章 \7.6\7.6.10\ 思考 .jpg

01 启动 Photoshop CC 2018 后，按 Ctrl+O 快捷键打开"思考 .jpg"素材，如图 7-210 所示。

7.6.10 教学视频

02 选择"自定形状"工具 ⬟，单击工具选项栏中的形状 ♥ 按钮，在展开的下拉面板中单击右上角的按钮 ⚙，展开下拉菜单，选择"全部"，弹出提示框，单击"确定"按钮，载入全部形状。

03 找到蜗牛形状，设置"工具模式"形状、"填充"为浅绿色（#80c269）、"描边"为无，在图像中绘制蜗牛形状，如图 7-211 所示。

图 7-210　打开图像　　　　图 7-211　绘制蜗牛形状

04 找到皇冠 1 形状，在头发上绘制黄色的皇冠，按 Ctrl+T 快捷键显示定界框，旋转皇冠形状，如图 7-212 所示。

05 找到树形状，绘制深绿色（#00561f）的树木，如图 7-213 所示。

图 7-212　绘制皇冠形状　　　图 7-213　绘制树形状

06 找到草 2 形状，绘制绿色（#009944）的小草形状，如图 7-214 所示。

07 同上述操作方法，依次利用形状拾色器中的形状绘制插画，如图 7-215 所示。

图 7-214　绘制草形状　　　图 7-215　最终效果

7.7　综合实战——圣诞节海报

本实例制作一幅圣诞节海报，练习了矢量工具和直接选择工具的运用。

素材文件路径：素材 \ 第 7 章 \7.7 圣诞素材 .png

7.7 教学视频

01 启动 Photoshop CC 2018 后，执行"文件"|"新建"命令,在弹出的对话框中设置"名称"为圣诞海报、"宽度"为1950 像素、"高度"为700 像素、"分辨率"为72 像素 / 英寸，单击"创建"按钮，新建空白文档。选择"渐变"工具，在工

具选项栏的"渐变编辑器"中设置红色（#d21914）到橙色（#ff5537）到红色（#d21914）的渐变，如图 7-216 所示。

02 单击"线性渐变"按钮，按住 Shift 键从文档的左边往右边拖曳，填充渐变，如图 7-217 所示。

图 7-216　"渐变编辑器"　　图 7-217　填充线性渐变
对话框

03 新建图层，设置前景色为深红色（#760401），选择"画笔"工具，设置"画笔大小"为 2 像素。选择"钢笔"工具，设置"工具模式"为路径，在图像中绘制如图 7-218 所示的路径。

04 右击，在弹出的快捷菜单中选择"画笔描边"命令，为路径描边，设置图层的混合模式为"线条加深"，如图 7-219 所示。

图 7-218　绘制路径　　　图 7-219　画笔描边

05 同方法，绘制其他的线条，如图 7-220 所示。

06 选择"钢笔"工具，设置"工具模式"为形状、"填充"为白色、"描边"为无，在线条上绘制如图 7-221 所示的形状。

图 7-220　绘制线条　　　图 7-221　制作白色形状

07 选择"椭圆"工具，设置"工具模式"为形状、"描边"为无，在白色形状下分别绘制不同颜色的椭圆球形，如图 7-222 所示。

08 新建图层，选择"画笔"工具，用白色的柔边缘笔刷在彩色椭圆及背景上涂抹，制作高光及光晕点，如图 7-223 所示。

图 7-222　制作彩色椭圆　　　图 7-223　添加光晕点

09 选择"钢笔"工具，设置"工具模式"为形状、"填充"为白色、"描边"为无，在文档中绘制白色的雪地，如图 7-224 所示。

10 采用相同方法，利用钢笔工具及椭圆工具制作圣诞树，如图 7-225 所示。

图 7-224 绘制雪地　　　　图 7-225 制作圣诞树

11 按 Ctrl+O 快捷键，打开"圣诞"素材，添加需要的素材，如图 7-226 所示。

12 选择"矩形"工具，设置"工具模式"为形状、"填充"为绿色（#006d50）、"描边"为无，在礼盒下方绘制矩形形状，如图 7-227 所示。

图 7-226 添加素材　　　　图 7-227 绘制矩形形状

13 选择"钢笔"工具，设置"工具模式"为形状、"填充"为深绿色（#00462e）、"描边"为无，在矩形形状上绘制三角形，如图 7-228 所示。

14 同方法，利用形状工具组绘制圣诞树的阴影及路牌，如图 7-229 所示。

图 7-228 绘制三角形形状　　图 7-229 制作路牌

15 在图层面板中选中"路牌"矩形形状图层，右击，

在弹出的快捷菜单中选择"栅格化图层"命令。单击图层面板底部的"创建图层蒙版"按钮，为该图层添加蒙版，选择"画笔"工具，用黑色的柔边缘笔刷涂抹路牌底部，让路牌底部深入雪地，如图 7-230 所示。

16 选择"钢笔"工具，设置"工作模式"为路径，在矩形路牌上绘制路径，如图 7-231 所示。

图 7-230 添加蒙版　　　　图 7-231 制作路径

17 按 Ctrl+Enter 快捷键将路径转换为选区，新建图层，填充白色。双击该图层，打开"图层样式"对话框，设置"投影"的参数，制作覆盖路牌的雪，如图 7-232 所示。

图 7-232 "投影"参数

18 选择"文字"工具，在图像中输入相关文字，最终图像效果如图 7-233 所示。

图 7-233 最终效果

8.1　强大的文本工具——文字工具概述

平面设计中，文字一直是画面不可缺少的元素，好的文字布局和设计有时会起到画龙点睛的作用。对于商业平面作品而言，文字更是不可缺少的内容，只有通过文字的点缀和说明，才能清晰、完整地表达作品的含义。

Photoshop 的文字操作和处理方法非常灵活，可以添加各种图层样式，或进行变形等艺术化处理，使之鲜活醒目。

8.1.1　文字的类型

Photoshop 中的文字是由以数学方式定义的形式组成的，当我们在图像中创建文字时，字符由像素组成，并且与图像文件具有相同的分辨率。但是，在将文字栅格化以前，Photoshop 会保留基于矢量的文字轮廓。因此，即使是对文字进行缩放或调整文字大小，文字也不会因为分辨率的限制而出现锯齿。

文字的划分方式有很多种。如果从排列方式上划分，可以将文字分为横排文字和直排文字；如果从创建的内容上划分，可以将其分为点文字、段落文字和路径文字；如果从样式上划分，则可将其分为普通文字和变形文字。

8.1.2　了解文字工具选项栏

Photoshop CC 中的文字工具包括横排文字工具 T 、直排文字工具 T 、横排文字蒙版工具 T 和直排文字蒙版工具 T 4 种。

其中横排文字工具 T 和直排文字工具 T 用来创建点文字、段落文字和路径文字，横排文字蒙版工具 T 和直排文字蒙版工具 T 用来创建文字选区。

如图 8-1 所示为文字工具选项栏。

✦ 更改文本方向 T ：用于选择文字的输入方向。

✦ 设置字体 黑体 ：用于设定文字的字体。

✦ 设置字体样式 Regular ：用于为字符设置样式，包括 Regular（规则的）、Italic（斜体）、Bold（粗体）、Bold Italic（粗斜体）、Black（黑体）等，如图 8-2 所示。该选项只对部分英文字体有效。

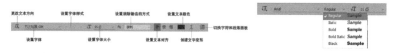

图 8-1　文字工具选项栏　　　　图 8-2　设置字体样式

✦ 设置字体大小 T 11点 ：用于设定文字的大小。

✦ 设置消除锯齿的方式 锐利 ：用于消除文字的锯齿，包括无、锐利、犀利、浑厚和平滑 5 个选项。

✦ 设置文本对齐：用于设定文字的段落格式，分别是左对齐 、居中对齐 和右对齐 。

✦ 设置文本颜色 ：单击颜色色块，可在打开的拾色器中设置文字的颜色。

✦ 创建文字变形 ：用于对文字进行变形操作。

◆ 切换字符和段落面板■：用于显示或隐藏字符和段落面板。

技巧提示：

　　文字的划分方式有很多种，如果从排列方式上划分，可分为横排文字和直排文字；如果从形式上划分，可分为文字和文字蒙版；如果从创建的内容上划分，可分为点文字、段落文字和路径文字；如果从样式上划分，可分为普通文字和变形文字。

8.2　输入文字很简单——文字输入与编辑

　　本节将对创建与编辑文字的相关知识进行介绍，学习如何创建和编辑点文字、段落文字，以及创建文字选区。

8.2.1　实战——创建点文字

　　点文字是一个水平或垂直的文本行，在处理标题等字数较少的文字时，可以通过点文字来完成。下面为汽车广告添加点文字。

素材文件路径：素材 \ 第 8 章 \8.2\8.2.1\ 背景图 .jpg

8.2.1 教学视频

01 启动 Photoshop CC 2018 后，执行"文件"|"打开"命令，打开"素材\第 8 章\8.2\8.2.1\背景图 .jpg"，如图 8-3 所示。

02 选择"横排文字"工具■，在工具选项栏中设置字体为"方正综艺简体"、"字体大小"为 100 点、"字体颜色"为黑色。在需要输入文字的位置单击，设置插入点，画面中会出现一个闪烁的"I"形光标，如图 8-4 所示。

03 此时便可输入文字，如图 8-5 所示。

图 8-3　打开图像　　图 8-4　显示光标　　图 8-5　输入点文字

04 在"来"字和"不"字中间单击，按 Enter 键对文字进行换行，调整文字的位置，如图 8-6 所示。

05 框选"生"字，如图 8-7 所示；在选项栏中重设颜色为枚红色（# f74276），如图 8-8 所示。

图 8-6　换行　　图 8-7　框选点文字 图 8-8　更改文字颜色

06 同理更改"安"的颜色，如图 8-9 所示。

07 选择"窗口"|"字符"命令，在"字符"面板中设置"行距"为 100%，此时图像效果如图 8-10 所示。

08 同方法，可以在图像中输入想要的文字效果，如图 8-11 所示。

图 8-9　更改文字颜色 图 8-10　设置行距　图 8-11　图像效果

8.2.2　了解字符面板

　　字符面板用于编辑文本字符。执行"窗口"|"字符"命令，弹出字符控制面板，如图 8-12 所示。

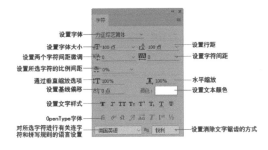

图 8-12　字符面板

◆ 设置字体：单击"设置字体系列"右侧的下拉按钮■，在打开的下拉列表中可以为文字选择字体，如图 8-13 所示。

◆ 设置字体大小：单击"设置字体大小"■右侧的下拉按钮■，在打开的下拉列表中可以选择字号。也可以在数值框中直接输入数值来设置字体的大小。

◆ 设置两个字符间距微调■：字距微调选项用来调整两个字符之间的间距。

◆ 设置所选字符的比例间距。

◆ 通过垂直缩放选项■可以调整字符的高度。

◆ **基线偏移**：基线偏移选项用来控制文字与基线的距离，它可以升高或降低选定的文字，从而创建上标或下标。当该值为正值时，横排文字上移，直排文字移向基线右侧；该值为负值时，横排文字下移，直排文字移向基线左侧。

◆ **设置文字样式**：字符面板下面的一排 T 字形状按钮用来创建仿粗体、斜体等字体样式，以及为字符添加上下画线或删除线。选择文字后，单击相应的按钮即可为其添加样式，如图 8-14 所示。

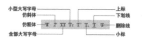

图 8-13　"设置字体系列"　　图 8-14　设置字体样式
　　　　　下拉列表

◆ 对所选字符进行有关连字符和拼写规则的语言设置。

◆ **设置行距**：行距是指文本中各个文字行之间的垂直间距。在行距下拉列表中可以为文本设置行距，也可以在数值栏中输入数值来设置行距。

◆ **设置字符间距**：字距调整选项用来设置整个文本中的所有字符，或者被选择的字符之间的间距。

◆ 通过水平缩放选项可以调整字符的宽度，未设置缩放的字符的值为 100%。

◆ **设置文字颜色**：单击颜色选项中的颜色色块，可以打开"拾色器"对话框，从中设置文字的颜色。

◆ **OpenType 字体**：包含当前 PostScript 和 TrueType 字体不具备的功能，如花饰字和自由连体字。

◆ 设置消除文字锯齿的方式。

> **技巧提示：**
> 设置消除锯齿时，选择"无"，表示不进行消除锯齿处理；"锐利"可轻微使用消除锯齿，文本的效果显得锐利；"犀利"可轻微消除锯齿，文本的效果显得稍微锐利；"浑厚"可大量使用消除锯齿，文本的效果显得更粗重；"平滑"可大量使用消除锯齿，文本的效果显得更平滑。

知识拓展：

在文字工具选项栏和"字符"面板中选择字体时，可以看到各种字体的预览效果。Photoshop 允许用户自由调整预览字体大小，方法是打开"文字"|"文字预览大小"菜单栏，选择一个选项即可，如图 8-15 所示。

图 8-15　设置字体大小

8.2.3　实战——字符面板的使用

上面了解了字符面板中的各类选项，下面将对这些选项进行具体的操作。

素材文件路径：素材 \ 第 8 章 \8.2\8.2.3\ 背景 .jpg

01 启动 Photoshop CC 2018 后，执行"文件"|"打开"命令，选择本书配套素材中的"素材 \ 第 8 章 \8.2\8.2.3\ 背景 .jpg"，打开素材文件，如图 8-16 所示。

02 选择"横排文字"工具，在蓝色圆形上单击，出现光标后输入文字，如图 8-17 所示。

03 在"游"字和"尽"之间单击，按 Enter 键对文字进行转行操作。在图层面板中，双击文字图层，选择文字图层，执行"窗口"|"字符"命令，打开"字符"面板，如图 8-18 所示。

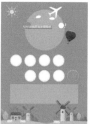

图 8-16　打开图像　图 8-17　输入文字　图 8-18　字符面板

04 在字符面板中可以设置文字的字体样式、大小、行距等参数，如图 8-19 所示。

05 选中文字图层，单击图层面板底部的"创建图层样式"按钮，创建"描边"图层样式，设置参数如图 8-20 所示，可以为文字图层添加图层样式。

06 利用文字工具，在白色的圆形形状中输入文字，打开"字符"面板，设置字体的大小、颜色等参数，如图 8-21 所示。

图 8-19　设置字符　图 8-20　"描边"　图 8-21　设置文字
　　面板参数　　　　　参数　　　　　　颜色

💡 **技巧提示：**
　　创建形状图层后，执行"图层"|"图层内容选项"命令，可以打开"拾色器"，修改形状的填充颜色。

07 同方法，在背景中输入全部文字，如图 8-22 所示。

08 选中"GO"文字图层，双击选择图层，打开"字符"面板，在面板中调整"设置所选字符的比例间距"，如图 8-23 所示。

09 选择"活动套餐"文字图层，双击选择图层。使用光标在"送五星级豪华住宿"上选择文字，如图 8-24 所示。

图 8-22　输入　图 8-23　设置所选　图 8-24　框选
　　文字　　　字符的比例间距　　　　文字

10 打开"字符"面板，在"设置文本颜色"上单击，打开"拾色器（文本框）"对话框，设置颜色，如图 8-25 所示。

11 同方法，设置其他文字的颜色，如图 8-26 所示。

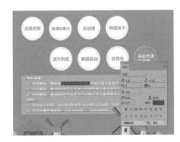 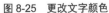 

图 8-25　更改文字颜色　　　图 8-26　图像效果

知识拓展：文字的基线。

　　当我们使用文字工具在图像中单击设置文字插入点时，会出现一个闪烁的"I"形光标，光标中的小线条标记的便是文字的基线（文字所依托的假象线条）。默认情况下，绝大部分文字位于基线之上，小写的 g、p、q 位于基线之下。调整字符的基线使字符上升或下降，可以满足一些特殊文本的需要。

8.2.4　实战——创建段落文字

　　段落文本是在定界框内输入的文字，它具有自动换行、可调整文字区域大小等优势。在需要处理文字较多的文本时，可以使用段落文字来完成，下面介绍具体的操作方法。

素材文件路径：素材 \ 第 8 章 \8.2\8.2.4\ 热带岛屿风情 .jpg

8.2.4 教学视频

01 启动 Photoshop CC 2018 后，执行"文件"|"打开"命令，选择本书配套素材中的"素材 \ 第 8 章 \8.2\8.2.4\ 热带岛屿风情 .jpg"，打开素材文件，如图 8-27 所示。

02 选择"横排文字"工具 **T**，在工具选项栏中设置"字体"为宋体、"字号"为 17、"颜色"为黑色。在画面中单击并向右下角拖出一个定界框，如图 8-28 所示。

图 8-27　打开图像　　　图 8-28　拖曳定界框

03 放开鼠标时，会出现闪烁的"I"光标，如图 8-29 所示；此时可输入文字，当文字达到文本框边界时会自动换行，如图 8-30 所示。

图 8-29　出现光标　　　图 8-30　输入文字

💡 **技巧提示：**
　　在单击并拖动鼠标定义文本区域时，如果同时按住 Alt 键，会弹出"段落文字大小"对话框，在对话框中输入"宽度"和"高度"值，可以精确定义文字区域的大小。

04 拖动文本框可以将文字全部显示，如图 8-31 所示。

05 单击工具选项栏中的✓按钮，即可创建段落文本，如图 8-32 所示。

图 8-31　拖动文本框　　　图 8-32　创建段落文本

技巧提示：

选取文字后，按住 Shift+Ctrl 快捷键并连续按 > 键，能够以 2 点为增量将文字调大；按下 Shift+Ctrl+< 快捷键则以 2 点为增量将文字调小。选取文字后，按住 Alt 键并连续按下 → 键可以增加字间距；按下 Alt+ ← 快捷键则减小字间距。选取多行文字以后，按住 Alt 键并连续按下 ↑ 键可以增加行间距；按下 Alt+ ↓ 快捷键则减小行间距。

知识拓展：

　　"横排文字蒙版"工具和"直排文字蒙版"工具用于创建文字选区。选择其中的一个工具，在画面中单击，然后输入文字即可创建文字选区。也可以使用创建段落文字的方法，单击并拖动一个巨型定界框，在定界框内输入文字创建文字选区。文字选区可以像任何其他选区一样移动、复制、填充或描边，如图 8-33 和图 8-34 所示。

图 8-33　创建文字选区　　　图 8-34　文字描边

8.2.5　实战——编辑段落文字

　　创建段落文本后，可以根据需要调整定界框的大小，文字会自动在调整后的定界框内重新排列。通过定界框还可以旋转、缩放和斜切文字。下面介绍具体的操作步骤。

素材文件路径：素材 \ 第 8 章 \8.2\8.2.5\ 清新文字 .psd

01 启动 Photoshop CC 2018 后，按 Ctrl+O 快捷键打开"第 8 章 \8.2\8.2.5\ 清新文字 .psd"，打开如图 8-35 所示的素材。

8.2.5 教学视频

02 选择"横排文字"工具，在文字中单击，设置插入点，同时显示文字的定界框，如图 8-36 所示。

图 8-35　打开图像　　　图 8-36　显示定界框

03 拖动控制点，调整定界框的大小，文字会在调整后的定界框内重新排列，如图 8-37 所示。

04 按住 Ctrl 键拖动控制点，可以等比例缩放文字，如图 8-38 所示。

图 8-37　拖动定界框　　　图 8-38　等比例缩放文字

05 将光标移至定界框外，当指针变为弯曲的双向箭头时拖动鼠标，可以旋转文字，如图 8-39 所示。

06 按住 Ctrl 键的同时，将鼠标放在定界框的外侧，当鼠标光标变为时，拖动鼠标可以改变定界框的倾斜度，如图 8-40 所示。

图 8-39　旋转文字　　　图 8-40　"斜切文字

技巧提示：

如果定界框内不能显示全部文字时，它右下角的控制点会变为 状。

8.2.6　了解段落面板

　　段落面板用于编辑段落文件。执行"窗口"|"段落"命令，打开段落面板，如图 8-41 所示。

✦ 单击对齐按钮以定义段落的对齐方式，如图 8-42 所示。

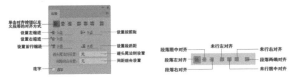

图 8-41 段落面板　　　　图 8-42 对齐按钮

✦ 段落左对齐▤：将文本左对齐，段落右端参差不齐，如图 8-43 所示。

✦ 段落右对齐▤：将文本右对齐，段落左端参差不齐，如图 8-44 所示。

✦ 段落居中对齐▤：将文本居中对齐，段落两端参差不齐，如图 8-45 所示。

✦ 末行左对齐▤：将文本中最后一行左对齐，其他行左右两端强制对齐。

✦ 末行右对齐▤：将文本中最后一行右对齐，其他行左右两端强制对齐。

✦ 末行居中对齐▤：将文本中最后一行居中对齐，其他行左右两端强制对齐。

✦ 段落两端对齐▤：通过在字符间添加间距的方式，使文本左右两端强制对齐，如图 8-46 所示。

图 8-43 段落　图 8-44 段落　图 8-45 段落　图 8-46 段落
左对齐　　　右对齐　　　居中对齐　　两端对齐

✦ 设置左缩进▤：横排文字从段落的左边缩进，直排文字则从段落的顶端缩进，如图 8-47 所示。

✦ 设置右缩进▤：横排文字从段落的右边缩进，直排文字则从段落的底端缩进。

✦ 设置首行缩进▤：可缩进段落中的首行文字，如图 8-48 所示。对于横排文字，首行缩进与左缩进有关；对于直排文字，首行缩进与顶端缩进有关。

图 8-47 左缩进 100　　　图 8-48 首行缩进 30

✦ 设置段前距▤：设置选择的段落与前一段落的距离，如图 8-49 所示。

✦ 设置段后距▤：设置选择的段落与后一段落的距离，如图 8-50 所示。

图 8-49 设置段前距为 20　　图 8-50 设置段后距为 2

✦ 避头尾法则设置：选取换行集为无、JS 宽松、JS 严格。

✦ 间距组合设置：选取内部字符间距集。

✦ 连字：为了对齐的需要，有时会将某一行末端的单词断开至下一行，这时需要使用连字符在断开的单词之间显示标记，前后对比效果如图 8-51 和图 8-52 所示。

图 8-51 调整转换点　　　图 8-52 调整锚点

8.2.7 了解字符样式和段落样式面板

"字符样式"和"段落样式"面板可以保存文字样式，并可快速应用于其他文字、线条或文本段落。

字符样式是诸多字属性的集合（如字体、大小、颜色等）。单击"字符样式"面板中的▤按钮，即可创建一个空白的字符样式，如图 8-53 所示。

双击它可以打开"字符样式"对话框，在该对话框中可以设置字符属性，如图 8-54 所示。

图 8-53 字符样式面板　　图 8-54 字符样式选项

对其他文本应用文字符样式时，只需选择文字图层，再单击"字符样式"面板中的样式即可。

段落样式的创建和使用方法与字符样式基本相同。单击"段落样式"面板中的▤按钮，创建空白样式，然后双击该样式，可以打开"段落样式选项"面板，设置段落属性。

8.2.8 实战——段落样式面板的使用

上面已经了解了段落样式面板的一些选项，下面介绍段落样式面板的具体操作。

素材文件路径：素材 \ 第 8 章 \8.2\8.2.8\ 电商海报 .jpg

01 启动 Photoshop CC 2018 后，按 Ctrl+O 快捷键打开"第 8 章 \8.2\8.2.8\ 电商海报 .jpg"，打开素材，如图 8-55 所示。

8.2.8 教学视频

02 选择"横排文字"工具，输入"满 300"文字，在工具选项栏中设置字体为"宋体"、"字号大小"为 30，如图 8-56 所示。

图 8-55　打开图像　　　　图 8-56　输入文字

03 双击文字图层，选中该文字。执行"窗口"|"段落样式"命令，打开"段落样式"面板，单击面板右下角的"创建新的段落样式"按钮，新建"段落样式 1"，如图 8-57 所示。

04 双击"段落样式 1"，弹出"段落样式选项"对话框，设置参数，如图 8-58 所示。

图 8-57　新建段落样式　　图 8-58　设置段落样式选项

05 单击"确定"按钮，建立新的段落样式。在图层面板中选择文字图层，在段落样式面板中单击"段落样式 1"，应用样式效果，如图 8-59 所示。

06 再次运用文字工具输入其他文字，设置字体为"方正兰亭中黑体"、大小为 60pt、颜色为黄色，如图 8-60 所示。

图 8-59　应用段落样式　　图 8-60　输入文字

07 单击中"段落样式"面板中的"通过合并覆盖重新定义段落样式"按钮，如图 8-62 所示。

08 设置"满 300"的颜色为白色，如图 8-62 所示。

图 8-61　通过合并覆盖重新定　　图 8-62　图像效果
义段落文字

8.2.9 实战——点文字与段落文字的相互转换

点文本和段落文本可以相互转换，下面通过具体的操作来讲解两者之间的转换。

素材文件路径：素材 \ 第 8 章 \8.2\8.2.9\ 纸盒人 .psd

01 启动 Photoshop CC 2018 后，按 Ctrl+O 快捷键打开"第 8 章 \8.2\8.2.9\ 纸盒人 .psd"，如图 8-63 所示。

8.2.9 教学视频

02 在图层面板中选中文字图层，右击，在弹出的快捷菜单选择"转换为段落文本"命令，可将点文字转换为段落文本，此时选择"横排文字"工具，在文本上单击，即可显示段落文本框，如图 8-64 所示。

图 8-63　打开图像　　　　图 8-64　转换为段落文本

8.2.10 实战——水平文字与垂直文字相互转换的应用

在创建文本后，如果想要调整文字的排列方向，可以通过两种方法来进行切换，下面通过具体的操作来讲解。

素材文件路径：素材 \ 第 8 章 \8.2\8.2.10\ 自然之光 .jpg

01 启动 Photoshop CC 2018 后，按 Ctrl+O 快捷键打开"第 8 章 \8.2\8.2.10\ 自然之光 .jpg"，打开素材。选择"横排文字"工具，在图像上单击，插入文字输入点，输入横排文字，如图 8-65 所示。

8.2.10 教学视频

02 单击工具选项栏中的"更改文本方向"按钮或执行"类型"|"文本排列方向"|"竖排"命令，将横排文字转换为直排文字（再次单击"更改文本方向"按钮或执行"类型"|"文本排列方向"|"横排"命令，则可将垂直文字转换为水平文字），如图 8-66 所示。

图 8-65　打开图像　　　图 8-66　设置为垂直文字

8.3　让文字生动起来——创建变形文字

Photoshop 文字可以进行变形操作，转换为波浪形、球形等各种形状，从而创建得到富有动感的文字特效。

8.3.1　实战——创建变形文字

Photoshop 中提供了多种变形文字选项，在图像中输入文字后，便可进行变形操作，下面介绍创建变形文字的具体操作步骤。

素材文件路径：素材 \ 第 8 章 \8.3\8.3.1\ 背景 .jpg

01 启动 Photoshop CC 2018 后，执行"文件"|"打开"命令，选择本书配套素材中的"第 8 章 \8.3\8.3.1\ 背景 .jpg"素材，如图 8-67 所示。

02 选择"横排文字"工具 **T**，设置"字体"为方正粗倩简体、"字号"250 点、"字体颜色"为黄色，在图像中输入文字，如图 8-68 所示。

图 8-67　打开图像　　　图 8-68　输入文字

03 单击工具选项栏上的"创建变形文字"按钮 **工**，打开"变形文字"对话框，在弹出的对话框中选择"旗帜"，设置相关参数，如图 8-69 所示。

04 单击"确定"按钮，关闭对话框，此时文字效果如图 8-70 所示。

图 8-69　"变形文字"对话框　　图 8-70　变形效果

05 选择"钢笔"工具 **⊘**，在文字上绘制路径，如图 8-71 所示。

06 按 Ctrl+Enter 快捷键将路径转换为选区，新建图层，填充黄色。单击图层面板底部的"创建图层蒙版"按钮 **◻**，为文字图层添加蒙版，选择"画笔"工具 **✓**，用黑色的柔边缘笔刷涂抹"圣诞快乐"，将创建的路径图形和字体融为一体，如图 8-72 所示。

图 8-71　绘制路径　　　图 8-72　填充颜色

07 选中所有的文字图层，按 Ctrl+G 快捷键对图层编组。单击"添加图层样式"按钮 **fx**，在弹出的下拉菜单中设置"斜面与浮雕""描边"参数，如图 8-73 所示。

08 单击"确定"按钮，关闭对话框，此时文字效果如图 8-74 所示。

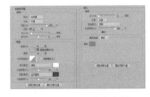　

图 8-73　图层样式参数　　　图 8-74　文字效果

09 同方法，输入其他的文字，如图 8-75 所示。

10 将所有的文字图层进行编组，执行"图层"|"图层样式"|"投影"命令，在弹出的对话框中设置参数，如图 8-76 所示。

图 8-75　输入文字　　　图 8-76　"投影"参数

11 执行"图层"|"图层样式"|"创建图层"命令，将投影作为一个新的图层展示。按 Ctrl+T 快捷键显示定界框，按住 Ctrl 键拖动定界框四周的点，斜切图层，如图 8-77 所示。

12 按 Enter 键确认操作，设置不透明度为 50%、"填充"为 33%，图像效果如图 8-78 所示。

图 8-77　斜线投影

图 8-78　图像效果

8.3.2　设置变形选项

执行"文字"|"文字变形"命令，或单击选项栏中的 Ｔ 按钮，打开如图 8-79 所示的"变形文字"对话框，使用该对话框可制作出各种文字弯曲变形的艺术效果。

图 8-79　"变形文字"对话框

Photoshop 提供的 15 种文字变形样式效果如图 8-80 所示。

图 8-80　文字变形效果

💡 **技巧提示：**

重置变形与取消变形：使用横排文字工具和直排文字工具创建的文本，只要保持文字的可编辑性，即没有将其栅格化、转换成为路径或形状前，可以随时进行重置变形与取消变形的操作。要重置变形，可选择一个文字工具，然后单击工具选项栏中的"创建文字变形"按钮 Ｔ，也可执行"图层"|"文字"|"文字变形"命令，打开"变形文字"对话框，此时可以修改变形参数，或者在"样式"下拉列表中选择另一种样式。

要取消文字的变形，可以打开"变形文字"对话框，在"样式"下拉列表中选择"无"选项，单击"确定"按钮关闭对话框，即可取消文字的变形。

8.4　极具个性——创建路径文字

路径指的是使用钢笔工具或形状工具创建的直线或曲线轮廓。在以前的版本中，如果需要制作文字沿路径绕排的效果，必须借助于 Illustrator 等矢量软件，而现在可以直接在 Photoshop 中轻松实现这一功能。

8.4.1　实战——沿路径排列文字

沿路径排列文字，首先是绘制路径，然后使用文字工具输入文字，具体操作如下。

素材文件路径：素材 \ 第 8 章 \8.4\8.4.1\ 红发美女 .jpg

8.4.1 教学视频

01 启动 Photoshop CC 2018 后，执行"文件"|"打开"命令，打开素材"第 8 章 \8.4\8.4.1\ 红发美女 .jpg"，如图 8-81 所示。

02 选择"钢笔"工具 ，设置"工具模式"为路径，在画布中绘制一段开放路径，如图 8-82 所示。

图 8-81　打开图像

图 8-82　绘制路径

03 选择"横排文字"工具 Ｔ，设选项栏中的字体为微软雅黑、字号大小为 9 点、颜色为白色，放置光标至路径上方（光标会显示为 Ｉ 形状），如图 8-83 所示。

04 单击即可输入文字，文字输入完成后，按 Ctrl ＋ H 快捷键隐藏路径，即得到文字按照路径走向排列的效果，如图 8-84 所示。

图 8-83　光标变化

图 8-84　输入文字

8.4.2　实战——移动和翻转路径上的文字

在 Photoshop 中，不仅可以沿路径编辑文字，还可以移动翻转路径中的文字，下面介绍具体的操作步骤。

素材文件路径：素材 \ 第 8 章 \8.4\8.4.2\ 国外女子 .psd

8.4.2 教学视频

01 启动 Photoshop CC 2018 后，按 Ctrl+O 快捷键打开"第 8 章 \8.4\8.4.2\ 国外女子 .psd"，打开素材，如图 8-85 所示。

02 在图层面板中选中文字图层，如图 8-86 所示；画面中会显示路径，选择"路径选择"工具 或"直接选择"工具，移动光标至文字上方，当光标显示为 状时拖动，如图 8-87 所示。

| 图 8-85　打开 | 图 8-86　选中文字 | 图 8-87　光标发生 |
| 图像 | 图层 | 变化 |

03 此时改变文字在路径上的起始位置，如图 8-88 所示。

04 单击并朝路径的另一侧拖动文字，可以翻转文字，如图 8-89 所示。

图 8-88　调整文字位置　　　图 8-89　翻转文字

8.4.3　实战——调整路径文字

上面学习了移动并翻转路径上的文字，接下来学习沿路径排列后编辑文字路径，下面介绍具体操作步骤。

素材文件路径：素材 \ 第 8 章 \8.4\8.4.3\ 外景人物 .psd

01 启动 Photoshop CC 2018 后，按 Ctrl+O 快捷键打开"第 8 章 \8.4\8.4.3\ 外景人物 .psd"，打开素材，如图 8-90 所示。

02 在图层面板中选择文字图层，选择"直接选择"工具，单击路径显示锚点，如图 8-91 所示。

图 8-90　打开图像　　　图 8-91　显示锚点

03 移动锚点或者调整方向线修改路径的形状，文字会沿修改后的路径重新排列，如图 8-92 和图 8-93 所示。

图 8-92　移动锚点　　　图 8-93　调整方向线

> **技巧提示：**
> 文字路径是无法在路径面板中直接删除的，除非在图层面板中删除这个文字层。

8.4.4　实战——调整文字与路径的距离

使用字符面板的基线偏移参数，可以调整路径文字在路径上的偏移距离。当基线偏移距离为 0 时，路径文字紧贴文字路径。

素材文件路径：素材 \ 第 8 章 \8.4\8.4.4\ 绿地 .jpg

01 启动 Photoshop CC 2018 后，按 Ctrl+O 快捷键打开"第 8 章 \8.4\8.4.4\ 绿地 .jpg"素材。选择"椭圆"工具，设置"工具模式"为路径，按住 Shift 键绘制正圆，选择"横排文字"工具，在正圆上单击输入文字，如图 8-94 所示。

02 执行"窗口"|"字符"命令，打开"字符"面板，设置偏移距离为 0 点，如图 8-95 所示。

图 8-94　打开图像　　　图 8-95　偏移距离为 0 点

03 设置偏移距离为 15 点，路径文字效果，如图 8-96 所示。

图 8-96　偏移距离为 15 点

技巧提示：

如果将偏移距离设置为负数，则文字向相反的方向偏移。从上面操作可以看出，调整路径文字基线偏移距离，可以在不编辑路径的情况下轻松调整文字的位置。

8.4.5 实战——创建异形轮廓段落文本

在 Photoshop 中，除了可以将文字沿路径排列之外，也可以将文本放置于一个闭合的路径或形状中。该功能在特殊的文字排版中非常有用。下面通过具体的操作来进行讲解。

素材文件路径：素材 \ 第 8 章 \8.4 \8.4.5\ 创意广告 .jpg

01 启动 Photoshop CC 2018 后，按 Ctrl+O 快捷键打开"第 8 章 \8.4 \8.4.5\ 创意广告 .jpg"素材，如图 8-97 所示。

02 选择"钢笔"工具 ，沿着酒杯杯身绘制闭合的路径，如图 8-98 所示。

03 选择"横排文字"工具 ，移动光标至路径内，光标会显示为 形状，此时单击光标输入文字，即可创建相应的轮廓段落文本，如图 8-99 所示。

图 8-97 打开图像 　图 8-98 绘制路径 　图 8-99 创建段落文本

8.5 编辑文字很容易——编辑文字的命令

路径指的是使用钢笔工具或形状工具创建的直线或曲线轮廓。在以前的版本中，如果需要制作文字沿路径绕排的效果，必须借助于 Illustrator 等矢量软件，而现在可以直接在 Photoshop 中轻松实现这一功能。

8.5.1 拼写检查

执行"编辑" |"拼写检查"命令，可以检查当前文本中英文单词的拼写是否有误，如果检查到错误，Photoshop 还会提供修改建议。选择需要检查拼写错误的文本，执行该命令，打开"拼写检查"对话框，显示检查信息，如图 8-100 所示。

图 8-100 "拼写检查"对话框

✦ 不在词典中：系统会将查出的拼写错误的单词显示在该列表中。

✦ 更改为：可输入用来替换错误单词的正确单词。

✦ 建议：在检查到错误单词后，系统会将修改建议显示在该列表中。

✦ 检查所有图层：选中该复选框，可检查所有图层上的文本。

✦ 完成：可结束检查并关闭对话框。

✦ 忽略：忽略当前检查的结果。

✦ 全部忽略：忽略所有检查的结果。

✦ 更改：单击该按钮，可使用"建议"列表中提供的单词替换掉查找到的错误单词。

✦ 更改全部：使用正确的单词替换掉文本中所有的错误单词。

✦ 添加：如果被查找到的单词是正确的，则可以单击该按钮，将该单词添加到 Photoshop 词典中。以后查找到该单词时，Photoshop 会确认其为正确的拼写形式。

8.5.2 实战——"拼音检查"命令的使用

上面已经对"拼写检查"做了详细的介绍，接下来通过具体的操作来使用该命令。

素材文件路径：素材 \ 第 8 章 \8.5\8.5.2\ 海报 .jpg

01 启动 Photoshop CC 2018 后，按 Ctrl+O 快捷键打开"第 8 章 \8.5\8.5.2\ 海报 .jpg"素材，输入文字，如图 8-101 所示。

02 执行"编辑" |"拼音查找"命令，统会发现"cliss"单词拼写错误，在"建议"列表框中选择正确的单词，或者直接在"更改为"文本框中输入，如图 8-102 所示。

图 8-101 输入文字 　图 8-102 拼写检查

03 单击"更改"按钮，完成单词修改，如图 8-103 所示。

图 8-103　替换错误单词

8.5.3　查找和替换文本

执行"编辑"|"查找和替换文本"命令也是一项基于文字的查找功能，使用它可以查找到当前文本中需要修改的文字、单词、标点或字符，并将其替换为正确的内容。如图 8-104 所示为"查找和替换文本"对话框。

图 8-104　"查找和替换文本"对话框

在进行查找时，只需在"查找内容"文本框中输入要替换的内容，然后在"更改为"文本框输入用来替换的内容，最后单击"查找下一个"按钮，Photoshop 会将搜索到的内容高亮显示，单击"更改"按钮可将其替换。如果单击"更改全部"按钮，则搜索并替换所找到文本的全部匹配项。

8.5.4　实战——智能识别并匹配字体

智能识别并匹配字体作为 Photoshop CC 2015.5 版本的新增功能，无须在网站或是字体样式中查找字体，只需要执行该命令就可以自动识别该字体的样式，不过该功能只适应拉丁字母，而 Photoshop CC 2018 版本中还增加了智能识别计算机上安装的字体，下面介绍具体的操作。

素材文件路径：素材 \ 第 8 章 \8.5\8.5.4\ 电影海报 .jpg

8.5.4 教学视频

01 启动 Photoshop CC 2018 后，执行"文件"|"打开"命令，选择本书配套素材中的"素材 \ 第 8 章 \8.5\8.5.4\ 电影海报 .jpg"，打开素材文件，如图 8-105 所示。

02 执行"文字"|"匹配字体"命令，打开"匹配字体"对话框，在文档中会出现一个定界框，如图 8-106 所示。

图 8-105　打开　　　图 8-106　"匹配文字"对话框
　　　　　图像

03 拖动定界框，可以确认文字匹配的范围，如图 8-107 所示。

04 若是需要了解某个字体的样式，只需将定界框移至该文字上就可查看该文字样式，如图 8-108 所示。

图 8-107　调整定界框范围　　图 8-108　调整定界框范围

05 按 Ctrl+O 快捷键打开"蒲公英 .psd"素材，执行"文字"|"匹配字体"命令，打开"匹配字体"对话框，将定界框拖动到需要智能识别字体的区域，如图 8-109 所示。

06 此时"匹配字体"对话框识别出计算机中的自带字体，如图 8-110 所示。

图 8-109　调整定界框范围　　图 8-110　智能识别匹配字体

8.5.5　实战——支持 emoji 表情包在内的 svg 字体

在 Photoshop CC 2018 版本中，可以将表情包当做文字添加到编辑的图像中，需要将该文字打开，选中喜欢的表情包双击即可输入完成，并如文字一般随意调整大小、方向等，下面介绍具体的操作过程。

素材文件路径：素材 \ 第 8 章 \8.5\8.5.5\ 彩色的世界 .jpg

8.5.5 教学视频

01 启动 Photoshop CC 2018 后，执行"文件"|"打开"命令，打开"彩色的世界"素材，

如图 8-111 所示。

02 选择"横排文字"工具 ，在文字样式下拉列表中选择 EmojiOne 文字，会弹出"字形"面板，如图 8-112 所示。

03 在素材中单击，确定表情包的起点位置。在"字形"面板中选择任一表情包，双击即可在图像中添加表情包，如图 8-113 所示。

图 8-111 打开图像 图 8-112 "字形"面板 图 8-113 输入表情包

04 双击文字图层，将该表情包选中，可以在工具选项栏中设置表情包的大小，如图 8-114 所示。

05 按 Ctrl+T 快捷键显示定界框，可以对表情包进行自由变换，如图 8-115 所示。

06 当"字形"面板上的字形显示框满格后，单击 按钮，选择"清除近期字形"选项，即可将使用的表情包从字形面板中清除掉，如图 8-116 所示。

图 8-114 放大 图 8-115 斜切 图 8-116 清除表情包 表情包 近期字形

07 在图像中先输入 C 表情包，再输入 N 表情包时，输入的表情包会自动合成为一个中国国旗表情包，如图 8-117 所示。

08 前后分别输入 U 与 S 表情包，会合成美国国旗表情包，如图 8-118 所示。

图 8-117 表情包组合 图 8-118 表情包组合

09 在"字形"面板中选择一个任意肤色的小人表情包，

如图 8-119 所示；双击任一肤色的圆形表情包，此时两个表情包合成为带有圆形肤色表情包的小人表情包，如图 8-120 所示。

10 单击"字形"面板下的"缩小字符"按钮 ，即可缩小字形面板中的表情包，单击"放大字符"按钮 可以放大表情包，如图 8-121 所示。

图 8-119 选择 图 8-120 生成新 图 8-121 缩小 / 放表情包 的表情包 大表情包

8.5.6 实战——将文字创建为工作路径

可将编辑好的普通文字转换为工作路径，通过文字创建路径，然后使用路径调整工具进行变形，可以非常方便地创建一些特殊艺术字效果，下面介绍具体的操作。

素材文件路径：素材 \ 第 8 章 \8.5\8.5.6\ 太阳镜广告 .psd

8.5.6 教学视频

01 打开素材，选择文字图层，如图 8-122 所示。

02 在文字图层上右击，在弹出的快捷菜单中选择"创建文字路径"命令，如图 8-123 所示。

图 8-122 选中文字图层 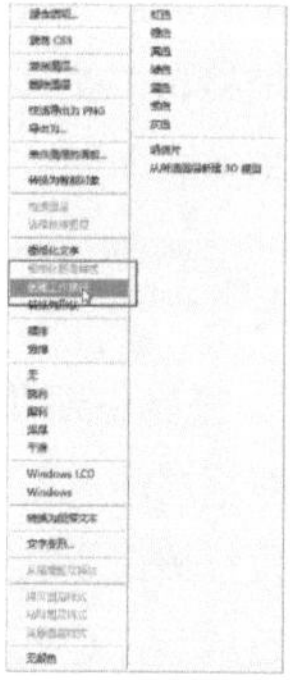 图 8-123 创建文字路径选项

03 即可得到如图 8-124 所示的文字路径。

图 8-124 创建文字路径

8.6　综合实战——文字海报

本实例制作一幅创意海报，学习创意文字的制作方法。

素材文件路径：素材 \ 第 8 章 \8.6 效果图 .psd

8.6 教学视频

01 启动 Photoshop CC 2018 后，执行"文件"|"新建"命令，在弹出的对话框中设置如图 8-125 所示的参数。

02 单击"确定"按钮，新建空白文档。设置前景色为灰色（＃808080），执行"滤镜"|"渲染"|"云彩"命令，为图像添加云彩效果；执行"滤镜"|"像素化"|"马赛克"命令，在弹出的对话框中设置参数，如图 8-126 所示。

图 8-125　新建文件　　　图 8-126　"马赛克"参数

03 单击"确定"按钮，关闭对话框。将"背景"图层拖曳至图层底部的"创建新图层"按钮上，得到"背景复制"图层，按 Ctrl+T 快捷键显示定界框，右击，在弹出的快捷键菜单中选中"斜切"命令，按住 Alt 键用鼠标拖动定界框四周控制点的其中一点，斜切图像，如图 8-127 所示。

04 将鼠标放置在定界框内，右击，在弹出的快捷菜单中选择"自由变换"选项，按住 Alt 键拖动中间的控制点，放大图像，如图 8-128 所示。

图 8-127　斜切图像　　　图 8-128　放大图像

05 按 Enter 键确认变形操作。按 Ctrl+J 快捷键复制"背景复制"图层，按 Ctrl+T 快捷键显示定界框水平翻转图像，并设置该图层的混合模式为"叠加"，如图 8-129 所示。

06 选择"背景复制"图层，设置其混合模式为"叠加"。选择"背景"图层，单击图层面板底部的"创建新的填充或调整图层"按钮，创建"渐变叠加"调整

图层，在弹出的对话框中设置深灰蓝（#0d2f4b）到深蓝（#144a68）到蓝色（#4b90a5）再到浅蓝（#6edee4）的渐变条颜色，如图 8-130 所示。

图 8-129　叠加效果　　　图 8-130　"渐变填充"效果图

07 在图层面板中选中最上面的图层。选择"横排文字"工具，设置"字体样式"为 Trajan Pro 3、"字体大小"为 200 点、"字体颜色"为黑色，在图像中输入大写字母文字，如图 8-131 所示。

08 执行"窗口"|"字符"命令，打开"字符"面板，设置参数，并调整文字的位置，如图 8-132 所示。

图 8-131　输入文字　　　图 8-132　设置"字符"面板参数

09 在文字图层上右击，在弹出的快捷菜单中选择"转换为智能对象"命令，按 Ctrl+J 快捷键复制文字图层并隐藏复制的文字图层，选择文字图层。单击图层面板底部的"创建图层样式"按钮，设置"颜色叠加"与"斜面与浮雕"的图层样式参数，如图 8-133 所示。

图 8-133　"图层样式"参数

10 将添加图层样式的文字图层拖曳至图层底部的"创建新图层"按钮上，复制图层，并清除图层样式。双击该文字图层，打开"图层样式"对话框，重新设置参数，如图 8-134 所示。

图 8-134 "图层样式"参数

11 单击"确定"按钮关闭对话框，此时文字效果如图 8-135 所示。

12 同方法，再次复制图层并重新设置图层样式的参数，如图 8-136 所示。

图 8-135 "图层样式"参数　图 8-136 "图层样式"参数

13 显示隐藏的文字图层，将其移至复制的背景上方，设置"颜色叠加"的图层样式，如图 8-124 所示；执行"滤镜"|"模糊"|"高斯模糊"命令，在弹出的对话框中设置"模糊半径"为 2 像素，并设置该图层的"填充"为 0%，并移动该图层，如图 8-137 所示。

14 设置前景色为灰蓝色（# 68a9b3），在阴影文字图层上新建图层，利用"画笔"工具 ✐ 与"钢笔"工具 ✐ 制作文字的立体阴影，如图 8-138 所示。

图 8-137 "颜色叠加"参数　图 8-138 制作文字阴影

15 选择"横排文字"工具 T，输入文字，如图 8-139 所示。

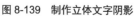 

图 8-139 制作立体文字阴影　图 8-140 输入文字

16 选择"多边形"工具 ⬡，设置"工具模式"为形状、"填充"为无、"描边"为白色、"宽度"为 5 像素、"描边类型"为实线、"缩进边依据"为 1%、"边"为 6，在图像中按住 Shift 键绘制等比的多边形，如图 8-140 所示。

17 单击"添加图层蒙版"按钮 ⬜，为形状图层添加蒙版，选择"矩形选框"工具 ⬚，在多边形上创建选区，填充黑色，如图 8-142 所示。

图 8-141 绘制多边形　图 8-142 隐藏多余多边形

18 同方法，依次创建多边形并利用矩形选框工具隐藏多余的图像，如图 8-143 所示。

图 8-143 最终图像效果

9.1 初始滤镜——滤镜使用方法

Photoshop 滤镜种类繁多，功能和应用各不相同，但在使用方法上却有许多相似之处，了解和掌握这些方法和技巧，对提高滤镜的使用效率很有帮助。

9.1.1 什么是滤镜

Photoshop 滤镜是一种插件模块，它们能够操纵图像中的像素，位图是由像素构成的，每一个像素都有自己的位置和颜色值，滤镜就是通过改变像素的位置或颜色来生成特效的。

9.1.2 滤镜的种类

滤镜分为内置滤镜和外挂滤镜两大类。内置滤镜是 Photoshop 自身提供的各种滤镜，外挂滤镜是由其他厂商开发的滤镜，它们需要安装在 Photoshop 中才能使用。

9.1.3 滤镜使用方法

滤镜使用原则如下：

✦ 使用滤镜处理某一个图层中的图像时，需要选择该图层，并且图层必须是可见的。

✦ 滤镜可应用于当前选择范围、当前图层或通道，如果需要将滤镜应用于整个图层，不要选择任何图像区域。

✦ 有些滤镜只对 RGB 颜色模式图像起作用，不能将滤镜应用于位图模式或索引模式图像，有些滤镜不能应用在 CMYK 颜色模式图像。

✦ 有些滤镜完全在内存中处理，因而在处理高分辨率图像时非常消耗内存。

预览滤镜效果有些滤镜允许在应用之前预览处理效果，以便调整得到最佳的滤镜参数。预览滤镜效果大致有以下几种方法：

✦ 如果滤镜对话框中有"预览"复选框，则可以选中此复选框。以便在图像窗口预览到应用滤镜的结果，此时仍然可以使用 Ctrl ＋＋和 Ctrl ＋－快捷键调整图像窗口的大小。

✦ 一般的滤镜对话框都有预览框，从中可以预览滤镜效果，按下鼠标在其中拖动鼠标可移动预览图像，以查看不同位置的图像效果，如图 9-1 所示。

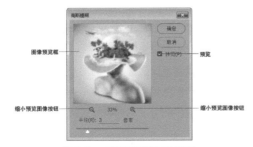

图 9-1　"高斯模糊"对话框

✦ 移动光标至图像窗口，此时光标显示为"□"形状，
单击即可在滤镜对话框的预览框中显示该区域图像的
滤镜效果。

✦ 图像预览框：按下鼠标可移动预览图像。

✦ 选中此选项，可在图像窗口中预览滤镜应用效果。

✦ 缩小预览图像按钮。

✦ 放大预览图像按钮。

> **技巧提示：**
> 在任意滤镜对话框中按住 Alt 键，"取消"按钮就会
> 变成"复位"按钮，便可将参数恢复到初始状态。

9.1.4　提高滤镜工作效率

有些滤镜使用时会占用大量内存，尤其是将滤镜应
用于大尺寸、高分辨率的图像时，处理速度会非常缓慢，
在这些情况下应该掌握以下技巧以提高滤镜的工作效率。

如果图像尺寸较大，可以在图像上选择一小部分区
域试验滤镜设置和效果，得到满意的结果后，再应用于
整幅图像。如果图像尺寸很大且内存不足时，可将滤镜
应用于单个通道来为图像添加滤镜效果。

在运行滤镜之前先执行"编辑"|"清理"|"全部"
命令释放内存。

将更多的内存分配给 Photoshop。如果需要，可关
闭其他正在运行的应用程序，以便为 Photoshop 提供更
多的可用内存。

尝试更改设置以提高占用大量内存的滤镜的速度，
如"光照效果""木刻""染色玻璃""铬黄""波纹""喷
溅""喷色描边"和"玻璃"滤镜等。

9.1.5　快速执行上次使用的滤镜

当对图像使用了一个滤镜进行处理后，滤镜菜单的
顶部便会出现该滤镜的名称，单击它可以快捷使用该滤
镜，也可按 Ctrl+Alt+F 快捷键执行这一操作。

9.1.6　查看滤镜的信息

在"帮助"|"关于增效"子菜单中可以找到
Photoshop 中所有的增效工具。如果要查看某一增效工具
的信息，可以选择相应的内容。

9.2　神奇的滤镜特效——使用滤镜

滤镜库是一个集合了多个滤镜的对话框。使用滤镜
库可以将多个滤镜同时应用于同一图像，或者对同一图

像多次应用同一滤镜，甚至还可以使用对话框中的其他
滤镜替换原有的滤镜。

9.2.1　了解滤镜库对话框

执行"滤镜"|"滤镜库"命令，可以打开"滤镜库"
对话框，如图 9-2 所示。对话框左侧是预览区，中间是 6
组可供选择的滤镜，右侧是参数设置区。

图 9-2　"滤镜库"对话框

知识拓展：为什么有些滤镜无法使用？

如果"滤镜"菜单中的某些滤镜命令显示为灰色，
则表示它们不能使用。在通常情况下，这是由于图像模
式造成的问题。RGB 模式的图像可以使用全部滤镜，一
部分滤镜不能用于 CMYK 图像，索引和位图模式的图像
不能使用任何滤镜。如果要对位图、索引或 CMYK 图像
应用滤镜，可以先执行"图像"|"模式"|"RGB 颜色"
命令，将它们转换为 RGB 模式，再使用滤镜处理。

✦ 预览窗口：用于预览应用滤镜的效果。

✦ 滤镜缩览图列表窗口：以缩览图的形式，列出了风格
化、扭曲、画笔描边、素描、纹理、艺术效果等滤镜
组的一些常用滤镜。

✦ 缩放区：可缩放预览窗口中的图像。

✦ 显示 / 隐藏滤镜缩览图按钮：单击 ▲ 按钮，对话框中
的滤镜缩览图列表窗口会立即隐藏，这样图像预览窗
口得到扩大，可以更方便地观察应用滤镜效果；单击
▼ 按钮，滤镜列表窗口又会重新显示出来。

✦ 滤镜下拉列表框：该下拉列表框以列表的形式显示了
滤镜缩览图列表窗口中的所有滤镜，单击下拉按钮 ∨，
可从中进行选择。

✦ 滤镜参数：当选择不同的滤镜时，该位置就会显示出
相应的滤镜参数，供用户进行设置。

✦ 应用到图像上的滤镜列表：该列表按照先后次序，列
出了当前所有应用到图像上的滤镜列表。选择其中的
某个滤镜，用户仍可以对其参数进行修改，或者单击
其左侧的眼睛图标，隐藏该滤镜效果。

◆ 已应用但未选择的滤镜：已经应用到当前图像上的滤镜，其左侧显示了眼睛图标。

◆ 隐藏的滤镜：隐藏的滤镜，其左侧未显示眼睛图标。

◆ 删除效果图层：单击█按钮可删除当前选择的滤镜。

◆ 新建效果图层：单击█按钮可以添加新的滤镜。

9.2.2 实战——使用"滤镜库"制作油画效果

本案例通过使用"滤镜库"中的"画笔描边"滤镜组中的三个不同的滤镜，制作出大丽花的油画效果，下面介绍具体的操作步骤。

素材文件路径：素材 \ 第 9 章 \9.2\9.2.2\ 大丽花 .jpg

01 启动 Photoshop CC 2018 后，执行"文件" | "打开"命令，打开素材"第 9 章 \9.2\9.2.2\ 大丽花 .jpg"素材，如图 9-3 所示。

02 执行"滤镜" | "滤镜库"命令，弹出"滤镜库"对话框，展开"画笔描边"滤镜组列表，选择"喷色描边"滤镜，设置"描边长度"为 12、"喷色半径"为 7，如图 9-4 所示。

图 9-3 打开图像　　　图 9-4 "滤镜库"对话框

03 单击"新建效果图层"按钮█，新建一个滤镜效果图层，该图层也会自动添加"喷色描边"滤镜，这里单击更改为"阴影线"滤镜，设置"描边长度"为 9、"锐化程度"为 6、"强度"为 1，如图 9-5 所示。

04 再次单击"新建效果图层"按钮█，新建滤镜效果图层，然后选择"喷溅"滤镜，设置"喷色半径"为 10、"平滑度"为 5，如图 9-6 所示。

图 9-5 添加"阴影线"滤镜　　图 9-6 添加"喷溅"滤镜

05 单击"确定"按钮，三个滤镜叠加后，创建出如同油画般的画面效果，如图 9-7 所示。

图 9-7 应用滤镜效果

知识拓展：为什么不能对多个图层应用滤镜？

在 Photoshop 中，滤镜及绘画工具，以及加深、减淡、涂抹、污点修复画笔等修饰工具只能处理当前选择的一个图层，而不能同时处理多个图层。而移动、缩放和旋转等变换操作，可以对多个选定的图层同时处理。

9.2.3 实战——重新排列滤镜顺序

在滤镜库中可重新排列应用的滤镜，重排顺序后，滤镜在图像上的作用效果也会发生变化，下面通过更改滤镜的顺序而得到两种不同的艺术效果。

素材文件路径：素材 \ 第 9 章 \9.2\9.2.3\ 红玫瑰 .jpg

01 启动 Photoshop CC 2018 后，执行"文件" | "打开"命令，打开素材"第 9 章 \9.2\9.2.3\ 玫瑰花 .jpg"素材，如图 9-8 所示。

02 执行"滤镜" | "滤镜库"命令，依次执行壁画和纹理化滤镜，如图 9-9 所示。

图 9-8 打开图像　　　图 9-9 调整顺序

03 在"纹理化"滤镜上按住鼠标并拖动，将它拖至"壁画"滤镜的下方，释放鼠标左键，可以调整两个滤镜的顺序，滤镜顺序不同，图像效果也会发生变化，在"滤镜库"对话框左侧的预览窗口中对图像进行观察，如图 9-10 所示。

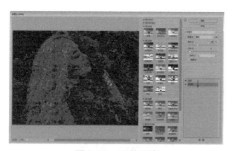

图 9-10　调整顺序

9.2.4　混合滤镜效果

执行"编辑"|"渐隐"命令，可将应用滤镜后的图像与原图像进行混合，就好像混合了两个单独的图层一样，其中一个图层是原图像，另一个图层是应用滤镜后的图像，这样可得到一些特殊的效果。

"渐隐"对话框如图 9-11 所示。拖动滑块可以设置"不透明度"，在"模式"列表框中可以选择混合的模式。

图 9-11　"渐隐"对话框

9.3　智能对象滤镜——智能滤镜

所谓智能滤镜，实际上就是应用在智能对象上的滤镜。与应用在普通图层上的滤镜不同，应用在智能对象上的滤镜，Photoshop 保存的是滤镜的参数和设置，而不是图像应用滤镜的效果，这样在应用滤镜的过程中，当发现某个滤镜的参数设置不恰当，滤镜前后次序颠倒或某个滤镜不需要时，就可以像更改图层样式一样，将该滤镜关闭或重设滤镜参数，Photoshop 会使用新的参数对智能对象重新进行计算和渲染。

9.3.1　实战——用智能滤镜制作网点照片

要应用智能滤镜，首先应将图层转换为智能对象，或选择"滤镜"|"转换为智能滤镜"命令。下面以实例说明智能滤镜的用法。

素材文件路径：素材 \ 第 9 章 \9.3\9.3.1\ 戴花的女人 .jpg

9.3.1 教学视频

01 启动 Photoshop CC 2018 后，执行"文件"|"打开"命令，打开相关素材中的"第 9 章 \9.3\9.3.1\ 戴花的女人 .jpg"素材，如图 9-12 所示。

02 执行"滤镜"|"转换为智能滤镜"命令，弹出一个提示信息，单击"确定"按钮，将"背景"图层转换为智能对象，如图 9-13 所示。

图 9-12　打开图像　　图 9-13　转换为智能对象

03 按 Ctrl+J 快捷键复制图层，得到"图层 0 副本"图层。将前景色设置为蓝色，执行"滤镜"|"素描"|"半调图案"命令，打开"滤镜库"，将"图像类型"设置为"网点"，如图 9-14 所示。

04 单击"确定"按钮，对图像应用智能滤镜，如图 9-15 所示。

图 9-14　"半调　　图 9-15　应用只能滤镜
图案"参数

05 执行"滤镜"|"锐化"|"USM 锐化"命令，对图像进行锐化，使网点变得更加清晰，如图 9-16 所示。

06 设置该智能滤镜图层的混合模式为"正片叠加"，如图 9-17 所示。

图 9-16　"锐化"参数　　图 9-17　设置混合模式

知识拓展：

应用于智能对象的任何滤镜都是智能滤镜，因此，如果当前图层为智能对象，可直接对其应用滤镜，而不必将其转换为智能滤镜。

9.3.2　实战——编辑智能滤镜

智能滤镜效果完成后，可以进行修改，下面以实例操作修改智能滤镜。

素材文件路径：素材 \ 第 9 章 \9.3\9.3.2\ 半调网格效果 .psd

9.3.2 教学视频

01 启动 Photoshop CC 2018 后，按 Ctrl+O 快捷键，打开"半调网格效果 .psd"效果图，如图 9-18 所示。

02 双击"图层 0 副本"的"USM 锐化"智能滤镜，如图 9-19 所示。

图 9-18　打开图像　　　图 9-19　单击"USM
锐化"智能滤镜

03 重新打开"USM 锐化"对话框，修改滤镜参数，如图 9-20 所示；双击智能滤镜旁边的编辑混合选项图标 ⊼，如图 9-21 所示。

图 9-20　修改滤镜参数　　　图 9-21　编辑混合
选项图标

04 打开"混合选项（滤镜库）"对话框，可设置滤镜的不透明度和混合模式，如图 9-22 所示。

图 9-22　重设参数

05 单击"滤镜库"智能滤镜旁边的眼睛图标，如图 9-23 所示；便可隐藏该智能滤镜效果，如图 9-24 所示，再次单击该图标可重新显示滤镜。

图 9-23　单击眼睛图标　　　图 9-24　隐藏滤镜效果

06 在图层面板中，按住 Alt 键将光标放在智能滤镜图标上，如图 9-25 所示；从一个智能对象拖动到另一个智能对象，便可复制智能效果，回到"图层 0 副本"，如图 9-26 所示。

图 9-25　智能滤　　　图 9-26　复制智能效果
镜图标

07 单击智能滤镜的蒙版，将其选择，选择"矩形选框"工具 ▭，建立选区，按 D 和 X 键系统默认前背景色为黑白色，按 Alt+Delete 快捷键，填充前景色，如图 9-27 所示。

08 如果要减弱滤镜效果的强度，可以用灰色绘制，滤镜将呈现不同级别的透明度，也可以使用"渐变"工具 ▦ 在图像中填充黑白渐变，渐变会应用到蒙版中，对滤镜效果进行遮盖，如图 9-28 所示。

图 9-27　填充前景色　　　图 9-28　填充渐变

知识拓展：哪些滤镜可以作为智能滤镜使用？

除"液化"和"消失点"等少数滤镜之外，其他的都可以作为智能滤镜使用，这其中也包括支持智能滤镜的外挂滤镜。此外，"图像"|"调整"菜单中的"阴影/高光"和"变化"命令也可以作为智能滤镜来应用。

> **技巧提示：**
> 对普通图层应用滤镜时，需要使用"编辑"|"渐隐"命令修改滤镜的不透明度和混合模式。而智能滤镜则不同，可以随时双击智能滤镜旁边的编辑混合选项图标来修改不透明度和混合模式。

9.3.3　智能滤镜和普通滤镜的区别

在 Photoshop 中，普通的滤镜是通过修改像素来生成效果的，如图 9-29 所示为一个图像文件，如图 9-30 所示是"镜头光晕"滤镜处理后的效果。从"图层"面板中可以看到，"背景"图层的像素被修改了，如果将图像保存并关闭，就无法恢复为原来的效果了。

智能滤镜是一种非破坏性的滤镜，它将滤镜效果应用于智能对象上，不会修改图像的原始数据。如图 9-31 所示为"镜头光晕"智能滤镜的处理结果，可以看到，它与普通"镜头光晕"滤镜的效果完全相同。

图 9-29　原图　　　图 9-30　普通滤镜　　图 9-31　智能滤镜

💡 **技巧提示：**

遮盖智能滤镜时，蒙版会应用于当前图层中的所有智能滤镜，因此，单个智能滤镜无法遮盖。执行"图层"|"智能滤镜"|"停用滤镜蒙版"命令，可以暂时停用智能滤镜的蒙版，蒙版上会出现一个红色的"x"；执行"图层"|"智能滤镜"|"删除滤镜蒙版"命令，可以删除蒙版。

9.4　强大的独立滤镜——独立滤镜

在 Photoshop 中，独立滤镜包括液化、消失点、镜头校正滤镜。下面重点对液化和消失点滤镜进行介绍。

9.4.1　实战——使用自适应广角校正建筑物

"自适应广角"滤镜可以校正由于使用广角镜头而造成的镜头扭曲。它可以快速拉直在全景图或采用鱼眼镜头和广角镜头拍摄的照片中看起来弯曲的线条。下面使用该滤镜校正建筑物向内倾斜的效果。

素材文件路径：素材 \ 第 9 章 \9.4\9.4.1\ 建筑物 .jpg

01 启动 Photoshop CC 2018 后，执行"文件"|"打开"命令，打开相关素材中的"第 9 章 \9.4\9.4.1\ 建筑物 .jpg"素材，如图 9-32 所示。

9.4.1 教学视频

02 执行"滤镜"|"自适应广角"命令，打开"自适应广角"对话框，Photoshop 首先会识别拍摄该照片所使用的相机和镜头，对话框左下角会显示相关信息，并自动对照片进行简单的校正。

03 如果对自动校正效果不满意，可以在对话框右侧设置校正参数，如图 9-33 所示。

图 9-32　打开文件　　　图 9-33　设置校正参数

04 选择"约束"工具 ，将光标放在出现弯曲的墙体上，

单击，然后向下方拖动，拖出一条绿色的约束线，如图 9-34 所示，松开鼠标即可将弯曲的图像拉直。

05 单击"确定"按钮，关闭对话框。选择"裁剪"工具 ，将空白部分裁掉，如图 9-35 所示。

图 9-34　绘制约束线　　　图 9-35　最终效果

9.4.2　实战——使用镜头校正调整夜景高楼透视

镜头校正滤镜可以校正许多普通照相机镜头变形失真的缺陷，下面使用镜头校正来调整夜景中高楼的透视效果。

素材文件路径：素材 \ 第 9 章 \9.4\9.4.2\ 夜景建筑 .jpg

9.4.2 教学视频

01 启动 Photoshop CC 2018 后，打开相关素材中的"第 9 章 \9.4\9.4.2\ 夜景建筑 .jpg"素材，如图 9-36 所示。

02 执行"滤镜"|"镜头校正"命令，打开"镜头校正"对话框，单击"自定"选项卡显示手动设置面板，并设置参数，如图 9-37 所示。

03 单击"确定"按钮，此时夜景建筑产生的倾斜畸变得到校正，如图 9-38 所示。

图 9-36　打开文件　　图 9-37　镜头　　图 9-38　镜头校正
　　　　　　　　　　　　校正参数　　　　　　效果

9.4.3　了解"液化"滤镜对话框

液化滤镜是修饰图像和创建艺术效果的强大工具，它能够非常灵活地创建推拉、扭曲、旋转、收缩等变形效果，可以修改图像的任意区域。

打开一张图像后，执行"滤镜"|"液化"命令，打开"液化"对话框，如图 9-39 所示。

图 9-39　"液化"对话框

✦ 工具：包括执行液化的各种工具，其中向前变形工具
圖通过在图像上拖动，向前推动图像而产生变形，重
建工具✐通过绘制变形区域，能部分或全部恢复图像
的原始状态；冻结蒙版工具圖将不需要液化的区域创
建为冻结的蒙版；解冻蒙版工具圖则可以取消冻结，
使图像可被重新编辑。

✦ 图像预览与操作窗口：用于预览图像效果与操作过程。

✦ 窗口缩放：用于预览图像窗口的放大与缩小。

✦ 画笔工具选项：设置画笔的大小、浓度、压力与速率。

✦ 人脸识别液化：自动识别并调整眼睛、鼻子、嘴巴及
脸部其他特征。

载入网格选项。

✦ 蒙版选项：设置蒙版的创建方式。单击"全部蒙住"
按钮，冻结整个图像；单击"全部反相"按钮，反相
所有冻结区域。

✦ 视图选项：定义当前图像、蒙版及背景图像的显示
方式。

✦ 画笔重建选项：通过下拉列表选择重建液化的方式。
其中"恢复"可以通过"重建"按钮将未冻结的区域
逐步恢复为初始状态；"恢复全部"可以一次性恢复
全部未冻结的区域。

💡 **技巧提示：**

在"液化"对话框中包含可以进行各种扭曲变形的工具，
然而在进行各种变形时，有时会遇到扭曲变形过度或将不需要
变形的地方也进行了变形的情况，所以，结合重建工具✐、冻
结蒙版工具圖和解冻蒙版工具圖对图像进行编辑，使我们在
对图像进行扭曲变形时更加轻松。使用重建工具✐在变化扭曲
的图像上涂抹，被涂抹的区域将会恢复为原来的样子。

9.4.4　实战——使用"液化"滤镜打造迷人小蛮腰

上面学习了"液化"对话框的知识，下面使用液化
滤镜来减掉有赘肉的腰身，打造纤细的小
蛮腰。

素材文件路径：素材 \ 第 9 章 \9.4\9.4.4\ 人物 .jpg

9.4.4 教学视频

01 启动 Photoshop CC 2018 后，打开相关素材中的"第
9 章 \9.4\9.4.4\ 人物 .jpg"素材，如图 9-40 所示。

02 按 Ctrl+J 快捷键复制"背景"图层，得到"背景副本"
图层。执行"滤镜"|"液化"命令，打开"液化"对话
框，选择"向前变形"工具圖，设置画笔的大小和压力，
得到如图 9-41 所示的图像效果。

图 9-40　打开文件 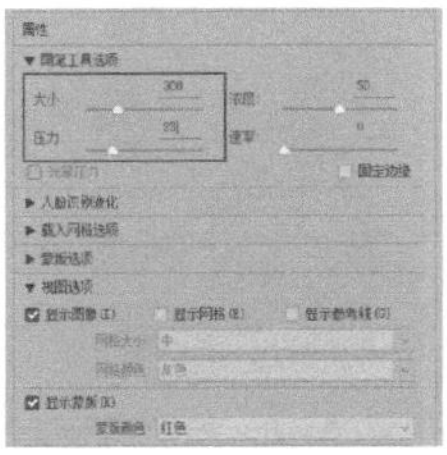　　　　图 9-41　设置画布工具选项

03 放大图像。将光标放在人物腰部区域，如图 9-42 所示。
单击并向里拖动鼠标，使轮廓向内收缩，改变腰部弧线，
如图 9-43 所示。

图 9-42　放置光标　　　　图 9-43　改变腰部弧线

04 采用同样的方法变形其他区域，打造小蛮腰，如
图 9-44 所示。

05 观察图像发现，人物腰部后面的景色严重变形，为
该图层添加图层蒙版，用黑色的画笔涂抹即可还原图像，
如图 9-45 所示。

图 9-44　打造小蛮腰　　　　图 9-45　最终效果

9.4.5　实战——使用"人脸识别"液化为人物整形

Photoshop CC 2018 版本中人脸识别液化可以单独
更改人物的单只眼睛，而其他的选项与 Photoshop CC
2015.5 版本一样，可以通过拖动滑块调整人脸部的各个
部分，下面介绍具体的操作步骤。

素材文件路径：素材 \ 第 9 章 \9.4\9.4.5\ 人物 .jpg

9.4.5 教学视频

01 启动 Photoshop CC 2018 后，打开相关素材中的"第 9 章 \9.4\9.4.5\ 人物 .jpg"素材，如图 9-46 所示。

02 按 Ctrl+J 快捷键复制图层。执行"滤镜"|"液化"命令，或按 Ctrl+Shift+X 快捷键，打开"液化"对话框，如图 9-47 所示。

图 9-46 打开图像　　　图 9-47 "液化"对话框

03 在左侧的工具栏中单击"脸部工具"按钮▣，此时缩览图窗口中会自动根据脸部形状识别脸部区域，如图 9-48 所示。

04 调整右侧"人脸识别液化"参数栏中的眼睛参数，可以单独调整一只眼睛的大小、高度、宽度、斜度，如图 9-49 所示。

图 9-48 自动识别脸部区域　　图 9-49 调整单只眼睛参数

05 单击眼睛"大小"中间的链接▣按钮，另一只眼会随之发生相同的变化，如图 9-50 所示。

06 利用相同的方法可以取消其他的眼睛链接，并调整"鼻子""嘴唇"等选项的参数，最终效果如图 9-51 所示。

图 9-50 取消链接　　　图 9-51 最终效果

07 单击"确定"按钮，即可在窗口中打开图像。

9.4.6 实战——使用消失点制作公益户外

"消失点"滤镜能够在保证图像透视角度不变的前提下，对图像进行绘画、仿制、复制或粘贴及变换等编辑操作。下面将通过使用消失点来制作户外高立柱广告。

素材文件路径：素材 \ 第 9 章 \9.4\9.4.6\ 户外广告 .jpg

9.4.6 教学视频

01 按 Ctrl + O 快捷键，打开配套素材提供的户外广告素材，如图 9-52 所示。

02 按 Ctrl+J 快捷键，复制图层，执行"滤镜"|"消失点"命令，打开"消失点"对话框。选择"创建平面"工具▣，在广告牌的 4 个角分别单击，创建如图 9-53 所示的平面。

图 9-52 打开图像　　　图 9-53 创建平面

03 按 Ctrl ++ 快捷键放大图像显示，移动光标至角点，当光标显示为▯形状时，可以仔细调整平面角点的位置，如图 9-54 所示。单击左下角的▾按钮，在弹出的下拉菜单中选择"符合视图大小"命令。

04 变形平面创建完成，单击"确定"按钮，暂时关闭"消失点"对话框。

05 按 Ctrl+O 快捷键打开"公益广告"，如图 9-55 所示。

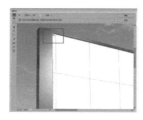

图 9-54 编辑平面角点　　图 9-55 打开公益广告

06 按 Ctrl + A 键，全选图像，按 Ctrl + C 快捷键复制图像至剪贴板。切换图像窗口至户外广告，再次执行"滤镜"|"消失点"命令，打开"消失点"对话框，按 Ctrl + V 快捷键，将复制的图像粘贴至变形窗口，如图 9-56 所示。

07 当光标显示为▶形状时向下拖动，公益广告图像即按照设置的变形平面形状进行变形。选择"变换"工具▣，移动光标至公益广告图像四侧中间控制点位置并拖动，调整图像的大小，使其与户外广告大小相符。单击"确定"按钮，关闭对话框，得到如图 9-57 所示的图像效果。

图 9-56　粘贴广告　　　图 9-57　拖动广告至平面

9.5　凹凸有致——3D 滤镜

在 Photoshop 中，3D 滤镜为新增的滤镜，包括生成凹凸图滤镜和生成法线图滤镜，可以生产立体 3D 效果。

9.5.1　生成凹凸图

"生成凹凸图"滤镜能在原始图像的基础上，对高度图像进行复制、轻微平移、差操作。但只能用于漫反射表面，对于镜面高光来说不能使用，当光源直接照射在物体表面时，如果没有偏移，那么物体面板就不出现任何凹凸现象。如图 9-58 所示为滤镜参数及效果。

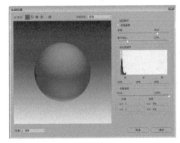

图 9-58　"生成凹凸图"滤镜参数及效果

9.5.2　生成法线图

"生成法线图"滤镜可以将表面的实际法线作为 (x、y、z) 向量存储在法线图中，并可以将含有法线的凹凸纹理和经过插值光源向量在每个像素点结合起来，直接用来计算凹凸块上的镜面高光，如图 9-59 所示为滤镜参数及效果图。

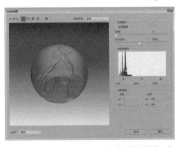

图 9-59　"生成法线图"滤镜参数及效果

9.6　制作绘画的粗糙笔触——风格化滤镜

风格化滤镜组中包括 9 种滤镜，它们可以置换像素、查找并增加图像的对比度，产生绘画和印象派风格效果。

9.6.1　查找边缘

"查找边缘"滤镜可以自动搜索图像的主要颜色区域，将高反差区域变亮，低反差区域变暗，其他区域则介于两者之间，硬边变为线条，柔边变粗，可以自动形成一个清晰的轮廓，突出图像的边缘。如图 9-60 所示为原图像，如图 9-61 所示为滤镜效果。

图 9-60　打开图像　　　图 9-61　"查找边缘"滤镜效果

9.6.2　等高线

"等高线"滤镜可以查找主要亮度区域的转换并为每个颜色通道淡淡地勾勒主要亮度区域的转换，以获得与等高线图中的线条类似的效果。如图 9-62 和图 9-63 所示为滤镜参数及效果。

图 9-62　"等高线"　　　图 9-63"等高线"滤镜效果
　　　　滤镜参数

+ 色阶：用来设置描绘边缘的基准亮度等级。
+ 边缘：用来设置处理图像边缘的位置，以及边界的产生方法。选择"较低"选项时，可以在基准亮度等级下的轮廓上生成等高线；选择"较高"选项时，则在基准亮度等级以上的轮廓上生成等高线。

9.6.3　风

"风"滤镜可在图像中增加一些细小的水平线来模拟风吹效果，如图 9-64 和图 9-65 所示。该滤镜只在水平方向起作用，要产生其他方向的风吹效果，需要先将图像旋转，然后再使用该滤镜。

图 9-64 "风"滤镜参数

图 9-65 "风"滤镜效果

+ 方法：可选择 3 种类型的风，包括"风""大风"和"飓风"。

+ 方向：可设置风源的方向，即从右向左吹，还是从左向右吹。

9.6.4 浮雕效果

"浮雕效果"滤镜可通过勾画图像或选区的轮廓和降低周围色值来生成凸起或凹陷的浮雕效果，如图 9-66 和图 9-67 所示。

图 9-66 "浮雕效果"滤镜参数

图 9-67 "浮雕效果"滤镜效果

+ 角度：用来设置照射浮雕的光线角度。它会影响浮雕的凸出位置。

+ 高度：用来设置浮雕效果凸起的高度。

+ 数量：用来设置浮雕滤镜的作用范围，该值越高边界越清晰，小于 40% 时，整个图像会变灰。

9.6.5 扩散

"扩散"滤镜可以使图像中相邻的像素按规定的方式有机移动，使图像扩散，形成一种类似于透过磨砂玻璃观看对象时的分离模糊效果，如图 9-68 和图 9-69 所示。

图 9-68 "扩散"滤镜参数

图 9-69 "扩撒"滤镜效果

+ 正常：图像的所有区域都进行扩散处理，与图像的颜色值没有关系。

+ 变暗优先：用较暗的像素替换亮的像素，暗部像素扩散。

+ 变亮优先：用较亮的像素替换暗的像素，只有亮部像素产生扩散。

+ 各向异性：在颜色变化最小的方向上搅乱像素。

9.6.6 拼贴

"拼贴"滤镜可以将图像分解为瓷砖方块，并使其偏离原来的位置，产生不规则瓷砖拼凑成的图像效果，如图 9-70 和图 9-71 所示。该滤镜会在各砖块之间产生一定的空隙，可以在"填充空白区域使用"选项组内选择空隙中使用什么样的内容填充。

图 9-70 "拼贴"滤镜参数   图 9-71 "拼贴"滤镜效果

+ 拼贴数：设置图像拼贴块的数量。当拼贴数达到 99 时，整个图像将被"填充空白区域"选项组中设定的颜色覆盖。

+ 最大位移：设置拼贴块的间隙。

9.6.7 曝光过度

"曝光过度"滤镜可以混合负片和正片图像，模拟出摄影中增加光线强度而产生的过度曝光效果，如图 9-72 所示。

图 9-72 "曝光过度"滤镜效果

9.6.8　凸出

"凸出"滤镜可以将图像分成一系列大小相同且有机重叠放置的立方体或锥体，产生特殊的 3D 效果，如图 9-73 和图 9-74 所示。

图 9-73　"凸出"滤镜参数　　图 9-74　"凸出"滤镜效果

✦ 类型：用来设置图像凸起的方式。

✦ 大小：用来设置立方体或金字塔底面的大小，该值越高，生成的立方体和椎体越大。

✦ 深度：用来设置凸出对象的高度，"随机"表示为每个块或金字塔设置一个任意的深度；"基于色阶"则表示使每个对象的深度与其亮度对应，越亮凸出得越多。

✦ 立方体正面：选中该复选框后，将失去图像整体轮廓，生成的立方体上只显示单一的颜色，如图 9-75 所示。

✦ 蒙版不完整块：可以隐藏所有延伸出选区的对象，如图 9-76 所示。

图 9-75　选中"立方体正面"　　图 9-76　选中"蒙版不完整复选框　　　　　　　　块"复选框

9.6.9　实战——"油画"滤镜的使用

"油画"滤镜是一种新的艺术滤镜，可以让图像产生油画效果。本实例通过使用"油画"滤镜为个人艺术写真制作出油画的效果。

素材文件路径：素材 \ 第 9 章 \9.6\9.6.9\ 个人写真 .jpg

9.6.9 教学视频

01 启动 Photoshop CC 2018 后，执行"文件"|"打开"命令，打开相关素材中的"第 9 章 \9.6\9.6.9\ 个人写真 .jpg"，如图 9-77 所示。

02 按 Ctrl+J 快捷键，复制背景图层，得到"背景副本"图层。执行"滤镜"|"风格化"|"油画"滤镜，在弹出

的"油画"对话框中设置如图 9-78 所示的参数。

图 9-77　打开图像　　　　图 9-78 "油画"滤镜参数

03 单击"确定"按钮，关闭对话框，设置不透明度为 50%，此时图像效果如图 9-79 所示。

04 执行"滤镜"|"Camera Raw 滤镜"命令，打开"Camera Raw 滤镜"对话框，设置"色温"和"清晰度"的参数，调整照片色彩，如图 9-80 所示。

图 9-79　图像效果　　图 9-80　　"Camera Raw 滤镜"对话框

05 单击"确定"按钮，关闭对话框。执行"图像"|"计算"命令，在弹出的"计算"对话框中设置如图 9-81 所示的参数。

06 单击"确定"按钮，关闭对话框。切换至"通道"面板，选择 Alpha1 通道，按住 Ctrl 键单击该通道载入选区，按 Ctrl+Shift+I 快捷键反选选区，回到"图层"面板，选择"图层 2"，单击"创建新的填充或调整图层"按钮 ◉，创建"纯色"调整图层，在弹出的"拾色器"对话框中选择蓝色（#5b97b6），并设置该填充图层的混合模式为亮光，如图 9-82 所示。

07 选择"画笔"工具 ✐，用黑色的柔边缘在人物脸部及手臂上涂抹，显示肌肤色彩，如图 9-83 所示。

 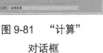 

图 9-81　　"计算"　　图 9-82　创建"　　图 9-83　画笔　　　对话框　　　纯色"调整图层　　　涂抹

08 盖印图层。执行"滤镜"|"模糊"|"高斯模糊"命令，在弹出的对话框中设置参数，如图 9-84 所示。

09 单击"确定"按钮，关闭对话框，设置该图层的混合模式为"叠加"、不透明度为 50%。单击"创建图层蒙版"按钮 ▣，为该图层添加蒙版，选择"画笔"工具 ✐，用黑色的柔边缘笔刷在人物上涂抹，显示图像，如图 9-85 所示。

10 按 Ctrl+O 快捷键，打开"雾"素材，添加到编辑的图像中，设置混合模式为"颜色较深"、不透明度为 50%，并添加蒙版，隐藏颜色较深的图像，如图 9-86 所示。

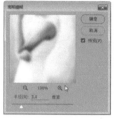

图 9-84 "高斯模糊" 　图 9-85 画笔 　图 9-86 添加雾
对话框 　　　　涂抹 　　　　素材

9.7 制作出画笔描边的效果——画笔描边滤镜

在 Photoshop 中，画笔描边滤镜包括成角的线条、喷色描边、强化的边缘等 8 个滤镜，可以为图像制作绘画效果和添加颗粒、杂色、纹理等。

9.7.1 成角的线条

"成角的线条"滤镜可以使用对角描边重新绘制图像，暗部和亮部区域为不同的线条方向。如图 9-87 所示为原图，如图 9-88 和图 9-89 所示为滤镜参数及效果。

图 9-87 原图 　图 9-88 "成角的 　图 9-89 "成角的
　　　　　　线条"滤镜参数 　　线条"滤镜效果

+ 方向平衡：用来设置对角线条的倾斜角度。
+ 描边长度：用来设置对角线条的长度。
+ 锐化程度：用来设置对角线条的清晰程度。

9.7.2 墨水轮廓

"墨水轮廓"滤镜能够以钢笔画的风格，用纤细的线条在原细节上重绘图像，如图 9-90 至图 9-92 所示。

图 9-90 原图 　图 9-91 "墨水轮 　图 9-92 "墨水轮
　　　　　　廓"滤镜参数 　　廓"滤镜效果

+ 描边长度：用来设置图像中生成的线条的长度。
+ 深色强度：用来设置线条阴影的轻度，该值越高，图像越暗。
+ 光线强度：用来设置线条高光的轻度，该值越高，图像越亮。

9.7.3 喷溅

"喷溅"滤镜能够模拟喷枪，使图像产生笔墨喷溅的艺术效果，如图 9-93 至图 9-95 所示。

图 9-93 原图 　图 9-94 "喷溅" 　图 9-95 "喷溅"
　　　　　　滤镜参数 　　　　滤镜效果

+ 喷色半径：可处理不同颜色的区域，该值越高颜色越分散。
+ 平滑度：确定喷射效果的平滑程度。

9.7.4 喷色描边

"喷色描边"滤镜用喷溅的颜色线条重新绘制图像，产生斜纹飞溅效果，如图 9-96 至图 9-98 所示。

图 9-96 原图 　图 9-97 "喷色 　图 9-98 "喷色描
　　　　　　描边"滤镜参数 　　边"滤镜效果

+ 描边长度 / 描边方向：用来设置笔触的长度和线条

方向。

✦ 喷色半径：用来控制喷洒的范围。

9.7.5　强化的边缘

"强化的边缘"滤镜可以强化图像的边缘，设置高的边缘亮度值时，强化效果类似白色粉笔，如图 9-99 和图 9-100 所示；设置低的边缘亮度值时，强化效果类似黑色油墨，如图 9-101 和图 9-102 所示。

✦ 边缘宽度 / 边缘亮度：可设置需要强化的边缘的宽度和亮度。

✦ 平滑度：可以设置边缘的平滑程度，该值越高，画面效果越柔和。

图 9-99　原图　　　图 9-100　"强化的边缘"滤镜
　　　　　　　　　　　　　　参数及效果

图 9-101　"强化的边缘"　　图 9-102　"强化的边缘"
　　　滤镜参数　　　　　　　　　　滤镜效果

9.7.6　深色线条

"深色线条"滤镜用短而紧密的深色线条绘制暗部区域，用长的白色线条绘制亮区，如图 9-103 和图 9-104 所示。

图 9-103　原图　　　图 9-104　"深色线条"滤镜参数
　　　　　　　　　　　　　　及效果

✦ 平衡：用来控制绘制的黑白色调的比例。

✦ 黑色强度 / 白色强度：可调整绘制的黑色调和白色调的强度。

9.7.7　烟灰墨

"烟灰墨"滤镜能够以日本画的风格绘制图像，它使用非常黑的油墨在图像中创建柔和的模糊边缘，使图像看起来像是用蘸满油墨的画笔在宣纸上绘画，如图 9-105 和图 9-106 所示。

图 9-105　"烟灰墨"滤镜　　图 9-106　"烟灰墨"滤镜
　　　　参数　　　　　　　　　　　　效果

✦ 描边宽度 / 描边压力：用来设置笔触的宽度和压力。

✦ 对比度：用来设置画面效果的对比程度。

9.7.8　阴影线

"阴影线"滤镜可以保留原始图像的细节和特征，同时使用模拟的铅笔阴影线添加纹理，并使彩色区域的边缘变得粗糙，如图 9-107 和图 9-108 所示。

✦ 描边长度 / 锐化程度：用来设置线条的长度和清晰程度。

✦ 强度：用来设置线条的数量和强度。

图 9-107　原图　　　图 9-108　"阴影线"滤镜参数及效果

9.8　朦胧美——模糊滤镜

模糊滤镜包含表面模糊、动感模糊、径向模糊等 11 种滤镜，它们可以柔化像素、降低相邻像素间的对比度，使图像产生柔和、平滑过渡的效果。

9.8.1　表面模糊

"表面模糊"滤镜能够在保留边缘的同时模糊图像，可用来创建特殊效果并消除杂色或颗粒，如图 9-109 和图 9-110 所示。

图 9-109　原图

图 9-110　"表面模糊"滤镜参数及效果

+ 半径：用来指定模糊取样的大小。

+ 阈值：用来控制相邻像素色调值与中心像素值相差多大时才能成为模糊的一部分，色调值小于阈值的像素将被排除在模糊之外。

9.8.2　动感模糊

"动感模糊"滤镜可以根据制作效果的需要沿指定方向模糊图像，产生的效果类似于以固定的曝光时间给一个移动的对象拍照，如图 9-111 和图 9-112 所示。

+ 角度：设置模糊的方向，可输入角度数值，也可以拖动指针调整角度。

+ 距离：设置像素移动的距离。

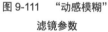
图 9-111　"动感模糊"
滤镜参数

图 9-112　"动感模糊"
滤镜效果

9.8.3　方框模糊

"方框模糊"滤镜可以基于相邻像素的平均色值来模糊图像，生成类似于方块状的特殊模糊效果，如图 9-113 和图 9-114 所示。"半径"值可以调整用于计算给定像素的平均值的区域大小。

图 9-113　"方块模糊"
滤镜参数

图 9-114　"方块模糊"
滤镜效果

9.8.4　高斯模糊

"高斯模糊"滤镜可以添加低频细节，使图像产生一种朦胧效果，如图 9-115 和图 9-116 所示。通过调整"半

径"值可以设置模糊的范围，它以像素为单位，数值越高，模糊效果越强烈。

图 9-115　"高斯模糊"
滤镜参数

图 9-116　"高斯模糊"
滤镜效果

9.8.5　进一步模糊

进一步模糊滤镜可以平衡已定义的线条和遮蔽区域的清晰边缘旁边的像素，使变化显得柔和，如图 9-117 和图 9-118 所示。

图 9-117　"进一步模糊"
滤镜参数

图 9-118　"进一步模糊"
滤镜效果

9.8.6　径向模糊

"径向模糊"滤镜用于模拟缩放或旋转相机时所产生的模糊，产生的是一种柔化的模糊效果，如图 9-119 所示为原图，如图 9-120 所示为"径向模糊"对话框。

图 9-119　原图

图 9-120　"径向模糊"对话框

+ 模糊方法：选中"旋转"复选框时，图像会沿同心圆环线产生旋转的模糊效果，如图 9-121 所示；选中"缩放"复选框，则会产出放射状模糊效果，如图 9-122 所示。

图 9-121　选中"旋转"
复选框

图 9-122　选中"缩放"
复选框

✦ 中心模糊：在该设置框内单击，可以将单击点定义为模糊的原点，原点位置不同，模糊中心也不相同，如图 9-123 和图 9-124 所示。

图 9-123　定义右上角为　　图 9-124　定义左下角为
　　　　模糊点　　　　　　　　　　模糊点

✦ 数量：设置模糊的强度，该值越高，模糊效果越强烈。

✦ 品质：设置应用模糊效果后图像的显示品质。选择"草图"，处理速度最快，但会产生颗粒状效果；选择"好"和"最好"都可以产生较为平滑的效果，但除非在较大图像上，否则看不出这两种品质的区别。

 技巧提示：
　　使用"径向模糊"滤镜处理图像时，需要进行大量的计算，如果图像的尺寸较大，可以先设置较低的"品质"来观察效果，在确认最终效果后，再提高"品质"来处理。

9.8.7　镜头模糊与模糊

　　"镜头模糊"滤镜可以向图像中添加模糊，模糊效果取决于模糊的源设置。

　　"模糊"滤镜用于在图像中有显著颜色变化的地方消除杂色，它可以通过平衡已定义的线条和遮蔽区域的清晰边缘旁边的像素来使图像变得柔和。

9.8.8　平均

　　"平均"滤镜可以查找图像的平均颜色，然后以该颜色填充图像，创建平滑的外观。

9.8.9　特殊模糊

　　"特殊模糊"滤镜提供了半径、阈值和模糊品质等设置选项，可以精确地模糊图像，如图 9-125 所示为原图，如图 9-126 所示为"特殊模糊"对话框。

图 9-125　原图　　　　图 9-126　"特殊模糊"对话框

✦ 半径：设置模糊的范围，该值越高，模糊效果越明显。

✦ 阈值：确定像素具有多大差异后才会被模糊处理。

✦ 品质：设置图像的品质，包括"低""中等"和"高"三种。

✦ 模式：在该下拉列表中可以选择产生模糊效果的模式。在"正常"模式下，不会添加特殊效果，如图 9-127 所示；在"仅限边缘"模式下，会以黑色显示图像，以白色描绘出图像边缘像素亮度值变化强烈的区域，如图 9-128 所示；在"叠加边缘"模式下，则以白色描绘出图像边缘像素亮度值变化强烈的区域，如图 9-129 所示。

图 9-127　"正常"　图 9-128　"仅限　图 9-129　"叠加
　　模式效果　　　　　边缘"模式效果　　　边缘"模式效果

9.8.10　形状模糊

　　"形状模糊"滤镜可以使用指定的形状创建特殊的模糊效果，如图 9-130 和图 9-131 所示。

图 9-130　原图　　　图 9-131　"形状模糊"滤镜
　　　　　　　　　　　　　　参数及效果

✦ 半径：设置形状的大小，该值越高，模糊效果越好。

✦ 形状列表：单击列表中的一个形状，即可使用该形状模糊图像。单击列表右侧的 按钮，可以在打开的下拉列表中载入其他形状库，如图 9-132 所示。

图 9-132　"形状模糊"滤镜形状库

9.9　更真实的模糊效果——模糊画廊

　　模糊画廊滤镜包含场景模糊、光圈模糊、移轴模糊、路径模糊、旋转模糊 5 种滤镜，它们可以根据场景、光圈、移轴、路径、旋转方式模糊图像，使图像产生柔和、平滑过渡的效果。

9.9.1　实战——"场景模糊"滤镜的使用

　　场景模糊可以对指定的区域进行模糊，通过控制点设置模糊的区域和大小。下面介绍"场景模糊"滤镜的具体操作步骤。

素材文件路径：素材 \ 第 9 章 \9.9\9.9.1\ 趣味插画 .jpg

9.9.1 教学视频

01 启动 Photoshop CC 2018 后，执行"文件"|"打开"命令，打开相关素材中的"第 9 章 \9.9\9.9.1\ 趣味插画 .jpg"素材，如图 9-133 所示。

02 执行"滤镜"|"模糊画廊"|"场景模糊"命令，打开"模糊工具"面板，在画面中间位置单击添加一个模糊点，在模糊面板中设置模糊为 0 像素，即该点不进行模糊处理，如图 9-134 所示。

图 9-133　打开图像　　　　图 9-134　设置模糊参数

03 继续在周围添加模糊点，在"模糊工具"面板中设置模糊值分别为 15 像素和 10 像素，如图 9-135 所示。单击"确定"按钮，效果如图 9-136 所示。

图 9-135　设置不同的模糊值　　图 9-136　图像效果

9.9.2　实战——"光圈模糊"滤镜的使用

　　所谓光圈模糊，其实就是模仿光圈大小所形成的浅景深模糊效果，以突出画面主体。下面介绍"光圈模糊"滤镜的具体操作步骤。

素材文件路径：素材 \ 第 9 章 \9.9\9.9.2\ 万圣节 .jpg

9.9.2 教学视频

01 启动 Photoshop CC 2018 后，按 Ctrl+O 快捷键打开"第 9 章 \9.9\9.9.2\ 万圣节 .jpg"素材，如图 9-137 所示。

02 执行"滤镜"|"模糊画廊"|"光圈模糊"命令，打开"模糊工具"面板，如图 9-138 所示。

图 9-137　打开图像　　　图 9-138　"光圈模糊"对话框

03 在图像上自动生成一个光圈模糊，如图 9-139 所示；拖动模糊光圈内的白色小圆，可以调整模糊范围，如图 9-140 所示。

图 9-139　生成模糊光圈　　　图 9-140　调整模糊范围

04 拖动模糊光圈线上的小圆可以旋转缩放模糊光圈，如图 9-141 所示；往外拖动模糊光圈线上的小方形，可以调整模糊光圈的方向，如图 9-142 所示。

图 9-141　旋转缩放模糊光圈　　图 9-142　调整模糊光圈方向

05 在"模糊效果"面板中设置"光源散景"为 75%，如图 9-143 所示；在"模糊效果"面板中设置"散景颜色"为 75%，如图 9-144 所示。

图 9-143　设置"光源散景"　　图 9-144　设置"散景颜色"
　　　　　　参数　　　　　　　　　　　　　参数

06 在"模糊效果"面板中设置"光源范围"参数，图像效果如图 9-145 所示；按 Enter 键或单击选项栏中的"确定"按钮，确定模糊效果，如图 9-146 所示。

图 9-145　设置"光源范围"参数　　图 9-146　图像效果

9.9.3　实战——"移轴模糊"滤镜的使用

通过移动或旋转不同的轴线得到不同的模糊范围，移轴偏移只能对某个区域进行模糊，不适用于特定的对象。下面介绍"移轴模糊"滤镜具体操作步骤。

素材文件路径：素材 \ 第 9 章 \9.9\9.9.3\ 一家三口 .jpg

9.9.3 教学视频

01 启动 Photoshop CC 2018 后，按 Ctrl+O 快捷键打开"第 9 章 \9.9\9.9.3\ 一家三口 .jpg"素材，如图 9-147 所示。

02 执行"滤镜" | "模糊画廊" | "移轴模糊"命令，打开"模糊工具"面板，设置"模糊"参数为 15 像素，如图 9-148 所示。

图 9-147　打开图像　　图 9-148　"倾斜偏移"参数

03 将光标移至画面的小白点处，出现旋转箭头时，可以对模糊效果进行旋转，如图 9-149 所示。

04 移至白线处，当出现双向箭头时，可以偏移模糊效果，如图 9-150 所示。

图 9-149　旋转模糊效果　　图 9-150　偏移模糊效果

05 按 Enter 键确定设置，效果如图 9-151 所示。

图 9-151　图像效果

9.9.4　实战——"路径模糊"滤镜的使用

通过移动路径得到不同的模糊范围，并编辑模糊路径显示和控制每个终点编辑模糊对象。下面介绍"路径模糊"滤镜的具体操作步骤。

素材文件路径：素材 \ 第 9 章 \9.9\9.9.4\ 沙漠幻想 .jpg

9.9.4 教学视频

01 启动 Photoshop CC 2018 后，按 Ctrl+O 快捷键打开"第 9 章 \9.9\9.9.4\ 沙漠幻想 .jpg"素材，如图 9-152 所示。

02 执行"滤镜" | "模糊画廊" | "路径模糊"命令，打开"模糊工具"面板，图像上会出现蓝色的路径箭头，如图 9-153 所示。

图 9-152　打开图像　　图 9-153　"路径模糊"参数

03 将光标放置在路径箭头的白色圆点上，拖动光标即可重新定义路径范围，如图 9-154 所示。

04 在"模糊工具"面板上设置"终点速度"参数，画面中的蓝色路径上会出现一条洋红色的速度路径，如图 9-155 所示。

图 9-154　重新定义　　图 9-155　选中"终点速度"
路径范围　　　　　　　　　复选框

05 选中"编辑模糊形状"复选框，此时图像路径上出现可编辑的锚点，如图 9-156 所示。

06 将光标放置在锚点上，可像"钢笔"工具一样编辑锚点位置，如图 9-157 所示。

图 9-156　选中"编辑模糊形状"　　图 9-157　编辑锚点
　　　　　复选框

07 按 Enter 键确认设置，得到如图 9-158 所示的图像效果。

图 9-158　图像效果

9.9.5　实战——"旋转模糊"滤镜的使用

旋转模糊可以对指定的区域进行旋转模糊，通过控制点设置模糊的区域和大小。下面介绍"旋转模糊"滤镜的具体操作步骤。

素材文件路径：素材 \ 第 9 章 \9.9\9.9.5\ 空中读者 .jpg

01 启动 Photoshop CC 2018 后，按 Ctrl+O 快捷键打开"第 9 章 \9.9\9.9.5\ 空中读者 .jpg."素材，如图 9-159 所示。

02 执行"滤镜"|"模糊画廊"|"旋转模糊"命令，打开"模糊工具"面板，设置模糊角度为 0 像素，即该点不进行模糊处理，如图 9-160 所示。

图 9-159　打开图像　　图 9-160　"旋转模糊"参数

03 在右上角的岩石上单击，添加模糊点，设置模糊角度为 15 像素，如图 9-161 所示。

04 将光标放在模糊旋转框内的白色小点上，向内拖动可设置模糊的区域范围，如图 9-162 所示。向外拖动只能拖至旋转框上，不能拖至旋转框外。

05 拖动模糊光圈线上的小圆，可以旋转缩放模糊光圈，

如图 9-163 所示。拖动旋转模糊的中心点边的弧形小圆，可以设置模糊的角度，如图 9-164 所示。

图 9-161　设置"旋转模糊"　　图 9-162　设置模糊的区域
　　　　　参数　　　　　　　　　　　　范围

图 9-163　旋转缩放模糊光圈　　图 9-164　设置模糊角度

06 按 Enter 键确认设置。

9.10　变换万千——扭曲滤镜

扭曲滤镜包括波浪、海洋波纹、极坐标、球面化、切变等 12 个滤镜，它们通过创建三维或其他形体效果对图像进行几何变形，创建 3D 或其他扭曲效果。

9.10.1　波浪

"波浪"滤镜可以在图像上创建波浪起伏的图案，生成波浪效果，如图 9-165 所示为原图，如图 9-166 所示为"波浪"对话框。

图 9-165　原图　　图 9-166　"波浪"对话框

在"类型"列表中可以设置"正弦""三角形"与"方形"的波纹形态，如图 9-167 所示。

正弦　　　　　三角形　　　　　方形

图 9-167　波浪效果

9.10.2　波纹

"波纹"滤镜和"波浪"滤镜的工作方式相同，但提供的选项较少，只能控制波纹的数量和波纹大小，如图 9-168 和图 9-169 所示。

图 9-168　原图　　　图 9-169 "波纹"滤镜参数及效果

9.10.3　极坐标

"极坐标"滤镜以坐标轴为基准，将图像从平面坐标转换到极坐标，或将极坐标转换为平面坐标，如图 9-170 所示为"极坐标"对话框，如图 9-171 和图 9-172 所示为两种极坐标效果。

图 9-170　"极坐标" 图 9-171　平面坐标 图 9-172 极坐标到平
　　　　　对话框　　　　　到极坐标　　　　　面坐标

9.10.4　挤压

"挤压"滤镜可以将整个图像或选区内的图像向内或向外挤压。如图 9-173 所示为"挤压"对话框；"数量"用于控制挤压程度，该值为负时图像向外凸出，如图 9-174 所示；为正时图像向内凹陷，如图 9-175 所示。

图 9-173　"挤压" 图 9-174　"挤压" 图 9-175　"挤压"
　滤镜参数　　　　滤镜效果　　　　滤镜效果

9.10.5　切变

"切变"滤镜是比较灵活的滤镜，可以按照自己设定的曲线来扭曲图像。如图 9-176 为原图像，打开"切变"对话框以后，在曲线上单击可以添加控制点，通过拖动控制点改变曲线的形状即可扭曲图像，如图 9-177 所示。

如果要删除某个控制点，将它拖至对话框外即可。单击"默认"按钮，则可将曲线恢复到初始的直线状态。

 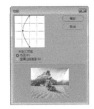

图 9-176　原图　　 图 9-177　拖动控制点改变曲线形状

+ 折回：可在空白区域中填入溢出图像之外的图像内容，如图 9-178 所示。

+ 重复边缘像素：可在图像边界不完整的空白区域填入扭曲边缘的像素颜色，如图 9-179 所示。

图 9-178　选中"折回"　 图 9-179　选中"重复边缘像素"
　　　　复选框　　　　　　　　　　复选框

9.10.6　球面化

"球面化"滤镜通过将选区折成球形、扭曲图像及伸展图像以适合选中的曲线，使图像产生 3D 效果，如图 9-180 和图 9-181 所示。

图 9-180　原图　　　 图 9-181　"球面化"滤镜参数

+ 数量：设置挤压程度，当该值为正值时，图像向外凸出，如图 9-182 所示；为负值时向内收缩，如图 9-183 所示。

+ 模式：在该下拉列表中可以选择挤压方式，包括"正常""水平优先"和"垂直优先"。

图 9-182　"球面化"滤镜效果 图 9-183　"球面化"滤镜效果

9.10.7 水波

"水波"滤镜可以模拟水池中的波纹，在图像中产生类似于向水池中投入石子后水面的变化形态，如图9-184所示为在图像中创建选区；如图9-185所示为"水波"对话框。

图 9-184　创建选区　　图 9-185　"水波"对话框

✦ 数量：设置波纹的大小，范围为 -100~100，负值产生下凹的波纹，正值产生上凸的波纹。

✦ 起伏：设置波纹数量，范围为 0~20，该值越高，波纹越多。

✦ 样式：设置波纹形成的方式。选择"围绕中心"可以围绕中心产生波纹，如图9-186所示；选择"从中心向外"波纹从中心向外扩散，如图9-187所示；选择"水池波纹"可以产生同心状波纹，如图9-188所示。

图 9-186　围绕中心　图 9-187　从中心向　图 9-188　从水池波
　　产生波纹　　　　外产生波纹　　　　纹产生波纹

9.10.8 旋转扭曲

"旋转扭曲"滤镜可以使图像产生旋转的风轮效果，旋转会围绕图像中心进行，中心旋转的程度比边缘大，如图9-189和图9-190所示为原图和"旋转扭曲"对话框。当"角度"值为正值时沿顺时针方向扭曲，如图9-191所示；为负值时沿逆时针方向扭曲，如图9-192所示。

图 9-189　原图　图 9-190　"旋转　图 9-191　顺　图 9-192　逆
　　　　　　　扭曲"对话框　　时针扭曲　　　时针扭曲

9.10.9 置换

"置换"滤镜可以根据另一张图片的亮度值使现有图像的像素重新排列并产生位移，在使用该滤镜前需要准备好一张用于置换的 PSD 格式图像。

9.10.10 实战——金属乒乓球

上面学习了各种扭曲滤镜的使用，下面利用扭曲滤镜中的滤镜制作金属乒乓球。

9.10.10 教学视频

01 启动 Photoshop CC 2018 后，执行"文件"|"新建"命令，在弹出的对话框中设置"宽度"与"高度"分别为800像素、分辨率为72像素/像素。新建图层，填充黑色，执行"滤镜"|"渲染"|"镜头光源"命令，在弹出的对话框中设置参数，如图9-193所示。

02 单击"确定"按钮，关闭对话框。执行"滤镜"|"扭曲"|"极坐标"命令，在弹出的对话框设置参数，如图9-194所示。

03 单击"确定"按钮，关闭对话框。执行"滤镜"|"滤镜库"命令，在弹出的对话框中应用"玻璃"滤镜，设置参数，如图9-195所示。

图 9-193　"镜　图 9-194　"极　图 9-195　"玻璃"
头光晕"参数　　坐标"参数　　　　参数

04 单击"确定"按钮，关闭对话框。执行"滤镜"|"扭曲"|"球面化"命令，在弹出的对话框中设置参数，如图9-196所示。

05 此时图像效果如图9-197所示。

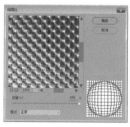 

图 9-196　"球面化"参数　　图 9-197　滤镜效果

06 按 Ctrl+N 快捷键，打开"新建文档"对话框，设置"宽度"为300、"高度"为900、"分辨率"为72像素/英寸、"背景内容"为深红色（#330000），新建文档。

07 切换至圆形的球形图层，选择"椭圆选框"工具，将圆球形选中，拖至新建的深红色文档中，调整大小，如图 9-198 所示。

08 选中球形图层，按 Ctrl+J 快捷键复制图层。按 Ctrl+Alt+2 快捷键载入高光选区，按 Ctrl+Shift+I 快捷键反选选区，执行"图像"|"调整"|"反相"命令，对选区进行反相处理，按 Ctrl+J 快捷键复制反相的选区并删除复制的"图层 1 副本"图层，如图 9-199 所示。

09 设置"图层 2"的图层混合模式为"差值"，制作球体的高光区域，如图 9-200 所示。

10 在"背景"图层上新建图层，填充黑色，执行"滤镜"|"渲染"|"镜头光晕"命令，设置参数，如图 9-201 所示。

   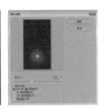

图 9-198　拖　图 9-199　删　图 9-200　设　图 9-201　滤镜
曳圆形球体　　除图层　　置混合模式　　参数

11 设置该图层的混合模式为"滤色"，图像效果如图 9-202 所示。

12 复制镜头光晕滤镜图层，执行"滤镜"|"扭曲"|"极坐标"命令，对图像进行极坐标滤镜处理，按 Ctrl+T 快捷键显示定界框，拖动定界框，对光晕进行变形，如图 9-203 所示。

13 添加图层蒙版，用黑色的柔边缘笔刷擦除多余的图像，如图 9-204 所示。

图 9-202　设置混合　图 9-203　制作光晕　图 9-204　添加蒙版
模式

14 创建"曲线"调整图层，调整 RGB 通道参数，调整图像亮度，如图 9-205 所示。

15 创建"渐变映射"调整图层，选择紫橙色的渐变，设置其混合模式为"叠加"，图像效果如图 9-206 所示。

16 创建"亮度/对比度"调整图层，调整"亮度"与"对比度"的参数，如图 9-207 所示。

图 9-205　曲线调整　图 9-206　"渐变映射"调整图层　图 9-207　最终效果

9.11　图像清晰并不难——锐化滤镜

"锐化"滤镜组中包含 6 种滤镜，它们可以通过增强相邻像素间的对比度来聚焦模糊的图像，使图像变得清晰。

9.11.1　USM 锐化

"USM 锐化"滤镜可以查找图像颜色发生明显变化的区域，然后将其锐化，如图 9-208 所示为原图，如图 9-209 和图 9-210 所示为"USM 锐化"对话框及效果图。

图 9-208　原图　图 9-209　"USM 锐化"参数　图 9-210　"USM 锐化"滤镜效果

✦ 数量：设置锐化强度，该值越高，锐化效果越明显。

✦ 半径：设置锐化的范围。

✦ 阈值：只有相邻像素间的差值达到该值所设定的范围时才会被锐化，因此，该值越高，被锐化的像素就越少。

9.11.2　实战——"防抖"滤镜的使用

"防抖"滤镜模拟相机镜头效果，能够在一定程度上降低由于抖动产生的模糊。

素材文件路径：素材\第 9 章 \9.11\9.11.2\ 模糊小孩 .jpg

9.11.2 教学视频

01 启动 Photoshop CC 2018 后，按 Ctrl+O 快捷键打开"第 9 章 \9.11\9.11.2\ 模糊小孩 .jpg."素材，如图 9-211 所示。

02 执行"滤镜"|"锐化"|"防抖"命令，打开"防抖"对话框，如图 9-212 所示。

图 9-211　打开图像

图 9-212　"防抖"对话框

03 在"模糊描摹设置"选项中设置相关参数，此时图像效果如图 9-213 所示。

04 在弹出的对话框中选择"高级"选项，打开其下拉列表，选中"显示模糊评估区域"复选框，单击"添加建议的模糊描摹"按钮，在图像中创建描摹的区域，发现整个图像变得更加清晰了，如图 9-214 所示。

05 单击"确定"按钮，应用"防抖"滤镜，图像效果如图 9-215 所示。

图 9-213　设置参数

图 9-214　添加建议的模糊描摹

图 9-215　图像效果

9.11.3　进一步锐化与锐化

"锐化"滤镜通过增加像素间的对比度使图像变得清晰，锐化效果不是很明显。"进一步锐化"比"锐化"滤镜效果强烈些，相当于应用了 2~3 次滤镜。

9.11.4　锐化边缘

"锐化边缘"滤镜只锐化图像的边缘，同时会保留图像整体的平滑度，如图 9-216 和图 9-217 所示。

图 9-216　原图

图 9-217　"锐化边缘"滤镜效果

9.11.5　智能锐化

"智能锐化"与"USM 锐化"滤镜比较相似，但它提供了独特的锐化控制选项，可以设置锐化算法、控制阴影和高光区域的锐化量。如图 9-218 所示为原图像，

如图 9-219 所示为"智能锐化"对话框，它包含基本和高级两种锐化方式。

图 9-218　原图

图 9-219　"智能锐化"滤镜参数

✦ 预设：单击其下拉菜单，可以载入预设、保存预设，也可自定设置预设参数。

✦ 数量：设置锐化数量，较高的值可增强边缘像素之间的对比度，使图像看起来更加锐利，如图 9-220 和图 9-221 所示。

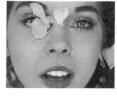
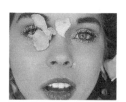
图 9-220　数量为 100% 效果　　图 9-221　数量为 500% 效果

✦ 半径：确定受锐化影响的边缘像素的数量，该值越高，受影响的边缘就越宽，锐化的效果也就越明显，如图 9-222 和图 9-223 所示。

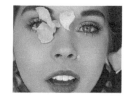

图 9-222　半径为 1 效果　　图 9-223　半径为 4 效果

✦ 减少杂色：设置杂色的减退量，值越高杂色越少。

✦ 移去：在该下拉列表中可以选择锐化算法。

✦ 阴影 / 高光：单击左侧的三角按钮，可以打开"阴影"与"高光"的参数，可以分别调整阴影和高光区的渐隐量、色调宽度、半径。

知识拓展：图像锐化的原理。

锐化图像时，Photoshop 会提高图像中两种相邻颜色（或灰度层次）交界处的对比度，使它们的边缘更加明显，令其看上去更加清晰，造成锐化的错觉。

锐化前　　　　　　　　　锐化后

9.12 独特的滤镜——视频滤镜

视频滤镜组中包含两种滤镜，它们可以处理以隔行扫描方式的设备中提取的图像，将普通图像转换为视频设备可以接收的图像，以解决视频图像交换时系统差异的问题。

9.12.1 NTSC 颜色

"NTSC 颜色"滤镜可以将色域限制在电视机重现可接受的范围内，以防止过饱和颜色渗到电视扫描中。

9.12.2 逐行

"逐行"滤镜可以移去视频图像中的奇数或偶数隔行线，使在视频上捕捉的运动图像变得平滑。如图 9-224 所示为"逐行"对话框。

图 9-224 "逐行"对话框

✦ 消除：选择"奇数行"单选按钮，可删除奇数扫描线；选择"偶数行"单选按钮，可删除偶数扫描线。

✦ 创建新场方式：设置消除后以任何方式来填充空白区域。选择"复制"单选按钮，可复制被删除部分周围的像素来填充空白区域；选择"插值"单选按钮，则利用被删除的部分周围的像素，通过插值的方法进行填充。

9.13 绘制素材并不难——素描滤镜

素描滤镜包括半调图案、水彩画纸、图章、影印等14 个滤镜，它们可以将纹理添加到图像中，或者模拟素描、速写等手绘效果。在 Photoshop CC 中，素描滤镜组都集成在滤镜库中，下面对几个常用的素描滤镜进行详细介绍。

9.13.1 半调图案

半调图案"滤镜可以在保持连续的色调范围的同时，模拟半调网屏的效果，如图 9-225 和图 9-226 所示为原图及滤镜参数选项。

图 9-225 原图　　　图 9-226 半调图案"滤镜参数

✦ 大小：设置网状图案的大小。

✦ 对比度：设置图像的对比度，即清晰程度。

✦ 图案类型：在下列列表中可以选择图案的类型，包括"圆形""网点"和"直线"，如图 9-227 至图 9-229 所示。

图 9-227 制圆形　　图 9-228 网点　　图 9-229 直线

9.13.2 便条纸

"便条纸"滤镜可以简化图像，创建像是用手工制作的纸张构建的图像，图像的暗区显示为纸张上层中的洞，使背景色显示出来，如图 9-230 所示。

图 9-230 "便条纸"滤镜参数及效果

✦ 图像平滑：设置高光区域和阴影区域面积大小。

✦ 粒度 / 凸现：设置图像中的颗粒数量和显示程度。

9.13.3 粉笔和炭笔

"粉笔和炭笔"滤镜可以重绘高光和中间调，并运用粗糙粉笔绘制纯中间调的灰色背景。阴影区域用黑色对角炭笔线条替换，炭笔用前景色绘制，粉笔用背景色绘制，如图 9-231 所示。

✦ 炭笔区 / 粉笔区：设置炭笔区域和粉笔区域的范围。

✦ 描边压力：设置画笔的压力。

图 9-231   "粉笔和炭笔"滤镜参数及效果

9.13.4　铬黄渐变

　　"铬黄"滤镜可以渲染图像，创建如擦亮的铬黄表面般的金属效果，高光在反射表面上是高点，阴影是低点，如图 9-232 所示。

图 9-232   "铬黄渐变"滤镜参数及效果

✦ 细节：设置图像细节的保留程度。

✦ 平滑度：设置图像的光滑程度。

9.13.5　绘图笔

　　"绘图笔"滤镜使用细的、线状的油墨描边来捕捉原图像中的细节，前景色作为油墨，背景色作为纸张，以替换原图像中的颜色，如图 9-233 所示。

图 9-233   "绘图笔"滤镜参数及效果

✦ 描边长度 / 描边方向：设置图像中生成的线条的长度
　　和线条方向。

✦ 明 / 暗平滑：设置图像的亮调与暗调的平衡。

9.13.6　基底凸现

　　"基底凸现"滤镜可以变换图像，使之呈现浮雕的雕刻状和突出光照下变化各异的表面。图像的暗区将呈现前景色，而浅色使用背景色，如图 9-234 所示。

图 9-234   "基底凸现"滤镜参数及效果

✦ 平滑：设置图像细节的保留程度。

✦ 平滑度：设置浮雕效果的平滑程度。

✦ 光照：在下拉列表中可以设定一个光照方向。

9.13.7　石膏效果

　　"石膏效果"滤镜可以按 3D 效果塑造图像，然后使用前景色与背景色为结果图像着色，图像中的暗区凸起，亮区凹陷，如图 9-235 所示。

图 9-235   "石膏"滤镜参数及效果

✦ 图像平衡：设置高光区域和阴影区域相对面积的大小。

✦ 平滑度：设置图像效果的平滑效果。

✦ 光照：在下拉列表中可以选择光照方向。

9.13.8　水彩画纸

　　"水彩画纸"滤镜是素描滤镜组中唯一能够保留原图像颜色的滤镜。它可以用有污点的，像画在潮湿的纤维纸上的涂抹，使颜色流动并混合，如图 9-236 所示。

图 9-236   "水彩画纸"滤镜参数及效果

✦ 纤维长度：设置图像中生成的纤维的长度。

✦ 亮度 / 对比度：设置图像的亮度和对比度。

9.13.9　撕边

"撕边"滤镜可以重建图像，使之像是由粗糙、撕破的纸片组成的，然后使用前景色与背景色为图像着色，如图 9-237 所示。

图 9-237　"撕边"滤镜参数及效果

+ 图像平衡：设置图像前景色和背景色的平衡比例。
+ 平滑度：设置图像边界的平滑程度。
+ 对比度：设置画面效果的对比强度。

9.13.10　炭笔

"炭笔"滤镜可以产生色调分离的涂抹效果。图像的主要边缘以粗线条绘制而中间色调用对角描边进行素描，炭笔使前景色，背景是纸张颜色，如图 9-238 所示。

图 9-238　"炭笔"滤镜参数及效果

+ 炭笔粗细：设置炭笔笔画的宽度。
+ 细节：设置图像细节的保留程度。
+ 明 / 暗平衡：可调整图像中亮调与暗调的平衡关系。

9.13.11　炭精笔

"炭精笔"滤镜可以在图像上模拟浓黑和纯白的炭精笔纹理，暗区使用前景色，亮区使用背景色，为了获得更逼真的效果，可以在应用滤镜之前将前景色改为常用的炭精笔颜色，如图 9-239 所示。

图 9-239　"炭精笔"滤镜参数及效果

+ 前景色阶 / 背景色阶：调节前景色和背景色的平衡关系，色阶越高，它的颜色就越突出。
+ 纹理：可以选择一种纹理预设，也可以单击右侧的 ▼ 按钮，载入一个 PSD 格式文件作为产生纹理的模板。
+ 光照：可以选择光照方向。
+ 反相：可以反转纹理的凹凸方向。

9.13.12　图章

"图章"滤镜可以简化图像，常用于模拟橡皮或木制图章效果，如图 9-240 所示。

图 9-240　"图章"滤镜参数及效果

+ 明 / 暗平衡：调整图像中亮调与暗调区域的平衡关系。
+ 平滑度：设置图像效果的平滑程度。

9.13.13　网状

"网状"滤镜可以用来模拟胶片乳胶的可控收缩和扭曲来创建图章，使图像在阴影区域呈现为块状，在高光区域呈现为颗粒，如图 9-241 所示。

图 9-241　"网状"滤镜参数及效果

+ 浓度：设置图像中产生的网纹密度。
+ 前景色阶 / 背景色阶：设置图像中使用的前景色和背景色的色阶数。

9.13.14　影印

"影印"滤镜可以模拟影印图像的效果，大的暗区趋向于只复制边缘四周，而中间色调要么纯黑色，要么纯白色，如图 9-242 所示。

图 9-242　"影印"滤镜参数及效果

✦ 细节：设置图像细节的保留程度。

✦ 暗度：设置图像暗部区域的强度。

9.14　质感外观——纹理滤镜

　　纹理滤镜组包含 6 种滤镜，这些滤镜可以向图像中添加纹理质感，常用来模拟具有深度感物体的外观。

9.14.1　龟裂缝

　　"龟裂缝"滤镜可以将图像应用在一个高凸现的石膏表面上，以沿着图像等高线生成精细的网状裂缝，如图 9-243 所示为原图，如图 9-244 所示为滤镜参数及效果。

图 9-243　原图　　图 9-244　"鬼裂缝"滤镜参数及效果

✦ 裂缝间距：设置图像中生成的裂缝的间距，该值越小，裂缝越细密。

✦ 裂缝深度 / 裂缝亮度：设置裂缝的深度和亮度。

9.14.2　颗粒

　　"颗粒"滤镜可以模拟多种颗粒纹理效果，如图 9-245 所示。

图 9-245　"颗粒"滤镜参数及效果

✦ 强度 / 对比度：设置图像中加入的颗粒的强度和对比度。

✦ 颗粒类型：在该下拉列表中可以选择颗粒的类型。

9.14.3　马赛克拼贴

　　"马赛克拼贴"滤镜可以渲染图像，使它看起来像是由小的碎片或拼贴组成，然后加深拼贴之间缝隙的颜色，如图 9-246 所示。

图 9-246　"马赛克"滤镜参数及效果

✦ 拼贴大小：设置图像中生成的块状图形的大小。

✦ 缝隙宽度：设置块状图形单元间的裂缝宽度。

✦ 加亮缝隙：设置图形间缝隙的亮度。

9.14.4　拼缀图

　　"拼缀图"滤镜可以将图像分成规则排列的正方块，每一个方块使用该区域的主色填充，如图 9-247 所示。

图 9-247　"拼缀图"滤镜参数及效果

✦ 方形大小：设置生成的方块的大小。

✦ 凸现：设置方块的凸出程度。

9.14.5　染色玻璃

　　"染色玻璃"滤镜可以将图像重新绘制为单色的相邻单元格，色块之间的缝隙用前景色填充，使图像看起来像是彩色玻璃，如图 9-248 所示。

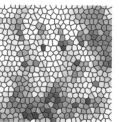

图 9-248　"染色玻璃"滤镜参数及效果

✦ 单元格大小：设置在图像中生成的色块的大小。

+ 边框粗细：设置色块边界的宽度，Photoshop 会使用前景色作为边界来填充颜色。
+ 光照强度：设置图像中心的光照效果。

知识拓展："马赛克拼贴"与"马赛克"滤镜有何不同？

"像素化"滤镜组中也有一个"马赛克"滤镜，它可以将图像分解成各种颜色的像素块，而"马赛克拼贴"滤镜则用于将图像创建为拼贴块。

9.14.6　纹理化

"纹理化"滤镜可以将选定或外部的纹理应用于图像，如图 9-249 所示。

图 9-249　"纹理化"滤镜参数及效果

+ 缩放：设置纹理的缩放比例。
+ 凸现：设置纹理的凸出程度。
+ 光照：设置光线照射方向。
+ 反相：可以反转光线照射的方向。

9.15　模拟像素块效果——像素化滤镜

像素化滤镜包括彩色半调、点状化、马赛克、铜版雕印等 7 种滤镜，它们可以使单元格中颜色值相近的像素结成块状。

9.15.1　彩块化

"彩块化"滤镜可以使纯色或相近颜色的像素结成像素块。使用该滤镜处理扫描的图像时，可以使其看起来像手绘的图像，也可以使现实主义图像产生类似抽象的绘画效果。

9.15.2　彩色半调

"彩色半调"滤镜可以使图像变为网点状效果，它将图像划分为矩形，并用圆形替换每个矩形，如图 9-250 所示为原图，如图 9-251 所示为滤镜参数及效果图。

图 9-250　原图　　图 9-251　"彩色半调"滤镜参数及效果

+ 最大半径：设置生成的最大网点的半径。
+ 网角（度）：设置图像各个原色通道的网点角度。

9.15.3　点状化

"点状化"滤镜可以将图像中的颜色分散为随机分布的网点，如同点状绘画效果，背景色将作为网点之间的画布区域，使用该滤镜时，可通过"单元格大小"来控制网点的大小，如图 9-252 所示。

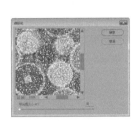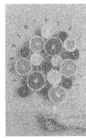

图 9-252　"点状化"滤镜参数及效果

9.15.4　晶格化

"晶格化"滤镜可以使图像中颜色相近的像素结块形成多边形纯色，使用该滤镜时，可通过"单元格大小"来控制多边形色块的大小，如图 9-253 所示。

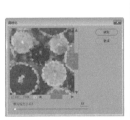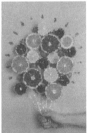

图 9-253　"晶格化"滤镜参数及效果

9.15.5　马赛克

"马赛克"滤镜可以使像素结成方块状，模拟像素效果。使用该滤镜时，可通过"单元格大小"来调整马赛克大小，如图 9-254 所示。如果在图像中创建一个选区，再应用该滤镜，则可以生成电视中的马赛克画面效果。

图 9-254　"马赛克"滤镜参数及效果

9.15.6　碎片

"碎片"滤镜可以将图像中的像素复制 4 次，然后将复制的像素平均分布，并使其相互偏移，使图像产生一种类似于相机没有对准焦距所拍摄出的效果模糊的照片，如图 9-255 所示。

9.15.7　铜版雕刻

"铜版雕刻"滤镜可以在图像中随机生成各种不规则的直线、曲线和斑点，如图 9-256 所示为该滤镜包含的选项，可以在"类似"下拉列表中选择一种网点图案，效果如图 9-257 和图 9-258 所示。

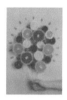

图 9-255　滤镜效果　图 9-256　"铜版电科"滤镜参数　图 9-257　类型为短直线　图 9-258　类型为粗网点

9.16　渲染效果——渲染滤镜

渲染滤镜包括分层火焰、图片框、树、云彩、光照效果、镜头光晕、纤维、云彩 8 种滤镜，它们可以使图像产生三维、云彩或光照效果，以及添加模拟的镜头折射和反射效果。

9.16.1　实战——"火焰"滤镜的滤镜

"火焰"滤镜作为新增的滤镜效果，需要在图像上创建路径后才能使用该滤镜，下面介绍该滤镜的具体操作步骤。

素材文件路径：素材 \ 第 9 章 \9.16\9.16.1\ 创意合成 .jpg

01 启动 Photoshop CC 2018 后，按 Ctrl+O 快捷键打开"第 9 章 \9.16\9.16.1\ 创意合

9.16.1 教学视频

成 .JPG"素材，如图 9-259 所示。

02 选择"钢笔"工具 ✐，设置"工具模式"为路径，在吉他处绘制路径，如图 9-260 所示。

图 9-259　打开图像　　　图 9-260　绘制路径

03 执行"滤镜"|"渲染"|"火焰"命令，打开"火焰"滤镜对话框，在"火焰类型"下拉列表中选择"2.沿路径多个火焰"选项，如图 9-261 所示。

04 选中"为火焰使用自定颜色"复选框，单击"火焰自定颜色"颜色块，打开"颜色"对话框，设置颜色，如图 9-262 所示。

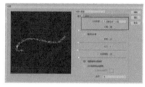

图 9-261　设置火焰类型　　图 9-262　设置火焰颜色

05 单击"确定"按钮，确认自定颜色。单击"确定"按钮，关闭对话框，此时发现图像沿着路径执行"火焰"滤镜，如图 9-263 所示。

06 同上述为图像添加"火焰"滤镜的操作方法，添加其他的火焰，如图 9-264 所示。

图 9-263　"火焰"滤镜效果　　图 9-264　最终效果

9.16.2　实战——"图片框"滤镜的使用

"图片框"滤镜可以为图像添加单色的框架，并可设置框的颜色、花式等参数，下面介绍"图片框"滤镜的具体操作方法。

素材文件路径：素材 \ 第 9 章 \9.16\9.16.2\ 儿童摄影 .jpg

9.16.2 教学视频

01 启动 Photoshop CC 2018 后，按 Ctrl+O 快捷键打开"第 9 章 \9.16\9.16.2\ 儿童摄影 .JPG"素材，如图 9-265 所示。

02 新建图层。执行"滤镜"|"渲染"|"图片框"命令，打开"图片框"对话框，如图 9-266 所示。

图 9-265　打开图像　　图 9-266　"图片框"对话框

03 在"图案"下拉列表中选择"25.雪花"，此时"花"选项栏呈现显示状态，如图 9-267 所示。

04 在"图案"下拉列表中选择"18.脉搏"，此时"叶子"选项也呈现显示状态，如图 9-268 所示。

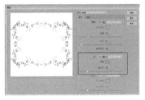 

图 9-267　显示"花"选项　　图 9-268　显示"叶子"选项

05 分别在"图案""花"以及"叶子"选项中选择合适的图案，并设置它们的颜色，如图 9-269 所示。

06 单击"确定"按钮，关闭对话框，此时图像添加了设置的图片框，如图 9-270 所示。

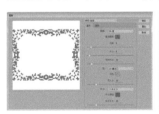 

图 9-269　设置参数　　　图 9-270　最终效果

9.16.3　实战——"树"滤镜的使用

"图片框"滤镜可以为图像添加树素材，并可设置叶子的各项参数，下面介绍"树"滤镜的具体操作方法。

素材文件路径：素材 \ 第 9 章 \9.16\9.16.3\ 建筑后期 .jpg

9.16.3 教学视频

01 启动 Photoshop CC 2018 后，按 Ctrl+O 快捷键打开"第 9 章 \9.16\9.16.3\ 建筑后期 .JPG"素材，如图 9-271 所示。

02 新建图层，执行"滤镜"|"渲染"|"树"命令，打开"树"对话框，如图 9-272 所示。

 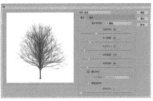

图 9-271　打开图像　　图 9-272　"树"对话框

03 在弹出的对话框中设置"光照方向""叶子数量""叶子大小"等选项的参数，可以将树从枯树变为绿色葱葱的大树，如图 9-273 所示。

04 单击"确定"按钮，关闭对话框。按 Ctrl+T 快捷键显示定界框，可以调整"树"滤镜添加的图像内容，如图 9-274 所示。

图 9-273　设置参数　　图 9-274　调整数大小

05 执行"图像"|"调整"|"色相 / 饱和度"命令，在弹出的对话框中设置参数，可以调整滤镜内容的色彩，如图 9-275 所示。

06 同上述执行"树"滤镜的操作方法，在"基本数类型"下拉列表中依次添加其他树素材，如图 9-276 所示。

图 9-275　调整颜色　　图 9-276　最终效果

9.16.4　云彩与分层云彩

"云彩"滤镜可以使用介于前景色与背景色之间的随机值生成柔和的云彩图案。

"分层云彩"滤镜可以将云彩数据和现有的像素混合，首次使用滤镜时，图像的某些部分被反相为云彩图案，多次应用滤镜后，就会创建出与大理石纹理相似的凸像与叶脉图案。如图 9-277 所示为使用"云彩"滤镜生成的图像，如图 9-278 所示为多次应用"分层云彩"滤镜处理生成的大理石状纹理。

 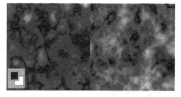

图 9-277　"云彩"滤镜　图 9-278　"分层云彩"滤镜效果
效果

技巧提示：
如果按住 Alt 键，然后执行"云彩"命令，可以生成色彩更加鲜明的云彩图案。

9.16.5　光照效果

"光照效果"滤镜是一个强大的灯光效果制作滤镜，它包含 17 种光照样式、3 种光源，可以在 RGB 图像上产生无数种光照效果，它还可以使用灰度文件的纹理产生类似 3D 效果。

9.16.6　镜头光晕

"镜头光晕"滤镜模拟亮光照射到相机镜头所产生的折射效果，常用来表现玻璃，金属等反射的反射光或用来增强日光和灯光效果，如图 9-279 所示为原图，如图 9-280 所示为"镜头光晕"对话框。

图 9-279　原图　　图 9-280　"镜头光源"对话框

✦ 光晕中心：在对话框中的图像缩览图上单击或拖动十字线，可以指定光晕的中心。

✦ 亮度：控制光晕的强度，变化范围为 10%~300%。

✦ 镜头类型：可模拟不同类型镜头光晕产生的光晕，效果图如图 9-281 所示。

50~300 毫米变焦　35 毫米聚焦　105 毫米聚焦　电影镜头

图 9-281　"镜头光晕"滤镜不同效果

9.16.7　纤维

"纤维"滤镜可以使用前景色和背景色随机创建编织纤维效果，如图 9-282 所示为该滤镜参数选项；如图 9-283 所示为前景色、背景及滤镜效果。

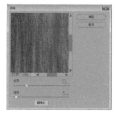 

图 9-282　"纤维"滤镜参数　图 9-283　"纤维"滤镜效果

✦ 差异：设置颜色的变化方式，该值较低时会产生较长的颜色条纹；该值较高时产生较短且颜色分布变化更大的纤维。

✦ 强度：控制纤维的外观，该值较低时会产生松散的织物效果，该值较高时会产生短的绳状纤维。

✦ 随机化：单击该按钮可随机生成新的纤维。

9.16.8　实战——鼠绘真实黑板

上面学习了各种渲染滤镜的使用，下面利用渲染滤镜组中的滤镜制作滤镜特效。

素材文件路径：素材 \ 第 9 章 \9.16\9.16.8\ 文字 .png

9.16.8 教学视频

01 启动 Photoshop CC 2018 后，执行"文件"|"新建"命令，在弹出的对话框中设置文档"宽度"为 1000 像素、"高度"为 600 像素、分辨率为 72 像素 / 英寸，新建文档。

02 单击图层面板底部的"创建新的填充或调整图层"按钮，创建"渐变填充"调整图层，在弹出的对话框中设置参数，如图 9-284 所示。

03 执行"滤镜"|"杂色"|"添加杂色"命令，在弹出的警告对话框中单击"转换为智能对象"按钮，并设置"添加杂色"参数，如图 9-285 所示。

04 新建文档，在弹出的对话框设置参数，如图 9-286 所示。

图 9-284　"渐变填充"　图 9-285　"添加　图 9-286　"新
参数　　　　　　杂色"滤镜参数　建"对话框

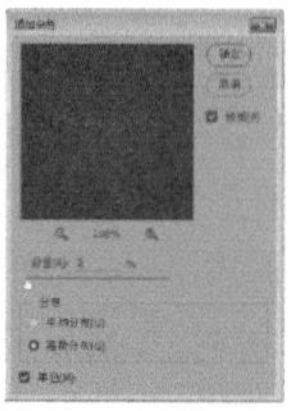

05 设置前景色为灰色(#2f2f2f),执行"滤镜"|"渲染"|"纤维"命令,设置参数,如图 9-287 所示。

06 创建"色相 / 饱和度"调整图层,选中"着色"复选框,调整纤维的颜色,如图 9-288 所示。

07 盖印图层,选择"移动"工具 ✛,将盖印的图层拖至前一个文档中,并翻转图像,如图 9-289 所示。

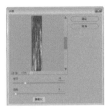

图 9-287　"纤维" 图 9-288　"色相 图 9-289　拖曳图像
滤镜参数 　　/饱和度"参数

08 单击"添加图层样式"按钮 ,在弹出的对话框中分别设置"内发光"及"投影"的参数,如图 9-290 所示。

09 复制做好的纹理图层三次,并依次调整其位置,如图 9-291 所示。

图 9-290　"图层样式"参数　图 9-291　图像效果

10 选中木纹纹理图层,右击,在弹出的快捷菜单中选择"合并图层"命令,合并图层。设置前景色为深绿色(#00221a),新建图层,选中"画笔"工具 ,载入素材中提供的画笔,选择如图 9-292 所示的画笔。

11 在黑板中进行涂抹,设置不透明度为 50%。恢复默认的前景色与背景色,新建图层,执行"滤镜"|"渲染"|"云彩"命令,再执行"滤镜"|"模糊"|"动感模糊"命令,在弹出的对话框中设置参数,如图 9-293 所示。

12 设置云彩图层的混合模式为"正片叠底"、不透明度为 30%,如图 9-294 所示。

图 9-292　画笔 图 9-293　"动感 图 9-294　图像效果
样式 　　模糊"参数

13 选择"画笔"工具 ,在"画笔预设选取器"中选择"66"

画笔,设置不透明度为 13%,在黑板上涂抹深绿色的笔刷,如图 9-295 所示。

14 同方法,制作其他的木纹效果,如图 9-296 所示。

图 9-295　画笔涂抹　　图 9-296　制作木纹

15 按 Ctrl+O 快捷键打开"黑板刷""粉笔""文字"素材,依次添加素材至文档中,如图 9-297 所示。

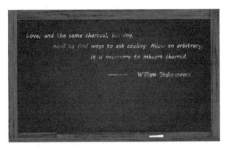

图 9-297　最终效果

9.17　各种绘画风格——艺术效果滤镜

艺术效果滤镜包括壁画、彩色铅笔、水彩、粗糙蜡笔等 15 种滤镜,它们可以模仿各种涂抹手法,将普通的图像绘制成具有绘画风格和绘画技巧的艺术效果,包括油画、水彩画、壁画等。艺术效果滤镜同样集成在滤镜库中。

9.17.1　壁画

"壁画"滤镜能够产生一种古壁画的斑点效果,能够改变图像的对比度,使暗调区域的图像轮廓清晰,如图 9-298 所示为原图,如图 9-299 所示为"壁画"对话框及效果。

图 9-298　原图　　图 9-299　"壁画"对话框及效果

✦ 画笔大小:设置画笔的大小。

✦ 画笔细节:设置图像细节的保留程度。

✦ 纹理:设置添加的纹理数量。

9.17.2 彩色铅笔

"彩色铅笔"滤镜可以把图像变成彩色铅笔在黑色、灰色、白色纸上作画的效果，如图 9-300 所示。

图 9-300 "彩色铅笔"滤镜参数及效果

+ 铅笔宽度：设置线条的宽度。
+ 描边压力：设置铅笔的压力。
+ 纸张亮度：设置画纸的明暗度。

9.17.3 粗糙蜡笔

"粗糙蜡笔"滤镜可以在带纹理的背景上应用粉笔描边，在亮色区域，粉笔看上去很厚，几乎看不见纹理，在深色区域，粉笔似乎被擦去了，纹理会显露出来，如图 9-301 所示。

图 9-301 "粗糙蜡笔"滤镜参数及效果

+ 描边长度：设置画笔线条的长度。
+ 描边细节：设置线条刻画细节的程度。
+ 纹理：在该下拉列表中可以选择纹理样式，也可载入 PSD 格式的文件作为纹理。
+ 缩放 / 凸现：设置纹理的大小和凸出程度。
+ 光照 / 反相：在"光照"下拉列表中可以选择光照的方向，选中"反相"复选框，可以反转光照方向。

9.17.4 底纹效果

"底纹效果"滤镜可以在带纹理的背景上绘制图像，然后将最终图像绘制在该图像上，如图 9-302 所示。

图 9-302 "底纹效果"对话框及效果

+ 画笔大小：设置画笔的大小。
+ 纹理覆盖：设置纹理的覆盖范围。

9.17.5 干笔画

"干画笔"滤镜使用干画笔技术绘制图像边缘，并通过将图像的颜色范围降到普通颜色范围来简化图像，如图 9-303 所示。

图 9-303 "干画笔"对话框及效果

+ 画笔大小：设置画笔的大小，该值越小，绘制的效果越细腻。
+ 画笔细节：设置画笔的细腻程度。
+ 纹理：设置画笔纹理的清晰程度。

9.17.6 海报边缘

"海报边缘"滤镜可以减少图像中的颜色数量，并查找图像的边缘，在边缘上绘制黑色线条，如图 9-304 所示。

+ 边缘厚度：设置图像边缘像素的宽度，该值越高，轮廓越宽。
+ 边缘强度：设置图像边缘的强化程度。
+ 海报化：设置颜色的浓度。

图 9-304 "海报边缘"对话框及效果

9.17.7 海绵

"海绵"滤镜使用颜色对比度比较强烈、纹理较重的区域绘制图像，以模拟海绵效果，如图 9-305 所示。

图 9-305 "海绵"滤镜参数及效果

+ 画笔大小：设置用于模拟海绵的画笔大小。
+ 清晰度：可调整海绵的气孔的大小，该值越高，气孔的印记越清晰。
+ 平滑度：可模拟海绵的压力，该值越高，画面的浸湿感越强，图像越柔和。

9.17.8　绘画涂抹

"绘画涂抹"滤镜可以使用 6 种不同类型的画笔来进行绘画，如图 9-306 所示。

图 9-306　"绘画涂抹"滤镜参数及效果

+ 画笔大小：设置画笔的大小，该值越高，涂抹范围越广。
+ 锐化程度：设置图像的锐化程度，该值越高，效果越锐利。
+ 画笔类型：在下拉列表中可以选择一种画笔。

9.17.9　胶片颗粒

"胶片颗粒"滤镜将平滑的图案应用于阴影和中间色调，将一种更平滑、饱和度更高的图案添加到亮区，如图 9-307 所示。

图 9-307　"胶片颗粒"滤镜参数及效果

+ 颗粒：设置生成的颗粒的密度。
+ 高光区域：设置图像中高光范围。
+ 强度：设置颗粒效果的强度，该值越小时，会在整个图像上显示颗粒；该值越高时，只在阴影区域显示颗粒。

9.17.10　木刻

"木刻"滤镜可以使图像看上去像是由从彩纸上剪下的边缘粗糙的剪纸片组成的，如图 9-308 所示。

图 9-308　"木刻"滤镜参数及效果

+ 色阶数：设置简化后的图像的色阶数量，该值越高，图像的颜色层次越丰富；该值越小，图像的简化效果越明显。
+ 边缘简化程度：设置图像边缘的简化程度。
+ 边缘逼真度：设置图像边缘的精确度。

9.17.11　霓虹灯光

"霓虹灯光"滤镜可以在柔化图像外观时给图像着色，如图 9-309 所示。

图 9-309　"霓虹灯光"滤镜参数及效果

+ 发光大小：设置发光范围，该值为正数时，光线向外发射；为负值时，光线向内发射。
+ 发光亮度：设置光的亮度。
+ 发光颜色：单击该选项右侧的颜色块，可以在打开的对话框中设置发光颜色。

9.17.12　水彩

"水彩"滤镜可以用水彩风格绘制图像，当边缘有明显的色调变化时，该滤镜会使颜色更加饱满，如图 9-310 所示。

图 9-310　"水彩"滤镜参数及效果

+ 画笔细节：设置画笔的精确程度，该值越高，画面越精细。
+ 阴影强度：设置暗调区域的范围，该值越高，暗调范围越广。

✦ 纹理：设置图像边界的纹理效果，该值越高，纹理效果越明显。

9.17.13 塑料包装

"塑料包装"滤镜可以产生一种表面质感很强的塑料包装效果，使图像具有鲜明的立体感，如图 9-311 所示。

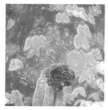

图 9-311 "塑料包装"滤镜参数及效果

✦ 高光强度 / 细节：设置高光区域的亮度，以及高光区域细节的保留程度。

✦ 平滑度：设置塑料效果的平滑程度，该值越高，塑料质感越强。

9.17.14 调色刀

"调色刀"滤镜可以减少图像的细节以得到描绘得很淡的画布效果，如图 9-312 所示。

图 9-312 "调色刀"滤镜参数及效果

✦ 描边大小：设置图像颜色混合的程度。

✦ 描边细节：该值越高，图像的边缘越明确。

✦ 软化度：该值越高，图像越模糊。

9.17.15 涂抹棒

"涂抹棒"滤镜使用较短的对角线条涂抹图像中的暗部区域，从而柔化图像，亮部区域会因变亮而丢失细节，使整个图像显示出涂抹扩散的效果，如图 9-313 所示。

图 9-313 "涂抹棒"滤镜参数及效果

✦ 描边长度：设置图像中生成的线条的长度。

✦ 高光区域：设置图像中高光范围的大小。

✦ 强度：设置高光强度。

9.18 对杂点的控制——杂色滤镜

杂色滤镜包含减少杂色、添加杂色、蒙尘与划痕、去斑和中间值 5 种滤镜，它们可以添加或去除杂色或一些带有随机分布色阶的像素，创建特殊的图像纹理和效果。

9.18.1 减少杂色

"减少杂色"滤镜对于去除使用数码相机拍摄的照片中的杂色是非常有效的。

图像的杂色显示为随机的无关像素，它们不是图像细节的一部分。"减少杂色"滤镜可基于影响整个图像或各个通道的设置保留边缘，同时减少杂色。如图 9-314 所示为原图，如图 9-315 所示为"减少杂色"对话框及减少杂色的图像效果。

图 9-314 原图　图 9-315 "减少杂色"滤镜参数及效果

9.18.2 蒙尘与划痕

"蒙尘与划痕"滤镜通过更改图像中有差异的像素来减少杂色、灰尘、瑕疵等。为了在锐化图像和隐藏瑕疵之间取得平衡，可尝试"半径"与"阈值"设置的各种组合。"半径"值越高，模糊程度越强；"阈值"则用于定义像素的差异有多大才能视为杂点，该值越高，去除杂点的效果就越弱，如图 9-316 所示为滤镜效果。

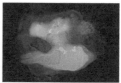

图 9-316 "蒙尘与划痕"滤镜参数及效果

9.18.3 去斑

"去斑"滤镜可以检测图像的边缘，并模糊那些边缘外的所有区域，同时会保留图像的细节。

9.18.4　添加杂色

"添加杂色"滤镜可以将随机的像素应用于图像，以模拟在高速胶片上拍摄所产生的颗粒效果，也可以用来减少羽化选区或渐变填充中的条纹，如图 9-317 和图 9-318 所示。

图 9-317　原图　　图 9-318　"添加杂色"滤镜参数及效果

✦ 数量：设置杂色的数量。

✦ 分布：设置杂色的分布方式。选择"平均分布"会随机地在图像中加入杂点，效果比较柔和；选择"高斯分布"会沿一条钟形分布的方式来添加杂点，杂点较强烈。

✦ 单色：选中该复选框，杂点只影响原有像素的亮度，像素的颜色不会改变。

9.18.5　中间值

"中间值"可以混合选区中像素的亮度来减少图像的杂色，该滤镜会搜索像素选区的半径范围以查找亮度相近的像素，并且会扔掉与相邻像素差异太大的像素，然后用搜索到的像素的中间亮度值来替换中心像素。

9.19　独具特色滤镜——其他滤镜

其他滤镜组包含 6 种滤镜，这个滤镜组中的有些滤镜可以允许用户自定义滤镜效果，有些滤镜可以修改蒙版，在图像中使选区发生位移和快速调整图像颜色。

9.19.1　HSB/HSL

"HSB/HSL"通过"HSB"颜色模式与"HSL"颜色模式运算得出的图像效果，该滤镜通过不同的颜色运算可以计算出不同的颜色效果。如图 9-319 所示为原图，如图 9-320 所示为不同的计算模式。

图 9-319　原图　　图 9-320　不同计算模式效果

9.19.2　高反差保留

"高反差保留"滤镜可以在具有强烈颜色变化的地方按指定的半径来保留边缘细节，并且不显示图像的其余部分，如图 9-321 所示。通过"半径"值可调整原图像保留的程度，该值越高，保留的原图像越多；如果该值为 0，则整个图像会变为灰色。

图 9-321　"高反差保留"滤镜参数及效果

9.19.3　位移

"位移"滤镜可以在水平或垂直方向上偏移图像，如图 9-322 所示为原图，如图 9-323 所示为"位移"对话框。

图 9-322　原图　　　　图 9-323　"位移"对话框

✦ 水平：设置水平偏移的距离。正值向右偏移，左侧留下空缺，如图 9-324 所示；负值向左偏移，右侧出现空缺，如图 9-325 所示。

图 9-324　水平位移　　　图 9-325　水平位移

✦ 垂直：设置垂直偏移的距离。正值向下偏移，上侧出现空缺，如图 9-326 所示；负值向上偏移，下侧出现空缺，如图 9-327 所示。

图 9-326　垂直位移　　　图 9-327　垂直位移

✦ 未定义区域：设置偏移图像后产生的空缺部分的填充方式。选中"设置为背景"复选框以背景色填充空缺部分，如图 9-328 所示；选择"重复边缘像素"可在图像边缘不完整的空缺部分填入扭曲边缘的像素颜色；选中"折回"复选框，则在空缺部分填入溢出图像之外的图像内容，如图 9-329 所示。

图 9-328　勾选"设置为背景" 图 9-329　选中"折回"复选框
　　　　　复选框

9.19.4　自定

"自定"滤镜使 Photoshop 为我们提供可以自定义滤镜效果的功能，它根据预定义的数学运算更改图像中每个像素的亮度值，这种操作与通道的加、减计算类似，用户可以存储创建的自定滤镜，并将它们用于其他 Photoshop 图像。

9.19.5　最大值和最小值

最大值滤镜对于修改蒙版非常有用。该滤镜可以在指定的半径范围内，用周围像素的最高亮度值替换当前像素的亮度值。

最小值滤镜对于修改滤镜蒙版非常有用，该滤镜具有伸展功能，可以扩展黑色区域，而收缩白色区域。

9.19.6　实战——"最大值"与"最小值"制作人物线稿画

本节结合"最大值"与"最小值"滤镜制作一幅人物线稿画。

素材文件路径：素材 \ 第 9 章 \9.19\9.19.6\ 人物 .jpg、文字 .png

9.19.6 教学视频

01 启动 Photoshop CC 2018 后，按 Ctrl+O 快捷键打开素材，将背景拖至图层底部的"新建图层"按钮 上两次，复制图层。按住 Ctrl 键选中复制的两个图层，按 Ctrl+T 快捷键显示定界框，右击，在弹出的快捷键菜单中选择"水平翻转"命令，将图像进行翻转，如图 9-330 所示。

02 选中"背景复制 2"图层，按 Ctrl+Shift+U 快捷键对图像进行去色处理，按 Ctrl+J 快捷键复制去色后的图层，设置该图层的混合模式为"颜色减淡"，如图 9-331 所示。

03 执行"图像"|"调整"|"反相"命令，或按 Ctrl+I 快捷键对图像进行反相处理。执行"滤镜"|"其他"|"最小值"命令，在弹出的"最小值"对话框中设置"半径"为 1 像素，图像效果如图 9-332 所示。

04 盖印图层，按 Ctrl+J 快捷键复制线稿图层，并设置其混合模式为"正片叠底"。在图层面板中选中两个线稿图层，右击，在弹出的快捷菜单中选择"合并图层"命令，合并图层，如图 9-333 所示。

图 9-330　打开 图 9-331　设置 图 9-332　最小 图 9-333　合并
　　　图像　　　　混合模式　　　值滤镜效果　　　图层

05 隐藏如图 9-334 所示的两个图层，在"背景"图层上方新建图层，填充白色。

06 在"图层 1 复制"与"背景复制"图层上分别添加图层蒙版，使用黑色的柔边缘笔刷涂抹图像，得到如图 9-335 所示的图像效果。

07 选择最上面的图层，单击图层面板底部的"创建新的填充或调整图层"按钮 ，创建"图案填充"调整图像，在弹出的对话框中选择"蓝色纹理纸"图案，并设置参数，如图 9-336 所示。

图 9-334　图 图 9-335　画笔涂抹 图 9-336　"图案填
　　层面板　　　　　　　　　　　　　充"对话框

08 单击"确定"按钮，关闭对话框，设置"图案填充"调整图层的混合模式为"颜色加深"，效果如图 9-337 所示。

09 按 Ctrl+O 快捷键打开文字素材，并添加到图像中，如图 9-338 所示。

10 盖印图层，执行"滤镜"|"杂色"|"添加杂色"命令，在弹出的对话框中设置"添加杂色"的参数，如图 9-339

所示。

11 选择"矩形"工具█，设置"工具模式"为形状、"填充"为无、"描边"为土黄色（#）、"描边宽度"为9.5，在文档中绘制矩形，图像效果如图9-340所示。

图 9-337　设置图 9-338　添加图 9-339　添加图 9-340　最终
混合模式　　　素材　　　杂色　　　效果

9.20　综合实战——水彩小鹿

本实例制作模拟水彩的图像，练习了滤镜的运用。

素材文件路径：素材 \ 第 9 章 \9.20\9.20\ 鹿 .psd、喷墨、喷墨1、缝隙 .jpg

01 启动 Photoshop CC 2018 后，按 Ctrl+O 快捷键打开"第 9 章 \9.20\ 鹿 .psd"素材，如图9-341 所示。

9.20 教学视频

02 选中"鹿"的图层，按 Ctrl+J 快捷键复制图层。执行"滤镜"|"滤镜库"命令，在弹出的"滤镜库"对话框中应用"水彩"效果，如图9-342 所示。

图 9-341　打开图像　　图 9-342　"水彩"滤镜参数及效果

03 按 Ctrl+O 快捷键打开"喷墨"素材，添加到文档中，执行"图层"|"创建剪贴蒙版"命令，创建剪贴蒙版，设置其不透明度为37%，如图9-343 所示。

04 单击"添加图层蒙版"按钮█，为该素材添加蒙版，用黑色的画笔工具涂抹素材，隐藏多余的图像，如图9-344 所示。

图 9-343　添加素材　　　图 9-344　隐藏多余图像

05 按 Ctrl+J 快捷键两次，复制"喷墨"素材，设置第一次复制的素材混合模式为"正片叠底"、不透明度为37%；第二次复制的素材混合模式为"叠加"、不透明度为 39%，如图 9-345 所示。

06 同上述添加"喷墨"素材的操作方法，再次添加"喷墨 1"素材，设置不透明度为33%，如图 9-346 所示。

图 9-345　添加喷墨素材　　　图 9-346　添加喷墨素材

07 隐藏"背景"图层，盖印图层。显示背景图层，选择最上面的图层，添加"缝隙"素材，设置混合模式"正片叠底"、不透明度为 76，按 Ctrl+Alt+G 快捷键创建剪贴蒙版，如图 9-347 所示。

08 选择"画笔"工具█，在"画笔预设选取器"中载入"喷溅"笔刷，利用喷溅笔刷为鹿添加喷溅的轮廓，如图 9-348 所示。

图 9-347　添加缝隙素材　　　图 9-348　画笔涂抹

09 创建"色相 / 饱和度"调整图层，设置参数，如图 9-349 所示。

10 创建"亮度 / 对比度"调整图层，设置参数，最终效果如图 9-350 所示。

图 9-349　"色相/饱和度"　　　图 9-350　最终效果
调整图层

第10章

照片的高级滤镜处理
——Camera Raw 滤镜

10.1 认识 Camera Raw 滤镜

Camera Raw 作为一个独立的滤镜，是随 Photoshop 一起提供的，它可以调整照片的颜色，包括白平衡、色调及饱和度，对图像进行锐化处理，减少杂色，纠正镜头问题以及重新修饰等操作。

10.1.1 Camera Raw 滤镜的工作界面

执行"滤镜"|"Camera Raw 滤镜"命令，弹出"Camera Raw 滤镜"对话框，如图 10-1 所示。

图 10-1 "Camera Raw 滤镜"对话框

✦ 显示文件名及文件格式：打开文件时，窗口左上角可以显示文件名及文件格式。

✦ 工具栏：Camera Raw 滤镜提供了 10 种不同类型的工具。

✦ 窗口缩放级别：可以从菜单中选取一个放大设置，或单击 □□ 按钮缩放窗口的视图比例。

✦ 切换全屏模式 ⮂：单击该按钮，可以将对话框切换为全屏模式。

✦ 直方图：显示了图像的直方图。

✦ "Camera Raw 设置"菜单：单击 ☰ 按钮，可以打开"Camera Raw 设置"菜单，访问菜单中的命令。

✦ 图像调整选项卡：提供 9 种不同类型的选项卡。

✦ 调整滑块：滑动滑块，可以调整出不同的效果。

✦ 在原图 / 效果图之间切换 Y：单击该按钮，可以将原图与效果图以对话框的形式对图像进行对比，既可水平也可垂直。

✦ 切换原图 / 效果图设置 ⿻：单击该按钮，可以在原图与效果图之间查看调整效果。

✦ 将当前设置复制到原图 ⬅：单击该按钮，可以将设置参数应用于原图图像上。

10.1.2 了解 Camera Raw 中的工具

Camera Raw 滤镜提供了 11 种不同类型的工具。它们依次排列在窗口的左上角。

✦ 缩放工具 🔍：单击可以放大窗口中的图像的显示比例，按住 Alt 键单击则缩小图像的显示比例。如果要恢复到 100% 显示，可以双击该工具。

✦ 抓手工具🖐：放大窗口以后，可使用该工具在预览窗口中移动图像。此外，按住空格键可以切换为该工具。

✦ 白平衡工具✐：使用该工具在白色或灰色的图像内容上单击，可以校正照片的白平衡。双击该工具，可以将白平衡恢复为照片的原来状态。

✦ 颜色取样器工具✐：用该工具在图像中单击，可以建立取样点，对话框顶部会显示取样像素的颜色值，以便于调整时观察颜色的变化情况。

✦ 目标调整工具▣：单击该工具，在打开的下拉列表中选择一个选项，包括"参数曲线""色相""饱和度""明亮度"，然后在图像中单击并拖动鼠标即可应用调整。

✦ Transform 工具（Shift-T）▣：该工具是 Photoshop CC 2015 中新增的工具，单击该工具，可以拖动参数校正透视的图像。

✦ 污点去除✐：在 Photoshop CC 中污点去除工具得到了增强，可以通过涂抹的方式修复图像中选中的区域。

✦ 红眼去除◉：可以去除红眼，将光标放在红眼区域，单击并拖动出一个选区，选中红眼，放开鼠标后 Camera Raw 会使选区大小适合瞳孔。拖动选框的边框，使其选中红眼，就可以校正红眼。

✦ 调整画笔✐/渐变滤镜▣：可以处理局部图像的曝光度、亮度、对比度、饱和度、清晰度等。

✦ 径向滤镜◉：使用该工具可以自由处理局部图像的色调、曝光度。

在 Camera Raw 中提供了各种不同的图像调整选项卡。接下来逐一讲解各个选项卡。

✦ 基本◉：可调整白平衡，颜色饱和度和色调。

✦ 色调曲线▣：可以使用"参数"曲线和"点"曲线对色调进行微调。

✦ 细节▲：可对图像进行锐化处理，或者减少杂色。

✦ HSL/灰度▣：可以使用"色相""饱和度"和"明亮度"调整对颜色进行微调。

✦ 分离色调▣：可以为单色图像添加颜色，或者为彩色图像创建特殊的效果。

✦ 镜头校正▣：可以补偿相机镜头造成的色差和晕影。

✦ 效果🅕：可以为照片添加颗粒和晕影效果。

✦ 相机校准◉：可以校正阴影中的色调，以及调整非中性色来补偿相机特性与该相机型号的 Camera Raw 配置文件之间的差异。

✦ 预设▤：可以将一组图像调整设置存储为预设并进行应用。

10.2　在 Camera Raw 滤镜中修改照片

Camera Raw 提供了基本的照片修改功能，下面就来讲解怎样修改照片。

10.2.1　实战——用"缩放工具"放大图像

单击可以放大窗口中的图像的显示比例，按住 Alt 键单击则缩小图像的显示比例，下面介绍具体操作过程。

素材文件路径：素材 \ 第 10 章 \10.2\10.2.1\ 人物 .jpg

01 启动 Photoshop CC 2018 后，打开"第 10 章 \10.2\10.2.1\ 人物 .jpg"素材，执行"滤镜"|"Camera Raw 滤镜"命令，打开"Camera Raw 滤镜"对话框，如图 10-2 所示。

02 选择"缩放"工具🔍，将光标放置在画面上，当光标变为🔍状时，单击即可放大图像，如图 10-3 所示。

图 10-2　"Camera Raw 滤镜"　　图 10-3　放大图像
　　　　　对话框

03 按住 Alt 键，将光标放置在图像上，当光标变为🔍状时，单击图像即可缩小图像，如图 10-4 所示。

04 在工具栏中双击该工具，即可以 100% 状态显示图像，如图 10-5 所示。

图 10-4　缩小图像　　图 10-5　100% 比例显示图像

10.2.2　实战——用"抓手工具"移动图像

Camera Raw 滤镜中的抓手工具和 Photoshop 中的抓手工具用法一致，下面介绍具体的操作过程。

素材文件路径：素材 \ 第 10 章 \10.2\10.2.2 图像 .jpg

01 启 动 Photoshop CC 2018 后， 打 开 " 第 10 章 \10.2\10.2.2\ 图像 .jpg" 素材，执行 "滤镜" | "Camera Raw 滤镜" 命令，打开 "Camera Raw 滤镜" 对话框，如图 10-6 所示。

02 选择 "抓手" 工具 ，将光标放置在图像上，滚动鼠标中键的滚轮即可放大或缩小图像，如图 10-7 所示。

图 10-6 "Camera Raw 滤镜" 图 10-7 放大或缩小图像
对话框

03 单击并移动图像即可利用抓手工具移动图像，如图 10-8 所示。

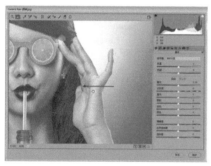

图 10-8 移动图像

10.2.3 实战——用 "Transform 工具" 变形图像

"Transform 工具" 为 Photoshop 内置滤镜 Camera Raw 中的新增工具，可以利用 "自动" "水平" "纵向" "完全" "指导" 五种调整模式对变形图像进行校正。

素材文件路径：素材 \ 第 10 章 \10.2\10.2.3\ 倾斜的房子 .jpg

01 启 动 Photoshop CC 2018 后， 打 开 " 第 10 章 \10.2\10.2.3\ 倾斜的房子 .jpg" 素材，执行 "滤镜" | "Camera Raw 滤镜" 命令，打开 "Camera Raw 滤镜" 对话框，如图 10-9 所示。

02 选择 Transform 工具 ，在右侧的参数栏中显示了五种调整模式，如图 10-10 所示。

图 10-9 "Camera Raw 滤镜" 图 10-10 参数栏
对话框

03 选中 "网格" 复选框，在图像中会显示网格，如图 10-11 所示。

04 单击 "自动：应用平衡透视校正" 按钮 ，可以校正图像的透视变形，如图 10-12 所示。

 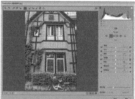

图 10-11 显示网格 图 10-12 自动：应用平衡
透视校正

05 单击 "水平：仅应用于水平校正" 按钮 ，可以校正图像的水平透视变形，如图 10-13 所示。

06 单击 "纵向：应用水平和纵向透视校正" 按钮 ，可以从水平和纵向方向上校正图像的透视变形，如图 10-14 所示。

图 10-13 水平：仅应用于 图 10-14 纵向：应用水平
水平校正 和纵向透视校正

07 单击 "指导：绘制两条或更多的参考线，以自定义校正透视" 按钮 ，可以随意绘制参考线，通过绘制的参考线校正透视图像，如图 10-15 所示。

08 单击 "纵向：应用水平和纵向透视校正" 按钮 ，校正透视变形的图像，单击 "确定" 按钮关闭对话框。选择 "裁剪" 工具 ，裁剪图像，得到如图 10-16 所示的图像效果。

图 10-15　指导：绘制两条或更多的参考　图 10-16　图像效果
　　　　　线，以自定义校正透视

10.2.4　实战——用状态栏切换视图

状态栏下的视图模式为新增工具，可以通过对比原图与效果图来查看图像的差别，下面介绍具体的操作过程。

素材文件路径：素材 \ 第 10 章 \10.2\10.2.4\ 花 .jpg

01 启动 Photoshop CC 2018 后，打开"第 10 章 \10.2\10.2.4\ 花 .jpg"素材，执行"滤镜" | "Camera Raw 滤镜"命令，打开"Camera Raw 滤镜"对话框，如图 10-17 所示。

02 单击状态栏中的"在原图 / 效果图之间切换"按钮 Y，此时图像的预览框会呈现出原图与对比图的图像，如图 10-18 所示。

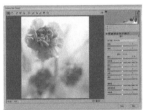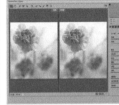

图 10-17　"Camera Raw　图 10-18　在原图 / 效果图
　　　　　滤镜"对话框　　　　　　　之间切换

03 随意调整图像，可以看到原图与效果图之间的调整差别，如图 10-19 所示。

04 再次单击"在原图 / 效果图之间切换"按钮 Y，或按 Q 键，可以一半原图一半效果图在一张图片中显示，如图 10-20 所示。

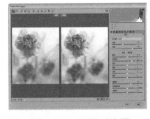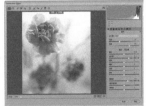

图 10-19　调整对比图　　　图 10-20　显示图像

05 按 Q 键，可以水平显示对比图，如图 10-21 所示。

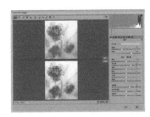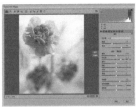

图 10-21　水平显示对比图

06 单击"切换原图 / 效果图设置"按钮，可以在原图与调整后的图像中随意切换，类似于"图层"面板中的眼睛图标的功能。

07 单击"将当前设置复制到原图"按钮，将当前图像的参数可以复制到原图像当中，单击"在原图 / 效果图之间切换"按钮 Y，发现原图像的颜色发生了变化，如图 10-22 所示。

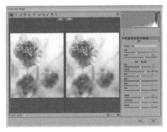

图 10-22　将当前设置复制到原图

10.2.5　实战——用"污点去除工具"去除痘痘

Photoshop CC 版本中增强的污点去除工具，可以在不改变画笔大小的情况下，通过涂抹的方式取样另一区域的图像来修复选中的区域。下面介绍"污点去除"工具的具体操作步骤。

素材文件路径：素材 \ 第 10 章 \10.2\10.2.5\ 人物 .jpg

01 启动 Photoshop CC 2018 后，打开"第 10 章 \10.2\10.2.5\r 人物 .jpg"素材，执行"滤镜" | "Camera Raw 滤镜"命令，打开"Camera Raw 滤镜"对话框，如图 10-23 所示。

02 单击状态栏中的按钮，在弹出的下拉菜单中选择 100%，放大显示比例如图 10-24 所示。

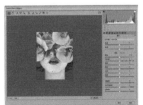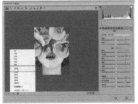

图 10-23　"Camera Raw 滤镜"图 10-24　100% 比例显示图像
　　　　　　对话框

03 选择"污点去除"工具，在右侧设置大小为 10、不透明度为100%，在有痘痘的位置涂抹，如图10-25所示；松开鼠标，系统自动取样匹配的样本，如图10-26所示。

图 10-25　涂抹痘痘　　　　图 10-26　自动取样

04 将光标放置在绿色的取样框上，单击可以更改取样的样本，如图10-27所示。

05 通过相同的操作方法，去除其他位置上的痘痘，如图10-28所示。

图 10-27　更改取样样本　　　图 10-28　图像效果

06 取消选中"显示叠加"复选框，即可查看修复后的图像效果。

10.2.6　实战——用"红眼去除工具"去除人物红眼

闪光灯太强，会导致拍摄出来的人像照片出现红眼，本节主要讲解如何利用 Camera Raw 滤镜去除人物红眼。

素材文件路径：素材\第10章\10.2\10.2.6\红眼人像.jpg

10.2.6 教学视频

01 启动 Photoshop CC 2018 后，打开"第10章\10.2\10.2.6\红眼人像.jpg"素材，执行"滤镜"|"Camera Raw 滤镜"命令，打开"Camera Raw 滤镜"对话框，如图10-29所示。

02 选择"红眼去除"工具，放大图像，在人物的一只眼睛上绘制矩形框，如图10-30所示。

图 10-29　"Camera Raw 滤镜"　　图 10-30　绘制矩形框
　　　　　　对话框

03 松开鼠标，图像中自动出现一个红白相间的矩形框，

如图10-31所示。

04 拖动红白相间的矩形框，可重新定义去除红眼的区域，如图10-32所示。

图 10-31　校正红眼　　　图 10-32　调整矩形框大小

05 在右侧的参数栏中重新设置参数，让眼睛变得更加自然，如图10-33所示。

06 用相同的方法，去除另一只眼睛的红眼，如图10-34所示。

图 10-33　设置参数　　　　图 10-34　图像效果

07 单击"确定"按钮关闭对话框，即可完成去除红眼的操作。

10.2.7　实战——更改图像的大小和分辨率

在拍摄 Raw 照片时，为了能够获得更多的信息，照片的尺寸和分辨率设置得都比较大。如果要使用 Camera Raw 修改照片的尺寸或者分辨率，可单击 Camera Raw 对话框底部的工作流程选项。下面介绍本案例的具体操作步骤。

素材文件路径：素材\第10章\10.2\10.2.7\人像.CR2

10.2.7 教学视频

01 启动 Photoshop CC 2018 后，打开"第10章\10.2\10.2.7\人像.CR2"素材，单击"打开"按钮，打开 Camera Raw 对话框，如图10-35所示。

02 单击 Camera Raw 对话框底部的工作流程选项，弹出"工作流程选项"对话框，如图10-36所示。

图 10-35　Camera Raw　　　图 10-36　"工作流程选项"
　　　　　对话框　　　　　　　　　　　对话框

03 在"工作流程选项"对话框中设置参数，如图 10-37 所示，便可更改图像的分辨率。

04 设置完毕后，单击"确定"按钮，然后单击"打开图像"按钮，即可在状态栏中查看分辨率，如图 10-38 所示。

图 10-37　设置参数　　　图 10-38　更改后的图像效果

知识拓展：Raw 格式与 JPEG 格式有何区别？

将照片存储为 JPEG 格式时，数码相机会设置图像的颜色、清晰度、色阶和分辨率，然后进行压缩。而使用 Raw 格式则可以直接记录感光元件获取的信息，不需要进行任何设置，因此，Raw 用于 JPEG 图像无法相比的大量拍摄信息。普通的 JPEG 文件可以预览，而 Raw 格式如果不使用专用的软件进行成像处理的话，就无法预览。Raw 文件要比相同分辨率的 JPEG 文件大 2~3 倍，对于存储卡容量有较高的要求。

10.3　在 Camera Raw 滤镜中调整图像颜色和色调

Camera Raw 滤镜可以调整照片的白平衡色调、饱和度，以及校正镜头缺陷。下面将通过几个实例来进行颜色和色调的调整。

10.3.1　实战——调整照片白平衡

如果在室内拍摄照片，照片可能会具有黄色色调，又或者说在阴影中拍摄照片，照片很可能具有蓝色色调，这些都是白平衡问题。如果正确设置相机内的白平衡，就不会出现这些颜色问题。但大多数人拍摄时把相机设置为自动白平衡，总是遇到这些问题。幸运的是，这些问题很容易校正。

素材文件路径：素材 \ 第 10 章 \10.3\10.3.1\ 人像 .jpg

01 启动 Photoshop CC 2018 后，打开"第 10 章 \10.3\10.3.1\ 人像 .jpg"素材，执行"滤镜"|"Camera Raw 滤镜"命令，打开"Camera Raw 滤镜"对话框，如图 10-39 所示。

02 在"白平衡"下拉列表框中选择"自动"选项，如

图 10-40 所示。默认情况下，它显示为"原照设置"。

图 10-39　"Camera Raw 滤镜"　　图 10-40　"自动"显示图像　　　对话框　　　　　　　　　效果

03 自动预设后，画面仍然有点黄，可以滑动色温滑块向蓝色方向稍拖一点，如图 10-41 所示。

04 在"白平衡"下拉列表框中选择原照设置，回到打开状态。同样可以通过另一种精确的方法来调整白平衡，选择"白平衡"工具，然后在照片中浅灰色区域单击，即可校正白平衡，如图 10-42 所示。

图 10-41　调整色温　　　图 10-42　校正白平衡

> **技巧提示：**
> 要把白平衡快速复位为原照设置，只需在工具栏的白平衡工具上双击。按 P 键可以快速开启预览，查看白平衡编辑前 / 后的效果。

知识拓展：

在图像上右击，也可弹出白平衡选项。虽然使用白平衡工具来调整这种方法能给出精确的白平衡，但这并不意味着其效果良好，白平衡是一项富有创造性的决策，最重要的是我们要觉得照片的效果好，精确并不代表好。

05 校正完毕，单击"确定"按钮。

10.3.2　实战——用"调整画笔工具"调整局部色调

调整画笔的使用方法是先在图像上绘制需要调整的区域，通过蒙版将这些区域覆盖，然后隐藏蒙版，再调整所选区域的色调、色彩饱和度和锐化。

素材文件路径：素材 \ 第 10 章 \10.3\10.3.2\ 逆光人像 .jpg

01 启动 Photoshop CC 2018 后，打开"第 10 章 \10.3\10.3.2\ 逆光人像 .jpg"素材，执

10.3.2 教学视频

行"滤镜"|"Camera Raw 滤镜"命令，打开"Camera Raw 滤镜"对话框，如图 10-43 所示。

02 选择"调整画笔"工具，对话框右侧会显示"调整画笔"选项卡，选中"显示蒙版"复选框，如图 10-44 所示。

图 10-43 "Camera Raw 滤镜" 图 10-44 选中"显示蒙版"
　　　　　 对话框　　　　　　　　　　复选框

03 在人物面部单击并拖动鼠标绘制调整区域，如图 10-45 所示；如果涂抹到了其他区域，按住 Alt 键在这些区域绘制，将其清除。可以看到，涂抹区域覆盖了一层淡淡的灰色，在单击处显示一个图标，取消选中"显示蒙版"复选框或按 Y 键隐藏蒙版，如图 10-46 所示。

图 10-45 绘制调整取样　　　图 10-46 隐藏蒙版

04 向右拖动"曝光度"滑块，即可将调整画笔工具涂抹区域的亮度（即蒙版覆盖的区域），其他图像没有受到影响，如图 10-47 所示。

05 继续使用调整画笔工具在人物脸部涂抹，可以涂抹调整图像色调，如图 10-48 所示。

图 10-47 调整图像　　　　　图 10-48 调整图像色调

06 校正完毕，单击"确定"按钮。

 技巧提示：
　　光标中的十字线代表画笔中心，实圆代表画笔的大小，黑白虚圆代表羽化范围。

10.3.3 实战——调整照片曝光度

一般情况中，我们从三方面考虑曝光：高光、阴影和中间调，在 Camera Raw 滤镜中它们是曝光（高光）、亮度（中间调）和黑色（阴影）。

素材文件路径：素材 \ 第 10 章 \10.3\10.3.3\ 公园人像 .jpg

01 启动 Photoshop CC 2018 后，打开"第 10 章 \10.3\10.3.3\ 公园人像 .jpg"素材，执行"滤镜"|"Camera Raw 滤镜"命令，打开"Camera Raw 滤镜"对话框，如图 10-49 所示。

02 在调整照片的曝光度之前，观察一下高光及阴影修剪。在 Camera Raw 滤镜中具有内置的修剪警告，因此，不会失去高光细节。观察窗口右上角的直方图，右上角纯黑色的三角形按钮为高光修剪，纯白色的三角形按钮为阴影修剪，单击高光修剪按钮，可以查看那些区域出现修剪，如图 10-50 所示。

 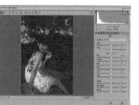

图 10-49 "Camera Raw 滤镜" 图 10-50 显示修剪区域
　　　　　 对话框

03 在窗口右侧设置曝光度、高光、阴影、亮光和黑色的参数，如图 10-51 所示。

图 10-51 调整参数

知识拓展：扩展名为 CR2 的照片是 Raw 文件吗？

　　Raw 文件是对记录原始数据的文件格式的通称，它并没有统一的标准，不同的相机设备制造商使用各自专有的格式，这些图片格式一般都称为 Raw 文件。如佳能相机的 Raw 文件扩展名为 CRW 或 CR2；尼康相机的 Raw 文件扩展名为 NEF；奥林巴斯的 Raw 文件扩展名为 ORF。

10.3.4　实战——用"径向滤镜"调亮局部图像

本案例使用"径向滤镜"来调整人物的脸部，提高人物的亮度。下面介绍"径向滤镜"的具体操作步骤。

素材文件路径：素材 \ 第 10 章 \10.3\10.3.4\ 银杏人像 .jpg

01 启 动 Photoshop CC 2018 后， 打 开 " 第 10 章 \10.3\10.3.4\ 银杏人像 .jpg"素材，执行"滤镜"|"Camera Raw 滤镜"命令，打开"Camera Raw 滤镜"对话框，如图 10-52 所示。

02 选择"径向滤镜"工具 ⬭，在人物的头部绘制一个椭圆，调整椭圆的位置及大小，然后在右侧设置参数，如图 10-53 所示。

图 10-52　"Camera Raw 滤镜"　　图 10-53　设置径向滤镜
　　　　　对话框

03 同方法，在图像的其他位置也创建径向滤镜，如图 10-54 所示。

04 将光标放置在红白相间的椭圆选框中，右击，可以删除创建的径向滤镜，如图 10-55 所示。

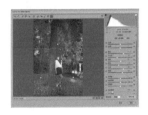 

图 10-54　设置径向及滤镜　　图 10-55　删除径向滤镜

05 单击"确定"按钮，效果如图 10-56 所示。

图 10-56　图像效果

10.3.5　实战——用"渐变滤镜"调整图像

本案例使用"渐变滤镜"制作黄昏色调。

素材文件路径：素材 \ 第 10 章 \10.3\10.3.5\ 海边风景 .jpg

10.3.5 教学视频

01 启动 Photoshop CC 2018 后，打开"第 10 章 \10.3\10.3.5\ 海边风景 .jpg"素材，执行"滤镜"|"Camera Raw 滤镜"命令，打开"Camera Raw 滤镜"对话框，如图 10-57 所示。

02 选择"渐变滤镜"工具 ▦，从图像的上方往下拖曳鼠标，创建渐变框，如图 10-58 所示。

图 10-57　"Camera Raw 滤镜"　图 10-58　渐变滤镜范围
　　　　　对话框

03 向下拖动右侧的参数栏，在"颜色"参数后单击颜色，弹出"拾色器"对话框，可随意设置颜色，如图 10-59 所示。

04 在"拾色器"对话框中可以设置饱和度的参数。单击"确定"按钮关闭"拾色器"对话框，可以调整右侧的参数，调整图像，如图 10-60 所示。

图 10-59　设置颜色　　　　图 10-60　调整参数

05 设置参数后，单击"确定"按钮。

10.3.6　实战——用"清晰度"滑块柔和皮肤

清晰度滑块用来增强中间调的对比度，使图像具有更大的冲击力和影响，它实际上没有锐化图像。下面通过调整"清晰度"滑块来柔和皮肤，打造细嫩的皮肤。

素材文件路径：素材 \ 第 10 章 \10.3\10.3.6\ 女孩 .jpg

01 启 动 Photoshop CC 2018 后， 打 开 " 第 10 章 \10.3\10.3.6\ 女孩 .jpg"素材，执行"滤镜"|"Camera Raw 滤镜"命令，打开"Camera Raw 滤镜"对话框，如图 10-61 所示。

02 按 Ctrl++ 快捷键放大图像。向左拖动"清晰度"滑块，应用小于 0 的清晰度值降低中间调对比度，取得柔和的效果，并降低图像的饱和度，如图 10-62 所示。

图 10-61　"Camera Raw 滤镜"　图 10-62　拖动清晰度滑块
　　　　　对话框

03 选择"污点去除"工具，去除人物脸上较大的色斑，如图 10-63 所示。

04 单击右下角的"确定"按钮，得到如图 10-64 所示的图像效果。

图 10-63　去除色斑　　　图 10-64　图像效果

10.3.7　实战——调整色相

在 Camera Raw 滤镜中单击 HSL/ 灰度按钮，可以显示色相、饱和度、明度等选项。该选项卡与 Photoshop 的"色相 / 饱和度"命令相似，可以用它调整各种颜色的色相、饱和度和明度。

素材文件路径：素材 \ 第 10 章 \10.3\10.3.7\ 女孩 .jpg

01 启动 Photoshop CC 2018 后，打开"第 10 章 \10.3\10.3.7\ 女孩 .jpg"素材，执行"滤镜"|"Camera Raw 滤镜"命令，打开"Camera Raw 滤镜"对话框，如图 10-65 所示。

02 这张照片色较偏亮，有些曝光，需要对影调、色彩进行调整。修改曝光度、对比度、高光、阴影、白色与黑色，如图 10-66 所示，将画面的高光区调暗，使图像的细节更加清楚。

图 10-65　"Camera Raw 滤镜"　图 10-66　调整细节参数
　　　　　对话框

03 单击"HSL/ 灰度"按钮，调整"色相""饱和度"及"明度"参数，如图 10-67 所示。

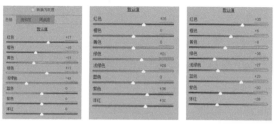

图 10-67　调整"HSL/ 灰度"参数

04 单击"确定"按钮关闭对话框，此时图像效果如图 10-68 所示。

图 10-68　图像效果对比图

10.4　综合实战——在树上歌唱

本实例运用 Camera Raw 滤镜调整照片，将照片进行校正。

素材文件路径：素材 \ 第 10 章 \10.4\ 照片 .jpg

01 启动 Photoshop CC 2018 后，打开"第 10 章 \10.4\ 照片 .jpg"素材，执行"滤镜"|"Camera Raw 滤镜"命令，打开"Camera Raw 滤镜"对话框，如图 10-69 所示。

02 在右侧参数栏中调整"基本"选项的各项参数，调整偏色的照片，如图 10-70 所示。

图 10-69　"Camera Raw　　图 10-70　调整基本参数
　　　　　滤镜"对话框

03 单击"镜头校正"按钮，切换至"镜头校正"参数栏，在参数栏中设置"晕影数量"为 14，如图 10-71 所示。

04 单击"色调曲线"按钮，在弹出的"色调曲线"参数栏中调整"高光"及"阴影"参数，如图 10-72 所示。

05 单击"确定"按钮，调整后的图像效果图如图 10-73

所示。

  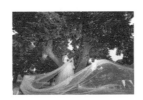

图 10-71　"镜　图 10-72　"色　　图 10-73　图像效果
头校正"选项　　调曲线"选项
　参数　　　　　参数

06 单击图层面部底部的"创建新的填充或调整图层"按钮 ◎，创建"色相 / 饱和度"调整图层，调整"黄"颜色的饱和度，去除婚纱上的黄色，如图 10-74 所示。

07 选中"色相 / 饱和度"调整图层的蒙版，填充黑色。选择"画笔"工具 ✐，用白色的柔边缘笔刷涂抹白色婚纱，显示婚纱的颜色，在涂抹的过程中可以设置不同的透明度进行涂抹，如图 10-75 所示。

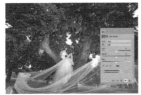 

图 10-74　"色相 / 饱和度"调　图 10-75　画笔涂抹
整图层

08 创建"亮度 / 对比度"调整图层，设置"对比度"参数，去除照片的灰度，如图 10-76 所示。

09 盖印图层。执行"选择"|"色彩范围"命令，用吸管工具单击树叶后的天空,选择色彩的范围,并设置参数，如图 10-77 所示。

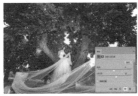

图 10-76　"亮度 / 对比度"　图 10-77　"色彩范围"
调整图层　　　　　　对话框

10 单击"确定"按钮，创建选区。执行"选择"|"修改"|"羽化"命令，在弹出的对话框中设置羽化半径为 1 像素，按 Ctrl+C 快捷键复制选区内的内容，新建图层，按 Ctrl+V 快捷键粘贴至新的图层中，如图 10-78 所示。

11 按 Ctrl+O 快捷键打开"黄昏"素材，系统会自动调出 Camera Raw 对话框，在对话框中调整"HSL/ 灰度"选项

中饱和度的参数，调整黄昏的饱和度，如图 10-79 所示。

图 10-78　新建图层　　　　图 10-79　调整黄昏素材

12 单击"确定"按钮，在 Photoshop 中打开图像，并调整图像的大小。按住 Ctrl 键单击"图层 2"载入选区，单击"创建图层蒙版"按钮 ▣，为素材添加蒙版，如图 10-80 所示。

13 设置其混合模式为"深色"，用白色画笔涂抹人物婚纱，为图像添加黄昏效果，如图 10-81 所示。

 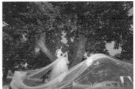

图 10-80　添加蒙版　　　图 10-81　画笔涂抹

14 设置前景色为橙黄色（#ff8400），新建图层，选择"画笔"工具 ✐，用柔边缘笔刷在画面中涂抹，制作太阳光，如图 10-82 所示。

15 设置其混合模式为"颜色减淡（添加）"，图像效果如图 10-83 所示。

图 10-82　制作太阳光　　图 10-83　设置混合模式

16 创建"曲线"调整图层，调整 RGB 通道参数，提亮图像的亮度，如图 10-84 所示。

17 创建"色相 / 饱和度"调整图层，设置"饱和度"参数，调整图像的饱和度，如图 10-85 所示。

图 10-84　"曲线"调整　　图 10-85　图像效果
图层

第 11 章

——蒙版——

表象与现实的差别

第 11 章素材文件

11.1　了解原理——蒙版概述

在 Photoshop 中，蒙版就是遮罩，控制着图层或图层组中的不同区域如何隐藏和显示。通过更改蒙版，可以对图层应用各种特殊效果，而不会影响该图层上的实际像素。

蒙版是灰度图像，可以像编辑其他图像那样来编辑蒙版。在蒙版中，用黑色绘制的内容将会隐藏，用白色绘制的内容将会显示，而用灰色绘制的内容将以半透明状态显示。

蒙版主要用于合成图像，如图 11-1 所示为蒙版合成图像的精彩案例。

图 11-1　精彩案例

本书将蒙版分为 4 种，分别为快速蒙版、矢量蒙版、剪贴蒙版和图层蒙版。快速蒙版可以辅助用户快速创建出需要的选区，在快速蒙版模式下可以使用各种编辑工具或滤镜命令对蒙版进行编辑。图层蒙版是通过灰度图像控制图层的显示与隐藏，图层蒙版可以由绘画工具或选择工具进行创建和修改。

矢量蒙版也用于控制图层的显示与隐藏，但它与分辨率无关，其形状由钢笔工具或形状工具创建。剪贴蒙版是一种比较特殊的蒙版，它是依靠底层图层的形状来定义图像的显示区域。虽然分类不同，但是这些蒙版的工作方式是相同的。下面将逐一为读者讲述蒙版的应用方法。

11.2　建立选区——快速蒙版

快速蒙版是一种临时蒙版，用于快速创建和编辑选区。默认情况下在快速蒙版模式中，无色的区域表示选区以内的区域，半透明的红色区域表示选区以外的区域。当离开快速蒙版模式时，无色区域成为当前选择区域。

当在快速蒙版模式中工作时，通道面板中会出现一个临时快速蒙版通道。如果需要将选区保存，可以将快速蒙版转换为 Alpha 通道。关于通道的知识将在第 12 章为读者进行讲述。

11.3　约束的艺术——矢量蒙版

矢量蒙版是依靠路径图形来定义图层中图像的显示区域。它与分辨率无关，是由钢笔或形状工具创建的。使用矢量蒙版可以在图层上创建锐化、无锯齿的边缘形状。

11.3.1　实战——创建矢量蒙版

接下来通过具体的操作步骤来学习如何创建矢量蒙版。

素材文件路径：素材 \ 第 11 章 \11.3\11.3.1\ 单车男女、涂鸦背景 .jpg

01 启动 Photoshop CC 2018 后，执行 "文件" |"打开" 命令，打开相关素材中的 "第 11 章 \11.3\11.3.1\ 单车男女、涂鸦背景 .jpg" 素材。选择 "移动" 工具，将 "单车男女" 素材拖曳至 "涂鸦背景" 素材中，如图 11-2 所示。

11.3.1 教学视频

02 选择 "圆角矩形" 工具，设置 "工作模式" 为路径，在图像上创建圆角矩形，设置 "属性" 参数，如图 11-3 所示。

图 11-2　拖曳图像　　图 11-3　绘制圆角矩形路径

03 选择 "路径选择" 工具，按住 Alt+Shift 快捷键水平复制圆角矩形路径，如图 11-4 所示。

04 执行 "图层" |"矢量蒙版" |"当前路径" 命令，或按住 Ctrl 键单击 "图层" 面部中的 "添加图层蒙版" 按钮，即可基于当前路径创建矢量蒙版，路径区域以外的图像会被蒙版遮盖，如图 11-5 所示。

图 11-4　复制路径　　图 11-5　创建矢量蒙版

05 双击矢量蒙版图层，打开 "图层样式" 对话框。在左侧列表中选择 "描边" 效果，设置参数，如图 11-6 所示。

06 在左侧列表中选择 "内阴影" 效果，设置参数如图 11-7 所示；关闭对话框，即可为矢量蒙版图层添加图层效果，如图 11-8 所示。

图 11-6　"描　图 11-7　"内　图 11-8　图像效果
边" 参数　　阴影" 参数

技巧提示：
矢量蒙版只能用于锚点编辑工具和钢笔工具来编辑，如要用绘画工具或滤镜修改蒙版，可选择蒙版，然后执行 "图层" |"栅格化" |"矢量蒙版" 命令，将矢量蒙版栅格化，使它转换成图层蒙版。

11.3.2　实战——向矢量蒙版添加形状

建立矢量蒙版后，可以在矢量蒙版中添加多个不同类型的形状，下面具体操作向矢量蒙版添加形状。

素材文件路径：素材 \ 第 11 章 \11.3\11.3.2\ 添加图形 .psd

01 按 Ctrl+O 快捷键打开 "添加图形 .psd" 素材，如图 11-9 所示。

11.3.2 教学视频

02 单击矢量蒙版缩览图，进入蒙版编辑状态，此时缩览图外面会出现一个白色的外框，如图 11-10 所示，画面中也会显示矢量图形。

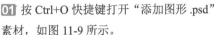

图 11-9　打开图像　　　图 11-10　选择矢量蒙版

03 选择 "自定形状" 工具，设置 "工具模式" 为路径，在工具选项栏中选择合并形状选项，在形状下拉面板中选择 "飞鸟" 图形，绘制该图形，将它添加到矢量蒙版中，如图 11-11 所示。

图 11-11　绘制路径

04 在形状下拉面板中继续选择其他形状，在绘画中绘制，将其他形状也添加到矢量蒙版中，如图 11-12 所示。

图 11-12　添加图形

11.3.3　实战——编辑矢量蒙版中的形状

创建了矢量蒙版后，可以使用路径编辑工具对路径进行编辑和修改，从而改变蒙版的遮罩区域。

素材文件路径：素材 \ 第 11 章 \11.3\11.3.3\ 涂鸦 .psd

11.3.3 教学视频

01 按 Ctrl+O 快捷键打开"涂鸦 .psd"素材，
如图 11-13 所示。

02 单击矢量蒙版缩览图，如图 11-14 所示，
画面中会显示矢量图形。

图 11-13　打开图形　　　图 11-14　选择矢量蒙版

03 选择"路径选择"工具 ▶，单击画面左上角的飞鸟
图形，将它选择，如图 11-15 所示。

04 按住 Alt 键拖动鼠标复制图形，如图 11-16 所示；如
果要删除图形，可在选择之后按 Delete 键。

图 11-15　选中路径　　　图 11-16　复制图形

技巧提示：

选择矢量蒙版，执行"图层"|"矢量蒙版"|"删除"命令，
或者将矢量蒙版拖到删除图层按钮 🗑 上，可以删除矢量蒙版。

05 按 Ctrl+T 快捷键显示定界框，拖动控制点将图形旋
转并适当缩小，如图 11-17 所示；按 Enter 键确认。用"路
径选择"工具 ▶ 单击并拖动矢量图形，可将其移动，蒙
版覆盖区域也随之改变，如图 11-18 所示。

图 11-17　旋转缩小图形　　　图 11-18　拖动图形位置

11.3.4　变换矢量蒙版

矢量蒙版是基于矢量对象的蒙版，它
与分辨率无关，因此，在进行变换和变形操
作时不会产生锯齿。单击图层面板中的矢量
蒙版缩览图，选择矢量蒙版，执行"编辑"|"变
换路径"子菜单中的命令，可以对矢量蒙版进行各种变
换操作。

11.3.4 教学视频

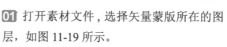

技巧提示：

矢量蒙版缩览图与图像缩览图之间有一个链接图
标 🔗，它表示蒙版与图像处于链接状态，此时进行任何变换操
作，蒙版都与图像一同变换。执行"图层"|"矢量蒙版"|"取
消链接"命令，或单击该图标取消链接，然后就可以单独变换
图像或蒙版。

11.3.5　实战——将矢量蒙版转换为图层蒙版

在 Photoshop 中可以将矢量蒙版转换为图层蒙版，
然后进行图层蒙版编辑。

素材文件路径：素材 \ 第 11 章 \11.3\11.3.5\ 素材 .psd

11.3.5 教学视频

01 打开素材文件，选择矢量蒙版所在的图
层，如图 11-19 所示。

02 执行"图层"|"栅格化"|"矢量蒙版"
命令，便可将矢量蒙版转换为图层蒙版，如图 11-20 所示。

03 或者在矢量蒙版缩览图上右击，在弹出的快捷菜单
中选择"栅格化矢量蒙版"命令，如图 11-21 所示。可
栅格化矢量蒙版，并将其转换为图层蒙版。

图 11-19　矢量　　图 11-20　转换为　　图 11-21　栅格化矢量
　蒙版　　　　　　图层蒙版　　　　　　蒙版

11.3.6　启动与禁用矢量蒙版

创建矢量蒙版后，按住 Shift 键单击蒙
版缩览图可暂时停用蒙版，蒙版缩览图上会
显示出一个红色的叉，如图 11-22 所示；图
像显示如图 11-23 所示。图像也会恢复到应
用蒙版前的状态。按住 Shift 键再次单击蒙版缩览图可重
新启用蒙版，恢复蒙版对图像的遮罩，如图 11-24 所示。

11.3.6 教学视频

图 11-22　禁用　　图 11-23　图形显示　　图 11-24　启动矢
矢量蒙版　　　　　　　　　　　　　　　量蒙版

11.3.7 删除矢量蒙版

在图层上选择矢量蒙版，执行"图层"|"矢量蒙版"|"删除"命令，可删除矢量蒙版；直接将矢量蒙版缩览图拖至"图层"面板的删除图层按钮 上，如图 11-25 所示。单击"删除"按钮 ，弹出的对话框如图 11-26 所示，单击"确定"按钮，可将其删除。

11.3.7 教学视频

图 11-25 删除矢量蒙版　　图 11-26 弹出对话框

11.4 管中窥豹——剪贴蒙版

剪贴蒙版图层是 Photoshop 中的特殊图层，它利用下方图层的图像形状对上方图层图像进行剪切，从而控制上方图层的显示区域和范围，最终得到特殊的效果。

11.4.1 实战——创建剪贴蒙版

创建剪贴蒙版可以通过四种不同方法来实现，下面将一一进行讲解。

素材文件路径：素材 \ 第 11 章 \11.4\11.4.1\ 真男人 .psd

01 打开素材，如图 11-27 所示。打开"图层"面板，在"图层 8"上新建图层，如图 11-28 所示。

02 设置前景色为黄色（#fffe77），选择"画笔"工具 ，在人物周围涂抹，如图 11-29 所示。

图 11-27 打开图像　图 11-28 新建　图 11-29 画笔涂抹
　　　　　　　　　　　　　图层

03 设置其图层混合模式为"强光"、不透明度为 70%，如图 11-30 所示。

04 执行"图层"|"创建剪贴蒙版"命令，或按 Ctrl + Alt + G 快捷键，便可将图层粘贴到下一个图层中，如

图 11-31 所示。

05 除了上面讲解的两种创建剪贴蒙版方法外，还可以通过按住 Alt 键，移动光标至分隔两个图层之间的实线上，当光标显示为 形状时单击，如图 11-32 所示。

图 11-30 设置混合　图 11-31 创建剪贴　图 11-32 创建
　　模式　　　　　蒙版　　　　剪贴蒙版

在需要建立剪贴蒙版的图层上右击，在弹出的快捷菜单中选择"创建剪贴蒙版"命令，如图 11-33 所示。

图 11-33 创建剪贴蒙版

> **技巧提示：**
> 剪贴蒙版的最大优点是可以通过一个图层来控制多个图层的可见内容，而图层蒙版和矢量蒙版都只能控制一个图层。

11.4.2 了解剪贴蒙版中的图层

打开一张素材，如图 11-34 所示。最下面的图层为基底图层（即箭头 指向的那个图层），上面的图层为内容图层。基底图层名称带有下画线，内容图层的缩览图是缩进的，并显示出一个剪贴蒙版标志 ，如图 11-35 所示。基底图层中的透明区域充当了整个剪贴蒙版组的蒙版，也就是说，它的透明区域就像蒙版一样，可以将内容层

11.4.2 教学视频

中的图像隐藏起来，所以，只要移动基底图层，就会改变内容图层的显示区域，如图 11-36 所示。

图 11-34　打开　图 11-35　图层面板　图 11-36　移动
　　素材　　　　　　　　　　　　　　　基底图层

剪贴蒙版组使用基底图层的不透明度属性，所以，在调整基底图层的不透明度时，可以控制整个剪贴蒙版组的不透明度。

素材文件路径：素材 \ 第 11 章 \11.4\11.4.3\ 广告 .jpg

01 启动 Photoshop CC 2018 后，执行"文件"|"打开"命令，打开素材"第 11 章 \11.4\11.4.3\ 广告 .jpg"素材，如图 11-37 所示。

02 选择"横排文字"工具 **T**，设置"字体样式"为华文行楷、"字号"为 200 像素、字体颜色为黑色，在图像中输入文字，如图 11-38 所示。

03 将文字图层栅格化。按 Ctrl+O 快捷键打开"食物 .png"素材，添加至编辑的图像中，按 Ctrl+Alt+G 快捷键创建剪贴蒙版，如图 11-39 所示。

图 11-37　打开图像　图 11-38　输入文字　图 11-39　创建剪贴
　　　　　　　　　　　　　　　　　　　　　　　　　蒙版

04 更改"美"图层的不透明度为 50%，因为"美"字图层为基底图层，更改其不透明度为 50%，内容图层也跟着透明了，如图 11-40 所示。

05 调整剪贴蒙版内容的不透明度，只会更改剪贴蒙版的不透明度而不会影响基底图层，如图 11-41 所示。

图 11-40　设置基底图层　图 11-41　设置图层内容
　　不透明度　　　　　　　　不透明度

剪贴蒙版使用基底图层的混合模式，当基底图层为"正常"模式时，所有的图层会按照各自的混合模式与下面的图层混合。下面介绍设置剪贴蒙版的混合模式的具体操作步骤。

素材文件路径：素材 \ 第 11 章 \11.4\11.4.4\ 广告 .psd

01 打开素材文件，如图 11-42 所示。选择"美"字图层，设置图层的混合模式为颜色加深，调整基底图层的混合模式时，整个剪贴蒙版中的图层都会使用该模式与下面的图层混合，如图 11-43 所示。

图 11-42　打开素材　　　　图 11-43　设置混合模式

02 设置剪贴蒙版图层的混合模式，仅对其自身产生作用，不会影响其他图层，如图 11-44 所示。

图 11-44　蛇花子混合模式

剪贴蒙版可以应用于多个图层，但这些图层必须是连续的。将一个图层拖入剪贴蒙版的基底图层上，可将其加入到剪贴蒙版中。

素材文件路径：素材 \ 第 11 章 \11.4\11.4.5\ 月半湾 .psd

01 打开素材文件，选择"海豚"，如图 11-45 所示。拖动"海豚"图层至"人物"图层上，便可添加到剪贴蒙版组中，如图 11-46 所示。

02 选择"曲线"调整图层，将其移出剪贴蒙版，如图 11-47 所示；便可释放该图层，效果如图 11-48 所示。

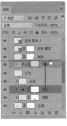

图 11-45 选择 图 11-46 移动 图 11-47 移出 图 11-48 效果
图层　　　　图层　　　　内容图层

11.4.6 释放剪贴蒙版

选择剪贴蒙版中的基底图层正上方的内容图层，如图 11-49 所示。执行"图层"|"释放剪贴蒙版"命令，或按 Alt + Ctrl + G 快捷键，可释放全部剪贴蒙版，如图 11-50 所示。

图 11-49 原图　　　　　图 11-50 释放剪贴蒙版

11.5 神奇实用——图层蒙版

图层蒙版是与分辨率相关的位图图像，它是图像合成中应用最为广泛的蒙版。下面来学习如何创建和编辑图层蒙版。

11.5.1 实战——创建图层蒙版

在 Photoshop 中可以为某个图层或图层组添加图层蒙版，下面介绍如何创建图层蒙版。

素材文件路径：素材 \ 第 11 章 \11.5\11.5.1\ 春暖花开、人物 .jpg

11.5.1 教学视频

01 打开本书提供的如图 11-51 所示的"春暖花开"和如图 11-52 所示的人物素材。

图 11-51 "春暖花开" 图 11-52 人物素材
　　　　素材

02 拖动人物婚纱图像至背景图像窗口中，按 Ctrl + T 键调整图片的大小和位置，如图 11-53 所示；单击图层面板上的"添加图层蒙版"按钮 ▣，为"图层 1"添加图层蒙版，此时图层面板如图 11-54 所示。

> **技巧提示：**
>
> 添加图层蒙版后，图层的右侧会显示出蒙版缩览图，同时在图层缩览图和蒙版缩览图之间显示链接标记 ，表示当前图层蒙版和图层处于链接状态，如果移动或缩放其中一个，另一个也会发生相应的改变，如同链接图层一样。按住 Ctrl 键单击 ▣ 按钮，可在当前图层上添加矢量蒙版。

图 11-53 拖曳文件　　　图 11-54 添加图层
　　　　　　　　　　　　　　蒙版

03 选择"魔棒"工具 ，按住 Shift 键单击人物图像上的白色背景，如图 11-55 所示。

04 设置前景色为黑色，按 Alt+Delete 快捷键填充黑色，隐藏选区内的内容，如图 11-56 所示。

05 按 Ctrl+D 快捷键取消选区。按 Alt 键单击图层蒙版缩览图，图像窗口会显示出蒙版图像，如图 11-57 所示。

图 11-55 选择白色 图 11-56 隐藏选区 图 11-57 显示蒙版
背景　　　　　的内容　　　　图像

06 从图中可以看出，位于蒙版黑色区域的图像被隐藏。如果要恢复图像显示状态，再次按住 Alt 键单击蒙版缩览图即可。编辑图层蒙版得到如图 11-58 所示的效果图。

07 选择"画笔"工具 ✐，设置前景色为白色，用柔边缘笔刷涂抹图像，可以显示蒙版隐藏的图像，如图 11-59 所示。

08 按 X 键将前景色与背景色置换，用黑色的柔边缘笔刷涂抹图像，可以隐藏多余的图像，如图 11-60 所示。

图 11-58　编辑图层　图 11-59　画笔涂抹　图 11-60　图像效果
　　　　蒙版

> 💡 **技巧提示：**
>
> 执行"图层"|"图层蒙版"|"显示全部"命令创建的蒙版，默认全部填充白色，因而图层中的图像仍全部显示在图像窗口中。如果执行"图层"|"图层蒙版"|"隐藏全部"命令，或按住 Alt 键单击 ▣ 按钮，则得到的是一个黑色的蒙版，当前图层中的图像会被全部隐藏。

11.5.2　为图层组添加蒙版

如果有多个图层需要统一的蒙版效果，可以将这些图层放在一个图层组中，然后为图层组添加蒙版，以简化操作。为图层组添加蒙版方法如下：选择图层组，单击图层面板中的"添加图层蒙版"按钮 ▣ 即可。

11.5.2 教学观频

11.5.3　实战——从选区中生成图层蒙版

如果当前图层中存在选区，则可以将选区转换为蒙版，具体操作如下。

素材文件路径：素材 \ 第 11 章 \11.5\11.5.3 站牌、足球广告 .jpg

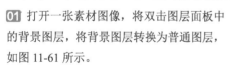

11.5.3 教学观频

01 打开一张素材图像，将双击图层面板中的背景图层，将背景图层转换为普通图层，如图 11-61 所示。

02 选择"魔棒"工具 ✐，在素材中的白色部分单击，得到选区，如图 11-62 所示。

图 11-61　打开图像　　　　图 11-62　创建选区

03 单击图层面板上的"添加图层蒙版"按钮 ▣，可以从选区中自动生成蒙版，选区内的图像是显示的，而选区外的图像则被蒙版隐藏，按 Ctrl+I 快捷键反相，如图 11-63 所示。

04 打开足球广告素材图像，将素材添加至文件中，放置在图层 0 的下方，并调整好大小，如图 11-64 所示。

图 11-63　添加蒙版　　　图 11-64　图像效果

知识拓展：

执行"图层"|"图层蒙版"|"显示选区"命令，可得到选区外图像被隐藏的效果；若执行"图层"|"图层蒙版"|"隐藏选区"命令，则会得到相反的结果，选区内的图像会被隐藏，与按住 Alt 键再单击 ▣ 按钮效果相同。此外，在创建选区后，执行"编辑"|"贴入"命令，在新建图层的同时会添加相应的蒙版，默认选区外的图像被隐藏。

11.5.4　实战——从通道中生成蒙版

上面已经讲解了两种不同创建蒙版的方法，接下来学习一下如何在通道中生成蒙版。

素材文件路径：素材 \ 第 11 章 \11.5\11.5.4\ 创意合成、天鹅 .jpg

01 打开素材文件，如图 11-65 所示。切换到"通道"面板，将"红"通道到创建新通道按钮 ▣ 上复制，得到"红"复制通道，如图 11-66 所示。

11.5.4 教学观频

图 11-65　打开素材　　　图 11-66　复制"红"通道

02 按 Ctrl+L 快捷键，弹出"色阶"对话框，将阴影和高光滑块向中间移动，增强对比度，参数如图 11-67 所示，效果如图 11-68 所示。

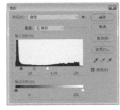

图 11-67　色阶参数　　　　图 11-68　图像效果

03 设置前景色为白色，选择"画笔"工具 ，将鹅的嘴巴位置涂抹成白色，如图 11-69 所示。

04 此时通道的白色可以转换为选区，按 Ctrl+A 快捷键全选，按 Ctrl+C 快捷键，复制到剪贴板中，按 Ctrl+2 快捷键，切回到复合通道，显示彩色图像。

05 打开背景文件，如图 11-70 所示。

图 11-69　涂抹鹅嘴巴　　　图 11-70　背景素材

06 选择"移动"工具 ，按 Shift 键将"鹅"拖入背景文件中，如图 11-71 所示。单击图层面部的"添加图层蒙版"按钮 ，添加图层蒙版。

07 按住 Alt 键单击图层蒙版缩览图，文档窗口显示蒙版图像，按 Ctrl+V 快捷键将复制的通道粘贴到蒙版中，如图 11-72 所示。按 Ctrl+D 快捷键取消选择。

图 11-71　拖动图像　　　　图 11-72　粘贴内容

08 按 Alt 键再次单击图层蒙版缩览图，重新显示图像，按 Ctrl＋T 快捷键，调整鹅的大小，按 Enter 键确定变换，如图 11-73 所示。

09 选择"画笔"工具 ，用黑色的画笔涂抹天鹅的投影，显示船只，如图 11-74 所示。

图 11-73　调整天鹅大小　　　图 11-74　最终效果

11.5.5　实战——复制与转移蒙版

创建图层蒙版后，不仅可以更改蒙版中的图像，而且可以在不同图层之间进行移动与复制，下面通过具体操作来讲解。

素材文件路径：素材 \ 第 11 章 \11.5\11.5.5\ 足球中的世界 .psd

01 打开素材，选择"图层 1"，如图 11-75 所示。

02 直接拖动图层 1 蒙版至图层 2 上，便可转移蒙版，如图 11-76 所示。

11.5.5 教学视频

图 11-75　原图　　　　　　图 11-76　转移蒙版

03 选择图层 2，按住 Alt 键拖动并复制蒙版至图层 1 上，便可复制图层蒙版，如图 11-77 所示。

图 11-77　复制图层

11.5.6　实战——停用与启用蒙版

停用和启用蒙版可以通过三种不同的方法来实现，下面将具体说明。

素材文件路径：素材 \ 第 11 章 \11.5\11.5.6\ 足球中的世界 .psd

01 按 Ctrl+O 快捷键打开"足球中的世界 .psd"素材，如图 11-78 所示。

11.5.6 教学视频

02 选择图层 2，执行"图层"|"图层蒙版"|"停用"命令，即可停用蒙版，此时在蒙版缩览图上会出现一个红色的"×"符号，同时图层被隐藏的图像会恢复显示，如图 11-79 所示。停用的图层蒙版并没有从图层上删除。

03 执行"图层"|"图层蒙版"|"启用"命令，即可重新启用蒙版。

04 选择图层 1，在蒙版上右击，在弹出的快捷菜单中选择"停用图层蒙版"命令，如图 11-80 所示，也可停用蒙版。再次右击，选择"启用图层蒙版"命令，便可重新启用蒙版。

图 11-78　打开　　图 11-79　禁用图层蒙版　　图 11-80　停用
图像　　　　　　　　　　　　　　　　　　　　图层蒙版

> 💡 **技巧提示：**
> 　　按住 Shift 键单击图层蒙版缩览图，可暂时使蒙版失效。按住 Shift 键或直接单击蒙版缩览图，红色"×"标记即可消除，图层蒙版又恢复控制图像显示。

11.5.7　实战——链接与取消链接蒙版

　　系统默认图层与图层蒙版是相互链接的，两者的缩览图之间会出现🔗标记，因而，当对其中的一方进行移动、缩放或变形操作时，另一方也会发生相应的改变。下面讲解链接与取消链接蒙版的操作。

素材文件路径：素材 \ 第 11 章 \11.5\11.5.7 公益广告 .psd

01 按 Ctrl+O 快捷键打开"公益广告 .psd"素材，如图 11-81 所示。

02 选择"相拥行走"图层，图层与图层蒙版之间有🔗标记，如图 11-82 所示。

图 11-81　打开图像　　　图 11-82　选择图层

03 移动蝴蝶图像，图层蒙版内容也相应随之移动，如

图 11-83 所示。

04 按 Ctrl+Z 快捷键，撤销移动，单击🔗标记，使之消失，可取消两者的链接状态，如图 11-84 所示。

图 11-83　移动图像　　　图 11-84　取消链接

05 再次移动人物，图层蒙版并没随之一起移动，如图 11-85 所示。同样的移动图层蒙版内容，图层内容也不会随之一起移动，如图 11-86 所示。

06 如果要重新在图层与图层蒙版间建立链接，可以单击图层和图层蒙版之间的区域，重新显示链接标记🔗即可。

图 11-85　移动图像　　　图 11-86　移动蒙版

11.5.8　应用与删除蒙版

　　由于添加蒙版会增加文件大小，如果某些蒙版无须改动，则可以应用蒙版至图层，以减少图像文件大小。所谓应用蒙版，实际上就是将蒙版隐藏的图像清除，将蒙版显示的图像保留，然后删除图层蒙版。

11.5.8 教学视频

　　要应用图层蒙版，只需在图层被选中的情况下，执行"图层"|"图层蒙版"|"应用"命令即可。此外，选中图层蒙版，将其拖至🗑按钮，在弹出的提示框中单击"应用"按钮，也可以将图层蒙版应用于当前图层，图层中隐藏的图像将被清除。

　　若单击"删除"按钮，则如同执行"图层"|"图层蒙版"|"删除"命令，不应用而删除蒙版。

11.5.9　蒙版面板

　　蒙版面板是从 Photoshop CS6 版本中才出现了全新的属性面板，在属性面板中可以对蒙版进行系统操作，如添加蒙版、删除蒙版、应用蒙版等，也可以随时进行修改，十分方便、快捷，如图 11-87 所示。

11.5.9 教学视频

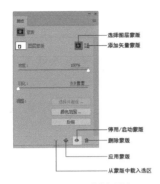

图 11-87　蒙版面板

选择图层蒙版
添加矢量蒙版
停用/启用蒙版
删除蒙版
应用蒙版
从蒙版中载入选区

11.5.10　实战——使用蒙版面板制作寂静的天空合成

接下来使用蒙版属性面板中提供的各种选项来扣取有背景的大树，并调整大树素材的颜色色调，制作一幅具有浓郁的复古色调的创意合成图片。

素材文件路径：素材 \ 第 11 章 \11.5\11.5.10\ 寂静的天空、大树 .jpg

01 执行"文件"|"打开"命令，打开两张素材图像，如图 11-88 所示。选择人物素材图像，选择"移动"工具，按住鼠标并拖动，将大树素材添加至寂静的天空素材中。

11.5.10 教学视频

图 11-88　打开素材

02 单击蒙版面板上的"添加图层蒙版"按钮，为"图层 1"添加图层蒙版，此时图层面板如图 11-89 所示。

03 执行"窗口"|"属性"命令，打开蒙版属性面板，单击面板中的"颜色范围"按钮，弹出"色彩范围"对话框，如图 11-90 所示。

图 11-89　添加图层蒙版　图 11-90　"色彩范围"对话框

04 单击"添加到取样"按钮，在图像白色背景上单击，选取样范围，如图 11-91 所示。

05 勾选"反相"复选框，如图 11-92 所示。

06 单击"确定"按钮，得到图层蒙版，图层面板如图 11-93 所示。

图 11-91　添加到　图 11-92　反相图像　图 11-93　图层面板
取样

07 选择"画笔"工具，用黑色的柔边缘笔刷涂抹大树素材，隐藏部分图像，如图 11-94 所示。

08 创建"可选颜色"调整图层，在弹出的对话框中调整"黄""绿"颜色的数值，除去大树的黄色调，让树叶更绿，如图 11-95 所示。

09 按 Ctrl+Alt+G 快捷键创建剪贴蒙版，使调整图层只作用于大树素材，如图 11-96 所示。

图 11-94　画笔　图 11-95　"可选颜色"调　图 11-96　图像
涂抹　　　　整图层　　　　　效果

10 创建"色相/饱和度"调整图层，调整"明度"参数，按 Ctrl+Alt+G 快捷键创建剪贴蒙版，选中蒙版填充黑色，隐藏明度调整范围；选择"画笔"工具，用白色的画笔涂抹树干区域，显示明度，如图 11-97 所示。

11 创建"曲线"调整图层，调整 RGB 通道及红通道，并创建剪贴蒙版，如图 11-98 所示。

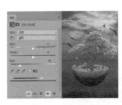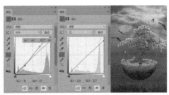

图 11-97　"色相/饱和度"　图 11-98　"曲线"参数及效果
参数及效果

12 创建"曲线"调整图层，调整蓝通道参数，让图像色调偏蓝色调，如图 11-99 所示。

图 11-99　最终效果

11.6　综合实战——梦幻海底

本实例制作一幅创意图像合成，主要练习了本章所学的图层蒙版功能。

素材文件路径：素材\第 11 章\11.6\11.6\海底、草、船、鱼、梯子、气泡、水波、小女孩、天空 .jpg

01 启动 Photoshop CC 2018 后，执行"文件"|"新建"命令，在弹出的对话框中设置"宽度"为 14.11 厘米、"高度"为 10.51 厘米、分辨率为 180 像素 / 英寸，新建文档。按
Ctrl+O 快捷键打开"海底""草"素材，将其添加至新建的文档中，调整大小，如图 11-100 所示。

02 选择"草"图层，设置混合模式为"正片叠底"，单击"添加图层蒙版"按钮 ，为草添加图层。选择"渐变"工具 ，在"渐变编辑器"中选择黑色到透明色的渐变，单击"线性渐变"按钮 ，从上往下拖动填充渐变，如图 11-101 所示。

图 11-100　添加素材　　　图 11-101　添加蒙版

03 创建"色彩平衡"调整图层，调整"中间调"参数，使草素材与海底色调相融为一体，如图 11-102 所示。

04 同方法，添加"天空"及"船"素材，为其添加图层蒙版，如图 11-103 所示。

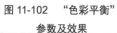

图 11-102　"色彩平衡"　　　图 11-103　添加素材
参数及效果

05 选择"船"图层，添加"可选颜色"调整图层，调整黑、白、中性色颜色的素材，创建剪贴蒙版，如图 11-104 所示。

图 11-104　"可选颜色"参数及效果

06 用黑色的画笔涂抹海面上的船，显示原有的颜色，如图 11-105 所示。

07 在船的下方新建图层，用黑色的画笔涂抹，制作船的阴影，如图 11-106 所示。画笔涂抹的过程中可以降低其不透明度。

图 11-105　显示船身颜色　　　图 11-106　绘制阴影

08 为编辑的文档添加"小女孩"素材。按 Ctrl+T 快捷键显示定界框水平翻转图像，利用"钢笔"工具 将人物抠取出来，如图 11-107 所示。

09 创建"可选颜色"调整图层，调整"黑""白""中性色"的颜色，按 Ctrl+Alt+G 快捷键创建剪贴蒙版，调整小女孩的颜色，如图 11-108 所示。

图 11-107　添加人物　　图 11-108　"可选颜色"参数及效果

10 创建"曲线"调整图层，调整 RGB 通道、红通道、蓝通道、绿通道参数，并创建剪贴蒙版，调整小女孩的色调，使其与海底颜色融为一体，如图 11-109 所示。

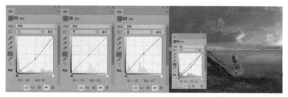

图 11-109　"曲线"参数及效果

11 新建图层，选择"画笔"工具 ，用黑色画笔涂抹

人物的阴影区域，用白色画笔涂抹人物高光区域，如图 11-110 所示。

12 同上述添加素材的操作方法，添加"鱼"及"梯子"素材，并调整色调添加阴影，如图 11-111 所示。

图 11-110　画笔涂抹　　　　图 11-111　添加素材

13 设置前景色为淡黄色（# e6d6a0），载入鱼的选区，选择"画笔"工具 ，用柔边缘笔刷在鱼上涂抹，如图 11-112 所示。

14 设置其混合模式为"叠加"，为鱼添加高光，如图 11-113 所示。

图 11-112　画笔涂抹　　　图 11-113　设置图层混合模式

15 添加"水波"素材，设置混合模式为"滤色"，如图 11-114 所示。

16 创建"曲线"调整图层，调整 RGB 通道参数，调整对比度，如图 11-115 所示。

图 11-114　添加素材　　　图 11-115　"曲线"参数及效果

17 在草地上创建选区，创建"色彩平衡"调整图层，调整中间调和草地颜色，如图 11-116 所示。

18 盖印图层，利用"加深"工具 与"减淡"工具 制作出高光。并添加气泡素材，设置混合模式为"滤色"，如图 11-117 所示。

图 11-116　"色彩平衡"参数及效果　　　图 11-117　最终效果

第 12 章

换个角度看图像

——

通道

12.1　编辑通道的场所——通道面板

　　"通道"面板是创建和编辑通道的主要场所。打开一幅图像文件，执行"窗口"|"通道"命令，在 Photoshop 窗口中即可看到如图 12-1 所示的通道面板。

✦ 复合通道：复合通道不包含任何信息，实际上它只是同时预览并编辑所有颜色通道的一个快捷方式。它通常被用来在单独编辑完一个或多个颜色通道后，使通道面板返回到它的默认状态。对于不同模式的图像其通道的数量是不一样的。在 Photoshop 中，通道涉及三个模式。对于一个 RGB 图像，有 RGB、R、G、B 四个通道；对于一个 CMYK 图像，有 CMYK、C、M、Y、K 五个通道；对于一个 Lab 模式的图像，有 Lab、L、a、b 四个通道。

✦ 颜色通道：在该区域显示出颜色通道，根据不同的颜色模式，有不同的颜色通道，颜色模式包括位图、灰度、双色调、索引颜色、RGB 颜色、CMYK 颜色、Lab 颜色和多通道等模式，要转换不同的颜色模式，执行"图像"|"模式"命令，在子菜单中选择相应的模式即可。

✦ 临时通道：在运用蒙版进行操作时，会出现一个以斜体字表示的临时通道。

✦ 专色通道：创建的专色通道背景为白色，而涂抹的区域为黑色。

✦ Alpha 1 通道：创建的 Alpha 1 通道背景为黑色，而涂抹的区域为白色。

✦ "将通道作为选区载入"按钮 ：单击该按钮，可将当前选中的通道作为选区载入到图像中，方便用户对当前选区的对象进行操作。

✦ "将选区存储为通道"按钮 ：单击该按钮，可将当前的选区存储为通道，方便用户在后面的操作中，将存储通道随时作为选区载入。

✦ "创建新通道"按钮 ：单击该按钮，在通道面板新建一个 Alpha 1 通道。

✦ "删除当前通道"按钮 ：单击该按钮，将当前选中的通道删除。

　　通道面板用来创建、保存和管理通道。当打开一个新的图像时，Photoshop 会在通道面板中自动创建该图像的颜色信息通道，通道名称的左侧显示了通道内容的缩览图，在编辑通道时缩览图会自动更新。

✦ 眼睛图标：用于控制各通道的显示 / 隐藏，使用方法与图层眼睛图标相同。

✦ 缩览图：用于预览各通道中的内容。

✦ 通道快捷键：各通道右侧显示的"Ctrl ＋～""Ctrl ＋ 1"和"Ctrl ＋ 2"等即为快捷键，按下快捷键可快速选中所需的通道。

　　单击通过面板右上角的扩展按钮，即可打开扩展菜单，如图 12-2 所示，该菜单中包括与通道面板相关的操作选项，其中包括新建通道、复制通道、删除通道、新建专色通道、合并专色通道、通道选项、分离通道和合并通道等选项。

第 12 章素材文件

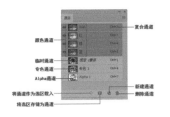
图 12-1 通道面板

图 12-2 通道面板扩展菜单

12.2 认识通道——通道的类型

Photoshop 中包含三种类型的通道，即颜色通道、Alpha 通道和专色通道。下面来了解这几种通道的特征和主要作用。

12.2.1 颜色通道

颜色信息通道也称为原色通道，主要用于保存图像的颜色信息。打开一幅新图像，Photoshop 会自动创建相应的颜色通道。所创建的颜色通道的数量取决于图像的颜色模式，而非图层的数量。例如，RGB 图像有 4 个默认通道，红色、绿色和蓝色各有一个通道，以及一个用于编辑图像的复合通道，如图 12-3 所示。当所有颜色通道合成在一起，才会得到具有色彩效果的图像。如果图像缺少某一原色通道，则合成的图像将会偏色，如图 12-4 所示。

图 12-3 RGB 图像

图 12-4 隐藏蓝通道图

CMYK 颜色模式图像则拥有青色、洋红、黄色、黑色四个单色通道和 CMYK 复合通道，如图 12-5 所示。这四个单色通道就相当于四色印刷中的四色胶片，将四色胶片分别输出，也就是印刷领域中俗称的"出片"。

Lab 图像包含明度、a、b 和一个复合通道，如图 12-6 所示。

图 12-5 CMYK 图像

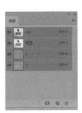
图 12-6 Lab 图像

不同的原色通道保存了图像的不同颜色信息。例如，RGB 模式图像中，"红"色通道保存了图像中红色像素的分布信息，"绿"色通道保存了图像中全部绿色像素的分布信息，因而，修改各个颜色通道即可调整图像的颜色，但一般不直接在通道中进行编辑，而是在使用调整工具时从通道列表中选择所需的颜色通道。

复合通道不包含任何信息，实际上它只是同时预览并编辑所有颜色通道的一个快捷方式。它通常被用来在单独编辑完一个或多个颜色通道后使通道面板返回到默认状态。

12.2.2 了解 Alpha 通道

Alpha 通道的使用频率非常高，而且非常灵活，其最为重要的功能就是保存并编辑选区。

Alpha 通道用于创建和存储选区。一个选区保存后就成为一个灰度图像保存在 Alpha 通道中，在需要时也可载入图像继续使用。可以添加 Alpha 通道来创建和存储蒙版，这些蒙版用于处理或保护图像的某些部分。Alpha 通道与颜色通道不同，它不会直接影响图像的颜色。

在 Alpha 通道中，白色代表被选择了的区域，黑色代表未被选择的区域，而灰色则代表部分选择的区域，即羽化的区域。如图 7-7 所示为一个图像的 Alpha 通道，如图 12-8 所示为载入该通道的选区后，填充黑色的效果。

图 12-7 Alpha 通道和图像样
图 12-8 填充黑色

Alpha 通道是一个 8 位的灰度图像，可以使用绘图和修图工具进行各种编辑，也可使用滤镜进行各种处理，从而得到各种复杂的效果。

12.2.3 实战——新建 Alpha 通道

上面已经对 Alpha 通道进行了各方面的讲解，下面来学习三种新建 Alpha 通道的方法。

素材文件路径：素材 \ 第 12 章 \12.2\12.2.3\ 花 .jpg

01 打开素材，切换至通道面板。单击通道面板中的"创建新通道"按钮，即可新建一个 Alpha 通道，如图 12-9 所示。

12.2.3 教学视频

02 如果在当前文档中创建了选区，如图 12-10 所示，则单击"将选区存储为通道"按钮 ▣，可以将选区保存为 Alpha 通道，如图 12-11 所示。

图 12-9　新建通道　图 12-10　创建选区　图 12-11　存储选区

03 或者单击通道面板中右上角的 ≡ 按钮，从弹出的面板菜单中选择"新建通道"命令，打开"新建通道"对话框，如图 12-12 所示。

04 输入新通道的名称，单击"确定"按钮，也可得到创建的 Alpha 通道，如图 12-13 所示，Photoshop 默认以 Alpha 1、Alpha 2……为 Alpha 通道命名。

图 12-12　"新建通道"对话框　　图 12-13　新建通道

> 💡 **技巧提示：**
> 如果当前图像中包含选区，按住 Ctrl 键单击"通道""路径""图层"面板中的缩览图时，可以通过按下按键来进行选区运算。例如，按住 Ctrl 键单击可以将它作为一个新选区载入；按住 Ctrl+Shift 快捷键单击可将它添加到现有选区中；按住 Ctrl+Alt 快捷键单击可以从当前的选区中减去载入的选区；按住 Ctrl+Shift+Alt 快捷键单击可进行与当前选区相交的操作。

12.2.4　专色通道

专色通道应用于印刷领域。当需要在印刷物上加上一种特殊的颜色（如银色、金色），就可以创建专色通道，以存放专色油墨的浓度、印刷范围等信息。

需要创建专色通道时，可以执行调板菜单中的"新建专色通道"命令，打开"新建专色通道"对话框，如图 12-14 所示。

图 12-14　"新建专色通道"对话框

在对话框中可以设置以下内容。

✦ 名称：用来设置专色通道的名称。如果选取自定义颜色，通道将自动采用该颜色的名称，这有利于其他应用程序识别它们，如果修改了通道的名称，可能无法打印该文件。

✦ 颜色：单击该选项右侧的颜色图标，可打开"选择专色"对话框，如图 12-15 所示。

 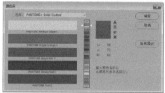

图 12-15　"选择专色"对话框

✦ 密度：用来在屏幕上模拟印刷后专色的密度。它的设置范围为 0%~100%，当该值为 100% 时，模拟完全覆盖下层油墨；当该值为 0% 时，可模拟完全显示下层油墨的透明油墨。

> 💡 **技巧提示：**
> "密度"用于在屏幕上模拟印刷时专色的密度，100% 可以模拟完全覆盖下层油墨的油墨（如金属质感油墨），0% 可以模拟完全显示下层油墨的透明油墨（如透明光油）。

12.3　为什么需要通道——通道的作用

总结通道在图像处理中的应用，大致可归纳为以下几个方面：

✦ 用通道来存储、制作精确的选区和对选区进行各种处理。

✦ 把通道看做由原色组成的。

✦ 利用图像菜单的调整命令对单种原色通道进行色阶、曲线、色相 / 饱和度的调整。

✦ 利用滤镜对单种原色通道（包括 Alpha 通道）进行各种艺术效果的处理，以改善图像的品质或创建复杂的艺术效果。

12.4　熟练使用通道——编辑通道

通过本节的学习，我们来了解如何使用通道调板和调板菜单中的命令，创建通道，以及对通道进行复制、删除、分离与合并等操作。

12.4.1　实战——选择通道

操作通道的前提是该通道处于选择状态，下面介绍选择通道的具体操作。

素材文件路径：素材 \ 第 12 章 \12.4\12.4.1\ 紫色的花 .jpg

12.4.1 教学视频

01 打开素材，切换至通道面板，如图 12-16 所示。

02 单击"绿"通道，选择通道后，画面中会显示该通道的灰度图像，如图 12-17 所示。

知识拓展：可以快速选择通道吗？

按 Ctrl+ 数字键可以快速选择通道。例如，如果图像为 RGB 模式，按 Ctrl+3 快捷键可以选择红通道；按 Ctrl+4 快捷键可以选择绿通道；按 Ctrl+5 快捷键可以选择蓝通道；按 Ctrl+6 快捷键可以选择蓝通道先得 Alpha 通道；如果要回到 RGB 复合通道，可以按 Ctrl+2 快捷键。

图 12-16　选择通道　　　图 12-17　选择单个通道

03 单击"红"通道前面的眼睛图标，显示该通道，选择两个通道后，画面中会显示这两个通道的复合图像，如图 12-18 所示。

图 12-18　选择多个通道

12.4.2　实战——载入通道的选区

编辑通道可以将 Alpha 通道载入选区，下面介绍具体的操作步骤。

素材文件路径：素材 \ 第 12 章 \12.4\12.4.2\ 鸟 .psd

12.4.2 教学视频

01 打开素材文件，切换到"通道"面板，如图 12-19 所示。

02 按 Ctrl 键单击"Alpha1"通道，将其载入选区，如图 12-20 所示。

03 按 Ctrl+Shift+I 快捷键反选选区。按 Ctrl+J 快捷键，复制选区内容，然后再回到图层 1，执行"滤镜"|"滤镜库"命令，弹出"滤镜库"对话框，在"画笔描边"选项组中选择"强化的边缘"，在右侧设置参数，如图 12-21 所示。可栅格化矢量蒙版，并将其转换为图层蒙版。

04 设置完毕后，单击"确定"按钮，设置"图层 1"的混合模式为"颜色减淡（添加）"，得到如图 12-22 所示的效果图。

图 12-19　打　图 12-20　转　图 12-21　"强化　图 12-22　最
开素材文件　　换为图层蒙版　的边缘"滤镜参数　　终效果

> 技巧提示：
> 如果在画面中已经创建了选区，单击"通道"面板中的 ▣ 按钮可将选区保存到 Alpha 通道中。

12.4.3　实战——复制通道

复制通道与复制图层非常类似。下面介绍复制通道的具体操作步骤。

素材文件路径：素材 \ 第 12 章 \12.4\12.4.3\ 照片 .jpg

12.4.3 教学视频

01 打开素材文件，切换到通道面板，如图 12-23 所示。

02 选择"红"通道，拖动该通道至面板底端，创建新通道按钮，即可得到复制通道，如图 12-24 所示。

03 显示所有的通道，得到如图 12-25 所示图像效果。

图 12-23　通道面板　　图 12-24　复制　图 12-25　显示
　　　　　　　　　　　　　　通道　　　　　通道

> 技巧提示：
> 另一种方法是在选中通道之后，从面板菜单中选择"复制通道"选项，此时将弹出一个对话框供用户设置新通道的名称和目标文档。

12.4.4 编辑与修改专色

创建专色通道后，可以使用绘图或编辑工具在图像中绘画。用黑色绘画可添加更多不透明度为 100% 的专色；用灰色绘画可添加不透明度较低的专色。绘画或编辑工具选项中的不透明度选项决定了用于输出的实际油墨浓度。

如果要修改专色，可双击专色通道的缩览图，在打开的"专色通道选项"对话框中进行设置。

12.4.5 用原色显示通道

在默认情况下，通道面板中的原色通道均以灰度显示，但如果需要，通道也可用原色进行显示，即红色通道用红色显示，绿色通道用绿色显示。

执行"编辑"|"首选项"|"界面"命令，打开"首选项"对话框，勾选"用彩色显示通道"复选框，如图 12-26 所示。单击"确定"按钮，退出对话框，即可在通道面板中看到原色显示的通道，如图 12-27 所示为原通道面板和用彩色显示通道面板对比效果。

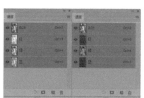

图 12-26　"首选项"对话框　图 12-27　显示原色的通道面板

12.4.6 同时显示 Alpha 通道和图像

单击 Alpha 通道后，图像窗口会显示该通道的灰度图像，如图 12-28 所示。如果想要同时查看图像和通道内容，可以在显示 Alpha 通道后，单击复合通道前的眼睛图标，Photoshop 会显示图像并以一种颜色替代 Alpha 通道的灰度图像，就类似于在快速蒙版模式下的选区，如图 12-29 所示。

图 12-28　显示 Alpha 通道　图 12-29　同时显示 Alpha 通道和图像

12.4.7 重命名和删除通道

双击通道调板中一个通道的名称，在显示的文本框中可为其输入新的名称，如图 12-30 所示。

删除通道的方法也很简单，将要删除的通道拖动至 🗑 按钮，或者选中通道后，执行面板菜单中的"删除通道"命令即可。

要注意的是，如果删除的不是 Alpha 通道而是颜色通道，则图像将转为多通道颜色模式，图像颜色也将发生变化。如图 12-31 所示为删除了蓝色通道后，图像变为了只有 3 个通道的多通道模式。

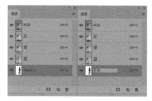

图 12-30　修改通道名称　　图 12-31　删除通道版

12.4.8 分离通道

分离通道命令可以将当前文档中的通道分离成多个单独的灰度图像。打开一张素材图像，如图 12-32 所示。然后切换到通道面板，单击通道调板右上角的 按钮，从打开的面板菜单中选择"分离通道"选项，如图 12-33 所示。

图 12-32　原图　　图 12-33　选择"分离通道"选项

这时，会看到图像编辑窗口中的原图像消失，取而代之的是单个通道出现在单独的灰度图像窗口，如图 12-34 所示。新窗口中的标题栏中会显示原文件保存的路径及通道，这时可以存储和编辑新图像。

图 12-34　分离通道示例

12.4.9　合并通道

合并通道命令可以将多个灰度图像作为原色通道合并成一个图像。进行合并的图像必须是灰度模式，具有相同的像素尺寸并且处于打开状态。继续上一小节的操作，可以将分离出来的三个原色通道文档合并成一个图像。

确定包含命令的通道的灰度图像文件呈打开状态，并使其中一个图像文件成为当前激活状态，从通道面板菜单中选择"合并通道"命令，打开"合并通道"对话框，如图 12-35 所示。

在模式选项栏中可以设置合并图像的颜色模式，如图 12-36 所示。颜色模式不同，进行合并的图像数量也不同，单击"确定"按钮，开始合并操作。

图 12-35　"合并通道"选项　　图 12-36　选择"RGB 颜色"模式

这时会弹出"合并 RGB 通道"对话框，分别指定合并文件所处的通道位置，如图 12-37 所示。

单击"确定"按钮，则选中的通道合并为指定类型的新图像，原图像则在不做任何更改的情况下关闭。新图像会以未标题的形式出现在新窗口中，如图 12-38 所示。

图 12-37　"合并 RGB 通道"　　图 12-38　合并为新图像

12.5　抠取头发等细节图像——通道抠图

通道保存了图像最原始的颜色信息，合理使用通道可以建立其他方法无法创建的图像选区。下面的实例是以选取头发为例，介绍通道抠图的方法及技巧。

12.5 教学数据

素材文件路径：素材 \ 第 12 章 \12.5\ 人物 .jpg

01 启动 Photoshop CC 2015.5，执行"文件"|"打开"命令，打开"第 12 章 \12.5\ 人物 .jpg"素材。按 Ctrl+J 快捷键复制背景图层。选择"钢笔"工具，设置"工具模式"为路径，在人物上创建如图 12-39 所示的路径。

02 右击，在弹出的快捷菜单中选择"建立选区"命令，设置"羽化半径"为 5 像素，如图 12-40 所示。

03 单击"确定"按钮，关闭对话框，建立选区，按 Ctrl+J 快捷键复制选区的内容至新的图层中，如图 12-41 所示。

图 12-39　创建路径　图 12-40　"建立　图 12-41　复制选区"对话框　图像

04 选择"图层 1"图层，切换至通道面板，将红色通道拖曳至"新建通道"按钮上，复制红通道中的图像，如图 12-42 所示。

05 执行"图像"|"调整"|"色阶"命令，拖动最左边与最右边的滑块，调整参数，如图 12-43 所示。

06 此时图像效果如图 12-44 所示。

图 12-42　通道　图 12-43　"色阶"　图 12-44　色阶调整面板　　对话框　　效果

07 选择"画笔"工具，设置前景色为黑色，将除了头发高光区域外其余都涂抹成黑色，如图 12-45 所示。按住 Ctrl 键单击复制的红通道载入选区，按 Ctrl+Shift+I 快捷键反选选区，选择复合通道，按 Ctrl+J 快捷键复制选区的内容至新的图层中，如图 12-46 所示。

图 12-45　画笔涂抹　图 12-46　复制图像　图 12-47　图像效果

08 再次选择"图层1"，将蓝通道进行复制，按 Ctrl+L 快捷键，打开"色阶"对话框，调整参数，如图 12-47 所示；用白色的画笔将图像涂抹成如图 12-49 所示的图像效果。

09 载入选区，按 Ctrl+2 快捷键切换至复合通道，按 Ctrl+J 快捷键复制选区内的图像，如图 12-50 所示。

图 12-48　"色阶"　　图 12-49　图像　　图 12-50　复制
　　　对话框　　　　　　效果　　　　　　　图像

10 将背景图层拖曳至人物图层的下方，并调整大小，如图 12-51 所示。

11 放大图像，发现头发细节处理得不够仔细。选中"图层4"，使用"吸管"工具 吸取头发的色调，选择"背景橡皮擦"工具，在发丝灰色地带单击，擦除多余的图像，如图 12-52 所示。

12 为人物添加"纹理"及"火焰"素材，得到如图 12-53 所示的图像效果。

图 12-51　移动背景　图 12-52　擦除多余　图 12-53　最终效果
　　　　　图像

12.6　通道也能调色——通道与色彩调整

在通道调板中，颜色通道记录了图像的颜色信息，如果对颜色进行调整，将影响图像的颜色。下面介绍运用通道调色的具体操作步骤。

素材文件路径：素材 \ 第 12 章 \12.6\ 人物 .jpg

12.6 教学视频

01 执行"文件"｜"打开"命令，选择素材中的"第 12 章 \12.6\ 人物 .jpg"，单击"打开"按钮，如图 12-54 所示。

02 在通道面板中观察发现这是一个 RGB 模式的图像，较亮的通道表示图像中包含大量的该颜色，而较暗的通道则说明图像中缺少该颜色。如果要在图像中增加某种颜色，可以将相应的通道调亮，如图 12-55 所示。

图 12-54　图像文件　　　　图 12-55　通道面板

03 按 Ctrl+L 快捷键，弹出"色阶"对话框，输入相应数值，将红色通道调亮时，在图像中增加红色，如图 12-56 所示。

04 在"色阶"对话框中输入相应减少红色的数值，图像的整体颜色偏向青色，如图 12-57 所示。

图 12-56　将红色通道调亮　图 12-57　将红色通道调暗

05 按 Alt 键单击"复位"按钮，清除"红"通道参数，在"色阶"对话框中通道选择"绿"，输入相应数值，如图 12-58 所示。

06 如果将绿色通道调暗，图像的整体颜色将偏向洋红色，如图 12-59 所示。

图 12-58　将绿色通道调亮　图 12-59　将绿色通道调暗

07 如果将蓝色通道调暗，图像的整体颜色将偏向黄色，如图 12-60 所示。

08 如果将蓝色通道调亮，图像的整体颜色将偏向蓝色，如图 12-61 所示。

图 12-60　将蓝色通道调暗　图 12-61　将蓝色通道调亮

12.7　颜色与混合——"应用图像"命令

应用图像命令可以将一个图像的图层和通道与当前

图像的图层和通道混合，该命令与混合模式的关系密切，常用来创建特殊的图像合成效果，或者用来制作选区。下面就来了解应用图像命令。

12.7.1　了解"应用图像"命令对话框

执行"图像" | "应用图像"命令，打开"应用图像"对话框，如图 12-62 所示。

图 12-62　"应用图像"对话框

✦ 定义参与混合的图像、具体的图层及通道，其中的"反相"效果作用于通道。

✦ 目标：显示应用图像的作用目标。

✦ 控制混合结果，并可为应用图像添加最终的蒙版效果。

12.7.2　设置参与混合的对象

在"应用图像"对话框中的"源"选项组中可以设置参与混合的源文件。源文件可以是图层，也可以是通道。

✦ 源：默认设置为当前的文件。在选项下拉列表中也可以选择使用其他文件来与当前图像混合，选择的文件必须是打开的，并且与当前文件具有相同尺寸和分辨率的图像。

✦ 图层：如果源文件为分层的文件，可在该选项下拉列表中选择源图像文件的一个图层来参与混合。要使用源图像中的所有图层，可勾选"合并图层"复选框。

✦ 通道：用来设置源文件中参与混合的通道。选中"反相"复选框，可将通道反相后再进行混合。

12.7.3　设置被混合的对象

"应用图像"命令的特别之处是必须在执行该命令前选择被混合的目标文件。被混合的目标文件可以是图层，也可以是通道。但无论是哪一种，都必须在执行该命令前先将其选择。

12.7.4　设置混合模式

"混合"下拉列表中包含了可供选择的混合模式，如图 12-63 所示。通过设置混合模式才能混合通道或图层。

"应用图像"命令还包含图层调板中没有的两个附加混合模式，即"相加"和"减去"。"相加"模式可以增加两个通道中的像素值，"减去"模式可以从目标通道中相应的像素上减去源通道中的像素值。

图 12-63　"混合"下拉列表

> 💡 **技巧提示：**
> "应用图像"命令包含"图层"面板中没有的两个混合模式："相加"和"减去"。"相加"模式可以对通道（或图层）进行相加运算；"减去"模式可以对通道（或图层）进行相减运算。

12.7.5　制混合强度

如果要控制通道或者图层混合效果的强度，可以调整不透明度值。该值越高，混合的强度越大。

12.7.6　设置混合范围

"应用图像"命令有两种控制混合范围的方法，一是选中"保留透明区域"复选框，将混合效果限定在图层的不透明区域内，如图 12-64 所示。

第二种方法是选中"蒙版"复选框，显示出扩展的面板，如图 12-65 所示。然后选择包含蒙版的图像和图层。对于"通道"选项，可以选择任何颜色通道或 Alpha 通道以用做蒙版。也可使用基于现用选区或选中图层边界的蒙版。选择反相反转通道的蒙版区域和未蒙版区域。

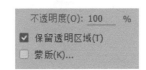 

图 12-64　选中"保留透明区域"　图 12-65　选中"蒙版"
　　　　　复选框　　　　　　　　　　　复选框

12.7.7 实战——"应用图像"命令的使用

本案例通过执行"应用图像"命令来抠取人物，并为抠取的人物添加海报背景，下面介绍具体操作步骤。

素材文件路径：素材 \ 第 12 章 \12.7\12.7.7\人物、背景 .jpg

12.7.7 教学视频

01 启动 Photoshop CC 2018 程序后，执行"文件"|"打开"命令，弹出"打开"对话框，选择素材中的"第 12 章 \12.7\12.7\人物 .jpg"文件，单击"打开"按钮，如图 12-66 所示。

02 切换到"通道"面板，拖动"蓝"通道至面板底部的"创建新通道"按钮上，复制"蓝"通道，如图 12-67 所示。

图 12-66　打开素材　　　　图 12-67　复制红通道

03 执行"图像"|"应用图像"命令，在弹出的对话框中设置相关参数，参数如图 12-68 所示。

04 单击"确定"按钮，关闭对话框。按 Ctrl+I 快捷键对图像反相，执行"图像"|"调整"|"色阶"命令（或按 Ctrl+L 快捷键），在弹出的对话框中分别利用"黑场"工具和"白场"工具，在图像背景位置中单击，效果如图 12-69 所示。

图 12-68　"应用图像"对话框　　图 12-69　色阶参数

05 按 Ctrl 键同时单击"蓝复制"通道，载入选区，按 Ctrl+Shift+I 快捷键，进行反选，单击 RGB 通道，切回图层面板。按 Ctrl+J 快捷键复制图层，并隐藏"背景"图层，查看抠图效果，如图 12-70 所示。

06 隐藏"图层 1"，并显示"背景"图层。选择"快速选择"工具，单击工具选项栏中的"添加至选区"按钮，在背景上单击，选中背景，如图 12-71 所示。

图 12-70　复制图像　　　　图 12-71　创建选区

07 按 Ctrl+Shift+I 快捷键，进行反选。按 Ctrl+J 快捷键复制图层，如图 12-72 所示。

08 按 Ctrl+O 快捷键，打开"背景"文件。选择"移动"工具，将抠取出来的人物图层拖曳到该文档中，按 Ctrl+T 快捷键调整大小和位置，如图 12-73 所示。

图 12-72　复制图层　　　图 12-73　最终效果

> **技巧提示：**
> "应用图像"命令可以对指定的通道使用混合模式，并产生新通道，所以，使用该命令前要复制图像或通道。

12.8　不透明度恢复阴影中的细节——"计算"命令

计算命令的工作原理与应用图像命令相同，它可以混合两个来自一个或多个源图像的单个通道。通过该命令可以创建新的通道和选区，也可创建新的黑白图像。

12.8.1 了解"计算"命令对话框

执行"图像"|"计算"命令，弹出"计算"对话框，如图 12-74 所示。

图 12-74　"计算"对话框

+ 源 1：用来选择第一个源图像、图层和通道。

+ 源 2：用来选择与源 1 混合的第二个源图像、图层和通道。该文件必须是打开的，并且与"源 1"的图像具有相同尺寸和分辨率的图像。

+ 结果：在该下拉列表中可以选择计算的结果。选择"新建通道"选项，计算结果将应用到新的通道中，参与混合的两个通道不会受到任何影响，选择"新建文档"选项，可得到一个新的黑白图像，选择"选区"选项，可得到一个新的选区。

技巧提示：

"应用图像"命令需要先选择要被混合的目标通道，之后再打开"应用图像"对话框，指定参与混合的通道。"计算"命令不会受到这种限制，打开"计算"对话框以后，可以任意指定目标通道，因此，它更灵活些。不过，如果要对同一个通道进行多次混合，使用"应用图像"命令操作更加方便，因为该命令不会生成新通道，而"计算"命令则必须来回切换通道。

12.8.2　实战——"计算"命令的使用

本实例主要使用"计算"命令，来提亮小女孩的高光区域，下面介绍具体的操作步骤。

素材文件路径：素材 \ 第 12 章 \12.8\12.8.2\ 人物、背景 .jpg

12.8.2 教学视频

01 启动 Photoshop CC 2018 程序后，执行"文件"|"打开"命令，弹出"打开"对话框，选择素材中的"第 12 章 \12.8\12.8.2\ 人物 .jpg"文件，单击"打开"按钮，如图 12-75 所示。

02 在通道面板中选择红通道，执行"图像"|"计算"命令，在弹出的"计算"对话框中设置参数，如图 12-76 所示。

图 12-75　打开图像　　图 12-76　"计算"对话框

03 单击"确定"按钮，关闭对话框。执行"图像"|"调整"|"色阶"命令，或按 Ctrl+L 快捷键，打开"色阶"对话框，使用"白场"工具单击灰色背景，如图 12-77 所示。

04 选择"套索"工具，将除头部外的图像选中，填充白色，如图 12-78 所示。

图 12-77　设置白场　　　图 12-78　填充白色

05 按住 Ctrl 键单击 Alpha1 通道，载入选区，单击 RGB 通道，切回图层面板，按 Ctrl+J 快捷键复制选区内的内容，如图 12-79 所示。

06 选中背景图层，按 Ctrl+J 快捷键复制图层。选择"磁性套索"工具，在人物上创建选区，如图 12-80 所示。

07 按 Shift+F6 快捷键羽化 2 个像素，按 Ctrl+J 快捷键复制选区的内容，隐藏图层，得到如图 12-81 所示的效果图。

图 12-79　复制图像　图 12-80　创建选区　图 12-81　复制图像

知识拓展："应用图像"命令与"计算"命令有何区别？

"应用图像"命令需要先选择要被混合的目标通道，之后再打开"应用图像"对话框，指定参与混合的通道。"计算"命令不会受到这种限制，打开"计算"对话框以后，可以任意指定目标通道，因此，它更灵活些。不过，如果要对同一个通道进行多次混合，使用"应用图像"命令操作更加方便，因为该命名不会生成新的通道，而"计算"命令则必须来回切换通道。

08 选中"图层 1"，用"吸管"工具吸取人物头发的颜色，选择"背景橡皮擦"工具，勾选"保护前景色"复选框，在头发上单击，去除头发边的黄色调，如图 12-82 所示。

09 合并图层。打开"背景"素材，将抠取出来的人物拖曳至背景图像上，调整大小，如图 12-83 所示。

图 12-82　去除黄色边　　图 12-83　移动人物图像

10 创建"曲线"调整图层，调整 RGB 通道、红通道及蓝通道的参数，按 Ctrl+Alt+G 快捷键创建剪贴蒙版，使人物色调与背景融为一体，如图 12-84 所示。

图 12-84　"曲线"调整图像参数及效果

12.9　综合实战——另类暖色调通道调色

本实例通过对照片进行调色，练习了通道调色的方法。

素材文件路径：素材 \ 第 12 章 \12.9\ 梦的起点 .jpg

12.9 教学视频

01 启动 Photoshop CC，执行"文件"|"打开"命令，打开如图 12-85 所示的素材图片。

02 将"背景"图层拖至图层面板下面的"新建图层"按钮 ▣ 上，复制一份，得到"背景副本"图层。

03 执行"图像"|"计算"命令，弹出"计算"对话框，在对话框中设置参数，如图 12-86 所示。

图 12-85　打开图像　　图 12-86　"计算"对话框

04 单击"确定"按钮，关闭"计算"对话框，在通道面板中生成 Alpha 1 通道，如图 12-87 所示。

05 执行"图像"|"计算"命令，在弹出的"计算"对话框中设置参数，如图 12-88 所示。

06 单击"确定"按钮，在通道面板中生成 Alpha 2 通道，如图 12-89 所示。

图 12-87　生成　图 12-88　"计算"对话框　图 12-89　生成
Alpha 1 通道　　　　　　　　　　　　　Alpha 2 通道

07 选择 Alpha 1 通道，按 Ctrl+A 快捷键全选图像。按

Ctrl+C 快捷键复制选区，选择"红"通道，按 Ctrl+V 快捷键粘贴选区内容，图像效果如图 12-90 所示。

08 选择 Alpha 2 通道，按 Ctrl+C 快捷键复制选区，选择"绿"通道，按 Ctrl+V 快捷键粘贴选区内容，按 Ctrl+D 快捷键取消选择。按 Ctrl+2 快捷键切回复合通道，返回图层面板，图像效果如图 12-91 所示。

09 单击图层面板上的"添加图层蒙版"按钮 ▣，为"背景副本"图层添加图层蒙版。编辑图层蒙版，设置前景色为黑色，选择"画笔"工具 ✐，按"["或"]"键调整合适的画笔大小，在人物图像上涂抹，恢复皮肤原来的颜色，完成后效果，如图 12-92 所示。

图 12-90　复制红　图 12-91　复制绿　图 12-92　还原皮
通道内容　　　　通道内容　　　　肤色调

10 创建"曲线"调整图层，调整 RGB 通道、红通道及蓝通道的参数，调整图像的色彩，如图 12-93 所示。

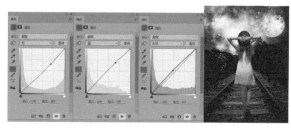

图 12-93　最终效果

13.1　强大的动作控制面板——动作

动作是用于处理单个文件或一批文件的一系列命令，如菜单命令、面板选项、具体动作等。可以创建一个这样的动作，首先更改图像大小，然后对图像应用效果，最后按照所需要的格式存储文件。

在 Photoshop 中，可以将图像的处理过程通过动作记录下来，以后对其他图像进行相同的处理时，执行该动作便可以自动完成操作任务。动作是快捷批处理的基础，利用动作面板，可以记录、编辑、自定和批处理动作，也可以使用动作组来管理各组动作。

下面详细了解如何创建和使用动作。

13.1.1　了解动作面板

动作面板是建立、编辑和执行动作的主要场所，执行"窗口"|"动作"命令，在图像窗口中显示动作面板，如图 13-1 所示。

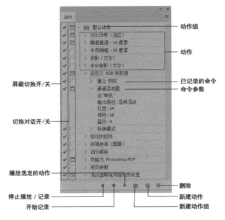

图 13-1　动作面板

✦ 屏蔽切换开/关✓：单击动作中的某一个命令名称最左侧的✓，去掉"√"显示，可以屏蔽此命令，使其在播放动作时不被执行。如果当前动作中有一部分命令被屏蔽，动作名称最左侧的✓将显示为红色。

✦ 切换对话开/关□：若动作中的命令显示□标记，表示在执行该命令时会弹出对话框以供用户设置参数。

✦ 动作组：组是一组动作的集合，其中包含了一系列的相关动作，Photoshop 提供了"默认动作""文字效果""纹理效果"等多组动作。组就像是一个文件夹，单击其左侧的》或✓按钮可展开或折叠其中的动作。Photoshop 在保存和载入动作时，都是以组为单位。

✦ 动作：显示动作组中独立动作的名称。

✦ 已记录的命令：显示动作中记录的命令。

✦ 命令参数：显示动作中记录的命令参数。

✦ "停止播放 / 记录"按钮■：单击该按钮停止动作的播放 / 记录。

✦ "开始记录"按钮●：将当前的操作记录为动作，应用的命令包括参数被录制在动作中。

✦ "播放选定的动作"按钮▶：播放当前选定的动作。

第 13 章

得来全不费工夫
——
动作与自动化

第 13 章素材文件

+ "创建新组"按钮▣：创建一个新的动作序列，可以包含多个动作。

+ "创建新动作"按钮▣：创建一个新的动作。

+ "删除"按钮🗑：删除当前选定的动作。

单击右上角的扩展按钮▾▣，可打开扩展菜单，进行下一步操作，如图 13-2 所示。

+ "按钮模式"选项：可以使动作面板中的动作以不同的模式显示，如图 13-3 所示。

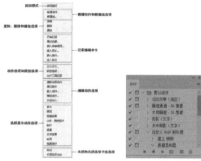

图 13-2　动作面板菜单　　　图 13-3　不同的模式

+ "新建动作"和"新建组"选项：通过选择这两个选项，可新建动作或新建组。

+ "复制""删除"和"播放"选项：选择"复制"选项，可复制当前动作；选择"删除"选项，可将当前动作删除；选择"播放"选项，可从当前动作开始播放动作。

+ 记录编辑命令：在该命令组中包含 5 个选项，分别是"开始记录""再次记录""插入菜单项目""插入停止"和"插入路径"选项。这些选项均用于将操作记录为动作时的一些相关操作。

+ "动作选项"和"回放选项"选项：选择"动作选项"选项，会弹出"动作选项"对话框，在该对话框中可对当前动作的名称、功能键和颜色进行设置，如图 13-4 所示；选择"回放选项"选项，可在弹出的"回放选项"对话框中设置播放动作时的速度和切换方式，如图 13-5 所示。

图 13-4　"动作选项"对话框　　图 13-5　"回放选项"对话框

+ "编辑动作"选项：在该命令组中包含 5 个选项，分别是"清除全部动作""复位动作""载入动作""替换动作"和"存储动作"选项，使用任意选项，可对动作进行基本编辑。

+ "选择显示动作"选项：在该选项组中通过单击，可直接在动作列表中打开该动作组中的动作，如图 13-6 所示为不同的动作选项。

"命令"选项　"画框"选项　"图像效果"选项　"制作"选项

图 13-6　不同的动作选项

+ "关闭"和"关闭选项卡组"选项：选择"关闭"选项，可将动作面板关闭，而处在同一个标签栏的其他面板不会被关闭；选择"关闭选项卡组"选项，可将当前处于同一个标签栏的所有面板都关闭。

13.1.2　实战——对文件播放动作

在 Photoshop 和 Illustrator 中都提供了预定义的动作，可以帮助用户执行常见的任务，用户可以使用这些预定义的动作，并根据自己的需要对这些动作进行设置，或者创建新动作。使用 Photoshop 提供的预设动作，具体方法如下。

素材文件路径：素材 \ 第 13 章 \13.1\13.1.2\ 人像 .jpg

13.1.2 教学视频

01 启动 Photoshop CC 2018 后，执行"文件"|"打开"命令，打开相关素材中的"第 13 章 \13.1\13.1.2\ 人像 .jpg"素材，如图 13-7 所示。

02 单击动作面板中右上角的▣按钮，在弹出的面板菜单中选择"图像效果"选项，如图 13-8 所示。

图 13-7　打开图像　　　图 13-8　面板菜单

03 将"图像效果"动作组载入到面板中，如图 13-9 所示；选择"棕褐色调（灰度）"动作，如图 7-10 所示。

04 单击"播放选定的动作"按钮▶，播放该动作，得到的棕褐色调效果如图 13-11 所示。

图 13-9　"图像效果"图 13-10　棕褐色调 图 13-11　棕褐色调
　　　　动作组　　　　　　动作　　　　　　效果

> **技巧提示：**
> Photoshop 可记录大多数操作命令，但并不是所有的命令，像绘画、视图放大、缩小等操作就不能被记录。

13.1.3　实战——录制用于处理照片的动作

下面录制一个将照片处理为反冲效果的动作，并用该动作处理其他照片。

素材文件路径：素材 \ 第 13 章 \13.1\13.1.3\ 大片、风景 .jpg

13.1.3 教学视频

01 打开一张素材，如图 13-12 所示。打开"动作"面板，单击"创建新组"按钮，打开"新建组"对话框，输入动作组的名称，如图 13-13 所示；单击"确定"按钮，新建一个动作组，如图 13-14 所示。

图 13-12　打开图像　图 13-13　"新建 图 13-14　新
　　　　　　　　　　　动作"对话框　　建一个动作

02 单击"创建新动作"按钮，打开"新建动作"对话框，输入动作名称，将颜色设置为绿色，如图 13-15 所示。

03 单击"记录"按钮，开始录制动作，此时面板中的开始记录按钮会变成红色，如图 13-16 所示。

图 13-15　设置动作颜色　图 13-16　开始记录动作

04 按 Ctrl+M 快捷键，打开"曲线"对话框，在"预设"下拉列表中选择"反冲（RGB）"如图 13-17 所示。

05 单击"确定"按钮，关闭对话框，将该命令记录为动作，

如图 13-18 所示；图像效果如图 13-19 所示。

图 13-17　选择"反 图 13-18　曲线 图 13-19　动作效果图
冲（RGB）"选项　　　动作

> **技巧提示：**
> 录制动作前应先创建一个动作组，以便将动作保存在该组中，否则，录制的动作会保存在当前选择的动作组中。

06 按 Ctrl+Shift+S 快捷键，将文件另存，然后关闭。单击"动作"面板中的"停止播放 / 记录"按钮，完成动作的录制，如图 13-20 所示。由于在"新建动作"对话框中将动作设置为了绿色，因此，按钮模式下新建的动作便显示为绿色，如图 13-21 所示。为动作设置颜色只是便于在按钮模式下区分动作，并没有其他用途。

图 13-20　完成录制　　　图 13-21　按钮模式

07 打开风景素材，如图 13-22 所示。选择"曲线调整"动作，单击"播放"按钮，经过动作处理的图像效果如图 13-23 所示。"动作"面板为按钮模式时，可单击一下按钮播放该动作。

图 13-22　打开素材　　　图 13-23　图像效果

知识拓展：可录制为动作的操作内容有哪些？

在 Photoshop 中，使用选框、移动、多边形、套索、魔棒、裁剪、切片、魔术橡皮擦、渐变、油漆桶、文字、形状、注释、吸管和颜色取样器等工具进行的操作均可录制为动作。另外，在"色板""颜色""图层""样式""路径""通道""历史记录"和"动作"面板中进行的操作也可以录制为动作。但是，像绘画、视图放大、缩小等操作不能被记录。

13.1.4 实战——在动作中插入命令

选择面板菜单中的"开始记录"命令可在动作的中间或末尾添加新的操作。若当前所选的是动作，选择该命令或单击面板中的"开始记录"按钮 ●，新记录的操作将被添加到动作的末尾；若当前所选的是动作中的某个命令，则新记录的操作将添加在该命令之后。

素材文件路径：素材\第 13 章\13.1\13.1.4\人物 .jpg

13.1.4 教学视频

01 打开任意一个图像文件。选择"动作"面板中的"曲线"命令，如图 13-24 所示。

02 单击"开始记录"按钮 ●，录制动作。执行"滤镜"|"锐化"|"USM 锐化"命令，对图像进行锐化处理，如图 13-25 所示。

03 单击"停止播放 / 记录"按钮 ■，停止录制，即可将锐化图像的操作插入到"曲线"命令后，如图 13-26 所示。

图 13-24　单击"曲线"命令　　图 13-25　锐化图像　　图 13-26　插入动作

知识拓展：动作播放技巧

（1）按照顺序播放全部动作：选择一个动作，单击播放选定的动作按钮 ▶，可按照顺序播放该动作中的所有命令。

（2）从制定的命令开始播放动作：在动作中选择一个命令，单击播放选定的动作按钮 ▶，可以播放该命令及后面的命令，它之前的命令不会播放。

（3）播放单个命令：按住 Ctrl 键双击面板中的一个命令，可以单击播放该命令。

（4）播放部分命令：在动作前面的按钮 ✓ 上单击（可隐藏 ✓ 图标），这些命令便不能够播放；如果在某个动作前的按钮 ✓ 上单击，则该动作中的所有命令都不能够播放；如果在一个动作组前的按钮 ✓ 上单击，则该组中的所有动作和命令都不能够播放。

13.1.5 实战——在动作中插入菜单项目

插入菜单项目是指在动作中插入菜单中命令，这样可以将许多不能录制的命令插入动作中，如绘画和色调工具、"视图"和"窗口"菜单中的命令等。

01 选择"动作"面板中的"USM 锐化"命令，如图 13-27 所示，在它后面插入菜单项目。

02 执行面板菜单中的"插入菜单项目"命令，如图 13-28 所示；打开"插入菜单项目"对话框，如图 13-29 所示。

图 13-27　单击　　图 13-28　插入　　图 13-29　"插入菜单
　　动作　　　　菜单选项　　　　项目"对话框

03 执行"视图"|"显示"|"参考线"命令，"插入菜单项目"对话框中的菜单项会显示"参考线"字样，如图 13-30 所示。

04 单击"确定"按钮，关闭对话框，显示参考线的命令便会插入到动作中，如图 13-31 所示。

图 13-30　显示"参考线"字样　　图 13-31　插入菜单选项

13.1.6 实战——在动作中插入停止

插入停止是指让动作播放到某一步时自动停止，这样就可以手动执行无法录制为动作的任务，如使用绘画工具进行绘制等。

01 选择"动作"面板中的"曲线"命令，如图 13-32 所示，在它后面插入停止。

02 执行面板菜单中的"插入停止"命令，打开"记录停止"对话框，输入提示信息，并勾选"允许继续"复选框，如图 13-33 所示。

图 13-32　选择动作　　图 13-33　"记录停止"对话框

03 单击"确定"按钮，关闭对话框，可将停止插入到动作中，如图 13-34 所示。

04 播放动作时，执行"曲线"命令后，动作就会停止，并弹出在"记录停止"对话框中输入的提示信息，如图 13-35 所示。

图 13-34　插入停止　　　图 13-35　"信息"对话框

05 单击"停止"按钮停止播放，就可以使用绘画工具等编辑图像，编辑完成后，可单击播放选定的动作按钮，继续播放后面的命令；如果单击对话框中的"继续"按钮，则不会停止，而是继续播放后面的动作。

13.1.7　实战——在动作中插入路径

插入路径指的是将路径作为动作的一部分包含在动作内。插入的路径可以是用钢笔和形状工具创建的路径，或者是从 Illustrator 中粘贴的路径。

素材文件路径：素材 \ 第 13 章 \13.1\13.1.7\ 韩风海报 .jpg

13.1.7 教学视频

01 打开素材，如图 13-36 所示；选择"自定形状"工具，在工具选项栏中选择"路径"，打开形状下拉面板，选择"鸟 2"，在画面中绘制该图形，如图 13-37 所示。

图 13-36　打开图像　　　图 13-37　绘制路径

02 在"动作"面板中选择"USM 锐化"命令，如图 13-38 所示。

03 执行面板菜单中的"插入路径"命令，在该命令后插入路径，如图 13-39 所示。播放动作时，工作路径将被设置为记录的路径。

图 13-38　选择动作　　　图 13-39　插入路径

技巧提示：

如果要在一个动作中记录多个"插入路径"命令，需要在记录每个"插入路径"命令后，都执行"路径"面板菜单中的"存储路径"命令，否则，每记录一个路径都会替换掉前一个路径。

13.1.8　重排、复制与删除动作

重新排列动作中的命令：在"动作"面板中，将命令拖移至同一动作中或另一动作中的新位置。当突出显示行出现在所需的位置时，释放鼠标即可。

复制动作或命令：选中动作或动作中的命令后，选择面板菜单中的"复制"命令或拖动该动作至面板上的创建新动作按钮，即可完成复制。按住 Alt 键拖动，可以快速复制动作或命令。

删除动作或命令：先选中要删除的动作或命令，再选择面板菜单中"删除"命令或直接单击面板上的 按钮即可。

13.1.9　修改动作名称

在动作面板中双击动作或组的名称，可以显示文本输入框，在输入框中可以修改它们的名称，如图 13-40 所示。

13.1.10　修改命令的参数

双击动作面板中的一个命令，可以打开该命令的选项设置对话框，在对话框中可以修改命令的参数，如图 13-41 所示。

图 13-40　修改动作名称　　　图 13-41　修改命令参数

13.1.11　指定回放速度

执行"动作"面板菜单中的"回放选项"命令，可以打开"回放选项"对话框，如图 13-42 所示。在对话框中可以设置动作的回放速度中将其暂停，以便对动作进行调整。

✦ "加速"单选按钮：以正常的速度播放动作，播放速度较快。

✦ "逐步"单选按钮：在播放动作时，显示每个命令产生的效果，然后再进入到下一个命令，播放速度较慢。

✦ "暂停"单选按钮：选择该单选按钮后，可以在它右侧的数值框中设置执行每一个命令之间的间隔时间。

13.1.12　载入外部动作

动作面板默认只显示"默认动作"组，如果需要使用 Photoshop 预设的或其他用户录制的动作组，可以选择载入动作组文件。

单击面板右上角的■按钮，从面板菜单中选择"载入动作"命令，在打开的如图 13-43 所示的"载入"对话框中选择以".atn"为扩展名的动作组文件，单击"载入"按钮，即可在动作面板中看到载入的动作组。

单击动作面板菜单下面一栏的动作组名称，如图 13-44 所示，可以快速载入 Photoshop 的预置动作。读者可以尝试这些动作，以观察得到的效果，并从中学习 Photoshop 一些常用效果的制作方法。

图 13-42　"回放　　图 13-43　载入动作　　图 13-44　载入
选项"对话框　　　　　　　　　　　　　　　　　预置动作

13.2　更快捷地处理大量图像——批处理

所谓批处理，就是将一个指定的动作应用于某文件夹下的所有图像或当前打开的多个图像，从而大大节省操作时间。

13.2.1　了解批处理命令

使用批处理时，要求所处理的图像必须保存于同一个文件夹或者全部打开，执行的动作也需先载入至动作面板。

执行"文件"|"自动"|"批处理"命令，打开"批处理"对话框，如图 13-45 所示。

图 13-45　"批处理"对话框

✦ 播放：指定应用于批处理的组和动作。如果未显示需要的动作，确定该组是否载入到动作面板。

✦ "源"选项组用于选择处理图像的来源，从"源"下拉列表中可以选择需要处理的文件。单击"选择"按钮以查找选择文件夹；"导入"处理来自数码相机、扫描仪或 PDF 文档的图像；"打开的文件"处理所有打开的文件；Bridge 处理 Adobe Bridge 中选定的文件。

✦ 覆盖动作中的"打开"命令：当执行批处理的动作命令中包含"打开"命令时，忽略"打开"命令。

✦ 包含所有子文件夹：对于文件夹中的所有图像及子文件夹中的所有图像进行批处理。

✦ 禁止颜色配置文件警告：忽略颜色配置文件的警告。

✦ 错误：设置执行批处理发生错误时所显示的错误提示信息。

✦ "目标"选项组于设置执行动作后文件的保存位置和方式。共有三个选项：①无，不保存文件也不关闭已经打开的文件；②保存并关闭；③文件夹，将处理后的文件保存至一个指定的文件夹中。

✦ 覆盖动作中的"存储为"命令：勾选该复选框，文件仅通过该动作中的"存储为"步骤存储到目标文件夹中。如果没有"存储"或"存储为"步骤，则将不存储任何文件。

✦ 文件命名：选取将包含在最终文件名中的特定规则。

13.2.2　实战——处理一批图像文件

在进行批处理前，应先将需要批处理的文件保存到一个文件夹中，然后在动作面板中录制到动作，即可批处理一批图像。

素材文件路径：素材\第 13 章\13.2\13.2.2\批处理文件夹

13.2.2 教学视频

01 打开一张 PSD 素材文件，如图 13-46 所示；切换至"动作"面板，单击"创建新组"按钮，新建动作组，将其命名为 001，如图 13-47 所示。

02 单击"创建新动作"按钮，新建动作，设置参数如图 13-48 所示。

图 13-46　打开　　图 13-47　新建组　　图 13-48　新建动作
图像

03 单击"记录"按钮，开始记录动作。执行"文件"|"存储为"命令，将文件存储为 jpg 格式的文件，并关闭文件，如图 13-49 所示。

04 单击"停止播放/记录"按钮■停止记录动作。执行"文件"|"自动"|"批处理"命令，打开"批处理"对话框，如图 13-50 所示。

图 13-49　记录　　　图 13-50　"批处理"对话框
　　　　　动作

05 在"播放"选项中选择要播放的动作，然后单击"选择"按钮，如图 13-51 所示，打开"浏览文件夹"对话框，选择图像所在的文件夹。

06 在"目标"下拉列表中选择"文件夹"，单击"选择"按钮，如图 13-52 所示。

图 13-51　选择　　　图 13-52　选择目标文件夹
　图像文件夹

07 在打开的对话框中指定完成批处理后文件的保存位置，然后关闭对话框，勾选"覆盖动作中的存储为命令"复选框，如图 13-53 所示。

08 单击"确定"按钮，Photoshop 会使用所选动作将文件夹中的所有图像都处理为 jpg 文件格式，如图 13-54 所示。在批处理的过程中，如果要终止操作，可以按 Esc 键。

图 13-53　勾选复选框　　　图 13-54　应用批处理

13.2.3　实战——创建一个快捷批处理程序

　　快捷批处理是一个能够快速完成批处理的小的应用程序，可以简化批处理操作的过程。创建快捷批处理之前，也需要在"动作"面板中创建所需的动作。

01 执行"文件"|"自动"|"创建快捷批处理"命令，打开"创建快捷批处理"对话框，它与"批处理"对话框基本相似。选择一个动作，然后在"将快捷批处理存储为"选项组中单击"选择"按钮，如图 13-55 所示，打开"存储"对话框，为即将创建的快捷批处理设置名称和保存位置。

02 单击"保存"按钮，关闭对话框，返回到"创建快捷批处理"对话框中，此时"选择"按钮的右侧会显示快捷批处理程序的保存位置，如图 13-56 所示。单击"确定"按钮即可创建快捷批处理程序并保存到指定位置。

图 13-55　"创建快捷批处理"　　图 13-56　"创建快捷批
　　　对话框　　　　　　　　　　处理"对话框

03 快捷批处理程序的图标为█。只需要将图像或文件夹拖动该图标上，便可以直接对图像进行批处理，即使没有运行 Photoshop，也可以完成批处理操作。

13.3　自动化语言——脚本

　　Photoshop 通过脚本支持外部自动化。在 Windows 中，可以使用支持 COM 自动化的脚本语言，这些语言不是跨平台的，但可以控制多个应用程序。例如，Adobe Photoshop、Adobe Illustrator 和 Microsoft Office。在"文件"|"脚本"子菜单中包含各种脚本命令。

　　可以利用 JavaScript 支持编写能够在 Windows 上运行的 Photoshop 脚本。使用事件（如在 Photoshop 中打开、存储或导出文件）来触发 JavaScript 或 Photoshop 动作。Photoshop 提供了多个默认事件，也可以使用任何可编写脚本的 Photoshop 事件来触发脚本或动作。

13.4　更智能的操作——自动命令

　　文件自动子菜单中包含一系列非常实用的命令，通过这些命令可以快速制作全景图、限制图像、裁剪并修齐照片等。

13.4.1　实战——图层自动对齐和混合

　　图层自动对齐和混合功能，能够自动对多个图层或图像中的相似内容进行分析，从而创建更加准确的复合图像。其中"自动对齐图层"命令可以快速分析图层，并移动、旋转或变形图层以将它们自动对齐，而"自动混合图层"命令可以混合颜色和阴影来创建平滑的、可编辑的图层混合结果。下面以实例说明 Photoshop 的自动对齐和混合功能的用法。

素材文件路径：素材 \ 第 13 章 \13.4\13.4.1\ 照片 1、2、3.jpg

13.4.1 教学视频

01 按 Ctrl + O 快捷键，打开三张素材，如图 13-57 所示，该素材是在同一地点拍摄的三张人物照片。

图 13-57　打开图像

02 选择"移动"工具，将另两张素材拖动至一张素材图像窗口中，图层面板如图 13-58 所示。

03 删除"背景"图层。按 Ctrl 键，在图层面板中同时选中"照片 1""照片 2"和"照片 3"三个图层，如图 13-59 所示。

图 13-58　移动图像　　　　图 13-59　选择图层

04 执行"编辑"|"自动对齐图层"命令，弹出"自动对齐图层"对话框，这里选择"自动"选项，如图 13-60 所示，让 Photoshop 自动决定对齐图层的方式。

05 单击"确定"按钮，关闭"自动对齐图层"对话框，Photoshop 即开始分析图层中的相同部分，并依据相同部分对图层进行对齐，对齐结果如图 13-62 所示。

图 13-60　"自动对齐图层"　　图 13-61　"自动对齐图层"
　　　　对话框　　　　　　　　　　　效果图

06 图层对齐之后，执行"编辑"|"自动混合图层"命令，弹出"自动混合图层"对话框，选中"堆叠图像"单选按钮，

取消勾选"无缝色调和颜色"复选框，如图 13-62 所示。

07 单击"确定"按钮，Photoshop 自动根据图层的相同部分，通过添加图层蒙版，将三个图层中的图像拼接为一个整体，如图 13-63 所示。

图 13-62　"自动混合　图 13-63　"自动混合图层"效果图
　　　图层"对话框

08 选择"画笔"工具，设置前景色为白色，编辑图层蒙版，将隐藏的图像重新显示，即可得到如图 13-64 所示的图像效果。

09 选择"裁剪"工具，在图像中绘制一个裁剪框，如图 13-65 所示。

图 13-64　画笔涂抹　　　　图 13-65　裁剪框

10 按 Enter 键即可裁剪图层，图像效果如图 13-66 所示。

11 通过调整照片的颜色，使照片更加完善，效果如图 13-67 所示。

图 13-66　裁剪图像　　　　图 13-67　调整图像色调

13.4.2　实战——多照片合成为全景图

所谓全景图，指的是在某个视点，用照相机旋转 360° 拍摄所得到的照片。由于视点很宽，全景照片能够使人有身临其境的效果。

要得到全景照片，一般有两种方法：一是使用专用的全景相机，在快门开启的同时，相机会左右或上下转动，记录在底片上的就是全景照片；二是后期制作，在暗房中将几幅照片拼接起来。

全景相机的价格较为昂贵，为此 Photoshop 提供了 Photomerge 命令，以快速、轻松地制作全景照片效果。

下面以实例说明全景图的合并方法。

素材文件路径：素材 \ 第 13 章 \13.4\13.4.2\ 照片 1、2、3.jpg

13.4.2 教学视频

01 执行"文件"|"自动"|Photomerge 命令，打开 Photomerge 对话框，如图 13-68 所示。

02 单击"浏览"按钮，在打开的对话框中选择三张素材，如图 13-69 所示。在"版面"选项组中选择"自动 (Auto)"选项。

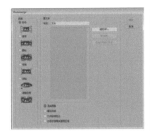　

图 13-68　Photomerge 对话框　　图 13-69　选择照片

03 单击"确定"按钮，程序即对各照片进行分析并自动进行拼接和调整，生成如图 13-70 所示的全景图。

04 此时的图层面板如图 13-71 所示，从图中可以看出，Photoshop 是使用蒙版对各照片进行拼接和合成的。

图 13-70　生成全景图　　图 13-71　图层面板

05 执行"图层"|"合并可见图层"命令，或按 Ctrl + Shift + E 快捷键，将可见图层合并。

06 选择"裁剪"工具，在图像中绘制一个裁剪框，如图 13-72 所示，消除合并后出现的空白区域。

图 13-72　裁剪图像

07 通过调整照片的颜色，使全景照片更加完善，图像效果如图 13-73 所示。

图 13-73　最终效果

13.4.3　裁剪并修齐照片

如果在扫描图片时，同时扫描了多张图片，可以使用"文件"|"自动"|"裁剪并修齐照片"命令，将扫描的图片从大的图像分割出来，并生成单独的图像文件。为了获得最佳结果，应该在要扫描的图像之间保持 1/8 英寸的间距。

如图 13-74 所示为扫描后得到的图像，选择"裁剪并修齐照片"命令，将图像分割为单独的文件，结果如图 13-75 所示。

图 13-74　扫描的　　图 13-75　分离的照片
　　　　图片

13.4.4　条件模式更改

如果打开的文件未处于该动作所指定的源模式下，则会出现错误。例如，假定在某个动作中，有一个步骤是将源模式为 RGB 的图像转换为 CMYK。如果在灰度模式或者包括 RGB 在内的任何其他源模式下向图像应用该动作，将会导致错误。

执行"文件"|"自动"|"条件模式更改"命令，可以打开"条件模式更改"对话框，如图 13-76 所示。

图 13-76　"条件模式更改"对话框

其中主要选项含义如下。

✦ 源模式：用来选择源文件的颜色模式，只有与选择的颜色模式相同的文件才可以被更改。单击"全部"按钮，可选择所有可能的模式；单击"无"按钮，则不选择任何模式。

✦ 目标模式：用来设置图像转换后的颜色模式。

13.5 综合实战——录制调色动作

本实例录制调色动作，练习了动作的录制方法。

素材文件路径：素材 \ 第 13 章 \13.5\ 风景、风景大片 .jpg

13.5 教学视频

01 执行"文件"|"打开"命令，打开一张素材图像，如图 13-77 所示。

02 单击动作面板中的"创建新组"按钮 ，打开如图 13-78 所示的"新建组"对话框，在"名称"文本框中输入组的名称。

图 13-77　打开图像　　　　图 13-78　新建组

03 单击动作面板中的"创建新动作"按钮 ，打开如图 13-79 所示的"新建动作"对话框。

04 设置好各项参数后，单击"记录"按钮关闭"新建动作"对话框，进入动作记录状态，此时的"开始记录"按钮 呈按下状态并显示为红色，如图 13-80 所示。

图 13-79　"新建动作"对话框　　图 13-80　记录动作

05 执行"图像"|"调整"|"曲线"命令，或按 Ctrl+M 快捷键，打开"曲线"对话框，设置如图 13-81 所示的参数。

06 按 Ctrl+U 快捷键，打开"色相 / 饱和度"对话框，设置参数，调整图像的饱和度，如图 13-82 所示。

图 13-81　"曲线"参数　　图 13-82　"色相 / 饱和度"
　　　　　　　　　　　　　　　　　　参数

07 执行"图像"|"调整"|"亮度 / 对比度"命令，打开对话框，调整对比度参数，让图像的亮度更加清晰，如图 13-83 所示。

08 执行"图像"|"调整"|"自然饱和度"命令，打开对话框，调整"自然饱和度"和"饱和度"的参数，让图像的色彩更加艳丽，如图 13-84 所示。

09 停止记录。单击动作面板中的"停止播放 / 记录"按钮 ，完成动作记录，此时动作面板如图 13-85 所示。

图 13-83　"亮度 /　图 13-84　"自然饱和　图 13-85　完成记
对比度"参数　　　　度"参数　　　　　录动作

10 录制的动作即可应用于其他的图像，效果如图 13-86 所示。

图 13-86　其他效果

💡 **技巧提示：**
　　选择需要调整的颜色通道，系统默认为复合颜色通道。在调整复合通道时，各颜色通道中的相应像素会按比例自动调整以避免改变图像色彩平衡。

14.1 网页——切片的应用

使用 Photoshop 的 Web 工具，可以轻松构建网页的组件，或者按照预设或自定格式输出完整网页。下面来了解 Photoshop 中与网页有关的功能。

14.1.1 了解切片类型

在制作网页时，通常要对页面进行分割，即制作切片。通过优化切片可以对分割的图像进行不同程度的压缩，以便减少图像的下载时间。另外，还可以为切片制作动画，链接到 URL 地址，或者使用它们制作翻转按钮。

使用切片工具 创建的切片称做用户切片，通过图层创建的切片称做基于图层的切片。创建新的用户切片或基于图层的切片时，将会生成附加的自动切片来占据图像的其余区域。自动切片可填充图像中用户切片或基于图层的切片未定义的空间。每次添加或编辑用户切片或基于图层的切片时，都会重新生成自动切片。用户切片和基于图层的切片由实线定义，而自动切片则由虚线定义，如图 14-1 所示。

图 14-1　切片

14.1.2 实战——使用切片工具创建切片

本实例主要是针对如何使用切片工具创建切片进行练习。

素材文件路径：素材 \ 第 14 章 \14.1\14.1.2\ 汽车 .jpg

14.1.2 教学视频

01 启动 Photoshop CC 2018 后，执行"文件"|"打开"命令或按 Ctrl+O 快捷键，打开素材文件，如图 14-2 所示。

02 选择"切片"工具 ，在工具选项栏的样式下拉列表中选择"正常"选项，在要创建切片的区域上单击并拖出一个矩形框，如图 14-3 所示。

图 14-2　素材图像

图 14-3　绘制矩形框

03 释放鼠标可创建一个用户切片，用户切片以外的部分将生成自动切片，如图 14-4 所示。

04 继续创建切片，如图 14-5 所示。

图 14-4　创建用户切片　　图 14-5　创建用户切片

技巧提示：
　　在制作切片时，按住 Shift 键的同时拖动鼠标可以创建正方形切片；按住 Alt 键的同时拖动鼠标可从中心向外创建切片。

14.1.3　了解切片工具选项栏

　　在切片工具选项栏的"样式"下拉列表中可以选择切片的创建方法，包括"正常""固定长宽比"和"固定大小"3 个选项，如图 14-6 所示。

图 14-6　切片工具选项栏

✦ 正常：通过拖动鼠标确定切片的大小。

✦ 固定长宽比：选择该选项后，在切片工具选项栏的"宽度"和"高度"数值框中输入数值，可以设置切片的高宽比，创建固定长宽比的切片。

✦ 固定大小：可以指定切片的高度和宽度值，在画面单击，可创建指定大小的切片。

14.1.4　实战——基于参考线制作切片

　　本实例主要是针对如何基于参考线制作切片进行练习。

素材文件路径：素材 \ 第 14 章 \14.1\14.1.4\ 风景 .jpg

01 启动 Photoshop CC 2018 后，执行"文件"|"打开"命令或按 Ctrl+O 快捷键，打开素材文件，如图 7-7 所示。

02 按 Ctrl+R 快捷键，显示标尺，如图 14-8 所示。

图 14-7　打开素材　　图 14-8　打开标尺

03 分别从水平标尺和垂直标尺上拖出参考线，定义切片的范围，如图 14-9 所示。

04 选择"切片"工具 ，单击工具选项栏中的 基于参考线的切片 按钮，即可基于参考线的划分方式创建切片，如图 14-10 所示。

图 14-9　拖出参考线　　图 14-10　创建切片

14.1.5　实战——基于图层创建切片

　　本实例主要是针对如何基于图层创建切片进行练习。

素材文件路径：素材 \ 第 14 章 \14.1\14.1.5\ 人物 .psd

01 启动 Photoshop CC 2018 后，按 Ctrl+O 快捷键，打开素材，如图 14-11 所示。

图 14-11　打开素材

02 选择"图层 1"，执行"图层"|"新建基于图层的切片"命令，基于图层创建切片，切片会包含该图层中的所有像素，如图 14-12 所示。

03 移动图层时，切片区域会随之自动调整，如图 14-13 所示。此外，编辑图层内容，如进行缩放时也会如此。

图 14-12　基于图层创建切片　　图 14-13　移动图层

04 对图像进行缩放、斜切、变形等操作时切片也随之改变，如图 14-14 所示。

图 14-14　变形图层

14.1.6　实战——选择、移动与调整切片

创建切片后，可以移动切片或组合多个切片，也可以复制切片或者删除切片，或者为切片设置输出选项，指定输出内容，为图像指定 URL 链接信息等。

素材文件路径：素材 \ 第 14 章 \14.1\14.1.6\ 动漫 .jpg

01 启动 Photoshop CC 2018 后，打开一张素材。选择"切片选择"工具，单击一个切片，将其选择，如图 14-15 所示；按住 Shift 键单击其他切片，可以选择多个切片，如图 14-16 所示。

图 14-15　创建切片　　　图 14-16　选择多个切片

02 选择切片后，拖动切片定界框上的控制点可以调整切片大小，如图 14-17 所示。

03 拖动切片则可以移动切片，如图 14-18 所示；按住 Shift 键可将移动限制在垂直、水平或 45° 对角线的方向上，按住 Alt 键拖动鼠标，可以复制切片。

图 14-17　调整切片大小　　　图 14-18　移动切片位置

技巧提示：
创建切片后，为防止切片和切片选择工具修改切片，可执行"视图"|"锁定切片"命令，锁定所有切片。再次执行该命令可取消锁定。

14.1.7　了解切片选择工具选项栏

切片选择工具选项栏中包含了该工具的设置选项，如图 14-19 所示。

图 14-19　切片选择工具选项栏

其中各选项含义如下。

✦ 切片堆叠顺序：在创建切片时，最后创建的切片是堆叠顺序中的顶层切片。当切片重叠时，可单击该选项中的按钮，改变切片的堆叠顺序，以便能够选择到底层的切片。单击"置为顶层"按钮，可将选择的切片调整到所有切片之上；单击"前移一层"按钮，可将选择的切片向上层移动一个位置；单击"后移一层"按钮，可将选择的切片向下层移动一个位置；单击"置为底层"按钮，可将选择的切片调整到所有切片之下。

✦ "提升"按钮：单击该按钮，可转换自动切片或图层切片为用户切片。

✦ "划分"按钮：单击该按钮，可以在打开的"划分切片"对话框中对选择的切片进行划分。

✦ 对齐与分布切片选项：选择多个切片后，可单击该选项中的按钮来对齐或分布切片。对齐选项中包含顶对齐、垂直居中对齐、底对齐、左对齐、水平居中对齐和右对齐；分布选项中包含按顶分布、垂直中分布、按底分布、按左分布、水平居中分布和按右分布。

✦ "隐藏自动切片"按钮：单击该按钮，可隐藏自动切片。

✦ "设置切片选项"按钮：单击该按钮，可在打开的切片选项对话框中设置切片的名称、类型并指定 URL 地址等。

14.1.8　实战——划分切片

切换可以选择，同样也可以划分，本实例主要是针对如何划分切片进行练习。

素材文件路径：素材 \ 第 14 章 \14.1\14.1.8\ 战场 .jpg

01 启动 Photoshop CC 2018 后，打开"战场"素材文件，绘制切片，如图 14-20 所示。

02 选择"切片选择"工具选择切片后，单击工具选项栏中的"划分"按钮，打开"划分切片"对话框，如图 14-21 所示。

图 14-20　创建切片　　　图 14-21　"划分切片"对话框

03 在对话框中选中"垂直划分为"复选框，如图 14-22 所示为选择"横向切片，均匀分隔"单选按钮后，设置数值为 3 的划分结果，图像效果如图 14-23 所示。

图 14-22 　"垂直划分为"　　　　图 14-23 　划分效果
复选框

04 如图 14-24 所示为选择"像素 / 切片"单选按钮后，输入数值 200 像素的结果。

图 14-24 　选择"像素 / 切片"单选按钮

14.1.9 　了解划分切片对话框

选择切片选择工具  后，在工具选项栏中单击 划分... 按钮后，即可弹出"划分切片"对话框，如图 14-25 所示。

✦ 水平划分为：选中该复选框后，可在长度方向上划分切片。可以通过两种方法进行划分，选择"个纵向切片，均匀分隔"单选按钮后，可以在数值栏中输入切片的划分数目；选择"像素 / 切片"单选按钮后，可输入一个数值，以便使用指定数目的像素创建切片，如果按该像素目无法平均地划分切片，则会将剩余部分划分为另一个切片。例如，如果将 100 像素宽的切片划分为 3 个 30 像素宽的新切片后，则剩余的 10 个像素宽的区域会变成一个新的切片。

✦ 垂直划分为：选中该复选框后，可在宽度方向上划分切片。它也包括两种划分方法。

✦ "预览"复选框：选中该复选框后，可在画面中预览切片的划分结果。

水平划分为

垂直划分为　　　　　　　　　　　　　　　　预览

图 14-25 　"划分切片"对话框

14.1.10 　实战——组合切片与删除切片

本实例主要是针对如何组合切片与删除切片进行练习。

素材文件路径：素材 \ 第 14 章 \14.1\14.1.10\ 漫画 .jpg

01 启动 Photoshop CC 2018 后，打开素材，绘制切片，如图 14-26 所示。

02 选择"切片选择"工具 ，选择其中的三个切片，如图 14-27 所示。

14.1.10 教学视频

图 14-26 　创建切片　　　　图 14-27 　选择切片

03 右击，在弹出的快捷菜单中选择"组合切片"命令，如图 14-28 所示；可以将所选的切片组合为一个切片，如图 14-29 所示。

图 14-28 　组合切片　　　　图 14-29 　组合为一个切片

04 选择已组合后的切片，按 Delete 键可以将其删除。如果要删除所有用户切片和基于图层的切片，可以执行"视图"|"清除切片"命令。

14.1.11 　转换为用户切片

基于图层的切片与图层的像素内容相关联，因此，在对切片进行移动、组合、划分、调整大小和对齐等操作时，唯一方法是编辑相应的图层。如果想要使用切片工具完成以上操作，则需要将这样的切片转换为用户切片。

图像中的所有自动切片都链接在一起并共享相同的优化设置，如果要为自动切片设置不同的优化设置，也必须将其提升为用户切片。

使用切片选择工具 选择一个或多个要转换的切片，如图 14-30 所示；单击工具选项栏中的"提升"按钮，可将其转换为用户切片，如图 14-31 所示。

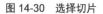

图 14-30 　选择切片　　　　图 14-31 　提升切片

14.1.12　设置切片选项

使用切片选择工具 ![icon] 双击切片，或者在选择切片后，单击工具选项栏中的"设置切片选项"按钮 ![icon]，可以打开"切片选项"对话框，如图 14-32 所示。

图 14-32　"切片选项"对话框

✦ 切片类型：在该下拉列表中可以选择输出的切片的内容类型，即在与 HTML 文件一起导出时，切片数据在 Web 浏览器中的显示方式。"图像"为默认的内容类型，切片将包含图像数据；选择"无图像"时，可以在切片中输入 HTML 文本，得不能导出为图像，并且无法在浏览器中预览；选择"表"，切片导出时将作为嵌套表写入到 HTML 文本文件中。

✦ 名称：可输入切片的名称。如果在"切片类型"中选择了"无图像"切片类型，"名称"选项将不可用。

✦ URL：用来设置切片链接的 Web 地址，该选项只可用于"图像"切片。为切片指定 URL 后，在浏览器中单击切片图像，可链接到 URL 选项中设置的网址和目标框架。

✦ 目标：可设置目标框架的名称。

✦ 信息文本：可指定哪些信息出现在浏览器中。这些选项只可用于图像切片，并且只会在导出的 HTML 文件中出现。

✦ Alt 标记：用来指定选定的切片的 Alt 标记。Alt 文本在图像下载过程中取代图像，并在一些浏览器中作为工具提示出现。

✦ 尺寸：通过 X 和 Y 选项可以设置切片的位置；通过 W 和 H 选项可以设置切片的大小。

✦ 切片背景类型：可在该下拉列表中选择一种背景色来填充透明区域（适用于"图像"切片）或整个区域（适用于"无图像"切片）。如果选择"其他"选项，则单击"背景色"选项中的颜色块，可打开"拾色器"设置背景的颜色。

14.2　获得更好的图像——优化 Web 图像

优化图像是 Web 图像制作的一项重要工作。由于目前网络宽带有限，为了减少用户的下载时间，通常需要在图像质量和图像文件大小之间取得平衡。在满足基本质量的前提下，应尽量缩小文件的大小，以便于在网络上传输。若图像有切片，可分别选择不同的切片，有重点地分别进行优化。

文件的大小取决于图像分辨率、图像尺寸、颜色数目和图像格式。网页图像用于联机显示，分辨率使用显示器的分辨率 72dpi，而图像尺寸也一般在设计时就已确定，所以，优化图像主要是考虑颜色数目和图像格式这两个关键因素。

14.2.1　网络图像格式

网络图像一般有 GIF、JPEG、PNG-8 和 PNG-24 这 4 种格式可供选择。图像格式的选择主要取决于原图像的颜色、色调和图形等特性。一般情况下，连续色调图像（如照片）适宜压缩为 JPEG 格式，具有单调颜色或锐化边缘及清晰细节的图像适宜压缩为 GIF 或 PNG-8 格式，如图 14-33 所示。

适合压缩为 GIF 或 PNG-8 格式　**适合压缩为 JPEG 或 PNG-24**
图像　**格式图像**
图 14-33　打开图像

1．GIF 和 GIF-8 格式

GIF 格式主要通过减少图像的颜色数目来优化图像。它最多支持 256 色，将图像保存为 GIF 格式时，有许多的颜色将被丢弃。如果将颜色和色调丰富的图像保存为 GIF 格式，会使图像严重失真。GIF 格式只适合于保存色调单一、颜色不是很丰富的图形、按钮或图标，且支持透明背景。此外，GIF 格式可保存动画。

PNG-8 格式与 GIF 格式非常相似，它也使用 8 位颜色，但由于不是所有的浏览器都支持 PNG-8，所以，使用范围受到一定限制。

2．JPEG 和 PNG-24 格式

JPEG 格式通过有选择地减少图像数据来压缩文件，因而是一种有损压缩。但它支持真彩色 24 位（224 种颜色），因此，常用于保存人物、风景等色调、颜色丰富

的图像。

PNG-24 格式与 JPEG 格式一样，也支持 24 位颜色，因而也适合于连续色调的图像，但 PNG-24 格式的文件通常要大很多，这是由于 PNG-24 格式和 PNG-8 格式一样都使用无损耗的压缩方法。因此，PNG-24 格式在网页图像制作中应用较少。

3．WBMP 格式

WBMP 格式是用于优化移动设备（如移动电话）图像的标准格式。WBMP 支持 1 位颜色，即 WBMP 图像只包含黑色和白色两种颜色。

Photoshop 通过"存储为 Web 所用格式"对话框选择图像格式和控制各优化选项，通过图像窗口观察和比较各优化方案下的图像品质，从而找出最佳的优化方案。

素材文件路径：素材 \ 第 14 章 \14.2\14.2.2\ 女子 .jpg

14.2.2 教学视频

01 在 Photoshop 中打开需要优化的图像。

02 执行"文件"|"导出"|"存储为 Web 和设备所用格式（旧版）"命令，打开"存储为 Web 和设备所用格式"对话框。

03 单击图像窗口四联切换按钮，以四联方式显示图像，如图 14-34 所示。

04 分别单击选择三个优化预览窗口，从如图 14-35 所示"预设"下拉列表框中各选择一种图像格式，结果如图 14-36 所示。

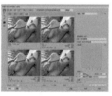

图 14-34　"存储为 Web 和设备所用格式"对话框　　图 14-35　"预设"下拉列表　　图 14-36　选择最佳品质

05 从图中可以看出，使用 GIF 和 PNG-8 格式不仅不能保存图像的连续色调，而且文件大小也没有明显的优势。因此，使用 JPEG 格式是最佳的选择。

06 选择最佳格式设置。在确定了最佳文件格式之后，为了使图像品质和文件大小达到最佳，还需在优化面板中调整各项参数。这里分别从"预设"下拉列表框中选择"低""中"和"高"三种 JPEG 方案，从中可以看

出使用"低"方案图像品质影响不大，但文件最小，因此是最佳的优化设置。

07 单击"存储"按钮，保存优化后的图像。

> **技巧提示：**
> "预设"下拉列表中不仅列出了各种图像格式，同时也列出了相同文件格式下的不同设置。例如，JPEG 格式就有高（品质 60%）、中（品质 30%）、低（品质 10%）三种设置。

14.3　创建视频动画——视频与动画

在浏览网页时，会看到各式各样的图像动画，如滚动的画面、旋转的小球、跳动的按钮等。动画为网页增添了动感和趣味。根据格式的不同，网页中的动画大致可分为两大类，一类是 GIF 格式，另一类便是 Flash 动画。

Flash 动画为矢量动画，因而，可以任意放大缩小而不失真，同时文件较小，可带有同步音频，具有良好的交互特性，可用于制作教学课件、MTV 及动画片。GIF 动画为像素动画，动画的每一帧都是一张位图图片。

使用 Photoshop 的"动画"面板，可以直接在 Photoshop 中制作 GIF 动画。

14.3.1　了解视频模式时间轴面板

执行"窗口"|"时间轴"命令，可以打开"时间轴"面板，如图 14-37 所示。面板中显示视频的持续时间，使用面板底部的工具可以浏览各个帧，放大或缩小时间显示，删除关键帧和预览视频。

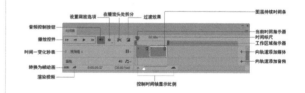

图 14-37　"时间轴"面板

✦ 播放控件：提供了用于控制视频播放的按钮，包括转到第一帧、转到上一帧、播放和转到下一帧。

✦ 音频控制按钮：单击该按钮可以关闭或启用音频效果。

✦ 设置回放选项：单击该按钮可以打开回放选项下拉列表，在下拉列表中可设置分辨率大小，以及是否循环播放。

✦ 在播放头处拆分：单击该按钮，可在当前时间指示

器所在位置拆分视频或音频，如图 14-38 所示。

◆ 过渡效果■：单击该按钮，打开下拉菜单，如图 14-39 所示，选择菜单中的命令即可为视频添加过渡效果，从而创建专业的淡化和交叉淡化效果。

图 14-38　在播放头处拆分

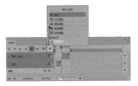
图 14-39　过渡效果选项框

◆ 当前时间指示器■：拖动当前时间指示器可导航帧或更改当前时间或帧。

◆ 时间标尺：根据文档的持续时间和帧速率，水平测量视频持续时间。

◆ 工作区域指示器：如果要预览或导出部分视频，可拖动位于顶部轨道两端的标签进行定位，如图 14-40 所示。

◆ 图层持续时间调：指定图层在视频的时间位置。要将图层移动到其他时间位置，可拖动该条，如图 14-41 所示。

◆ 向轨道添加媒体 / 音频：单击轨道右侧的■按钮，可以打开一个对话框，将视频或音频添加到轨道中。

◆ 时间 - 变化秒表：可启用或体用图层属性的关键帧设置。

◆ 转换为帧动画■■：单击该按钮，可以将"时间轴"面板切换为帧动画模式。

◆ 渲染视频■：单击该按钮，可以打开"渲染视频"对话框。

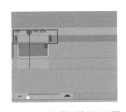
图 14-40　当前时间指示器

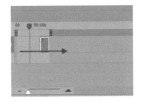
图 14-41　拖动图层条

◆ 控制时间轴显示比例：单击■按钮可以缩小时间轴；单击■按钮可以放大时间轴；拖动中间滑块■可以自由调整。

14.3.2　实战——制作铅笔素描风格视频短片

本实例主要讲解如何用视频帧制作带有特殊风格的视频短片。

素材文件路径：素材 \ 第 14 章 \14.3\14.3.2\ 圣诞大片 .mp4

14.3.2 教学视频

01 启动 Photoshop CC 2018 后，按 Ctrl+O 快捷键打开"圣诞大片 .mp4"视频文件，如图 14-42 所示。

02 执行"滤镜"|"智能滤镜"命令，将视频图层转换为智能对象，如图 14-43 所示。观察"图层"可以看到，图标已由视频图标变为智能对象图标了。

图 14-42　打开素材

图 14-43　转换为智能对象

03 设置前景色为洋粉色（#eb4463）。执行"滤镜"|"素描"|"绘图笔"命令，打开"滤镜库"调整参数，将视频处理为彩色铅笔素描效果，如图 14-44 和图 14-45 所示。

图 14-44　滤镜参数

图 14-45　滤镜效果

04 关闭视频组，如图 14-46 所示；单击"图层"面板底部的"创建新图层"按钮■，在视频组上方新建一个普通的空白图层，如图 14-47 所示；按 Alt+Delete 快捷键填充前景色。按 Alt+Ctrl+F 快捷键对图层应用"绘图笔"滤镜，如图 14-48 所示。

图 14-46　关闭视频组

图 14-47　新建图层

05 单击"添加图层蒙版"按钮■，为该图层添加一个蒙版，将前景色设置为黑色，使用柔角画笔工具■在画面中心涂抹黑色，让视频图层中的人物显示处理，如图 14-49 所示。

图 14-48 应用滤镜　　　图 14-49 添加图层蒙版

06 按空格键播放视频，可以将普通的视频短片变成充满美感的艺术作品。单击"渲染视频"按钮 ，将视频进行渲染并保存。

14.3.3 实战——在视频中添加文字和特效

本实例主要讲解如何在视频文件中添加文字和特效。

素材文件路径：素材 \ 第 14 章 \14.3\14.3.3\ 我想静静 .mp4

14.3.3 教学视频

01 启动 Photoshop CC 2018 后，打开视频文件素材，如图 14-50 所示。选择"横排文字"工具 **T**，在"字符"面板中设置文字属性，如图 14-51 所示。

图 14-50 打开素材　　　图 14-51 "字符"面板

02 在画面中输入如图 14-52 所示的文字；打开"时间轴"面板，将文字剪辑拖动到视频前方，如图 14-53 和图 14-54 所示。

图 14-52 输入文字　　　图 14-53 拖动文字图层条

03 按 Ctrl+J 快捷键复制文字图层，将它拖动到视频图层后方，如图 14-55 所示。

图 14-54 拖动文字图　　　图 14-55 复制文字图层
　　　　层条

04 双击文字缩览图，进入文字编辑状态，将文字内容修改为"不要讨好任何冷漠"，如图 14-56 所示。

05 关闭视频组，如图 14-57 所示。按住 Ctrl 键单击"图层"面板底部的"创建新图层"按钮 ，在视频组的下方新建一个图层，填充淡红色（#f67e7e），如图 14-58 所示。

图 14-56 更改文字内容　图 14-57 关闭　图 14-58 新建
　　　　　　　　　　　　　　视频组　　　　图层

06 单击"时间轴"面板中的转到第一帧按钮 ，切换到视频的起始点位置，再将图层时间条拖动到视频的起始点位置，如图 14-59 所示。

07 展开文字列表，如图 14-60 所示。

图 14-59 切换到起始点位置　图 14-60 展开文字列表

08 单击"过渡效果"按钮 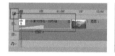，将"渐隐"过渡效果拖动到文字上，如图 14-61 所示。

09 在文字与视频链接处再添加一个"渐隐"过渡效果，如图 14-62 所示；将光标放在滑块上，如图 14-63 所示。

图 14-61 添加过渡　图 14-62 添加过渡　图 14-63 光标放
　　　效果　　　　　　　效果　　　　　　　置在滑块

10 拖动滑块，调整渐隐效果的时间长短，如图 14-64 所示。

11 采用同样的方法，为视频及最后面的文字也添加"渐隐"过渡效果，如图 14-65 所示。

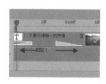

图 14-64 调整渐隐时间长度　图 14-65 调整渐隐时间长度

12 在后方文字上右击，在弹出的快捷菜单中选择"旋转和缩放"命令，设置缩放样式为"放大"，如图 14-66 所示。

13 按空格键播放视频，可以看到，画面中首先出现一组文字，然后播放视频内容，最后以旋转的文字收尾，文字和视频的切换都呈现淡入、淡出的效果。

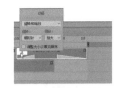

图 14-66 "旋转和缩放"选项框

14.3.4 了解帧模式时间轴面板

执行"窗口"|"时间轴"命令，打开"时间轴"面板，如图 14-67 所示。在 Photoshop 中，"时间轴"面板以帧模式出现，并显示动画中的每个帧的缩览图。使用面板底部的工具可浏览各个帧，设置循环选项，添加和删除帧及预览动画。

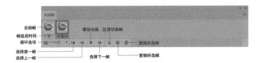

图 14-67 "时间轴"面板

+ 当前帧：当前选择的帧。
+ 帧延迟时间：设置帧在回放过程中的持续时间。
+ 循环选项：设置动画在作为动画 GIF 文件时的播放次数。
+ "选择第一帧"按钮：单击该按钮，可自动选择序列中的第一个帧作为当前帧。
+ "选择上一帧"按钮：单击该按钮，可选择当前帧的前一帧。
+ "播放动画"按钮：单击该按钮，可在窗口中播放动画，再次单击可停止播放。
+ "选择下一帧"按钮：单击该按钮，可选择当前帧的下一帧。
+ "过渡动画帧"按钮：单击该按钮，可以打开"过渡"对话框，在对话框中可以在两个现有帧之间添加一系列过渡帧，让帧之间的图层属性均匀变化。
+ "复制所选帧"按钮：单击该按钮，可向面板中添加帧。
+ "删除所选帧"按钮：单击该按钮，可删除选择的帧。

14.3.5 实战——闪动霓虹灯招牌字

下面以制作闪动霓虹灯招牌字为例，介绍动画制作的基本方法。

素材文件路径：素材 \ 第 14 章 \14.3\14.3.5\ 霓虹灯字 .psd

01 启动 Photoshop CC 2018 后，按 Ctrl+O 快捷键打开"霓虹灯字 .psd"素材，如图

14-68 所示。执行"窗口"|"时间轴"命令，打开"时间轴"面板，单击 ⊻ 按钮，选择"创建帧动画"选项，如图 14-69 所示。

图 14-68 打开素材　　图 14-69 创建帧动画

02 单击"创建帧动画"按钮 ，创建动画的第一帧，如图 14-70 所示。

03 单击"复制所选帧"按钮，添加一个动画帧，在"图层"面板中隐藏"C"字图层组，如图 14-71 所示。

图 14-70 创建帧动画　　图 14-71 隐藏图层

04 单击"过渡动画帧"按钮，打开"过渡动画帧"对话框，设置要添加的帧数为 3，如图 14-72 所示。

05 单击"确定"按钮，动画帧面板上自动添加了三个过渡的动画帧，图像效果如图 14-73 所示。

图 14-72 "过渡动画帧"　　图 14-73 过渡动画帧
对话框

06 按住 Shift 键选中第 1~4 帧，单击时间轴面板右上角的按钮，选择"复制多帧"；再次单击按钮，选择"粘贴多帧"选项，弹出如图 14-74 所示的对话框。

07 单击"确定"按钮，关闭对话框，在第 5 帧后面复制帧数，如图 14-75 所示。

图 14-74 "粘贴帧"　　图 14-75 粘贴复制的动画帧
对话框

08 单击按钮，选择"方向帧"选项，将第 6~9 帧顺

序进行反向排列；单击"复制所选帧"按钮，创建第10帧，如图 14-76 所示。

09 在"图层"面板中隐藏"U"图层组，单击"过渡动画帧"按钮，设置要添加的帧数为2，如图 14-77 所示。

图 14-76　创建第 10 帧　　图 14-77　设置过渡动画帧

10 选择第 10~12 帧，复制这三帧；选中第 12 帧粘贴多帧，并进行反向，如图 14-78 所示。

图 14-78　反向动画帧

11 同上述创建帧动画的操作方法，制作其他的动画帧，如图 14-79 所示。

图 14-79　制作其他动画帧

12 执行"文件"|"导出"|"存储为 Web 所用格式（旧版）"命令，选择 GIF 格式，如图 14-80 所示。单击"存储"按钮将文件保存，即可查出图像效果。

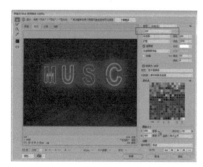

图 14-80　保存为 GIF 格式文件

14.4　综合实战——变色汽车广告

下面以制作变色汽车广告动画为例，练习视频帧的操作方法。

素材文件路径：素材 \ 第 14 章 \14.4\14.4\ 汽车 .jpg

14.4 教学视频

01 启动 Photoshop CC 2018 后，按 Ctrl+O 快捷键打开"汽车"素材，如图 14-81 所示。

02 按 Ctrl+J 快捷键复制背景图层，得到"图层 1"。执行"图像"|"调整"|"替换颜色"命令，打开"替换颜色"对话框，如图 14-82 所示。

图 14-81　打开素材　　图 14-82　"替换颜色"对话框

03 使用"吸管"工具在汽车上单击，吸取汽车的颜色，如图 14-83 所示。

04 单击"点按可更改结果颜色"颜色块，打开"拾色器"对话框，在对话框中将替换颜色设置为红色，如图 14-84 所示。

05 单击"添加到取样"按钮，在图像绿色处单击，替换绿色，如图 14-85 所示。

图 14-83　吸管单击　　图 14-84　设置替　图 14-85　设置
　　　　　　　　　　　　　　换颜色　　　　　参数

06 在"替换颜色"对话框中设置各项参数，图像效果如图 14-86 所示。

07 将"背景"图层拖曳至"新建图层"按钮上，得到"背景复制"图层，隐藏"图层 1"，对"背景副本"图层再次应用"替换颜色"命令，如图 14-87 所示。

图 14-86　图像效果　　图 14-87　图像效果

08 按上述改变汽车颜色相同的操作方法，依次将汽车的颜色更改为如图 14-88 所示的颜色。

图 14-88　图像效果

09 再次复制背景图层，并调整图层的顺序，如图 14-89 所示。

10 执行"窗口"|"时间轴"命令，打开"时间轴"面板，在面板中单击"创建视频时间帧"按钮 ，即可将 5 个图层添加到时间轴中，如图 14-90 所示。

图 14-89　调整图层顺序　　图 14-90　创建视频时间帧

11 依次调整 5 个复制图层的位置，呈梯形的形状排列，如图 14-91 所示。

12 选择"横排文字"工具 T，设置字体为 黑体、字号为 36、字体颜色为白色，在图像中输入如图 14-92 所示的文字。

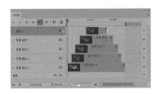

图 14-91　梯形排列　　　图 14-92　添加文字图层条

13 按住 Ctrl 键选择文字图层，在视频时间轴上拖动位置，如图 14-93 所示；使用"移动"工具 ⊕，将文字图层移至顶端并栅格化图层，如图 14-94 所示。

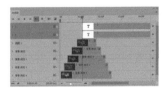

图 14-93　拖动文字图层条位置　　图 14-94　栅格化图层

14 在视频时间轴面板中选择"]"图层，单击前面的按钮 ▶ 打开下拉菜单，单击"启动关键帧动画"按钮 ⏱，在"]"图层持续时间条上创建关键帧，如图 14-95 所示。

15 将"当前时间指示器" ▼ 拖曳至图层持续时间条的中间，按住 Shift 键将"]"文字图层垂直向下移动，如图 14-96 所示。

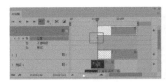

图 14-95　启动关键帧动画　　图 14-96　垂直向下移动文字

16 将"当前时间指示器" ▼ 拖曳至图层持续时间条的尾端，在图像中按住 Shift 键将"]"文字图层水平向右移动，如图 14-97 所示。

17 同方法，将"["图层向相反的方向设置，如图 14-98 所示。

图 14-97　水平向右移动文字　　图 14-98　设置另一文字图层

18 同方法，将"多色可选"文字图层添加到视频时间轴中，如图 14-99 所示。

19 单击左上角的"播放"按钮 ▶，即可播放动画。单击右下角 ♫▾ 按钮，在弹出的下拉菜单中选择"添加音频"选项，弹出"打开"对话框，选择一个音乐文件，单击"打开"按钮，即可添加音乐至动画中，如图 14-100 所示。

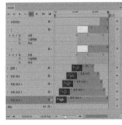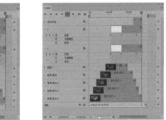

图 14-99　添加"多色可选"　　图 14-100　添加音频
　　　　　图层条

20 在 Photoshop 中执行"文件"|"存储为 Web 和设备所用格式"命令，对动画进行优化后，单击"存储"按钮，将动画输出为 GIF 动画，单击"保存"按钮。

第 15 章

玩转三维空间
——3D 图像

15.1　初识 3D 功能

在 Photoshop 中打开 3D 文件时，原有的纹理、渲染及关照信息都会被保留，并且可以通过移动 3D 模型，或对其制作动画、更改渲染模式、编辑或添加光照，或将多个 3D 模型合并为一个 3D 场景等操作编辑 3D 文件。

15.1.1　3D 工作界面

在 Photoshop CC 中，打开（创建或编辑）3D 文件时，会自动切换到 3D 界面中，如图 15-1 所示。Photoshop 能够足够保留对象的纹理、渲染、和光照信息，并将 3D 模型放在 3D 图层上，在其下面的条目中显示对象的纹理。

图 15-1　3D 界面

全新的反射与可拖曳阴影效果，能够在地面上添加和加强阴影与反射效果，也可拖曳阴影以重新调整光源位置，并轻松编辑底面反射、阴影和其他效果。另外，还可以基于一个 2D 图层场景制作 3D 内容，如立方体、球面、圆柱、3D 明信片。

15.1.2　3D 文件的构成

3D 文件包含网格、材质和光源等组件。其中，网格相当于 3D 模型的骨骼；材质相当于 3D 模型的皮肤，光源相当于太阳或白炽灯，使 3D 场景亮起来，让 3D 模型可见。

✦ 网格：网格是由成千上万个单独的多边形框架结构组成的线框，在 Photoshop 中，可以在多种渲染模式下查看网格，还可以分别对每个网格进行操作，也可用 2D 图层创建 3D 网格。如要编辑 3D 模型本身的多边形网格，必须使用 3D 程序。

✦ 材质：一个网格可具有一种或多种相关的材质，它们控制整个网格的外观或局部网格的外观。材质映射到网格上，可以模拟各种纹理和质感，如颜色、图案、反光感或崎岖度等。

✦ 光源：光源类型包括点光、聚光灯和无限光。可以移动和调整现有光照的颜色和强度，也可以将新的光源添加到 3D 场景中。

15.2　3D 工具的使用

在 Photoshop 中打开 3D 文件后，选择移动工具，在工具选项栏中包括一组 3D 工具，如图 15-2 所示。使用这些工具可以修改 3D 模型的位置、大小，还可以修改 3D 场景视图，调整光源位置。

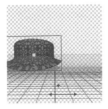
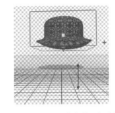

向移动模型，如图 15-10 所示；按住 Alt 键的同时拖动可沿 x/y 方向移动。

图 15-9　沿水平拖动对象　　图 15-10　沿垂直拖动对象

15.2.4　滑动 3D 对象

使用滑动 3D 对象工具在 3D 对象两侧拖动可沿水平方向移动模型，如图 15-11 所示；上下拖动可将模型移近或移远，如图 15-12 所示；按住 Alt 键的同时拖动可沿 x/y 方向移动。

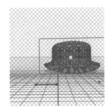
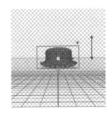

图 15-11　沿水平滑动对象　　图 15-12　沿垂直滑动对象

知识拓展：将 3D 对象紧贴地面

移动 3D 对象后，执行 "3D" | "将对象紧贴地面" 命令，可以使其紧贴到 3D 地面上，如下图所示。

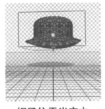
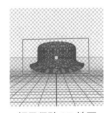

帽子位于半空中　　　　帽子紧贴 3D 地面

15.2.5　缩放 3D 对象

使用 3D 缩放工具单击 3D 对象并上下拖动可缩小或放大模型，如图 15-13 和图 15-14 所示；按住 Alt 键的同时拖动可沿 z 方向缩放。

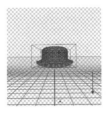
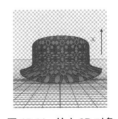

图 15-13　缩小 3D 对象　　图 15-14　放大 3D 对象

3D 模式：

图 15-2　3D 对象编辑工具和 3D 相机工具

15.2.1　旋转 3D 对象

选择旋转 3D 对象工具，在 3D 模型上单击，选中模型，如图 15-3 所示。上下拖动可以使模型围绕其 x 轴旋转，如图 15-5 所示；两侧拖动可围绕其 y 轴旋转，如图 15-4 和图 15-6 所示；按住 Alt 键的同时拖动则可以滚动模式。

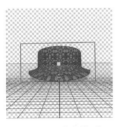
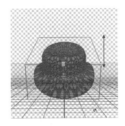

图 15-3　选中模型　　　图 15-4　沿 y 轴旋转对象

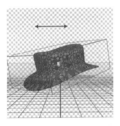

图 15-5　沿 x 轴旋转对象　　图 15-6 沿 x 轴旋转对象

知识拓展：Photoshop 可以编辑哪种 3D 文件？

在 Photoshop 中可以打开和编辑 U3D、3DS、OBJ、KMZ、DAE 格式的 3D 文件。

15.2.2　滚动 3D 对象

使用滚动 3D 对象工具在 3D 对象两侧拖动可以使模型围绕其 z 轴旋转，如图 15-7 和图 15-8 所示。

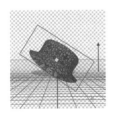
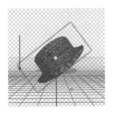

图 15-7　滚动 3D 对象　　　图 15-8　滚动 3D 对象

15.2.3　拖动 3D 对象

使用拖动 3D 对象工具在 3D 对象两侧拖动可沿水平方向移动模型，如图 15-9 所示；上下拖动可沿垂直方

技巧提示：
按住 Shift 键并进行拖动，可将旋转、平移、滑动或缩放操作限制为沿单一方向移动。

15.2.6 调整 3D 相机

✦ 控制摄像机机位工具：3D 相机工具控制虚拟摄像机的机位，可以移动相机视图，但不会改变 3D 对象本身，如图 15-15 所示为 3D 相机工具选项栏。

图 15-15 3D 相机工具选项栏

✦ 3D 环绕相机工具：使用该工具在画面中拖动，可将相机环绕 X 或 Y 方向移动，如图 15-16 所示。

✦ 3D 滚动相机工具：使用该工具拖动可以滚动相机，向左拖动以顺时针滚动相机；向右拖动以逆时针滚动相机，如图 15-17 所示。

✦ 3D 平移相机工具：使用该工具拖动可以沿 X 或 Y 方向平移相机，如图 15-18 所示。

图 15-16 环绕相机 图 15-17 滚动相机 图 15-18 平移相机

✦ 3D 移动相机工具：使用该工具拖动可以与 3D 相机一起移动整个视图，如图 15-19 所示。

✦ 3D 缩放相机工具：使用该工具拖动可以缩放 3D 相机的视角。垂直向上拖动可以放大视角，如图 15-20 所示；垂直向下拖动可以缩小视角，如图 15-21 所示。

图 15-19 移动相机 图 15-20 垂直向上 图 15-21 垂直向下
　　　　　　　　　拖动放大视角 　拖动缩小视角

15.2.7 利用 3D 轴调整图像

选择 3D 对象后，画面左下角会出现 3D 轴，如图 15-22 所示；将光标放在 3D 轴的控件上，使其高亮显示，如图 15-23 所示，单击并拖动鼠标即可移动、旋转和缩放项目。

 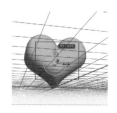

图 15-22 显示 3D 轴　　　　图 15-23 显示 3D 轴控件

✦ 沿 $X/Y/Z$ 轴移动项目：将光标放在任意轴的锥尖上，向相应的方向拖动，如图 15-24 所示。

✦ 旋转项目：单击轴尖内弯曲的旋转线段，此时会出现旋转平面的换色圆环，围绕 3D 轴中心沿顺时针或逆时针方向拖动圆环即可旋转模型，如图 15-25 所示。要进行更大幅度的旋转，可将鼠标向远离 3D 轴的方向移动。

图 15-24 沿 $X/Y/Z$ 轴移动项目　　图 15-25 旋转项目

✦ 调整项目大小：向上或向下拖动 3D 轴中的中心立体方体，可等比例放大或缩小 3D 对象，如图 15-26 所示。

✦ 沿轴压缩或拉长项目：将某个彩色的变形立方体朝中心立方体拖动，或向远离中心立方体的位置过渡，可随意放大或缩小 3D 对象，如图 15-27 所示。

图 15-26 调整项目大小　　图 15-27 沿轴压缩或拉长项目

15.2.8 利用视图框观察图像

在 Photoshop CC 2018 版本中，视图框不再在属性面板中体现，而是以一个单独的显示框在文档窗口中显示，如图 15-28 所示。

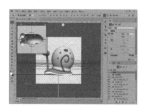

图 15-28 视图观察框

单击"选择视图 / 相机"按钮 旁的三角形按钮，即可选择一个视图，如图 15-29 所示，包括"左视图""右视图""俯视图"等。

视图选项

默认视图

左视图

右视图

俯视图

仰视图

后视图

前视图

消失点网格

相机视图

自定义视图

图 15-29　各种视图效果图

15.2.9　实战——创建 3D 模型

应用 3D 菜单中的"从图层新建网格"命令，可以分别创建不同的 3D 明信片和 3D 网格预设模型等。下面从新建的空白图层来快速创建 3D 模型。

素材文件路径：素材 \ 第 15 章 \15.2\15.2.9\ 女子 .jpg

15.2.9 教学视频

01 按 Ctrl+N 快捷键，弹出"新建"对话框，在对话框中设置参数，如图 15-30 所示。单击"确定"按钮，新建一个空白文件。

02 执行"3D"|"从图层新建网格"|"网格预设"|"汽水"命令，在画面中快速创建一个易拉罐，如图 15-31 所示。将图层面板中背景图层创建为 3D 图层，如图 15-32 所示。

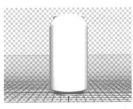

图 15-30　"新建"对话框　　图 15-31　创建易拉罐 3D 对象　　图 15-32　图层面板

03 单击图层面板中的"创建新图层"按钮 ，在背景图层上方新建一个图层，如图 15-33 所示。

04 执行"3D"|"从图层新建网格"|"网格预设"|"金字塔"命令，在画面中快速创建一个金字塔，如图 15-34 所示。

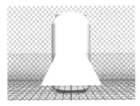

图 15-33　创建新图层　　　　图 15-34　创建金字塔

05 利用"旋转 3D 对象" 和"拖动 3D 对象" ，将金字塔挪动如图 15-35 所示的效果图。

06 在图层面板中选择易拉罐所在的背景图层，拖动 3D 模型调整位置，将该图层置为顶层，如图 15-36 所示。

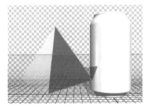
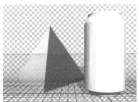

图 15-35　移动金字塔　　　图 15-36　调整 3D 模型位置

07 隐藏背景图层，选择"画笔"工具 ，在画笔面板中选择一个尖角画笔，设置前景色为红色，在正面上涂抹，如图 15-37 所示。

08 在图层 1 中绘制金字塔的正面，如图 15-38 所示。

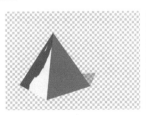
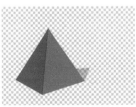

图 15-37　画笔涂抹　　　　图 15-38　画笔涂抹

09 用相同的操作方法，使用 3D 工具旋转金字塔，分别绘制其他面，完成后重新显示背景图层，如图 15-39 所示。

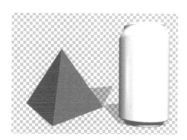

图 15-39　图像效果

15.3　了解及使用 3D 面板

选择 3D 图层后，"3D"面板中会显示与之关联的 3D 文件组件。面板顶部包含场景、网格、材质和光源按钮。使用这些按钮可以筛选出在面板中的组件。

15.3.1　3D 场景设置

使用 3D 场景设置可以设置渲染模式，选择要在其上绘制的纹理或创建横截面。打开一个 3D 模型，如图 15-40 所示，单击"3D"面板中的场景按钮，面板中会列出场景中的所有条目，如图 15-41 所示。

图 15-40　打开素材　　图 15-41　场景设置参数

15.3.2　3D 网格设置

单击"3D"面板顶部的网格按钮，让面板中只显示网格组件，如图 15-42 所示；此时可在"属性"面板中设置网格属性，如图 15-43 所示。

图 15-42　网格参数　　图 15-43　"属性"面板

15.3.3　3D 材质设置

单击"3D"面板顶部的材质按钮，面板中会列出在 3D 文件中使用的材质，如图 15-44 所示；此时可在

"属性"面板中设置材质属性，如图 15-45 所示。如果模型包含多个网格，则每个网格可能会有与之关联的特定材质。

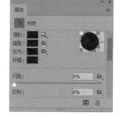

图 15-44　材料参数　　　图 15-45　"属性"面板

15.3.4　3D 光源设置

3D 光源可以从不同角度照亮模型，从而添加逼真的深度和阴影。单击"3D"面板顶部的光源按钮，面板中会列出场景中所包含的全部光源，如图 15-46 所示。Photoshop 提供了点光、聚光灯和无限光这 3 种光源各自的选项和设置方法。在"属性"面板中可以调整光源参数，如图 15-47 所示。其中，"预设""颜色""强度"等是所有类型光源共同的选项。

图 15-46　光源参数　　　图 15-47　"属性"面板

+ 调整点光：点光在 3D 场景中显示为小球状。它就像灯泡一样，可以向各个方向照射，如图 15-48 所示。使用拖动 3D 对象工具和滑动 3D 对象工具可以调整点光位置，如图 15-49 所示。

图 15-48　点光　　　　图 15-49　调整点光位置

+ 调整聚光灯：聚光灯在 3D 场景中显示为锥形。能照射出可调整的锥形光线，如图 15-50 所示。使用拖动 3D 对象工具和滑动 3D 对象工具可以调整聚光灯的位置，如图 15-51 所示。

图 15-50　聚光灯　　图 15-51　调整聚光灯位置

💡 **技巧提示：**

　　如果将光源移动到画布外面，可单击"3D"面板底部的移动到视图按钮 💡🔳，让光源重新回到画面中。

✦ 调整无限光：无限光在 3D 场景中显示为半球状。它像太阳光，可以从一个方向平面照射，如图 15-52 所示。使用拖动 3D 对象工具和滑动 3D 对象工具可以调整无限光的位置，如图 15-53 所示。无限光只有"颜色""强度""阴影"等基本属性，没有特殊属性。

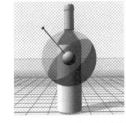

图 15-52　无限光　　图 15-53　调整无限光位置

15.3.5　创建和编辑 3D 模型的纹理

　　通常一个 3D 模型都是由多个纹理组合的效果，纹理所提供的丰富类型可以表现逼真的材质效果。模型可以看成是三维效果的框架，主要用于实现空间效果和透视。在 Photoshop 中处理的是"网格"3D 模型，而纹理根据网格进行空间和透视中的材质与质感的表现。执行"窗口"| 3D 命令，切换到"材料"选项面板，在该选项面板中可以创建和编辑各种纹理，也可以从 2D 图像创建 3D 对象，将 2D 图像创建为 3D 对象的纹理。创建和编辑纹理主要以下几种方法。

　　新建纹理：在材料选项面板中单击某类纹理后的 🔳 按钮，在弹出的下拉菜单中选择"新建纹理"命令，如图 15-54 所示；弹出"新建"对话框，在该对话框中设置适当的参数，创建空白的纹理文档，如图 15-55 所示。

　　单击"载入纹理"按钮，弹出"打开"对话框，在该对话框中选择纹理素材，如图 15-56 所示；载入指定的纹理素材，如图 15-57 所示。

图 15-54　"新建纹理"命令　　图 15-55　新建空白纹理文档

图 15-56　选择纹理素材　　图 15-57　载入指定纹理素材

　　编辑 3D 模型的纹理：3D 模型的纹理主要通过设置"材料"选项面板的各项进行编辑，或者在该选项面板的菜单中选择"打开纹理"命令，将当前纹理在新图像窗口中打开并进行编辑，如图 15-58 所示。

选择命令　　　　原纹理　　　　修改的纹理

图 15-58　编辑纹理

　　存储修改后的 PSD 格式的纹理文档，原 3D 模型中将显示更新后的新纹理效果，如图 15-59 所示。

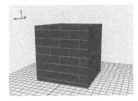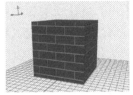

图 15-59　修改纹理

15.3.6　实战——使用 3D 材质吸管工具

　　本实例讲解 3D 材质吸管工具的使用方法。

素材文件路径：素材 \ 第 15 章 \15.3\15.3.6\ 椅子 .3ds

01 按 Ctrl+O 快捷键打开"椅子 .3ds"素材文件，如图 15-60 所示。选择"旋转 3D 对象"工具 🔳，旋转模型，如图 15-61 所示。

图 15-60　打开素材　　　图 15-61　旋转 3D 对象

02 旋转"3D 材质吸管"工具，将光标放在椅子靠背上，单击，对材质进行取样，如图 15-62 所示；此时，"属性"面板中会显示所选材质，如图 15-63 所示。

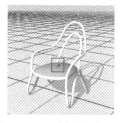

图 15-62　3D 材质吸管工具　　　图 15-63　"属性"面板
取样

03 单击材质球右侧的三角按钮，打开下拉列表，选择"趣味纹理"材质，如图 15-64 所示。

04 将它贴在椅子靠背上，如图 15-65 所示。

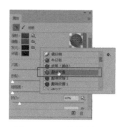

图 15-64　选择材质　　　图 15-65　图像效果

05 用"3D 材质吸管"工具单击椅子扶手，如图 15-66 所示；拾取材质，为"金属 - 黄铜（实心）"材质，如图 15-67 所示。

06 按空格键播放视频，可以看到，画面中首先出现一组文字，然后播放视频内容，最后以旋转的文字收尾，文字和视频的切换都呈现淡入、淡出的效果。

图 15-66　选择扶手材质　　　图 15-67　图像效果

15.3.7　实战——使用 3D 材质拖放工具

本实例讲解 3D 材质拖放工具的使用方法。

素材文件路径：素材 \ 第 15 章 \15.3\15.3.7\ 模型 .3ds

01 按 Ctrl+O 快捷键打开"模型 .3ds"素材，如图 15-68 所示。选择"3D 材质拖放"工具，在工具选项栏中打开材质下拉列表，选择"光面塑料（蓝色）"材质，如图 15-69 所示。

15.3.7 教学视频

图 15-68　打开素材　　　图 15-69　设置材质

02 将光标放在模型上，如图 15-70 所示。单击，即可将所选材质应用到模型上，如图 15-71 所示。

图 15-70　选择材质位置　　　图 15-71　更改材质

15.3.8　实战——在 3D 模型上绘画

在 Photoshop 中可以使用任何绘画工具直接在 3D 模型上绘画，也可以使用选择工具将特定的模型取样设置为目标，或者用 Photoshop 识别并高亮显示可绘画的区域。

视频文件路径：视频 \ 第 15 章 \15.3\15.3.8.mp4

01 执行"文件" | "新建"命令，在弹出的"新建文档"对话框中设置"宽度"与"高度"为 10 厘米，分辨率为 150 像素 / 英寸，如图 15-72 所示。

15.3.8 教学视频

02 执行"3D" | "从图层新建网格" | "网格预设" | "圆环"命令，创建 3D 圆环模型，如图 15-73 所示。

图 15-72　"新建文档"对话框　　　图 15-73　场景 3D 圆环模型

03 选择"环绕移动 3D 相机"工具 🔘，将 3D 圆环对象移动为俯视图，如图 15-74 所示。

04 选择"3D 材质吸管"工具 🔘，在圆环上单击，设置"属性"面板中的材质为"金属 - 红铜"，如图 15-75 所示。

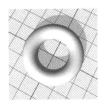

图 15-74　旋转 3D 对象　　图 15-75　设置材质

05 选择"画笔"工具 🖌，打开画笔下拉面板，选择枫叶图像，如图 15-76 所示。

06 将前景色设置为绿色，背景色设置为红色，在模型上涂抹即可进行绘制，如图 15-77 所示。

图 15-76　画笔参数　　图 15-77　画笔绘制

> 💡 **技巧提示：**
> 除了可以使用画笔工具，还可以使用油漆桶、涂抹、减淡等工具在 3D 模型上绘画。在绘画过程中，可以使用 3D 工具将模型旋转或调整视图，以便全方位地在 3D 模型上绘画。

15.4　从 3D 图像创建 3D 对象

Photoshop 可基于 3D 对象，如图层、文字、路径等生成各种基本的 3D 对象。创建 3D 对象后，可以在 3D 空间移动、更改渲染设置、添加光源或将其与其他 3D 图层合并。

15.4.1　实战——从文字中创建 3D 对象

在 Photoshop 中创建文字后，利用 3D 工具将其变为立体字体，下面介绍具体的操作过程。

素材文件路径：素材 \ 第 15 章 \15.4\15.4.1\背景 .jpg

15.4.1 教学视频

01 按 Ctrl+O 快捷键打开"背景"素材。选择"横排文字"工具 T，设置文字样式为黑体、字号为 150 点，在背景素材中输入文字，如图 15-78 所示。

02 执行"窗口"|"3D"命令，打开"3D"面板，在面板的"源"中设置为"选中的凸出"，选中"3D 模型"复选框，如图 15-79 所示。

图 15-78　输入文字　　　图 15-79　"3D"面板

03 单击"创建"按钮，即可创建 3D 对象，如图 15-80 所示。

04 在属性面板中单击"单击可打开凹凸拾色器"按钮，打开形状预设对话框，选择"带等高线的斜面"选项，如图 15-81 所示。

图 15-80　创建 3D 字体　　图 15-81　凹凸拾色器

05 设置"凸出深度"为 1.2 厘米、文本颜色为红色，此时 3D 图像效果如图 15-82 所示。

06 选择"旋转 3D 对象"工具 🔘，调整文字的角度与位置，如图 15-83 所示。

图 15-82　设置"凸出深度"参数　　图 15-83　旋转对象

07 单击场景中的光源，调整它的照射方向和参数，如图 15-84 所示。

08 单击"3D"面板底部的"将新光照添加到场景"按钮，打开下拉菜单，选择"新建无限光"命令，如图 15-85 所示。

图 15-84　调整光源照射方向　　图 15-85　新建无限光

09 新建一个光源，取消选中"阴影"选项的复选框，设置"强度"为 62%，如图 15-86 所示。

🔟 调整光源的角度，此时图像效果如图 15-87 所示。

图 15-86　设置参数

图 15-87　图像效果

15.4.2　实战——从选区中创建 3D 对象

在 Photoshop 中创建选区后，利用 3D 工具将选区变为立体界面，下面介绍具体的操作过程。

素材文件路径：素材 \ 第 15 章 \15.4\15.4.2\ 卡通画 .jpg

🅞🅛 按 Ctrl+O 快捷键打开"卡通画"素材，如图 15-88 所示。

🅞🅒 选择"魔棒"工具，在黄色背景上创建选区，按 Ctrl+Shift+I 快捷键反选选区。执行"选择"|"修改"|"收缩"命令，设置收缩量为 1 像素，如图 15-89 所示。

图 15-88　打开图像

图 15-89　收缩选区

🅞🅒 按 Shift+F6 快捷键羽化 1 个像素。执行"选择"|"新建 3D 模型"命令，弹出一个提示对话框，如图 15-90 所示。

🅞🅓 单击"是"按钮，即可从选中的图像中生成 3D 对象，如图 15-91 所示。

🅞🅔 用"旋转 3D 对象"工具调整对象的角度，还可以添加预设的光源效果（光源样式为"狂欢节"），如图 15-92 所示的文字。

图 15-90　羽化选区

图 15-91　生成 3D
对象

图 15-92　添加光源
效果

15.4.3　实战——从路径中创建 3D 对象

在 Photoshop 中可以利用自己绘画的路径或自定形

状的路径生成 3D 对象，下面介绍具体的操作过程。

素材文件路径：素材 \ 第 15 章 \15.4\15.4.3\ 路径 .psd

15.4.3 教学视频

🅞🅛 打开素材。单击"图层"面板底部的"创建新图层"按钮，新建一个图层，如图 15-93 所示；切换至"路径"面板，单击自行车路径，如图 15-94 所示。在画画中显示该路径，如图 15-95 所示。

图 15-93　新建凸出

图 15-94　路径面板

图 15-95　显示路径

🅞🅒 执行"3D"|"从所选路径新建 3D 模型"命令，在弹出的提示框中单击"是"按钮，基于路径生成 3D 对象，如图 15-96 所示。

🅞🅒 选择"旋转 3D 对象"工具，调整对象的角度，设置"凸出深度"为 0.6 厘米，如图 15-97 所示。

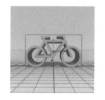
图 15-96　基于路径生成 3D
对象

图 15-97　设置"凸出深度"
参数

🅞🅓 选择"3D 材质吸管"工具，在模型正面单击，选择材质，设置"属性"面板中的材质为"金属 - 黄铜"，如图 15-98 所示。

🅞🅔 相同方法，将模型的立体面也应用"金属 - 红铜"材质，如图 15-99 所示。

图 15-98　设置材质

图 15-99　设置材质

15.4.4　实战——拆分 3D 对象

在默认情况下，使用"3D"命令从凸出、路径和选区中创建的 3D 对象将作为一个整体的 3D 模型出现，如果需要编辑其中的某个单独的对象，可将其拆开。下面介绍具体的操作过程。

素材文件路径：素材 \ 第 15 章 \15.4\15.4.4\ 文字 .psd

01 打开素材，如图 15-100 所示。 切换至
3D 窗口界面，选择"旋转 3D 对象"工具
旋转对象，如图 15-101 所示，可以看到
文字是一个整体。

图 15-100　打开素材　　图 15-101　旋转 3D 对象

02 执行"3D"|"拆分凸出"命令，将文字拆分。此
时可以选择任意一个文字进行调整，如图 15-102 和图
15-103 所示。

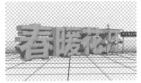

图 15-102　拆分凸出　　图 15-103　调整文字位置

15.4.5 实战——编辑球面全景

新增的"球面全景"功能可以将打开素材转换为
360 度全景图，也可将文件中的素材转换为 360 度全景图。
本小节通过实例讲解这些转换方法。

01 启动 Photoshop CC 2018 软件，执行"窗口"|"工作
区"|"3D"命令，将界面切换为 3D 模式。按 Ctrl+O 快
捷键打开一张"风景"素材图片，如图 15-104 所示。

02 执行"3D"|"球面全景"|"通过选中的图层新建全
景图图层"命令，此时系统直接生产 360° 全景图，如
图 15-105 所示。

图 15-104　打开风景素材　　图 15-105　显示 360 度全景图

03 将光标放在 360° 全景图中，拖动光标便可 360° 查
看全景图，如图 15-106 所示。

图 15-106　查看 360 度全景图

15.5　导出和存储 3D 文件

在 Photoshop 中编辑 3D 对象后，可以输出或存储
3D 文件。下面来学习输出和存储 3D 文件的方法。

15.5.1　输出 3D 文件

在图层面板中选择要导出的 3D 图层，执行"3D"|"导
出 3D 图层"命令，弹出"存储为"对话框，在"格式"
下拉列表中选择一个格式，单击"保存"按钮即可。

15.5.2　存储 3D 文件

编辑完成后，若要保存 3D 文件，执行"文件"|"存
储"命令或"存储为"命令，打开"另存为"对话框，
如图 15-107 所示。在"格式"下拉列表中选择 PSD、
PDF 或 TIFF 文件格式，单击"保存"按钮即可。

图 15-107　"另存为"对话框

15.6　3D 模型的渲染

渲染设置决定了如何绘制 3D 模型，而渲染设置是
图层特定的，当文档中包含多个 3D 图层时，需要对每
个图层分别指定渲染设置，渲染所需的时间由 3D 场
景中的模型、光照和映射决定。

15.6.1　使用预设渲染选项

执行"3D"|"渲染"命令，对模型进行渲染，创
建用于 Web、打印或动画的最高品质输出结果。"属性"
面板中提供了一系列预设的渲染选项，选择一个选项后，
还可以自定义"横切面""表面""线条""点"选项。
下面来看一下怎样设置渲染选项。

单击 3D 面板顶部的场景按钮，选择场景条目，
如图 15-108 所示；在属性面板的"预设"下拉列表中可
以选择一个渲染选项，如图 15-109 所示；各种预设渲染
效果如图 15-110 所示。

图 15-108　场景按钮　　　图 15-109　渲染预设

✦ 横截面：选择"横截面"选项后，即可创建以所设角
度与模型相交的平面横截面，这样便能够切入到模型
内部查看里面的内容。

✦ 表面样式：可选择提供的样式绘制表面。

✦ 表面纹理：可以在"纹理"选项中指定纹理映射。

✦ 线条样式：可选择提供线条的显示方式。

✦ 线段宽度：可以指定以像素为单位的宽度。

✦ 角度阈值：可调整模型中的结构线条数量。当模型中的
两个多边形在某个特定角度相接时，将形成一条折痕或
线条；若边缘在小于0°～180°之间的某个角度相接，
将移去它们形成的线；若设置为0，则显示整个线框。

✦ 点样式：可调整顶点的外观。

✦ 点半径：决定每个顶点的像素半径。

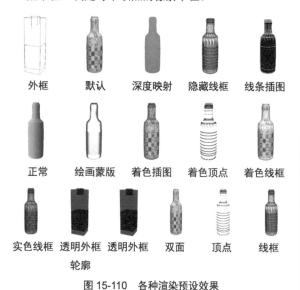

外框　　默认　　深度映射　隐藏线框　线条插图

正常　　绘画蒙版　着色插图　着色顶点　着色线框

实色线框　透明外框　透明外框　双面　顶点　线框
　　　　　　　轮廓

图 15-110　各种渲染预设效果

15.6.2　3D 连续渲染选区

　　3D 模型的结构、等高和贴图越复杂，渲染的时间
就会越长。为了节约工作时间，可以只渲染模型的局部，
快速观看局部效果，以便判断模型的整体效果。使用选
框工具在模型上建立一个选区，执行"3D"|"渲染"命
令，即可渲染选中的部分。

15.6.3　恢复连续渲染

　　在渲染 3D 模型时，若因为进行了其他操作而使渲
染中断，可执行"3D"|"恢复渲染"命令。重新恢复渲
染 3D 模型。

15.7　综合实战——金属立体字

　　本实例制作立体字，练习了 3D 对象创建的制作。

素材文件路径：素材\第15章\15.7\背景、纹理填充图.jpg

15.7 教学视频

01 启动 Photoshop CC 2018 后，执行"文
件"|"新建"命令，打开"新建文档"对话框，
在右侧的参数栏中设置参数，如图 15-111
所示。

02 单击"创建"按钮，新建一个空白文档。选择"横
排文字"工具，设置字体样式为 Insaniburger with C...、字
号为 244 点、字体颜色为黑色，在文档中输入大写的英
文字母，如图 15-112 所示。

LOVE

图 15-111　"新建"参数　　　图 15-112　输入文字

03 在图层面板中右击，在弹出的快捷菜单中选择"转
换为路径"命令，将文字图层转换为路径图层。选择"删
除锚点"工具，在"O"字中间的圆环上单击，删除
中间的锚点，如图 15-113 所示。

04 选择"自定形状"工具，在工具选项栏中设置"工
具模式"为形状、填充为黑色、描边为无，单击"路径操作"
按钮，在弹出的菜单中选择"排除重叠形状"选项，
设置"自定形状"拾色器为红心形卡。在黑色圆形中间
绘制，得到如图 15-114 所示的图像效果。

LOVE　　　　　LOVE

图 15-113　删除锚点　　　图 15-114　绘制心形卡

05 利用"路径选择"工具调整心形的大小。单击工
具选项栏最后的"选择工作区"按钮，在下拉菜单
中选择"3D"工作界面，"3D"面板中的参数设置如

图 15-115 所示。

06 单击"创建"按钮，即可创建 3D 对象，如图 15-116 所示。

图 15-115　"3D"面板　　图 15-116　创建 3D 对象

07 在"属性"面板中设置"凸出深度"为 1.5 厘米，并旋转 3D 字体的位置，如图 15-117 所示。

08 在"属性"面板中单击"盖子"按钮，切换至"盖子"参数栏，参数设置如图 15-118 所示。

 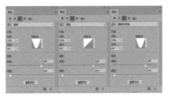

图 15-117　设置"凸出深　图 15-118　设置"盖子"参数
　　度"参数

09 切换至"3D"面板，选择"LOVE 前膨胀材料"选项，如图 15-119 所示；在"属性"面板中单击"漫射"后面的按钮，在弹出的菜单中选择"移去纹理"选项，移除前面膨胀的材料，图像效果如图 15-120 所示。

10 单击"设置漫射颜色"颜色块，在弹出的"拾色器（漫射颜色）"中设置 R、G、B 的参数为 175，将漫射颜色设置为灰色，如图 15-121 所示。

图 15-119　选　图 15-120　移去纹理　图 15-121　设置漫射
择材质选项　　　　效果　　　　　　颜色

11 单击"设置镜面颜色"颜色块，设置 R、G、B 的参数都为 141；设置"属性"面板中的各项参数，如图 15-122 所示。

12 单击"材质拾色器"按钮，单击按钮，在菜单中选择"新建材质"，并重命名"新建材质"的名称，如图 15-123 所示。

13 打开"历史记录"面板，选择"设置纹理路径"步骤，返回该步骤；切换"3D"面板，选择"LOVE 前斜面材质"选项，移去该选项的材质，在"材质拾色器"中选择新建的材质预设，图像效果如图 15-124 所示。

图 15-122　设　图 15-123　重命名　图 15-124　添加新建的
置漫射颜色　　　材料　　　　　　材料

14 相同方法，将"LOVE 后斜面材质"与"LOVE 后膨胀材质"选项原有的材质除去，将材质替换成新建的材质预设，如图 15-125 所示。

15 选择"LOVE 前膨胀材质"选项，单击"漫射"后面的按钮，在弹出的菜单中选择"载入纹理"选项，选择素材中的纹理素材，如图 15-126 所示。

16 单击"漫射"后面的按钮，选择"编辑 UV 属性"选项，打开"纹理属性"对话框，设置如图 15-127 所示的参数。

图 15-125　添加新　图 15-126　载入　图 15-127　设置
建的材料　　　　纹理　　　　　　纹理属性

17 在"3D"面板中选择"LOVE"选项，切换至图层面板，右击，在弹出的快捷菜单中选择"拆分凸出"命令，将文字拆分为如图 15-128 所示的效果。

18 选择"O"字，选择"LOVE 前膨胀材质 2"选项，编辑 UV 纹理，参数设置如图 15-129 所示。

19 单击"3D"面板上的"无限光 1"选项，3D 场景中显示为半球状，使用"拖动 3D 对象"工具调整无限光的位置，如图 15-130 所示。

图 15-128　拆分 3D　图 15-129　设置纹　图 15-130　调整光
字体　　　　　　理属性　　　　　照方向

20 在"属性"面板中单击颜色后的"光照颜色"，打开"拾色器（光照颜色）"对话框，设置 R：250、B：195、B：70；关闭对话框，设置光照强度为 200%，此时图像效果如图 15-131 所示。

21 切换至"图层"面板，右击，在弹出的快捷菜单中选择"转换为智能对象"命令，将图层转换为智能对象；按 Ctrl+O 快捷键，打开"背景"素材，将素材拖至 3D 文字图层，放置在智能对象的下方，如图 15-132 所示。

22 使用"移动"工具 ✛ 将文字拖至草地上。执行"滤镜"|"渲染"|"镜头光晕"命令，在弹出的对话框中选择"电影镜头"，设置参数为 143，此时图像效果如图 15-133 所示。

图 15-131　颜色　　图 15-132　添加　　图 15-133　最终
光照颜色　　　　　　背景　　　　　　　效果

16.1 曲线人像调整

本案例使用 Photoshop CC 制作曲线人像修图，新建一个提亮曲线与一个压暗曲线，用画笔在蒙版中反复涂抹，利用加深减淡工具来回涂抹图像的明暗，使其图片的每个细节过渡得非常自然。

素材文件路径：素材 \ 第 16 章 \16.1\1.jpg

16.1 教学视频

01 启动 Photoshop CC 2018 后，执行"文件"｜"打开"命令，弹出"打开"对话框，选择本书配套素材中的"素材 \ 第 16 章 \16.1\1.jpg"，单击"打开"按钮，如图 16-1 所示。

02 单击图层面板底部的"创建新的填充或调整图层"按钮 ◎，创建"纯色填充"调整图层，填充纯黑色，设置其混合模式为"颜色"，如图 16-2 所示。

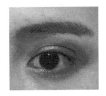
图 16-1　打开文件

图 16-2　创建调整图层

03 按 Ctrl+J 快捷键复制"纯色填充"调整图层，设置其混合模式为叠加，如图 16-3 所示，按 Shift 键将两个颜色填充调整图层选中，按 Ctrl+G 快捷键进行编组，将名字改为"观察组"。

04 创建"曲线 1"调整图层，调整曲线形状，改名为亮曲线，创建"曲线 2"调整图层，调整曲线形状，改名为暗曲线，如图 16-4 所示。分别单击两个曲线的图层蒙版，填充黑色，并按 Ctrl+G 快捷键，把两图层创建为组，名称改为曲线组，拖放到"观察组"下方。

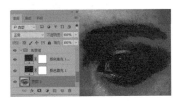
图 16-3　复制调整图层

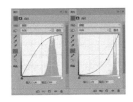
图 16-4　添加曲线调整图层

05 按 Ctrl+J 快捷键复制"背景"图层，执行"滤镜"｜"模糊"｜"高斯模糊"命令，设置半径为 6.5，如图 16-5 所示；将图层名称改为"模糊"。

06 再次复制"背景"图层，执行"图像"｜"应用图像"命令，设置参数如图 16-6 所示，并设置其"图层混合模式"为"线性光"，将图层名称改为"应用"。

图 16-5　高斯模糊

图 16-6　应用图像

07 将两个复制的背景图层拖动至图层面板下方的"创建新组"按钮■上，新建一个图层组，放到背景层上面，先关闭观察组的眼睛，选择工具箱中的"修复画笔"工具✐，单击"应用"图层，放大图像，选择一块比较光滑的皮肤，仔细进行涂抹修复，如图16-7所示。

08 打开"观察组"，观察皮肤的明暗，在亮曲线图层蒙版内选择"画笔"工具✐，使用白色圆形柔角画笔，涂抹刚修复的皮肤比较暗的地方，在暗曲线图层蒙版内把比较亮的部分压暗一点，使皮肤过渡均匀，如图16-8所示。

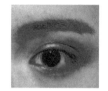

图 16-7　涂抹皮肤　　　图 16-8　设置皮肤明暗关系

09 继续上面的操作，逐渐调整到整个皮肤的明暗关系，如图16-9所示。

10 关闭观察组眼睛，在"应用"图层中继续使用工具箱中的"修复画笔"工具✐涂抹，修复的效果如图16-10所示。

图 16-9　设置皮肤明暗关系　　图 16-10　修复画笔效果

技巧提示：
为了让修复的效果更好，可以在绘制不同区域的过程中调整画笔大小和间距数值。为了使修补区域过渡更柔和，画笔硬度尽量设置为0%。

11 继续上面的操作，由小面积扩大到整个皮肤，还有眼皮部分，修复后效果如图16-11所示。

12 按Ctrl+Shift+Alt+E快捷键盖印可见图层，将其名称改为"模糊2"图层，复制该图层，名称改为"应用2"。选择"模糊2"图层，执行"滤镜"|"模糊"|"高斯模糊"命令，设置半径为6.5，如图16-12所示。

图 16-11　修复画笔效果　　图 16-12　高斯模糊

13 选择图层"应用2"，执行"图像"|"应用图像"命令，在对话框中设置图层为"模糊2"，其他参数不变，单击"确定"按钮关闭对话框，并设置该图层的混合模式为线性光，选择工具箱中的"修复画笔"工具✐，修复眼白的血丝部分，如图16-13所示。

14 单击亮曲线的图层蒙版，降低画笔流量，选择"画笔"工具✐，用白色的柔边缘笔刷涂抹眼睛眼白亮部区域；单击暗曲线的图层蒙版，也使用白色的画笔涂抹眼睛的阴影部区域，使眼睛看起来更有神，如图16-14所示。

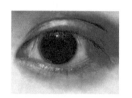

图 16-13　修复画笔效果　　图 16-14　修复眼睛阴影区域

15 单击曲线图层组，创建"色相/饱和度"调整图层，降低饱和度，如图16-15所示。

16 按Ctrl+Shift+Alt+E快捷键盖印可见图层，将其名称改为"模糊3"，复制"模糊3"图层，改名为"应用3"，选择"模糊3"图层，执行"滤镜"|"模糊"|"高斯模糊"命令，设置半径为不变，不透明度为36%，如图16-16所示。

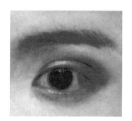

图 16-15　创建"色相/饱和度"　　图 16-16　高斯模糊效果
　　　　　调整图层

17 选择"应用3"图层，执行"图像"|"应用图像"命令，设置图层为"模糊3"，其他参数不变，单击"确定"按钮，混合模式设置为线性光，如图16-17所示。

18 在"应用3"图层，单击图层面板底部的"添加图层蒙版"按钮■，添加图层蒙版，填充为黑色，用白色画笔提高画笔参数，擦出眼睛和眉毛部分，完成效果如图16-18所示。

图 16-17　"应用图像"对话框　　图 16-18　完成效果

16.2　通道修图

本案例将高反差保留命令与通道结合起来修饰人物肤色，可以保留更多的皮肤细节。

素材文件路径：素材 \ 第 16 章 \16.2\ 人像精修 .jpg

16.2 教学视频

01 启动 Photoshop CC 2018 后，执行"文件"|"打开"命令，弹出"打开"对话框，选择本书配套素材中的"素材 \ 第 16 章 \16.2\ 人像精修 .jpg"，单击"打开"按钮，如图 16-19 所示。

02 按 Ctrl+J 快捷键复制背景图层，选择工具箱中的"修复画笔"工具 ，将明显的痘痘、凹陷或者污点进行修复，完成粗磨皮，修复后效果如图 16-20 所示。

　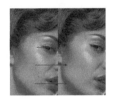

图 16-19　打开文件　　　图 16-20　粗磨皮

03 打开通道面板，选择蓝色通道，将蓝色通道拖动至通道面板下方的"创建新通道"按钮 上，复制蓝色通道，对新复制的蓝色通道，执行"滤镜"|"其他"|"高反差保留"命令，设置半径为 5.1，设置后效果如图 16-22 所示。

04 设置前景色为中性灰色（#808080），选择工具箱中的"画笔"工具 ，将人物的眼睛和嘴唇部分涂抹成中性灰色，如图 16-22 所示。

图 16-21　通道高反差保留　　图 16-22　中性灰色

> 💡 **技巧提示：**
> 一定要复制通道后再进行编辑，避免原通道发生变化而导致图像颜色发生错误。

05 执行"图像"|"计算"命令，设置参数如图 16-23 所示，得到 Alpha 通道 1。

06 选中 Alpha 通道 1，继续执行"图像"|"计算"命令，设置参数如图 16-24 所示，得到 Alpha 通道 2，使人物纹理更细致。

图 16-23　"图像计算"　　　图 16-24　"图像计算"
　　　　对话框　　　　　　　　　　对话框

07 选中 Alpha 通道 2，按住 Ctrl 键并单击，载入选区；按 Shift+Ctrl+I 快捷键反选选区，回到图层蒙版，新建曲线调整图层，曲线中间提升半个，提亮皮肤亮度和光滑度，如图 16-25 所示。

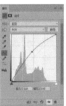

图 16-25　创建"曲线"调整图层

08 按 Ctrl+Shift+Alt+E 快捷键盖印图层，生成图层 1，对图层 1 执行"滤镜"|"杂色"|"去斑"命令。接下来开始还原皮肤，选择背景复制图层，按 Ctrl+J 快捷键连续复制两次图层，拖动新复制的两个图层到盖印的图层 1 上方，把新复制的图层名称分别改为"应用"和"模糊"，隐藏"应用"图层，如图 16-26 所示。

09 选中"模糊"图层，执行"滤镜"|"模糊"|"表面模糊"命令，设置参数如图 16-27 所示，看到皮肤光滑即可。

10 显示并选择"应用"图层，执行"图像"|"应用图像"命令，设置参数如图 16-28 所示。

图 16-26　复　图 16-27　"表面　图 16-28　"应用图像"
制图层　　　模糊"对话框　　　　对话框

11 继续对"应用"图层，执行"滤镜"|"其他"|"高反差保留"命令，半径越大，皮肤越粗糙，反之半径越小皮肤越细腻，如图 16-29 所示，然后将"图层混合模式"改为"线性光"。

12 按 Ctrl 键，选中最上面的三个图层，按 Ctrl+G 快捷键进行编组，创建蒙版，按 Alt+Delete 快捷键，填充为黑色，如图 16-30 所示。

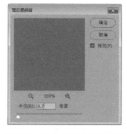

图 16-29　"表面模糊"对话框　　图 16-30　填充黑色

13 选择"画笔"工具 ，使用白色圆形柔角笔刷，对蒙版进行涂抹，在需要还原纹理的额头和脸部涂抹，还原皮肤纹理，根据情况，不同部位，调整画笔的不透明度和流量，涂抹后的效果，如图 16-31 所示。

14 选择"磁性套索"工具 ，在人物嘴唇上创建选区，羽化 5 个像素；单击图层面板底部的"创建新的填充或调整图层"按钮 ，创建"色相/饱和度"调整图层，选择红色，调整人物嘴唇的颜色，如图 16-32 所示。

图 16-31　还原皮肤　　　图 16-32　设置"色相/饱和度"
　　　　　　纹理　　　　　　　　　　　　参数

16.3　老照片修复

　　本案例主要使用污点修复画笔工具来修复老照片，拍摄很久的照片，失去了原有照片的层次感，照片中也出现很多斑点，利用 Photoshop 的污点修复画笔就可以很容易地修复这些斑点，并且通过调整图层，增强画面的层次感。

素材文件路径：素材 \ 第 16 章 \16.3\ 照片 .jpg

16.3 教学视频

01 启动 Photoshop CC 2018 后，执行"文件"｜"打开"命令，弹出"打开"对话框，选择本书配套素材中的"素材 \ 第 16 章 \16.3\ 照片 .jpg"，单击"打开"按钮，如图 16-33 所示。

02 按 Ctrl+J 快捷键复制背景图层，得到"背景复制"图层；放大图像，选择工具箱中的"污点修复画笔"工具 ，在人像有斑点的地方单击，对照片的污点进行修复，如图 16-34 所示。

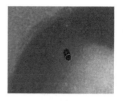

图 16-33　打开文件　　　图 16-34　污点修复画笔修复

03 继续修复照片中的污点，得到如图 16-35 所示的图像效果。

04 单击图层面板底部的"创建新的填充或调整图层"按钮 ，创建"黑白"调整图层，设置参数，如图 16-36 所示。

图 16-35　修复后效果　　图 16-36　添加"黑白"调整图层

05 继续创建"色阶"调整图层，设置如图 16-37 所示的参数。

06 按 Ctrl+Shift+Alt+E 快捷键盖印图层，生成一个新图层，此时图像效果如图 16-38 所示。

图 16-37　添加"色阶"调整图层　　图 16-38　盖印图层

07 执行"滤镜"｜"模糊"｜"表面模糊"命令，设置参数，如图 16-39 所示。

08 单击图层面板底部的"添加图层蒙版"按钮 ，给图层添加蒙版。选择工具箱中的"画笔"工具 ，使用黑色圆形柔角笔刷，在蒙版中进行适当涂抹，还原出人像的五官部分及部分身体，如图 16-40 所示。

图 16-39　表面模糊　　　图 16-40　还原人物皮肤

09 按 Ctrl+Shift+Alt+E 快捷键盖印可见图层，生成一个新图层，执行"滤镜"｜"模糊"｜"高斯模糊"命令，设置半径为 2.2，如图 16-41 所示。

10 单击图层面板底部的"添加图层蒙版"按钮 ，给图层添加蒙版，填充黑色，然后单击工具箱中的"画笔"工具 ✐，使用白色圆形柔角笔刷，适当降低笔刷的不透明度和流量，在蒙版中涂抹，还原人物的面部，如图 16-42 所示。

图 16-41 "高斯模糊"对话框　　图 16-42 还原人物面部

11 按 Ctrl+Shift+Alt+E 快捷键盖印图层。单击图层面板底部的"创建新图层"按钮 ▣，新建图层 4，选择工具箱中的"画笔"工具 ✐，设置前景色为黑色，降低画笔的不透明度和流量，在人物尾毛处涂抹，修饰人物的眉毛，如图 16-43 所示。

12 单击图层面板底部的"创建新图层"按钮 ▣，新建图层；选择工具箱中的"画笔"工具 ✐，按住 Alt 键不松，画笔变成"吸管"工具 ✐，单击，吸取牙齿周围颜色，松开 Alt 键，恢复成画笔工具，增加笔刷流量到 55%，用笔刷涂抹牙齿斑点部分，如图 16-44 所示。

图 16-43 修饰人物眉毛　　图 16-44 涂抹牙齿斑点

16.4 彩妆设计

拍摄人物照片时，强烈的光线会使人物的妆容变得黯淡，本实例利用 Photoshop 将人物的妆容恢复自然，并结合素材及色彩的利用，制作出时尚大气的彩妆效果。

素材文件路径：素材 \ 第 16 章 \16.4\ 人物 .jpg、003、004、005、006、007、008、009、010、011.png

01 启动 Photoshop CC 2018 后，执行"文件"|"打开"命令，弹出"打开"对话框，选择本书配套素材中的"素材 \ 第 16 章 \16.4\ 人物 .jpg"，单击"打开"按钮，如图 16-45 所示。

16.4 教学视频

02 拖动背景图层到图层面板底部的"创建新图层"按钮 上，得到背景复制图层。执行"选择"|"色彩范围"命令，在弹出的对话框中用"吸管"工具 ✐ 单击背景，

吸取背景颜色，如图 16-46 所示。

03 单击"添加到取样"按钮 ✐，在预览图上单击，加选背景颜色，如图 16-47 所示。

图 16-45 打开文件 图 16-46 吸取背景 图 16-47 加选背景
　　　　　　　　　　　　　　　　　 颜色　　　　 颜色

04 单击"确定"按钮，关闭对话框。选择工具箱中的"套索"工具 ✐，单击工具选项栏中的"从选区中减去"按钮 ▣，减去眼睛周围的选区，如图 16-48 所示。

05 按 Shift+Ctrl+I 快捷键反选选区，按 Ctrl+J 快捷键复制选区，生成新的图层；选择工具栏中的"污点修复画笔"工具 ✐，在人像有斑点的地方单击，修复人物脸部瑕疵，如图 16-49 所示。

 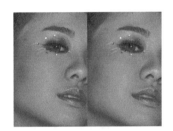

图 16-48 创建选区　　　图 16-49 修复人物脸部瑕疵

06 隐藏"背景"图层，选择"背景复制"图层，填充白色，如图 16-50 所示。选择工具箱中的"移动"工具 ✛，将复制出来的人物移动位置，如图 16-51 所示。

图 16-50 创建背景图层　　　图 16-51 移动人物位置

07 将复制出来的人物图层拖动至图层面板底部"创建新图层"按钮 ▣ 上，得到图层 1 副本；执行"滤镜"|"模糊"|"表面模糊"命令，设置参数，如图 16-52 所示。

08 单击图层面板底部的"添加图层蒙版"按钮 ▣，给图层添加蒙版；选择工具箱中的"画笔"工具 ✐，设置画笔选项栏中的"不透明度"为 70%、"流量"为 80%，

使用黑色圆形柔角笔刷，在图层蒙版中涂抹人物皮肤，如图 16-53 所示。

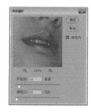 

图 16-52　"表面模糊"对话框　　图 16-53　创建图层蒙版

09 按 Ctrl+Shift+Alt+E 快捷键盖印可见图层，生成一个新图层。执行"图像"|"调整"|"亮度/对比度"命令，设置亮度为 44，对比度为 10，图像效果如图 16-54 所示。

10 单击图层面板底部的"创建新图层"按钮，新建图层。选择工具箱中的"套索"工具，选出眼睛到头发的区域，选择"渐变"工具，打开"渐变编辑器"对话框，在对话框中设置洋红色（#f000fa）到紫色（#6e08ff）的渐变，选中"反向"复选框，单击"线性渐变"按钮，从选区的左方往右方水平拖动鼠标，填充线性渐变，如图 16-55 所示。

图 16-54　调整人物对比度　　图 16-55　添加渐变填充

11 设置该图层的"混合模式"为"颜色"、"不透明度"为 69%，按 Ctrl+D 快捷键取消选区，图像效果如图 16-56 所示。

12 单击图层面板底部的"添加图层蒙版"按钮，给图层添加蒙版。选择工具箱中的"画笔"工具，适当降低笔刷不透明度和流量，使用黑色圆形柔角笔刷，在蒙版中涂抹掉多余的部分，如图 16-57 所示。

图 16-56　图层混合模式　　图 16-57　创建图层蒙版

13 选择工具箱中的"多边形套索"工具，在人物嘴唇上创建选区，单击图层面板底的"创建新的填充或调

整图层"按钮，创建"曲线"调整图层，调整 RGB 通道、红通道及绿通道的参数，如图 16-58 所示。

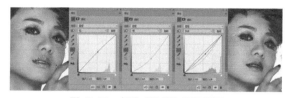

图 16-58　创建"曲线"调整图层

> **技巧提示：**
> 使用 Photoshop 为人像制作彩妆时需要注意妆面的层次感，可以按照实际中彩妆绘制过程，先铺底色，然后按照由浅至深的颜色进行绘制，再结合图层模式，达到最为自然的效果。

14 执行"文件"|"置入嵌入的智能对象"命令，弹出"置入"对话框，选择相关素材中的"素材\第 1 章\16.1\003.jpg"，将素材拖曳至合适的位置，如图 16-59 所示。

15 单击图层面板底部的"创建新的填充或调整图层"按钮，创建"色彩平衡"调整图层，按 Alt 键创建剪贴蒙版，设置参数；单击图层面板底部的"添加图层蒙版"按钮，给图层添加蒙版，选择工具箱中的"画笔"工具，使用黑色圆形柔角笔刷，在蒙版中涂抹掉身体外多余的花纹，将其图层"混合模式"改为"正片叠底"，降低图层不透明度到 10%，如图 16-60 所示。

图 16-59　置入文件　　图 16-60　设置花纹颜色

16 执行"文件"|"置入嵌入的智能对象"命令，弹出"置入"对话框，选择相关素材中的"素材\第 1 章\16.1\4.jpg"，按 Shift 键拖动素材，调整图形到适当位置，按 Enter 键确认，如图 16-61 所示。

17 按照以上方法，分别"置入"相关素材中的"素材\第 1 章\16.1 \006.jpg 、007.jpg、008.jpg、010.jpg"文件，调整素材位置，如图 16-62 所示。

图 16-61　置入文件　　图 16-62　置入文件

18 同上述添加素材的操作方法，添加"009.jpg"素材，并将其拖到羽毛花朵图层下方；单击图层面板底部的"添加图层蒙版"按钮 ，添加图层蒙版，选择工具箱中的"画笔"工具 ，使用黑色圆形柔角笔刷，在蒙版中涂抹掉多余的花瓣，如图 16-63 所示。

19 同方法添加"004.jpg"与"005.jpg"素材，如图 16-64 所示。

图 16-63　置入文件　　　　图 16-64　添加素材

20 选择"005"素材图层，创建"曲线"调整图层，按 Alt 键创建剪贴蒙版，设置参数，如图 16-65 所示。

21 选择"蝴蝶"图层，创建"色相/饱和度"调整参数，创建剪贴蒙版，调整参数，更改蝴蝶的色彩，如图 16-66 所示。

图 16-65　创建调整图层　　　图 16-66　更改蝴蝶颜色

22 单击图层面板底部的"创建新图层"按钮 ，在图层顶层新建图层，设置前景色为洋红色（# ef20bf），选择工具箱中的"画笔"工具 ，涂抹人物脸部；设置图层"混合模式"为"柔光"、不透明度为 32%，制作腮红，如图 16-67 所示。

23 执行"文件"|"置入嵌入的智能对象"命令，弹出"置入"对话框，置入"012.jpg"素材，设置图层"混合模式"为"滤色"；单击图层面板底部的"添加图层蒙版"按钮 ，添加图层蒙版，选择工具箱中的"画笔"工具 ，用黑色的柔边缘笔刷在人物脸部涂抹，擦除脸部的星光，如图 16-68 所示。

图 16-67　制作腮红　　　　图 16-68　添加星光效果

24 置入"011.jpg"素材，将素材拖曳至人物图层的下方，设置其"不透明度"为 28%；选人物图层，执行"图像"|"调整"|"亮度/对比度"命令，设置亮度为 35，如图 16-69 所示。

25 单击图层面板底部的"建新图层"按钮 ，新建图层，选择工具箱中的"画笔"工具 ，载入"大英文字体"笔刷，选择 229 号笔刷，设置前景色为深洋红色（5c2541），在图像上单击，绘制英文字体，如图 16-70 所示。

图 16-69　调整图像亮度　　　图 16-70　最终效果

16.5　人物照片转鼠绘

　　本案例使用 Photoshop CC 2018 中简单的工具，如"涂抹"工具 、"椭圆形选框"工具 、"钢笔"工具 等，对人物细节进行处理，将写实的照片转为绘画风格。

素材文件路径：素材 \ 第 16 章 \16.5\ 照片 .jpg

16.5 教学视频

01 启动 Photoshop CC 2018 后，执行"文件"|"打开"命令，弹出"打开"对话框，选择本书配套素材中的"素材 \ 第 16 章 \16.5\ 照片 .jpg"，单击"打开"按钮，如图 16-71 所示。

02 选择工具箱中的"涂抹"工具 ，打开画笔下拉面板，选择笔刷 100，顺发丝走向涂抹人物头发，如图 16-72 所示。

图 16-71　打开文件　　　　图 16-72　涂抹头发

03 选择工具栏中的"椭圆形选框"工具 ，在人物眼睛区域创建圆形选区，按 Ctrl+J 快捷键复制选区，如图 16-73 所示。

04 执行"图像"|"调整"|"黑白"命令，打开"黑白"对话框，设置参数如图 16-74 所示。

图 16-73　复制选区　　　图 16-74　调整黑白参数

图 16-79　调整色相 / 饱和　　图 16-80　添加图层蒙版
　　　　　度参数

 技巧提示：
在涂抹头发时，要注意头发的走向，有条理地绘制。

05 执行"图像"|"调整"|"色彩平衡"命令，打开"色彩平衡"对话框，设置参数如图 16-75 所示。

06 选择工具箱中的"橡皮擦"工具 ，将眼睛以外区域擦除，如图 16-76 所示。

 技巧提示：
根据蒙版中"黑色隐藏，白色显示"的原理，由于这里"色相 / 饱和度"调整图层的作用区域是头发，所以背景颜色填充为黑色，只需用白色画笔涂抹出头发即可。

11 设置前景色为洋红色（#ff003f）、画笔大小为 3 像素，选择工具箱中的"钢笔"工具 ，在头发上绘制一条顺着发丝走向的曲线路径，如图 16-81 所示。

12 创建一个新图层，右击，在弹出的选项框中单击描边路径，选中"模拟压力"复选框，单击"确定"按钮，如图 16-82 所示。

图 16-75　调整色彩平衡参数　　图 16-76　瞳色转换效果

07 单击图层面板底部的"创建新的填充或调整图层"按钮 ，在弹出的选项框中单击"色相 / 饱和度"选项，创建"色相 / 饱和度"调整图层，设置其参数如图 16-77 所示。

08 添加一个图层蒙版，填充为黑色，设置前景色为白色，选择工具箱中的"画笔"工具 ，选择柔边画笔，涂抹出头发，如图 16-78 所示。

图 16-81　绘制路径　　　图 16-82　描边路径

13 依照上述方法绘制头发，完成效果如图 16-83 所示。

图 16-83　完成效果

图 16-77　调整色相 / 饱和度　　图 16-78　添加图层蒙版
　　　　　参数

09 单击图层面板底部的"创建新的填充或调整图层"按钮 ，在弹出的选项框中单击"色相 / 饱和度"选项，创建"色相 / 饱和度"调整图层，设置其参数如图 16-79 所示。

10 添加一个图层蒙版，填充为黑色，设置前景色为白色，选择工具箱中的"画笔"工具 ，选择柔边画笔，涂抹出嘴唇，如图 16-80 所示。

16.6　仿古风

本案例巧妙地结合图层模式与图层样式，对素材进行融合，制作仿古风画册。

素材文件路径：素材 \ 第 16 章 \16.6\ 背景 .jpg、人物、飞鸟、土地与伞 .png、山 1、山 1.abr

01 启动 Photoshop CC 2018 后,执行"文件"| "打开"命令,弹出"打开"对话框,选择本书配套素材中的"素材 \ 第 16 章 \16.6\ 背景 .jpg",单击"打开"按钮,如图 16-84 所示。

16.6 教学视频

02 单击图层面板底部的"创建新的填充或调整图层"按钮 ,在弹出的选项框中选择 "可选颜色"选项,创建 "可选颜色"调整图层,设置其参数如图 16-85 所示。

图 16-84　打开文件　　　图 16-85　调整可选颜色参数

03 单击图层面板底部的"创建新的填充或调整图层"按钮 ,在弹出的选项框中选择"亮度 / 对比度"选项,创建"亮度 / 对比度"调整图层,设置其参数如图 16-86 所示。

04 再次创建"色彩平衡"调整图层,调整"中间调"参数,让背景偏向复古色调,如 16-87 所示。

05 新建一个组,命名为"山",并修改图层混合模式为"叠加",选择工具箱中"画笔"工具 ,设置前景色为黑色,载入本书配套素材中"素材 \ 第 16 章 \16.6\ 山 1.abr"与"素材 \ 第 16 章 \16.6\ 山 2.abr"笔刷。创建一个新图层,选择山笔刷,在图像中绘制远山,如 16-88 所示。

图 16-86　设置"亮　图 16-87　设置"色　图 16-88　绘制远
度 / 对比度"参数　　彩平衡"参数　　　　　　山

06 按 Ctrl+J 快捷键复制组,按 Ctrl+T 快捷键自由变换,将图像水平翻转,拖动至适当位置,如图 16-89 所示。

07 添加一个图层蒙版,选择柔边画笔,在倒影区域涂抹,令倒影淡化,如图 16-90 所示。

图 16-89　垂直翻转　　　图 16-90　绘制倒影

08 按 Ctrl+O 快捷键打开"土地与伞""人物"素材,添加到编辑的文档,调整图像的大小和位置,如 16-91 所示。

09 在人物图层下方新建图层。选择工具箱中的"多边形套索" 工具,在椅子与地面接触位置创建选区,填充黑色,如图 16-92 所示。

图 16-91　添加素材　　　图 16-92　绘制椅子投影

10 按 Ctrl+D 快捷键取消选区。执行"滤镜"|"模糊"|"动感模糊"命令,在弹出的对话框中输入参数,调整投影,如图 16-93 所示。

11 单击"图层"面板底部的"添加图层蒙版" 按钮,为该图层添加蒙版,选择"画笔" 工具,用黑色的画笔在投影上涂抹,让投影更加逼真,如图 16-94 所示。

图 16-93　设置参数　　　图 16-94　制作椅子投影

12 选中人物图层,单击"图层"面板底部的"创建新的填充或调整图层" 按钮,创建"曲线"调整图层,在弹出的面板中调整参数,按 Ctrl+Alt+G 快捷键创建剪贴蒙版,只调整人物色调,如图 16-95 所示。

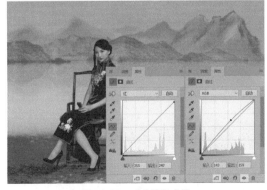

图 16-95　"曲线"参数

13 按住 Ctrl+Shift 键分别单击人物及土地与伞图层,加选选区。创建"可选颜色"调整图层,在弹出的对话框中调整"红""黄"颜色的参数,让所选图像色调偏向复古,如图 16-96 所示。

图 16-96 "可选颜色"参数

14 创建"曲线"调整图层，在弹出的对话框中调整 RGB 通道的参数，提亮画面整体色调，如图 16-97 所示。

图 16-96 提亮画面整体亮度

15 按 Ctrl+O 快捷键打开"船"和"诗词"等素材，并添加到画面中，丰富画面层次，如图 6-98 所示。

图 16-97 最终效果

16.7 红外线调色

本案例使用色相 / 饱和度、色阶、曲线等调整图层，对图像进行颜色调整，此案例的重点是将红通道复制到图像中，对图像进行调色。

素材文件路径：素材 \ 第 16 章 \16.7\ 风景 .jpg

16.7 教学视频

01 启动 Photoshop CC 2018 后，执行"文件"｜"打开"命令，弹出"打开"对话框，

选择本书配套素材中的"素材 \ 第 16 章 \16.7\ 风景 .jpg"，单击"打开"按钮，如图 16-98 所示。

02 单击图层面板底部的"创建新的填充或调整图层"按钮 ，在弹出的选项框中选择"曲线"选项，创建"曲线"调整图层，选择 RGB 通道，设置其参数，如图 16-99 所示。

图 16-98 打开文件　　图 16-99 调整曲线参数

💡 **技巧提示：**
　　"色相 / 饱和度"是非常重要的命令，它可以对色彩的三大属性：色相、饱和度和明度进行修改。其特点是既可以单独调整单一颜色的色相、饱和度和明度，也可以同时调整图像中所有颜色的色相、饱和度和明度。

03 单击图层面板底部的"创建新的填充或调整图层"按钮 ，在弹出的选项菜单中选择"通道混合器"选项，创建"通道混合器"调整图层，选择红通道，调整其参数，如图 16-100 所示。

04 创建"黑白"调整图层，设置其混合模式为"滤色"，此时图像效果如图 16-101 所示。

图 16-100 调整通道混合器　　图 16-101 设置图层混合
参数　　　　　　　　　　样式

05 在"黑白"调整图层面板中调整各项参数，大致出现了雪白的效果，如图 16-102 所示。

06 观察图像发现，天空的颜色太饱和，导致图片效果不是很逼真。创建"色相 / 饱和度"调整图层，在"全图"面板下降低饱和度，如图 16-103 所示。

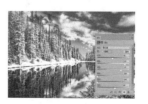

图 16-102 调整黑白调整　　图 16-103 调整色相 / 饱和
图层参数　　　　　　　　度参数

07 选择"青色"通道，在其面板上降低青色的饱和度，调整天空的色调，如图 16-104 所示。

08 按 Ctrl+Alt+2 快捷键载入高光选区，按 Ctrl+Shift+I 快捷键反选选区。创建"曲线"调整图层，调整 RGB 通道的参数，让雪景更逼真，如图 16-105 所示。

图 16-104　调整色相 / 饱和度　　图 16-105　最终效果
参数

16.8　轻梦语调色

本案例巧用通道特征，创建局部选区，结合调整图层调整图片色彩，并使用各类滤镜令图像显得尤为梦幻。

素材文件路径：素材 \ 第 16 章 \16.8\ 照片 .jpg

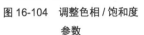

16.8 教学视频

01 启动 Photoshop CC 2018 后，执行"文件" | "打开"命令，弹出"打开"对话框，选择本书配套素材中的"素材 \ 第 16 章 \16.8\ 照片 .jpg"，单击"打开"按钮，如图 16-106 所示。

02 单击图层面板底部的"创建新的填充或调整图层"按钮，在弹出的选项框中选择"可选颜色"选项，创建"可选颜色"调整图层，设置绿色与中性色参数，如图 16-107 所示。

 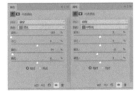

图 16-106　打开文件　　图 16-107　调整可选颜色参数

03 按 Ctrl+J 快捷键复制"选取颜色"调整图层，如图 16-108 所示。

图 16-108　复制选取颜色调整图层

04 单击图层面板底部的"创建新的填充或调整图层"按钮，在弹出的选项框中选择"可选颜色"选项，创建"可选颜色"调整图层，设置黄色、绿色与中性色参数，如图 16-109 所示。

图 16-109　调整可选颜色参数

05 进入通道面板，按住 Ctrl 键单击 RGB 通道，载入选区，如图 16-110 所示。

06 单击图层面板底部的"创建新的填充或调整图层"按钮，在弹出的选项框中选择"纯色"选项，创建"颜色填充"调整图层，填充颜色为浅青色（#def2fe），如图 16-111 所示。

图 16-110　载入选区　　图 16-111　添加颜色填充调整
图层

07 进入通道面板，按住 Ctrl 键单击 RGB 通道，载入选区，按 Ctrl+Shift+I 快捷键反向选择，如图 16-112 所示。

08 单击图层面板底部的"创建新的填充或调整图层"按钮，在弹出的选项框中选择"曲线"选项，创建"曲线"调整图层，设置参数如图 16-113 所示。

图 16-112　载入选区　　图 16-113　调整曲线参数

09 单击图层面板底部的"创建新的填充或调整图层"按钮，在弹出的选项框中选择"曲线"选项，创建"曲线"调整图层，设置参数如图 16-114 所示。

10 按 Shift+Ctrl+Alt+E 快捷键盖印可见图层，执行"滤镜" | "模糊" | "高斯模糊"命令，打开"高斯模糊"对话框，设置半径为 37 像素，并设置图层的不透明度为 30%，如图 16-115 所示。

图 16-114　调整曲线参数　　图 16-115　高斯模糊

11 选择背景图层，按 Ctrl+J 快捷键复制图层，并拖动图层至最上方，添加一个图层蒙版，填充蒙版为黑色，设置前景色为白色，使用"画笔"工具 ✐，涂抹出人物，如图 16-116 所示。

12 单击图层面板底部的"创建新的填充或调整图层"按钮 ◎，在弹出的选项框中选择"色相 / 饱和度"选项，创建"色相 / 饱和度"调整图层，并创建一个剪贴蒙版，设置其参数，如图 16-117 所示。

图 16-116　添加图层蒙版　　图 16-117　调整色相 / 饱和度参数

13 按 Shift+Ctrl+Alt+E 快捷键盖印可见图层，执行"滤镜"|"Camera Raw 滤镜"命令，打开"Camera Raw"对话框，设置参数如图 16-118 所示。

14 按 Ctrl+J 快捷键，复制图层，执行"滤镜"|"模糊"|"高斯模糊"命令，打开"高斯模糊"对话框，设置半径为 7.6 像素，如图 16-119 所示。

图 16-118　Camera Raw 滤镜　　图 16-119　高斯模糊

15 添加一个图层蒙版，设置前景色为黑色，使用"画笔"工具 ✐ 涂抹人物，设置图层模式为滤色，图层不透明度为 50%，如图 16-120 所示。

16 新建一个图层并填充为黑色，执行"滤镜"|"渲染"|"镜头光晕"命令，打开"镜头光晕"对话框，设置参数如图 16-121 所示。

图 16-120　添加图层蒙版　　图 16-121　镜头光晕

17 调整光晕位置，完成的效果如图 16-122 所示。

图 16-122　完成效果

16.9　日系调色

　　本案例分区域创建选区，结合滤镜与调整图层，调出清新淡雅的日系色调。

素材文件路径：素材 \ 第 16 章 \16.9\ 照片、光晕 .jpg

16.9 教学视频

01 启动 Photoshop CC 2018 后，执行"文件"|"打开"命令，弹出"打开"对话框，选择本书配套素材中的"素材 \ 第 16 章 \16.9\ 照片 .jpg"，单击"打开"按钮，按 Ctrl+J 快捷键复制图层，如图 16-123 所示。

02 单击图层面板底部的"创建新的填充或调整图层"按钮 ◎，在弹出的选项框中选择"曲线"选项，创建"曲线"调整图层，设置参数，如图 16-124 所示。

 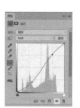

图 16-123　打开文件　　图 16-124　调整曲线参数

03 单击图层面板底部的"创建新的填充或调整图层"按钮 ◎，在弹出的选项框中选择"可选颜色"选项，创建"选取颜色"调整图层，设置红色与黄色参数，如图 16-125 所示。

04 单击图层面板底部的"创建新的填充或调整图层"按钮 ◎，在弹出的选项框中选择"可选颜色"选项，创建"选取颜色"调整图层，设置白色参数，如图 16-126 所示。

 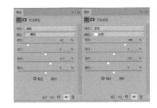

图 16-125　调整可选颜色参数　图 16-126　调整可选颜色参数

05 按 Shift+Ctrl+Alt+E 快捷键盖印可见图层，进入通道面板，按住 Ctrl 键单击 RGB 通道，载入选区，如图 16-127 所示。

06 回到图层面板，选择盖印图层，按 Ctrl+J 快捷键复制图层，并设置图层模式为滤色，如图 16-128 所示。

图 16-127　载入选区　　　　图 16-128　盖印图层

07 添加一个图层蒙版并填充蒙版为黑色，选择工具箱中的"画笔"工具 ，设置画笔的不透明度为 30%、流量为 30%，设置前景色为白色，在蒙版中涂抹高光区域，如图 16-129 所示。

08 按 Ctrl++ 快捷键放大画布，使用"快速选择"工具 ，对人物嘴唇进行选取，执行"选择"|"修改"|"羽化"命令，弹出"羽化选区"对话框，设置参数为 3 像素，如图 16-130 所示。

 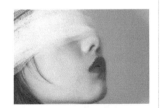

图 16-129　添加图层蒙版　　图 16-130　创建选区

💡 **技巧提示：**
　　使用纯黑色画笔在图层蒙版中进行涂抹，会完全去除调整图层对该部分的影响，为了使过渡自然，需要使用柔边画笔，并且可以适当降低画笔的不透明度与流量。

09 设置前景色为橙红色（#fe1e00），按 Backspace+Alt 快捷键填充前景色，并设置图层模式为颜色，如图 16-131 所示。

10 单击图层面板底部的"创建新的填充或调整图层"按钮 ，在弹出的选项框中选择"色相 / 饱和度"选项，

创建"色相 / 饱和度"调整图层，并创建一个剪贴蒙版，设置其参数，如图 16-132 所示。

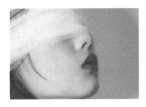 

图 16-131　填充选区　　　图 16-132　调整色相 / 饱和度参数

11 执行"文件"|"置入嵌入的智能对象"命令，弹出"置入"对话框，选择相关素材中的"素材 \ 第 16 章 \16.9\ 光晕 .jpg"，按 Enter 键确认，如图 16-133 所示。

12 设置图层模式为滤色，效果如图 16-134 所示。

图 16-133　置入文件　　　图 16-134　设置图层模式

13 新建一个图层并填充为黑色，执行"滤镜"|"渲染"|"镜头光晕"命令，打开"镜头光晕"对话框，设置参数，如图 16-135 所示。

14 设置图层模式为滤色，按 Ctrl+T 快捷键自由变换，调整其位置与大小，如图 16-136 所示。

图 16-135　镜头光晕　　　图 16-136　设置图层模式

15 单击图层面板底部的"创建新的填充或调整图层"按钮 ，在弹出的选项框中选择"曲线"选项，创建"曲线"调整图层，设置参数如图 16-137 所示。

16 单击图层面板底部的"创建新的填充或调整图层"按钮 ，在弹出的选项框中选择"亮度 / 对比度"选项，创建"亮度 / 对比度"调整图层，设置参数，如图 16-138 所示。

图 16-137　调整曲线参数　　图 16-138　调整亮度 / 对比度
参数

17 单击图层面板底部的"创建新的填充或调整图层"
按钮 ，在弹出的选项框中选择"色彩平衡"选项，创
建"色彩平衡"调整图层，设置参数如图 16-139 所示。

18 完成效果如图 16-140 所示。

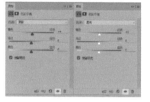

图 16-139　调整色彩平衡参数　　图 16-140　完成效果

16.10　写真照片排版

　　本案例制作相册内页，步骤比较简单，需要注意的
是使用形状工具绘制形状或路径的具体方法。

素材文件路径：素材 \ 第 16 章 \16.10\1、2、3.jpg、文字、光圈 .pn

01 启动 Photoshop CC 2018 后，执行"文
件"｜"新建"命令，弹出"新建文档"
对话框，设置其参数，单击"创建"按钮，
如图 16-141 所示，新建空白文档。

16.10 教学视频

02 设置前景色为浅蓝色（#5f79a8），填充前景色。选择"矩
形"工具 ，设置"工具模式"为形状、"填充"为蓝
色（#5c76a5）、"面板"为无，在文档中绘制矩形形状，
如图 16-142 所示。

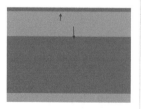

图 16-141　新建文件　　图 16-142　绘制矩形形状

03 按 Ctrl+Shift+Alt+E 快捷键盖印可见图层。执行"滤
镜"｜"杂色"｜"添加杂色"命令，在弹出的对话框中设
置如图 16-143 所示的参数。

04 单击"确定"按钮关闭对话框，为文档添加磨砂效果。
选择"椭圆"工具 ，设置"工具模式"为形状、"填充"
为白色、"描边"为浅蓝色（#98b3e1）、"描边粗细"
为 6 像素，按住 Shift 键在文档中绘制正圆，如图 16-144
所示。

图 16-143　"添加杂色"对话框　　图 16-144　绘制正圆形状

05 按 Ctrl+O 快捷键打开 1、2、3 照片素材，添加到编
辑的文档中，调整其大小及素材的位置，如图 16-145
所示。

06 选择其中任意一张照片素材，按 Ctrl+Alt+G 快捷
键创建剪贴蒙版，将素材剪贴到形状图层当中，如
图 16-146 所示。

图 16-145　打开素材　　图 16-146　创建剪贴蒙版

07 相同方法，将其他的素材也粘贴到形状图层当中，
调整素材的大小，如图 16-147 所示。

08 选择"椭圆 1"形状图层，单击图层面板下的"添加
图层样式"按钮，在弹出的菜单中选择"投影"选项，
设置如图 16-148 所示的参数。

图 16-147　创建剪贴蒙版　　图 16-148　设置"投影"参数

09 按住 Alt 键拖动图层样式图标，复制到其他两个椭圆
形状图层中，添加投影效果，如图 16-149 所示。

10 选择最上面的图层。选择"椭圆"工具 ，设置"工
具模式"为形状、填充为无、描边为白色、描边粗细为
3 像素，按住 Shift 键在文档中绘制正圆，调整正圆的位
置，如图 16-150 所示。

图 16-149 复制投影图层样式　图 16-150 绘制正圆形状

11 选择"椭圆"工具 ，设置"工具模式"为形状、填充为白色、描边为深蓝色（#1e3565）、描边粗细为2像素，按住 Shift 键在文档中绘制正圆，如图 16-151 所示。
12 选中这两个椭圆形状图层，按 Ctrl+G 快捷键将其编组。执行"图层"|"图层样式"|"投影"命令，在弹出的对话框中设置参数，如图 16-152 所示。

图 16-151 绘制正圆形状　图 16-152 投影参数设置

13 同上述绘制正圆形状的操作方法，在白色的圆形形状图层上绘制黑色的圆形形状，如图 16-153 所示。
14 在最顶层图层上新建图层，选择"画笔"工具 ，在"画笔拾取器"中选择一个硬边缘笔刷，设置"画笔大小"为2个像素，设置前景色为白色。选择"钢笔"工具 ，设置"工具模式"为路径，绘制如图 16-154 所示的路径。

图 16-153 绘制正圆形状　图 16-154 绘制路径

15 右击，在弹出的快捷键菜单中选择"描边路径"命令，设置"工具"为画笔，单击"确定"按钮关闭对话框，对路径进行描边处理，如图 16-155 所示。
16 按 Ctrl+T 快捷键调整大小。选择"椭圆"工具 ，在右上角绘制正圆，设置"填充"为蓝白色（#a2bff5）、"描边"为无，如图 16-156 所示。

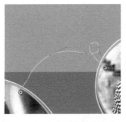

图 16-155 画笔描边路径　图 16-156 绘制正圆形状

17 按 Ctrl+O 快捷键，打开"文字"与"光圈"素材，添加到编辑的文档中，漂亮的写真模板制作完成，如图 16-157 所示。

图 16-157 最终效果

327

17.1　香水海报设计

本案例制作一则优雅的香水海报，使用画笔工具并设置图层模式，制作靓丽的光晕效果，除此之外还需要能熟练运用图层蒙版与剪贴蒙版。

素材文件路径：素材 \ 第 17 章 \17.1\1、2、3、光圈、人物 .jpg、化妆品、文字 .png

17.1 教学视频

01 启动 Photoshop CC 2018 后，执行"文件"｜"打开"命令，弹出"打开"对话框，选择本书配套素材中的"素材 \ 第 17 章 \17.1\1.jpg"，单击"打开"按钮，如图 17-1 所示。

02 执行"文件"｜"置入嵌入的智能对象"命令，弹出"置入"对话框，选择相关素材中的"素材 \ 第 17 章 \17.1\2.jpg"，按 Enter 键确认，设置图层模式为滤色，如图 17-2 所示。

　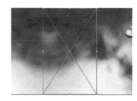

图 17-1　打开文件　　　　　　　图 17-2　置入文件

03 新建一个图层，选择工具箱中的"矩形选框"工具，在图像中创建一个矩形选区并填充为白色，如图 17-3 所示。

04 按 Ctrl+D 快捷键取消选区，在图层后创建一个图层蒙版，设置前景色为黑色，使用"画笔"工具涂抹白色矩形上方，如图 17-4 所示。

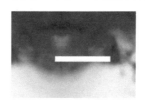　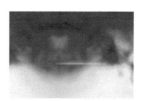

图 17-3　创建选区　　　　　　　图 17-4　添加图层蒙版

05 新建一个图层，设置前景色为紫色（#5d486d），在图像中绘制光晕，并设置图层混合模式为线性光，如图 17-5 所示。

06 依照上述方法，分别绘制蓝色（#124684）光晕与橙色（#ebb9a0）光晕，设置图层混合模式分别为"线性减淡（添加）"与"柔光"，如图 17-6 所示。

图 17-5　绘制光晕　　　　　　　图 17-6　绘制光晕

07 新建一个图层，选择工具箱中的"椭圆选框"工具，在图像中创建一个椭圆选区，执行"选择"｜"修改"｜"羽化"命令，弹出"羽化选区"对话框，设置参数为 60 像素，如图 17-7 所示。

08 设置前景色为白色，按 Backspace+Alt 快捷键填充前景色，按 Ctrl+D

快捷键取消选区，并设置图层不透明度为 60%，如图 17-8 所示。

图 17-7　创建选区　　　　图 17-8　填充选区

09 按 Ctrl+O 快捷键，弹出"打开"对话框，选择本书配套素材中的"素材 \ 第 17 章 \17.1\ 化妆品 .png"，按 Enter 键确认，拖动素材至 1 文档窗口，按 Ctrl+T 快捷键自由变换，调整其位置与大小，如图 17-9 所示。

10 单击图层面板底部的"创建新的填充或调整图层"按钮 ，在弹出的选项框中选择 "色彩平衡"选项，创建"色彩平衡"调整图层，设置其参数，如图 17-10 所示。

图 17-9　拖动文件　　　　图 17-10　设置
　　　　　　　　　　　　　　色彩平衡参数

 技巧提示：
巧用图层模式，可以使画面色彩更加通透。

11 执行"文件" | "置入嵌入的智能对象"命令，弹出"置入"对话框，选择相关素材中的"素材 \ 第 17 章 \17.1\ 人物 .jpg"，按 Enter 键确认，如图 17-11 所示。

12 创建一个图层蒙版，设置前景色为黑色，将人物边缘大致擦除，制造朦胧画面，如图 17-12 所示。

图 17-11　拖动文件　　　　图 17-12　添加图层蒙版

13 按 Ctrl+O 快捷键，弹出"打开"对话框，选择本书配套素材中的"素材 \ 第 17 章 \17.1\ 文字 .png"，按 Enter 键确认，分别拖动素材至 1 文档窗口，按 Ctrl+T 快捷键自由变换，调整其位置与大小，如图 17-13 所示。

14 执行"文件" | "置入嵌入的智能对象"命令，弹出"置入"对话框，选择相关素材中的"素材 \ 第 17 章 \17.1\3.

jpg"，按 Enter 键确认，如图 17-14 所示。

图 17-13　拖动文件　　　　图 17-14　置入文件

15 选择本图层，右击，创建一个对主题文字图层的剪贴蒙版，按 Ctrl+T 快捷键自由变换，调整其位置与大小，如图 17-15 所示。

16 双击主体文字图层，打开"图层样式"对话框，设置投影参数，令文字更有立体感，如图 17-16 所示。

图 17-15　创建剪贴蒙版　　　图 17-16　设置投影参数

知识扩展：

　　海报是一种信息传递的艺术，是一种大众化的宣传工具。一般的海报通常含有通知性，所以，主题应该明确显眼、一目了然，以图像或文字的大小、颜色、位置的差异引导人们的视线，所以，一则海报中引用元素不宜太多，以免偏离主题。

17 执行"文件" | "置入嵌入的智能对象"命令，弹出"置入"对话框，选择相关素材中的"素材 \ 第 17 章 \17.1\ 光圈 .jpg"，按 Enter 键确认，如图 17-17 所示。

18 设置图层模式为滤色，在本图层后创建一个图层蒙版，使用画笔工具将多余光晕擦除，并复制图层，按 Ctrl+T 快捷键自由变换，调整其位置与大小，如图 17-18 所示。

图 17-17　置入文件　　　　图 17-18　制作光圈效果

19 设置前景色与背景色为黄色与绿色，打开画笔预设器，分别设置画笔鼻尖形状、形状动态、散布与颜色动态参数，如图 17-19 所示。

图 17-19　设置画笔预设

⑳ 创建一个新图层，长按鼠标左键在图像中绘制光点，并设置图层模式为滤色，完成效果如图 17-20 所示。

图 17-20　绘制光点

 技巧提示：
绘制随机而又不杂乱的光点时，可以将画笔大小缩小，沿着所需要绘制光点的路线，短距离绘制。

17.2　电影海报设计

本案例巧用画笔工具与仿制图章工具，结合图层蒙版融合素材，并使用调整图层结合通道，调整素材颜色与光暗，令素材与背景和谐，同时还需要熟练使用路径工具，了解路径工具的工作特征，来制作捉妖记电影海报。

素材文件路径：素材 \ 第 17 章 \17.2\ 背景 1、背景 2、背景 3、背景 4.jpg、胡巴、文字 .png

01 启动 Photoshop CC 2018 后，执行"文件" | "打开"命令，弹出"打开"对话框，选择本书配套素材中的"素材 \ 第 17 章 \17.2\ 背景 1.jpg"，单击"打开"按钮，如图 17-21 所示。

17.2 教学视频

02 按 Ctrl+J 快捷键复制图层，选择工具箱中的"裁剪"工具 ，拖动上方控制点，将画布变成纵向，如图 17-22 所示。

图 17-21　打开文件　　　　图 17-22　裁剪画布

03 按 Ctrl+O 快捷键，弹出"打开"对话框，选择本书配套素材中的"素材 \ 第 17 章 \17.2\ 背景 2.jpg"，按 Enter 键确认，并拖动文件至背景 1 文档窗口，按 Ctrl+T 快捷键自由变换，调整其位置与大小，按 Enter 键确认，如图 17-23 所示。

04 创建一个图层蒙版，使用"画笔"工具 ，涂抹图像下方区域，令背景衔接自然，如图 17-24 所示。

图 17-23　拖动文件　　　　图 17-24　添加图层蒙版

05 选择工具箱中的"仿制图章"工具 ，在工具选项栏中选中所有图层复选框，将文字与多余图像去除，如图 17-25 所示。

06 执行"文件" | "置入嵌入的智能对象"命令，弹出"置入"对话框，选择相关素材中的"素材 \ 第 17 章 \17.2\ 背景 3.jpg"，按 Enter 键确认，如图 17-26 所示。

07 添加一个图层蒙版，使用"画笔"工具 将草地以外区域涂抹覆盖，如图 17-27 所示。

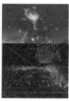

图 17-25　仿制图章　　图 17-26　置入　图 17-27　添加
　　　　　　　　　　　　　　文件　　　　图层蒙版

08 右击，打开画笔下拉面板，选择小草笔刷，打开画笔预设器，设置画笔笔尖形状、形状动态、传递与平滑参数，如图 17-28 所示。

图 17-28　设置画笔预设

09 选择背景 3 图层蒙版，调节适当画笔大小，在草地边缘绘制小草，令图像边缘更加真实，如图 17-29 所示。

10 执行"文件" | "置入嵌入的智能对象"命令，弹出"置

入"对话框，选择相关素材中的"素材\第 17 章 \17.2\背景 4.jpg"，按 Enter 键确认，并设置图层模式为滤色，如图 17-30 所示。

图 17-29　绘制小草　　　　图 17-30　置入文件

11 添加一个图层蒙版，使用"画笔"工具 ✐ 涂抹，将图像上下边缘覆盖，如图 17-31 所示。

12 打开通道面板，观察各通道中图像对比，此时蓝通道最为通透，按住 Ctrl 键单击蓝通道载入选区，如图 17-32 所示。

图 17-31　添加图层蒙版　　　图 17-32　载入选区

13 回到图层面板，选择背景 4 图层，单击图层面板底部的"创建新的填充或调整图层"按钮 ◑，在弹出的选项框中选择"曲线"选项，创建"曲线"调整图层，设置参数，如图 17-33 所示。

14 选择背景 2 图层，单击图层面板底部的"创建新的填充或调整图层"按钮 ◑，在弹出的选项框中选择"色相 /饱和度"选项，创建"色相 /饱和度"调整图层，设置参数，如图 17-34 所示，并创建一个对背景 2 图层的剪贴蒙版。

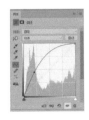

图 17-33　设置曲线参数　图 17-34　设置色相 / 饱和度参数

15 选择背景 1 图层，单击图层面板底部的"创建新的填充或调整图层"按钮 ◑，在弹出的选项框中选择"色相 / 饱和度"选项，创建"色相 / 饱和度"调整图层，设置参数，如图 17-35 所示。

16 选择全部图层，拖动至图层面板下方的"创建新组"

按钮 ◻ 上，新建一个图层组。单击图层面板底部的"创建新的填充或调整图层"按钮 ◑，在弹出的选项框中选择"纯色"选项，创建"颜色填充"调整图层，设置颜色为绿色（#1cab81），并设置图层模式为柔光、图层不透明度为 30%，如图 17-36 所示。

图 17-35　设置色相 / 饱和度　图 17-36　创建"颜色填充"
　　　　　 参数　　　　　　　　　　 图层

17 单击图层面板底部的"创建新的填充或调整图层"按钮 ◑，在弹出的选项框中选择"渐变"选项，创建"渐变填充"调整图层，设置参数，如图 17-37 所示。

18 按 Ctrl+O 快捷键，弹出"打开"对话框，选择本书配套素材中的"素材 \ 第 17 章 \17.2\ 胡巴 .jpg"，按 Enter 键确认，使用适当方式抠取图形，拖动至背景 1 文档窗口，按 Ctrl+T 快捷键自由变换，调整其位置与大小，如图 17-38 所示。

图 17-37　创建"渐变填充"图层　图 17-38　拖动文件

19 执行"滤镜"|"模糊"|"表面模糊"命令，打开"表面模糊"对话框，设置参数，如图 17-39 所示。

20 单击图层面板底部的"创建新的填充或调整图层"按钮 ◑，在弹出的选项框中选择"色彩平衡"选项，创建"色彩平衡"调整图层，设置参数，如图 17-40 所示。

图 17-39　表面模糊　　　图 17-40　设置色彩平衡参数

21 在胡巴图层上方创建一个新图层，选择"画笔"工具 ✐，在工具选项栏中设置流量为 20%、不透明度为

20%、前景色为黑色，在如图 17-41 所示的红色区域内绘制阴影。

22 在胡巴图层下方创建一个新图层，再次绘制阴影，如图 17-42 所示。

图 17-41 绘制阴影　　图 17-42 绘制阴影

23 打开"拾色器（前景色）"对话框，吸取背景中的青色（#63fef1），在色彩平衡 1 图层上方创建一个新图层，设置画笔流量与不透明度为 100%，绘制高光，并创建一个对胡巴图层的剪贴蒙版，如图 17-43 所示。

24 设置图层模式为柔光，并在图层后添加一个图层蒙版，设置前景色为黑色，在蒙版中涂抹，擦出协调的高光区域，如图 17-44 所示。

图 17-43 绘制高光　　图 17-44 设置图层模式

25 按 Ctrl+O 快捷键，弹出"打开"对话框，选择本书配套素材中的"素材 \ 第 17 章 \17.2\ 文字 .jpg"，按 Enter 键确认，使用"矩形选框"工具，在文字周围创建一个矩形选区，如图 17-45 所示。

26 按 Ctrl+J 快捷键复制选区并拖动至背景 1 文档窗口，按 Ctrl+T 快捷键自由变换，调整其位置与大小，使用适当工具抠取文字。按住 Ctrl 键单击图层载入选区，如图 17-46 所示。

图 17-45 创建选区　　图 17-46 载入选区

27 创建一个新图层，选择任意选区工具，右击，在弹出的选项框中选择"建立工作路径"选项，将选区转换为路径，选择"钢笔"工具，设置前景色为白色，设

置工具选项栏上的"工具模式"为路径，单击"新建形状图层"按钮 ，生成新的形状图层，如图 17-47 所示。

28 按住 Ctrl 键对路径进行修改，按 Enter 键确认，如图 17-48 所示。

图 17-47 创建工作路径　　图 17-48 修改路径

29 隐藏原文字图层，将路径文字拖动到图像右上方，如图 17-49 所示。

30 单击图层面板底部的"创建新的填充或调整图层"按钮 ，在弹出的选项框中选择"亮度 / 对比度"选项，创建"亮度 / 对比度"调整图层，设置参数，如图 17-50 所示。

31 再次对各素材位置与大小进行调节，完成效果如图 17-51 所示。

图 17-49 调整文字　图 17-50 设置亮度　图 17-51 完成效果
　　位置　　　　　/ 对比度参数

17.3 保护环境公益海报设计

本案例制作一幅保护环境的公益海报，需要使用到路径与选区的转换、自由变形，以及调整图层的设置。

素材文件路径：素材 \ 第 17 章 \17.3\2、底纹 .jpg、城市、乌龟、文字素材 .png

01 启动 Photoshop CC 2018 后，执行"文件" | "新建"命令，弹出"新建文档"对话框，设置其参数，单击"创建"按钮，如图 17-52 所示。

17.3 教学视频

02 选择工具箱中的"渐变"工具，在"渐变拾色器"对话框中设置土黄色（#ffc887）到淡黄色（#fff5df），单击"线性渐变"按钮，按照箭头方向填充线性渐变，如图 17-53 所示。

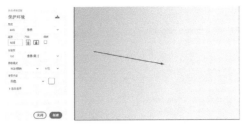

图 17-52　新建文件　　　图 17-53　填充线性渐变

03 执行"文件"|"置入嵌入的智能对象"命令，弹出"置入"对话框，选择相关素材中的"素材\第 17 章\17.3\底纹 .jpg"，设置图层模式为柔光，按 Enter 键确认，如图 17-54 所示。

04 按 Ctrl+O 快捷键，弹出"打开"对话框，选择本书配套素材中的"素材\第 17 章\17.3\乌龟 .png"，按 Enter 键确认。使用"矩形选框"工具 ▦ 对需要的素材进行选取，如图 17-55 所示。

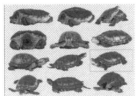

图 17-54　置入文件　　　图 17-55　选择图像

05 选择工具箱中的"移动"工具 ✛，拖动图像至保护环境文档窗口，按 Ctrl+T 快捷键自由变换，调整其位置与大小，如图 17-56 所示。

06 执行"文件"|"置入嵌入的智能对象"命令，弹出"置入"对话框，选择相关素材中的"素材\第 17 章\17.3\2.jpg"，按住 Ctrl 键拖动控制点，调整其透视，按 Enter 键确认，如图 17-57 所示。

图 17-56　拖动文件　　　图 17-57　置入文件

07 添加一个图层蒙版，涂抹地面边缘，将其虚化覆盖，如图 17-58 所示。

08 选择工具箱中的"钢笔"工具 ✒，沿龟壳边缘绘制锚点，如图 17-59 所示。

09 按 Ctrl+Enter 快捷键，将路径转换为选区，按 Ctrl+X 快捷键剪切选区，按 Ctrl+V 快捷键粘贴选区，如图 17-60 所示。

10 执行"文件"|"置入嵌入的智能对象"命令，弹出"置入"对话框，选择相关素材中的"素材\第 17 章\17.3\城市 .jpg"，按 Enter 键确认，如图 17-61 所示。

图 17-58　添加图层蒙版　　　图 17-59　绘制路径

图 17-60　复制选区　　　图 17-61　置入文件

11 使用适当选取工具对城市进行选取，单击图层面板下方的"添加图层蒙版"按钮 ▣，创建一个图层面板，如图 17-62 所示。

12 拖动图层至乌龟图层下方，按 Ctrl+T 快捷键自由变换，调整其位置与大小，按 Enter 键确认，如图 17-63 所示。

图 17-62　添加图层蒙版　　　图 17-63　自由变换

13 选择龟壳图层，设置图层模式为滤色，按 Ctrl+T 快捷键自由变换，右击，在弹出的选项框中选择变形选项，拖动网格对图像进行自由变形，如图 17-64 所示。

14 按 Enter 键确认，执行"图像"|"调整"|"亮度/对比度"命令，打开"亮度/对比度"对话框，设置参数，如图 17-65 所示。

图 17-64　自由变形　　　图 17-65　设置亮度/对比度参数

15 选择底纹图层，单击图层面板底部的"创建新的填充或调整图层"按钮，在弹出的选项框中选择"色相/饱和度"选项，创建"色相/饱和度"调整图层，设置其参数，如图 17-66 所示。

16 选择城市图层，单击图层面板底部的"创建新的填充或调整图层"按钮，在弹出的选项框中选择"可选颜色"选项，创建"可选颜色"调整图层，并创建一个剪贴蒙版，设置黄色与绿色参数，如图 17-67 所示。

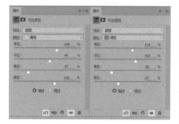

图 17-66 设置色相/饱和　　图 17-67 设置可选颜色参数
　　　　　度参数

17 选择乌龟图层，单击图层面板底部的"创建新的填充或调整图层"按钮，在弹出的选项框中选择"色彩平衡"选项，创建"色彩平衡"调整图层，并创建一个剪贴蒙版，设置黄色与绿色参数，如图 17-68 所示。

图 17-68 设置色彩平衡参数

18 选择乌龟图层，按住 Ctrl 键载入选区，在乌龟图层下方创建一个新图层，并填充选区为黑色，如图 17-69 所示。

19 按 Ctrl+D 快捷键取消选区，执行"滤镜"|"模糊"|"高斯模糊"命令，打开"高斯模糊"对话框，设置参数，如图 17-70 所示。

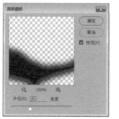

图 17-69 填充选区　　　　图 17-70 高斯模糊

20 选择"横排文字"工具，设置字体为 Calibri、黑色。分别输入"PROTECT OUR HOME"与"We ……

obligation."字样，字号大小分别设置为 12 点与 5 点，完成效果如图 17-71 所示。

图 17-71 添加文字

知识扩展：

公益海报是带有一定思想性的，从属于中心主题的系列子主题必须鲜明地表达出海报主题的思想内核，即传递的意念必须集中，既简洁而明确，又给人以清晰明确的概念，由此而形成的强大的视觉阵容及主题攻势，可使观者在对主题深度感悟时，又增强了记忆力。这类海报具有对公众特定的教育意义，主题包括各种社会公益、道德的宣传，或政治思想的宣传，弘扬爱心奉献、共同进步的精神等。

17.4 校园海报设计

本案例需要灵活运用剪贴蒙版，打造炫彩剪影与文字，并对文字进行简单排版，制作一幅校园励志海报。

素材文件路径：素材 \ 第 17 章 \17.4\1、2、3、4.jpg、剪影、文字素材 .png

01 启动 Photoshop CC 2018 后，执行"文件"|"打开"命令，弹出"打开"对话框，选择本书配套素材中的"素材 \ 第 17 章 \17.4\1.jpg"，单击"打开"按钮，如图 17-72 所示。

17.4 教学观频

02 执行"文件"|"置入嵌入的智能对象"命令，弹出"置入"对话框，选择相关素材中的"素材 \ 第 17 章 \17.4\2.jpg"，按 Enter 键确认，设置图层模式为滤色，如图 17-73 所示。

图 17-72 打开文件　　　　图 17-73 置入文件

03 执行"文件"|"置入嵌入的智能对象"命令，弹出"置入"对话框，选择相关素材中的"素材\第 17 章\17.1\剪影 .jpg"，按 Enter 键确认，设置图层模式为滤色，如图 17-74 所示。

04 按 Ctrl+O 快捷键，弹出"打开"对话框，选择本书配套素材中的"素材\第 17 章\17.1\3.jpg"，按 Enter 键确认。拖动图层至 1 文档窗口，按 Ctrl+T 快捷键自由变换，调整其位置与大小，如图 17-75 所示。

图 17-74　置入文件　　　　图 17-75　拖动文件

05 按 Ctrl+J 快捷键复制多层，分别拖动至适当位置，将剪影覆盖，如图 17-76 所示。

06 合并全部彩色背景图层，创建一个对剪影图层的剪贴蒙版，如图 17-77 所示。

图 17-76　复制图像　　　　图 17-77　创建剪贴蒙版

07 选择工具箱中的"横排文字"工具 T，设置字体为"方正行黑简体"、红色。分别输入"奔""跑""吧！""青""春"字样，排列文字如图 17-78 所示。

08 设置字号大小为 13 点，输入 Run! Youth 字样，如图 17-79 所示。

图 17-78　输入文字　　　　图 17-79　输入文字

09 选择工具箱中的"钢笔"工具 ，在文字下方绘制弧形锚点，如图 17-80 所示。

10 设置前景色为红色，单击工具选项栏中的"新建形状图层"按钮 形状 ，生成形状图层。选择全部文字图层，拖动至图层面板下方的"创建新组"按钮 上，新建一个图层组，如图 17-81 所示。

11 执行"文件"|"置入嵌入的智能对象"命令，弹出"置入"对话框，选择相关素材中的"素材\第 17 章\17.1\4.jpg"，按 Enter 键确认，如图 17-82 所示。

12 创建一个对组 1 的剪贴蒙版，按 Ctrl+T 快捷键自由变换，调整其位置与大小，如图 17-83 所示。

图 17-80　绘制路径　　　　图 17-81　填充形状

图 17-82　置入文件　　　　图 17-83　创建剪贴蒙版

13 选择工具箱中的"横排文字"工具 T，设置字体为 Baskerville Old Face、5 点，颜色为 #75060d，输入 [YOUTH WITH DREAMS] 字样，设置文号大小为 2.5 点、黑色，输入"Youth is ……boy!"字样，如图 17-84 所示。

14 选择工具箱中的"矩形选框"工具 ，在文字前方创建一个小矩形选区，如图 17-85 所示。

图 17-84　添加文字　　　　图 17-85　创建选区

15 设置前景色为 #75060d，按 Backspace+Alt 快捷键，填充前景色，将三个图层新建一组，完成效果如图 17-86 所示。

图 17-86　完成效果

17.5　招聘海报设计

本案例主要使用路径工具绘制图形，并巧用图层样式进行处理，掌握一定的排版知识，对文字进行艺术处理，制作一幅色彩明快的招聘海报。

素材文件路径：素材 \ 第 17 章 \17.5\1.jpg、图形、文字 .png

01 启动 Photoshop CC 2018 后，执行"文件" | "新建"命令，弹出"新建文档"对话框，设置其参数，单击"创建"按钮，如图 17-87 所示。

02 选择工具箱中的"渐变"工具，在工具选项栏中设置浅黄（#ffd49c）到橙色（#ffa026）的渐变，按下"径向渐变"按钮，依照如图 17-88 所示的箭头方向填充径向渐变。

图 17-87　新建文件　　　图 17-88　填充径向渐变

03 执行"文件" | "置入嵌入的智能对象"命令，弹出"置入"对话框，选择相关素材中的"素材 \ 第 17 章 \17.5\1.jpg"，按 Enter 键确认，如图 17-89 所示。

04 选择工具箱中的"魔棒"工具，选取图像中的白色区域，按 Ctrl+J 快捷键复制选区，双击图层，重命名为"边框"，如图 17-90 所示。

图 17-89　置入图像　　　图 17-90　载入选区

05 隐藏 1 图层，按住 Ctrl 键单击边框图层，载入选区，右击，在弹出的快捷菜单中选择"创建工作路径"命令，将选区转换为路径，选择"钢笔"工具，单击工具选项栏中的"新建形状图层"按钮 形状，对路径进行修改，如图 17-91 所示。

06 按 Enter 键确认，按 Ctrl+J 快捷键复制图层，按 Ctrl+T 快捷键自由变换，将图像水平翻转，按 Enter 键确认，如图 17-92 所示。

07 双击图层，打开"图层样式"对话框，设置投影参数，如图 17-93 所示。

08 按住 Alt 键，拖动图层样式至边框复制图层，复制图层样式，如图 17-94 所示。

图 17-91　转换路径　　　　图 17-92　复制图层

图 17-93　设置投影图层样式　图 17-94　复制图层样式

09 按 Ctrl+O 快捷键，弹出"打开"对话框，选择本书配套素材中的"素材 \ 第 17 章 \17.5\ 图形 .png"，按 Enter 键确认，拖动文件至招聘海报文档窗口，如图 17-95 所示。

10 双击图层，打开"图层样式"对话框，设置颜色叠加为洋红色（#e4007f），如图 17-96 所示。

图 17-95　置入文件　　　图 17-96　颜色叠加

11 选择"横排文字"工具，设置字体为"方正粗倩简体"，输入"2016""校园招聘季""期待您的加入"字样，选中部分文字，按 Ctrl+T 快捷键，打开字符面板，分别设置其大小与颜色，选择图案与文字，右击，连接图层，如图 17-97 所示。

12 设置前景色为洋红色（#e4007f），选择工具箱中的"钢笔"工具，设置工具选项栏中的"工具模式"为形状，在图像中绘制气泡路径，如图 17-98 所示。

技巧提示：
以图形突出主题是平面设计中常用的手法，除此之外，图形与文字颜色的对比也非常重要。

图 17-97　添加文字　　　　图 17-98　绘制图形

13 选择"横排文字"工具 T，设置颜色，输入文字"未来""在这里""你在哪里？"字样，打开字符面板，分别编辑文字样式，如图 17-99 所示。

14 输入"机遇……培训"字样，设置文号大小为 12 点、行距为 16 点、字体颜色为蓝色，如图 17-100 所示。

图 17-99　添加文字　　　　图 17-100　添加文字

15 选择工具箱中的"画笔"工具，设置画笔硬度为 100%、大小为 3 像素，按住 Shift 键在文字下方绘制水平直线，完成效果如图 17-101 所示。

图 17-101　绘制直线

18.1　创意合成——王者归来

本案例使用图层蒙版融合各个素材，令素材完美融合，以及巧用调整图层，对图像进行色彩调整，本例制作汽车海报，以夸张的特效表现汽车的速度。

素材文件路径：素材 \ 第 18 章 \18.1\ 沙土、车、裂纹、bull.jpg

18.1 教学视频

01 启动 Photoshop CC 2018 后，执行"文件"|"新建"命令，弹出"新建文档"对话框，设置其参数，单击"创建"按钮，如图 18-1 所示。

02 执行"文件"|"置入嵌入的智能对象"命令，弹出"置入"对话框，选择相关素材中的"素材 \ 第 18 章 \18.1\ 沙土 .jpg"，按住 Ctrl 键拖动控制点，调节其大小与角度，按 Enter 键确认，如图 18-2 所示。

图 18-1　新建文件　　　　　图 18-2　置入图像

03 依照相同的方法置入素材中的"素材 \ 第 18 章 \18.1\ 裂纹 .jpg"，如图 18-3 所示。

04 设置图层模式为叠加，令背景与素材融合，如图 18-4 所示。

图 18-3　置入图像　　　　　图 18-4　设置图层模式

05 置入相关素材中的"素材 \ 第 18 章 \18.1\ 沙尘 1.jpg"，右击，在弹出的快捷菜单中选择"旋转 180 度"命令，并拖动四周锚点，调整其位置与大小，如图 18-5 所示。

06 单击图层面板下方的"添加图层蒙版"按钮，创建一个图层蒙版，选择"画笔"工具，设置前景色为白色，涂抹沙尘以外区域，如图 18-6 所示。

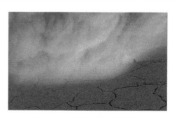

图 18-5　置入图像　　　　　图 18-6　添加图层蒙版

07 依照相同的方法添加相关素材中的"沙尘"素材，如图 18-7 所示。

08 选择全部沙尘图层，拖动至图层面板下方的"创建新组"按钮 ▣ 上，创建一个图层组，在图层组后面创建一个图层蒙版 ▣，将沙尘以外区域涂抹覆盖，如图 18-8 所示。

图 18-7　添加素材　　　　图 18-8　创建组

09 按 Ctrl+O 快捷键，弹出"打开"对话框，选择本书配套素材中的"素材 \ 第 18 章 \18.1\ 车 .jpg"，按 Enter 键确认。选择工具箱中的"钢笔"工具 ✎，在汽车边缘创建锚点绘制路径，如图 18-9 所示。

10 按 Ctrl+Enter 快捷键将路径转换为选区，按 Ctrl+J 快捷键复制选区，拖动图层至"王者归来"文档窗口，按 Ctrl+T 快捷键自由变换，调整其位置与大小，如图 18-10 所示。

图 18-9　绘制路径　　　　图 18-10　拖动图层

11 在"车"图层下方创建一个新图层，选择工具箱中的"钢笔"工具 ✎，在画布中绘制汽车阴影区域，如图 18-11 所示。

12 按 Ctrl+Enter 快捷键将路径转换为选区，并填充为黑色，按 Ctrl+D 快捷键取消选区，如图 18-12 所示。

图 18-11　绘制路径　　　　图 18-12　填充选区

13 执行"滤镜"|"模糊"|"高斯模糊"命令，打开"高斯模糊"对话框，设置其参数，令阴影与地面衔接更加自然，双击图层，重命名为"阴影 1"，如图 18-13 所示。

图 18-13　高斯模糊

14 选择"车"图层，创建一个新图层，选择工具箱中的"画笔"工具 ✎，在工具选项栏中设置不透明为 20%、流量为 30，在图 18-14 所示的红色区域内绘制阴影。

15 双击图层，重命名为"阴影 2"，右击，在弹出的快捷菜单中选择"创建剪贴蒙版"命令，创建一个对"车"图层的剪贴蒙版，如图 18-15 所示。

图 18-14　绘制阴影　　　　图 18-15　创建剪贴蒙版

 技巧提示：
在模拟阴影时需要注意的是，画面所有物体的阴影方向、颜色及强度等属性需要统一。

16 执行"文件"|"置入嵌入的智能对象"命令，弹出"置入"对话框，选择相关素材中的"素材 \ 第 18 章 \18.2\ 尾尘 1.jpg"，按 Enter 键确认，如图 18-16 所示。

17 在"尾尘 1"图层后创建一个图层蒙版，使用"画笔"工具 ✎，将尾尘以外区域涂抹覆盖，如图 18-17 所示。

图 18-16　置入图像　　　　图 18-17　添加图层蒙版

18 按 Ctrl+T 快捷键自由变换，调整图像大小与位置，令尾尘素材贴合汽车，如图 18-18 所示。

19 以相同的方法添加相关素材中的"尾尘"与"bull"素材，选择全部"尾尘"图层，创建一个新组，并拖动"bull"图层至组 1 中，如图 18-19 所示。

图 18-18　自由变换　　　　图 18-19　添加素材

20 选择组 1，单击图层面板底部的"创建新的填充或调整图层"按钮 ◙，在弹出的选项框中选择"色相/饱和度"选项，创建"色相/饱和度"调整图层，设置参数，如图 18-20 所示。

21 复制"色相/饱和度"调整图层，拖动图层至组 2 上方，如图 18-21 所示。

图 18-20　调节色相/饱和
度参数　　　图 18-21　复制图层

22 选择"色相/饱和度"调整图层，右击，在弹出的选项框中选择创建剪贴蒙版选项，创建一个对组 2 的剪贴蒙版，如图 18-22 所示。

图 18-22　创建剪贴蒙版

23 执行"图像"|"调整"|"色彩平衡"命令，打开"色彩平衡"对话框，设置参数，如图 18-23 所示。

24 选择工具箱中的"快速选择"工具 ，对所有图层取样，在汽车灯光处创建选区，执行"选择"|"修改"|"羽化"命令，弹出"羽化选区"对话框，设置参数为 10 像素，如图 18-24 所示。

图 18-23　设置色彩平衡参数　　图 18-24　创建选区

25 选择阴影 2 图层，单击图层面板底部的"创建新的填充或调整图层"按钮 ◙，在弹出的选项框中选择"色阶"选项，创建"色阶"调整图层，设置其参数，如图 18-25 所示。

26 执行"滤镜"|"渲染"|"镜头光晕"命令，打开"镜头光晕"对话框，设置参数，如图 18-26 所示。

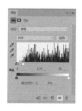

图 18-25　设置色阶参数　　　图 18-26　镜头光晕

27 依照相同的方法，制作汽车的另一盏灯光，完成效果如图 18-27 所示。

图 18-27　完成效果

18.2　创意合成——合成武侠场景

本案例通过对不同场景的拼合，打造义薄云天的武侠情怀，并结合颜色的合理应用，令画面展现出大气、神秘的氛围。

素材文件路径：素材\第 18 章\18.2\背景 1、背景 2、雪花 .jpg、树叶、文字素材 .png

01 启动 Photoshop CC 2018 软件，执行"文件"|"打开"命令或按 Ctrl+O 快捷键打开"背景 1"与"背景 2"素材。选择工具箱中的"移动"工具 ，将"背景 2"素材拖曳至"背景 1"素材上，调整素材的位置和大小，如图 18-28 所示。

18.2 教学视频

02 单击"图层"面板底部的"添加图层蒙版"按钮 ◙，为"背景 2"添加图层蒙版，选择工具箱中的"画笔"工具 ，设置前景色为黑色，隐藏多余的背景，如图 18-29 所示。

图 18-28　拖曳素材　　　图 18-29　画布涂抹隐藏背景

03 单击"图层"面板底部的"创建新的填充或调整图层"按钮 ◙，在弹出的菜单中选择"黑白"命令，创建"黑白"

调整图层，去除画面的颜色，如图 18-30 所示。

04 创建"查找颜色"调整图层，在面板中选择符合武侠情怀的色调，如图 18-31 所示。

图 18-30　去除画面颜色　　图 18-31　"查找颜色"参数

05 执行"文件"|"置入嵌入对象"命令，在弹出的"置入嵌入的对象"对话框中选择"雪花 1"，并置入编辑的文档中，调整雪花的大小，并设置该图层的混合模式为"滤色"，如图 18-32 所示。

06 执行"滤镜"|"模糊"|"高斯模糊"命令，在弹出的对话框中设置参数，模糊雪花效果，如图 18-33 所示。

图 18-32　设置图层混合模式　　图 18-33　"高斯模糊"参数

07 单击"确定"按钮，执行"滤镜"|"模糊"|"动感模糊"命令，在弹出的对话框中设置"动感模糊"参数，让雪花呈现飘落效果，如图 18-34 所示。

08 选择工具箱中的"画笔"工具，设置前景色为黑色，适当调整画笔的不透明度和流量，在智能滤镜蒙版上涂抹，还原部分雪花，如图 18-35 所示。

图 18-34　"动感模糊"参数　　图 18-35　还原部分雪花

09 采用同样的方法，添加"字体"和"树叶"素材，调整位置和大小，如图 18-36 所示。

10 选择工具箱中的"矩形选框"工具，选择绿色树叶，按 Ctrl+J 快捷键复制选区内的树叶至新的图层，如图 18-37 所示。

图 18-36　添加文字及树叶素材　　图 18-37　复制树叶素材

11 再次在树叶上创建选区，如图 18-38 所示。选择树叶图层，按住 Alt 键单击"创建图层蒙版"按钮，隐藏选区内的图像，如图 18-39 所示。

图 18-38　创建选区　　图 18-39　添加蒙版隐藏树叶

12 按住 Shift 键加选树叶图层，按 Ctrl+G 快捷键编组，创建"自然饱和度"调整图层，并创建剪贴蒙版。调整参数，降低树叶的饱和度，使树叶与背景颜色协调一致，如图 18-40 所示。

13 选择顶部的图层，按 Ctrl+Shift+N 快捷键新建图层。选择工具箱中的"套索"工具，在文字素材旁创建选区，如图 18-41 所示。

图 18-40　调整树叶素材颜色　　图 18-41　创建选区

14 按 Shift+F6 快捷键羽化 10 像素。设置前景色为浅红色（#f89898）、背景色为深红色（#c20606），分别填充前景色和背景色，如图 18-42 所示。

15 选择工具箱中的"直排文字"工具，在印章上输入文字，调整文字和印章的大小，如图 18-43 所示。

图 18-42　填充颜色　　图 18-43　制作印章

16 单击"图层"面板底部的"创建新的填充或调整图层"按钮，创建"色彩平衡"调整图层，分别调整"中间调""阴影"和"高光"参数，为武侠场景调色，如图 18-44 所示。

图 18-44　设置"色彩平衡"参数

17 创建"曲线"调整图层，调整 RGB 通道增加画面的对比度，如图 18-45 所示。

18 新建图层，填充黑色。执行"滤镜"|"渲染"|"镜头光晕"命令，在弹出的对话框中调整参数及光晕位置，

单击"确定"按钮设置该图层的混合模式为"滤色"，带有浓浓正义感的武侠场景制作完毕，如图 18-46 所示。

图 18-45　增加画面对比度　　图 18-46　增加光晕效果

18.3　创意唯美合成——梦幻城堡

本案例制作梦幻城堡，设置不同图层模式，打造画面中朦胧通透的画面，并且使用调整图层对图像颜色进行调整，令画面唯美梦幻。

素材文件路径：素材 \ 第 18 章 \18.3\ 书本、城堡、光线、闪动、闪电 2.jpg

01 启动 Photoshop CC 2018 后，执行"文件"|"打开"命令，弹出"打开"对话框，选择本书配套素材中的"素材 \ 第 18 章 \18.3\ 书本 .jpg"，单击"打开"按钮，如图 18-47 所示。

18.3 教学观看

02 按 Ctrl+O 快捷键，弹出"打开"对话框，选择本书配套素材中的"素材 \ 第 18 章 \18.3\ 城堡 .jpg"，按 Enter 键确认，按 Ctrl+J 快捷键复制图层，如图 18-48 所示。

图 18-47　打开文件　　图 18-48　打开文件

03 执行"图像"|"调整"|"可选颜色"命令，打开"可选颜色"对话框，设置参数，如图 18-49 所示。

04 单击"确定"按钮，关闭对话框，使城堡图像颜色对比性更强，利于抠图，选择适当的选取工具，在城堡边缘创建选区，如图 18-50 所示。

05 选择背景图层，按 Ctrl+J 快捷键复制选区，拖动图层至书本文档窗口，按 Ctrl+T 快捷键自由变换，调整其位置与大小，如图 18-51 所示。

图 18-49　调整可选颜色参数

图 18-50　创建选区　　图 18-51　拖动文件

> 💡 **技巧提示：**
> 当所需要抠取的图像边缘不明确时，可以采用"色阶"，"可选颜色"，"亮度对比度"等调整命令，将图像边缘变得明确。

06 执行"文件"|"置入嵌入的智能对象"命令，弹出"置入"对话框，选择相关素材中的"素材 \ 第 18 章 \18.3\ 闪电 .jpg"，按 Enter 键确认，如图 18-52 所示。

07 添加一个图层蒙版，设置前景色为黑色，选择工具箱中的"画笔"工具，将图像边缘涂抹覆盖，并设置图层模式为浅色，如图 18-53 所示。

图 18-52　置入文件　　图 18-53　添加图层蒙版

08 按 Ctrl+J 快捷键复制图层，设置图层模式为正常，在图层蒙版中涂抹闪电区域，将其覆盖，如图 18-54 所示。

09 选择城堡图层，按 Ctrl+J 快捷键复制图层，按 Ctrl+T 快捷键自由变换，将图像水平翻转，按 Enter 键确认，添加一个图层蒙版，令城堡衔接区域融合，合并城堡图层，如图 18-55 所示。

图 18-54　复制图层　　图 18-55　复制图像

10 执行"文件"|"置入嵌入的智能对象"命令，弹出"置入"对话框，选择相关素材中的"素材 \ 第 18 章 \18.3\ 光线 .jpg"，按 Enter 键确认，设置图层模式为线性减淡，如图 18-56 所示。

11 隐藏光线图层，选择背景图层，使用"快速选择"工具，在书本内页创建选区，如图 18-57 所示。

图 18-56　置入文件　　　　图 18-57　创建选区

12 执行"选择"|"修改"|"羽化"命令，弹出"羽化选区"对话框，设置参数为 10 像素。单击图层面板底部的"创建新的填充或调整图层"按钮，在弹出的选项框中选择"曲线"选项，创建"曲线"调整图层，设置其参数，如图 18-58 所示。

13 显示光线图层并选择此图层，创建一个图层蒙版，选择工具栏中的"画笔"工具，设置画笔不透明度为 40%，在光线周围涂抹，如图 18-59 所示。

图 18-58　调整曲线参数　　　图 18-59　添加图层蒙版

14 单击图层面板底部的"创建新的填充或调整图层"按钮，在弹出的选项框中选择"曲线"选项，创建"曲线"调整图层，并创建一个对城堡图层的剪贴蒙版，设置其参数，如图 18-60 所示。

15 单击图层面板底部的"创建新的填充或调整图层"按钮，在弹出的选项框中选择"色彩平衡"选项，创建"色彩平衡"调整图层，并创建一个对城堡图层的剪贴蒙版，设置其参数，如图 18-61 所示。

图 18-60　调整曲线参数　　　图 18-61　调整色彩平衡参数

 技巧提示：
剪贴蒙版只对目标图层起作用，而不影响其他图层。

16 单击图层面板底部的"创建新的填充或调整图层"按钮，在弹出的选项框中选择"色相/饱和度"选项，创建"色相/饱和度"调整图层，并创建一个对城堡图

层的剪贴蒙版，设置其参数，如图 18-62 所示。

17 在光线图层上方创建一个新图层，设置前景色为淡黄色（#eed8c0），使用"画笔"工具在图像中绘制云彩效果，如图 18-63 所示。

图 18-62　调整色相/饱和度　　图 18-63　绘制云层
　　　　　参数

18 设置图层模式为线性光，并设置图层填充为 60%，如图 18-64 所示。

19 执行"文件"|"置入嵌入的智能对象"命令，弹出"置入"对话框，选择相关素材中的"素材\第 18 章\18.3\闪电 2.jpg"，调整其位置与大小，按 Enter 键确认，设置图层模式为颜色减淡，如图 18-65 所示。

图 18-64　设置图层模式　　　图 18-65　置入文件

20 将闪电图层复制几层，分别调整其位置与大小，如图 18-66 所示。

21 单击图层面板底部的"创建新的填充或调整图层"按钮，在弹出的选项框中选择"亮度/对比度"选项，创建"亮度/对比度"调整图层，设置其参数，如图 18-67 所示。

图 18-66　复制图像　　　　图 18-67　调整亮度/对比度
　　　　　　　　　　　　　　　　　参数

22 选择"画笔"工具，设置画笔的不透明度为 100%，在蒙版中涂抹图像的上半部分，令图像更加有空间感，如图 18-68 所示。

图 18-68　涂抹蒙版

23 打开画笔预设器，选择柔边画笔，分别设置画笔笔尖形状、形状动态、散布、颜色动态与传递参数，如图 18-69 所示。

图 18-69　设置画笔预设

24 设置前景色与背景色分别为黄色与绿色，创建一个新图层，长按鼠标左键，在图像中绘制光点效果，令画面更显活泼，如图 18-70 所示。

25 设置图层模式为滤色，效果如图 18-71 所示。

图 18-70　绘制光点　　　　图 18-71　设置图层模式

26 单击图层面板底部的"创建新的填充或调整图层"按钮 ，在弹出的选项框中选择"色阶"选项，创建"色阶"调整图层，设置其参数，如图 18-72 所示。

27 选择工具箱中的"渐变"工具 ，在工具选项栏中单击"径向渐变"按钮 ，依照如图 18-73 所示的箭头方向，填充白色到黑色的径向渐变。

图 18-72　调整色阶参数　　　图 18-73　填充渐变

28 单击图层面板底部的"创建新的填充或调整图层"按钮 ，在弹出的选项框中选择"色彩平衡"选项，创建"色彩平衡"调整图层，设置其参数，如图 18-74 所示。

图 18-74　调整色彩平衡参数

29 单击图层面板底部的"创建新的填充或调整图层"按钮 ，在弹出的选项框中选择"曲线"选项，创建"曲线"调整图层，设置其参数，完成效果如图 18-75 所示。

图 18-75　调整曲线参数

18.4 创意合成——矛盾空间

本例制作电商大热的矛盾空间风格图像。何为"矛盾空间"？它是平面构成中空间感知的一种假象，在二维平面上表现出三维现实空间不可能存在或出现的空间，创造出非真实的视觉幻想。通过本例的学习，可以了解到立体透视原理、路径操作原理等知识点。

素材文件路径：素材 \ 第 18 章 \18.4\ 网格 .jpg、旗帜 .png

18.4 教学视频

01 启动 Photoshop CC2018 软件，执行"文件"|"新建"命令，或按 Ctrl+N 快捷键打开"新建文档"对话框，设置如图 18-76 所示的参数，单击"确定"按钮新建一个空白文档。

02 按 Ctrl+O 快捷键打开"网格"素材，将其拖曳至编辑的文档中，调整大小和位置，如图 18-77 所示，此网格为创建立体矩形的依据。

图 18-76　新建文档　　　　图 18-77　添加网格素材

03 选择工具箱中的"矩形"工具 ，设置"工具模式"为形状、"填充"为砖红色（#fd8e83），"描边"为无，根据网格大小绘制矩形,如图 18-78 所示。

04 按 Ctrl+T 快捷键显示定界框,按住 Ctrl 键单击右侧的锚点,斜切图像,如图 18-79 所示。

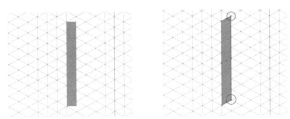

图 18-78　绘制矩形　　图 18-79　斜切矩形形状

05 用同样的方法,绘制另一半及上面封口的矩形,颜色分别为深红色(# df7c6b)与浅粉色(# af6057),如图 18-80 所示。

06 在"图层"面板中选择这 3 个形状图层,按 Ctrl+G 快捷键进行编组,并命名为"高"。用同样的方法,编辑矩形制作其他立体矩形,重命名为"左"和"右",如图 18-81 所示。

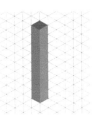 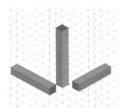

图 18-80　绘制立方体　　图 18-81　绘制立方体

07 选择"高"图层组,按 Ctrl+J 快捷键复制图层组,并隐藏其他的图层组,如图 18-82 所示。展开"高"图层组,选择组中 3 个图层,按住 Alt 键的同时拖曳鼠标,复制移动的图层,并将其对齐网格,如图 18-83 所示。

08 复制"右"图层组,将其置入顶层。选择"网格"图层将其置入顶层,并设置其混合模式为"正片叠底",如图 18-84 所示。

 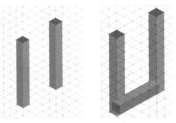

图 18-82　复制图层　图 18-83　对齐网格　图 18-84　设置网格图层混合模式

09 展开"右 拷贝"图层组,删除左侧封底的矩形。按住 Ctrl 键选择剩余的两个图层,选择工具箱中的"直接选择"工具，框选矩形左侧,选择并调整左侧的锚点,如图 18-85 所示。采用同样的方法调整右侧的锚点,如图 18-86 所示。

10 隐藏网格。选择工具箱中的"移动"工具，将其放在右侧矩形上单击,在弹出的对话框中选择相应的图层,如图 18-87 所示。

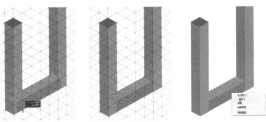

图 18-85　选择并　图 18-86　调整锚点　图 18-87　选择所选
调整锚点位置　　　　位置　　　　　图层

11 双击图层缩览图,弹出"拾色器"对话框,吸取同一面的颜色,如图 18-88 所示,采用同样的方法,加深内侧矩形的颜色。

12 载入"矩形 1"形状图层的选区,单击"图层"面板底部的"添加图层蒙版"按钮，为矩形添加蒙版,隐藏多余的图像,如图 18-89 所示。

图 18-88　吸取同一颜色　图 18-89　添加图层蒙版

13 选择"右 拷贝"图层,按 Ctrl+J 快捷键复制一层,并将其移动到立体矩形上方,删除"图层"面板中的图层蒙版,显示整个右侧立体矩形,如图 18-90 所示。

14 显示网格。复制"左"图层组,向上移动"左 拷贝"图层组至网格图层下方,并向右移动图层组,连接做好的图像,如图 18-91 所示。

 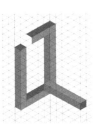

图 18-90　显示整个立方体　图 18-91　复制立方体

15 在"左 拷贝"图层组中选择"矩形 3"和"矩形 4",选择工具箱中的"直接选择"工具，框选并移动锚点,如图 18-92 所示。

16 使用同样的操作方法,制作右侧的立体矩形,使其形成一个整体，如图 18-93 所示。

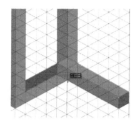

图 18-92　调整锚点位置　　图 18-93　复制右侧立方体

17 使用上述更改矩形颜色的操作方法，更改"左 拷贝"图层组中"矩形 3"的颜色，如图 18-94 所示。

18 制作镂空效果。选择工具箱中的"矩形"工具，设置"工具模式"为形状，在画面中创建矩形，将矩形移动到底部，如图 18-95 所示。

19 按 Ctrl+T 快捷键显示定界框，右击，在弹出的快捷菜单中选择"斜切"选项，根据参照的矩形斜切图像，如图 18-96 所示。

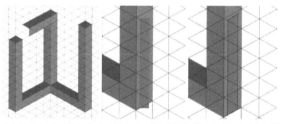

图 18-94　更改立方　图 18-95　绘制矩形　图 18-96　斜切矩形
　　　　　　体颜色

20 按 Enter 键确认操作，同上述斜切矩形的操作方法，绘制另一个斜切的矩形，并移动位置，如图 18-97 所示。

21 按住 Ctrl+Shift 键的同时单击"图层"面板中两个蓝色矩形图层，加选选区。选择"高 拷贝 2"图层组，单击"图层"面板底部的"添加图层蒙版"按钮，隐藏选区内的图像，单击蓝色矩形前的眼睛图标，隐藏蓝色矩形图层，得到如图 18-98 所示的图像效果。

22 在"高 拷贝 2"图层组中选择"矩形 2"，按 Ctrl+J 快捷键复制该形状，按 Ctrl+] 快捷键向上移动一层，并向下拖动，制作镂空的底面，如图 18-99 所示。

图 18-97　移动矩形　图 18-98　添加图层　图 18-99　复制并移
　　　　　　位置　　　　　　　蒙版　　　　　　　动底面

23 显示隐藏的蓝色矩形，按 Ctrl+T 快捷键显示定界框，并斜切图像，如图 18-100 所示。更改蓝色矩形的颜色为（#fbb2aa），制作镂空立体的柱面，如图 18-101 所示

24 同上述调整锚点的操作方法，调整立体柱面的锚点位置。选择工具箱中的"矩形选框"工具，根据立体柱面的走向创建选区，然后选择"矩形 2 拷贝 2"图层，单击"图层"面板底部的"添加图层蒙版"按钮，隐藏多余的柱面底面，如图 18-102 所示。

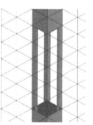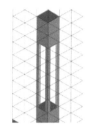

图 18-100　斜切图　图 18-101　更改矩　图 18-102　隐藏多
　　　　　　像　　　　　　　形颜色　　　　　　　余柱面底面

25 同上述绘制各个立体矩形的操作方法，制作其他的立体矩形。在绘制的过程中注意各个面的颜色变化，如图 18-103 所示。

26 按 Ctrl+O 快捷键打开"旗帜"素材，添加到编辑的文档中，完成矛盾空间的制作，如图 18-104 所示。

图 18-103　绘制其他立方体　　　图 18-104　添加旗帜素材

27 设置前景色为（#23797a）、背景色为（#05182b），选择工具箱中的"渐变"工具，在"渐变编辑器"中选择前景色到背景色的渐变，单击"线性渐变"按钮，从背景图层的下方往上方拖曳鼠标，填充线性渐变，如图 18-105 所示。

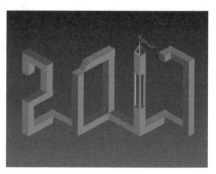

图 18-105　最终效果

18.5 汽车创意合成

　　本例制作的是汽车创意合成图像,通过对不同素材的溶图处理,再配以颜色,营造出大气、奔放的氛围,体现出汽车的与众不同。

素材文件路径:素材 \ 第 18 章 \18.5\ 底面、天空、乌云、汽车、尘沙 1、尘沙 5.jpg

18.5 教学视频

01 启动 Photoshop CC2018 软件,执行"文件"|"新建"命令,或按 Ctrl+N 快捷键打开"新建文档"对话框,设置如图 18-106 所示的参数,单击"确定"按钮新建一个空白文档。

02 按 Ctrl+O 快捷键打开"地面"素材,将其添加到编辑的文档中,按 Ctrl+T 快捷键显示定界框,调整素材的大小,如图 18-107 所示。

图 18-106　创建新文档　　图 18-107　调整素材大小

03 按 Enter 键确认操作。打开"汽车"素材将其添加到编辑的文档中,调整素材的大小和位置,如图 18-108 所示。

04 单击"图层"面板底部的"添加图层蒙版"按钮 ,为该素材添加蒙版。选择工具箱中的"画笔"工具 ,设置前景色为黑色,在汽车背景上涂抹,隐藏多余的背景,如图 18-109 所示。

图 18-108　添加汽车素材　　图 18-109　隐藏多余图像内容

05 采用同样的方法,添加"乌云"与"天空"素材,如图 18-110 所示。

06 选择"天空"图层,单击"图层"面板底部的"创建新的填充或调整图层"按钮 ,创建"可选颜色"调整图层,在弹出的面板中调整"中性色"颜色,按 Ctrl+Alt+G 快捷键创建剪贴蒙版,只调整天空的色调,如图 18-111 所示。

图 18-110　添加乌云和天空素材　图 18-111　调整素材的色调

07 创建"色相 / 饱和度"调整图层,调整"饱和度"参数,按 Ctrl+Alt+G 快捷键创建剪贴蒙版,降低天空的饱和度,如图 18-112 所示。

08 按住 Shift 键选择天空及调整图层,按 Ctrl+G 快捷键进行编组,命名为"天空",采用相同的方法,将其他的素材进行整理,并调整图层的顺序,如图 18-113 所示。

图 18-112　降低素材的饱和度　图 18-113　编组并重命名

09 选择"乌云"图层组,单击"图层"面板底部的"创建新的填充或调整图层"按钮 ,创建"曲线"调整图层,调整各个通道的参数,如图 18-114 所示。

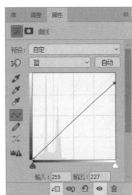

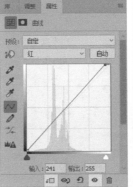

图 18-114　设置曲线调整图层参数

10 按 Ctrl+Alt+G 快捷键创建剪贴蒙版,只修改天空和乌云的色调，如图 18-115 所示。

11 再次创建"曲线"调整图层，调整 RGB 通道及红通道参数，如图 18-116 所示。

图 18-115　调整天空和乌云的色调

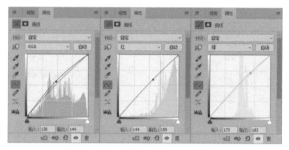

图 18-116　设置曲线调整图层参数

12 单击"属性"面板上的"蒙版"按钮 ，切换至"蒙版"面板，然后单击"反相"按钮 反相 ，如图 18-117 所示，添加反相蒙版。

13 隐藏"汽车"素材。选择工具箱中的"画笔"工具 ，适当降低画笔的不透明度，用白色的画笔涂抹填充，制作高光区域，如图 18-118 所示。

图 18-117　添加反相蒙版　　图 18-118　制作高光区域

14 用同样的方法，制作天空的暗部，如图 18-119 所示。

图 18-119　加深天空层次

15 选择"曲线 3"调整图层，创建"可选颜色"调整图层，调整"中性色"颜色参数，如图 18-120 所示。创建"曲线"调整图层，调整 RGB 通道参数，增强画面对比度，如图 18-121 所示。

图 18-120　设置可选颜色调整　图 18-121　设置曲线调整图
　　　　　　图层参数　　　　　　　　　　层参数

16 选择"图层 1"图层，创建"亮度 / 对比度"调整图层，降低底面的对比度，让画面整体更协调，如图 18-122 所示。

17 显示并选择"汽车"素材。创建"色彩平衡"调整图层，调整"高光"参数，按 Ctrl+Alt+G 快捷键创建剪贴蒙版，调整汽车的颜色，使汽车与底图融为一体，如图 18-123 所示。

图 18-122　调整亮度 / 对　　图 18-123　调整汽车色调
比度调整图层参数

18 选择工具箱中的"椭圆"工具 ，设置"工具模式"为形状、"填充"为无、"描边"为"黄色"、"描边宽度"为 50px，在文档中按住 Shift 键绘制正圆，如图 18-124 所示。

19 按 Ctrl+J 快捷键复制正圆形状，修改"描边"颜色为（#ff8400），按 Ctrl+T 快捷键调整正圆的大小，如图 18-125 所示。

图 18-124　绘制黄色正圆　　图 18-125　调整正圆大小

⑳ 同上述方法，制作其他的正圆，如图 18-126 所示。

㉑ 选择这 3 个形状图层，按 Ctrl+G 快捷键进行编组并命名为"圆圈"。按 Ctrl+T 快捷键显示定界框，缩小并斜切圆圈，如图 18-127 所示。

图 18-126　制作其他圆圈　　图 18-127　斜切圆圈图形

㉒ 单击"图层"面板底部的"添加图层蒙版"按钮 ▣ ，为该图层组添加蒙版，选择工具箱中的"画笔"工具 ✎ ，设置前景色为黑色，涂抹圆圈，隐藏多余的图像，如图 18-128 所示。

㉓ 同上述制作天空的操作方法，制作汽车周围的尘沙等元素，丰富画面层次，完成汽车创意合成图像，如图 18-129 所示。

图 18-75　隐藏多余圆圈图形　　图 18-75　添加其他素材图像

19.1　质感和特效——牛奶裙子

本案例主要使用 Photoshop CC 2018 将裙子制作成牛奶效果，效果图看似比较简单，其实部分细节的制作是比较复杂的，需要能灵活运用图层蒙版与滤镜，以及各类调整命令。

> 素材文件路径：素材 \ 第 19 章 \19.1\ 牛奶裙子 .jpg、牛奶素材 .psd

19.1 教学视频

01 启动 Photoshop CC 2018 后，执行"文件" | "打开"命令，弹出"打开"对话框，选择本书配套素材中的"素材 \ 第 19 章 \19.1\ 牛奶裙子 .jpg"，单击"打开"按钮，如图 19-1 所示。

02 选择工具箱中的"钢笔"工具 ，沿裙子边缘绘制路径，如图 19-2 所示。

03 按 Ctrl+Enter 快捷键将路径转换为选区，如图 19-3 所示。

04 按 Ctrl+J 快捷键复制选区，在背景图层上方创建一个新图层，填充为黄色，如图 19-4 所示。

图 19-1　打开文件　图 19-2　绘制路径　图 19-3　转换选区　图 19-4　复制选区

05 执行"图像" | "调整" | "可选颜色"命令，打开"可选颜色"对话框，设置中性色、青色与蓝色参数，如图 19-5 所示。

06 执行"图像" | "调整" | "色阶"命令，打开"色阶"对话框，设置参数，如图 19-6 所示。

07 执行"滤镜" | "滤镜库"命令，打开"滤镜库"对话框，选择塑料包装艺术效果，设置参数，如图 19-7 所示。

图 19-5　调整可选颜色参数　　　　图 19-6　调整色阶　图 19-7　添加
　　　　　　　　　　　　　　　　　　　　　参数　　　　加滤镜

08 双击图层，打开"图层样式"对话框，设置斜面与浮雕参数，如图 19-8 所示。

09 执行"图像" | "调整" | "去色"命令，去色效果如图 19-9 所示。

图 19-8　设置斜面和浮雕图层模式　　　　　图 19-9　去色

10 隐藏颜色填充图层，选择背景图层，按 Ctrl+J 快捷键复制图层，选择工具箱中的"涂抹"工具，将图层中露出的蓝色裙子向内涂抹，如图 19-10 所示。

11 按 Ctrl+O 快捷键，弹出"打开"对话框，选择本书配套素材中的"素材 \ 第 19 章 \19.1\ 牛奶素材 .psd"，按 Enter 键确认，选择"milk51"图层，拖动至牛奶裙子文档窗口，按 Ctrl+T 快捷键自由变换，调整其位置与大小，如图 19-11 所示。

图 19-10　涂抹图像　　　图 19-11　添加素材

12 按 Enter 键确认，添加一个图层蒙版，设置前景色为黑色，使用"画笔"工具涂抹素材与裙子相接区域，令图像融合，如图 19-12 所示。

13 执行"图像"|"调整"|"色阶"命令，打开"色阶"对话框，设置参数，如图 19-13 所示。

图 19-12　添加图层蒙版　　　图 19-13　调整色阶参数

14 进入牛奶素材文档窗口，选择"milk54"图层，拖动至牛奶裙子文档窗口，按 Ctrl+T 快捷键自由变换，调整其位置与大小，右击，自由变形，拖动网格调整其形状，如图 19-14 所示。

15 依照相同方法添加素材，并选择全部牛奶素材，合并为一组，如图 19-15 所示。

图 19-14　自由变形　　　图 19-15　添加素材

技巧提示：
在添加飞溅的牛奶素材时应注意观察人体结构，选择恰当的形状，并对素材进行变形与调色。

16 创建一个新图层，设置画笔的不透明度为 30%、流量为 30%，在图像中绘制裙子阴影，并创建一个对组 1 的剪贴蒙版，如图 19-16 所示。

17 选择背景复制图层，单击图层面板底部"创建新的填充或调整图层"按钮，在弹出的选项框中选择"曝光度"选项，创建"曝光度"调整图层，设置其参数，如图 19-17 所示。

图 19-16　添加阴影　　　图 19-17　调整曝光度参数

18 选择背景复制图层，单击图层面板底部的"创建新的填充或调整图层"按钮，在弹出的选项框中选择"色相 / 饱和度"选项，创建"色相 / 饱和度"调整图层，设置其参数，如图 19-18 所示。

19 选择背景复制图层，单击图层面板底部的"创建新的填充或调整图层"按钮，在弹出的选项框中选择"纯色"选项，创建"纯色"调整图层，设置颜色为 #cc9933，完成效果，如图 19-19 所示。

图 19-18　调整色相 / 饱和度　　　图 19-19　添加颜色填充调整
　　　　　参数　　　　　　　　　　　　图层

19.2　质感和特效——冰块创意海报

本案例主要运用滤镜处理图像，再结合适当图层模式，达到真实的冰块质感，制作创意海报。

素材文件路径：素材 \ 第 19 章 \19.2\ 素材 Mango.jpg

19.2 教学视频

01 启动 Photoshop CC 2018 后，执行"文件"|"新建"命令，弹出"新建文档"对话框，设置其参数，单击"创建"按钮，如图 19-20 所示。

02 选择工具箱中的"圆角矩形"工具，在工具选项栏中设置"工具模式"为形状，填充颜色为红色，在画

布中创建一个正方形圆角矩形，并设置半径为12，如图
19-21 所示。

图 19-20　新建文件　　　图 19-21　绘制形状

03 按 Ctrl+J 快捷键将图层复制两层，按 Ctrl+T 快捷键
自由变换，长按 Ctrl 键拖动控制点，分别调整其透视与
位置，将图形合并，双击图层，重命名为形状 1，如图
19-22 所示。

04 双击图层，打开"图层样式"对话框，设置内发光参数，
如图 19-23 所示。

图 19-22　自由变换　　　图 19-23　设置内发光图层样式

05 按住 Ctrl 键单击图层，载入选区，执行"选择"|"修
改"|"收缩"命令，弹出"收缩选区"对话框，设置
参数为 15 像素；执行"选择"|"修改"|"羽化"命
令，弹出"羽化选区"对话框，设置参数为 10 像素，如
图 19-24 所示。

06 填充选区为橙黄色，按 Ctrl+D 快捷键取消选区，在
背景图层上方创建一个新图层并填充为蓝色，以便于观
察，如图 19-25 所示。

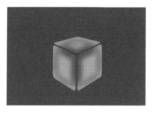

图 19-24　修改选区　　　图 19-25　填充选区

07 选择形状图层，执行"图像"|"调整"|"色相 / 饱
和度"命令，打开"色相 / 饱和度"对话框，设置参数，
如图 19-26 所示。

08 按 Ctrl+J 快捷键复制图层，双击图层，重命名为形状 2，
执行"滤镜"|"滤镜库"命令，打开"滤镜库"对话框，
选择基底凸现样式，设置参数，如图 19-27 所示。

图 19-26　调整色相 / 饱和度参数　　　图 19-27　添加滤镜

09 添加一个滤镜层，执行"滤镜"|"滤镜库"命令，
打开"滤镜库"对话框，选择珞璜渐变样式，设置参数，
如图 19-28 所示。

10 执行"图像"|"调整"|"色阶"命令，打开"色阶"
对话框，设置参数，如图 19-29 所示。

图 19-28　添加滤镜　　　图 19-29　调整色阶参数

知识扩展：

　　选择一个滤镜效果之后，长按鼠标左键可以调整效
果图层的位置，效果图层的顺序对图像效果有影响。

11 执行"滤镜"|"扭曲"|"波浪"命令，打开"波浪"
对话框，设置参数，如图 19-30 所示。

12 选择形状 1 图层，按 Alt+Ctrl+F 快捷键，应用上一
次滤镜，使两个图层中形状相同，如图 19-31 所示。

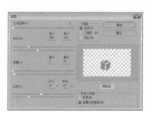

图 19-30　扭曲　　　图 19-31　应用上一次滤镜

13 选择形状 2 图层，按 Ctrl+J 快捷键复制图层，双击
图层，重命名为形状 3，执行"滤镜"|"扭曲"|"波浪"
命令，打开"波浪"对话框，设置参数，如图 19-32 所示。

14 按住 Ctrl 键，单击形状 2 图层，载入选区，单击图
层面板下方的"添加图层蒙版"按钮 ，添加一个图层
蒙版，如图 19-33 所示。

15 设置形状 3 的图层模式为叠加，设置形状 2 的图层
模式为线性光，如图 19-34 所示。

16 将三个形状图层合并，双击图层，重命名为冰块，设

置图层模式为明度，背景色将透过图像，如图 19-35 所示。

图 19-32　扭曲

图 19-33　添加图层蒙版

图 19-34　设置图层模式

图 19-35　合并图层

技巧提示：

　　图层模式的叠加常常能起到意想不到的效果，滤镜不同参数下的形态也各不一样，这就需要读者去多尝试与观察了。

17 选择工具箱中的"多边形套索"工具，在图像空隙处创建选区，如图 19-36 所示。

18 移动选区中的内容，使图形空隙缩小，重复上述方式，效果如图 19-37 所示。

图 19-36　创建选区

图 19-37　移动图像

19 按 Ctrl+J 快捷键复制图层，按 Ctrl+T 快捷键自由变换，右击，将图像垂直翻转，如图 19-38 所示。

20 添加一个图层蒙版，设置前景色为黑色，使用"画笔"工具涂抹图像边缘，制作倒影效果，如图 19-39 所示。

图 19-38　垂直翻转

图 19-39　添加图层蒙版

21 执行"文件"|"置入嵌入的智能对象"命令，弹出"置入"对话框，选择相关素材中的"素材\第 19 章 \19.2\素材 Mango.jpg"，按 Enter 键确认，如图 19-40 所示。

22 在冰块图层后添加一个图层蒙版，使用"椭圆选框"工具，在芒果与冰块相接区域创建一个椭圆形选区，并填充选区为黑色，如图 19-41 所示。

图 19-40　添加素材

图 19-41　添加图层蒙版

23 按 Ctrl+D 快捷键取消选区，将芒果、冰块与倒影图层连接，按 Ctrl+J 快捷键复制三层，分别拖动图像，使图像间隔相同，如图 19-42 所示。

24 隐藏蓝色背景图层，单击图层面板底部的"创建新的填充或调整图层"按钮，在弹出的选项框中选择"纯色"选项，创建"颜色填充"调整图层，设置颜色为绿色（#186600）。设置图层模式为颜色，复制调整图层，分别置于第 1、2、4 个芒果图层上方，创建相应的剪贴蒙版，如图 19-43 所示。

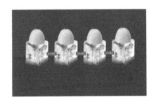
图 19-42　复制图像

图 19-43　添加颜色填充调整图层

25 选择工具箱中的"钢笔"工具，在第三个冰块图层下方创建一个新图层，绘制如图 19-44 所示的路径。

26 按 Ctrl+D 快捷键，将路径转换为选区，并填充为白色，如图 19-45 所示。

图 19-44　绘制路径　　　　　图 19-45　转换选区

27 双击图层，打开"图层样式"对话框，设置内阴影参数，如图 19-46 所示。

28 按 Ctrl+O 快捷键，弹出"打开"对话框，选择本书配套素材中的"素材\第 19 章 \19.2\文字 .png"，按 Enter 键确认，添加文字至冰文档窗口，完成效果如图 19-47 所示。

图 19-46　设置内阴影图层样式　　图 19-47　添加文字

19.3　质感特效——时尚皮包

本案例巧用形状工具结合图层样式，绘制逼真金属扣与皮革质感，制作时尚皮包，需要掌握的知识点是路径的转换、图层样式的添加与剪贴蒙版的使用。

素材文件路径：素材 \ 第 19 章 \19.3\ 素材一、二、三、四、五 .jpg

01 启动 Photoshop CC 2018 后，执行 "文件" | "新建" 命令，弹出 "新建文档" 对话框，设置其参数，单击 "创建" 按钮，如图 19-48 所示。

19.3 教学观频

02 创建三条纵向参考线，拖动参考线至左右对称位置，如图 19-49 所示。

图 19-48　新建文件　　　　图 19-49　创建参考线

03 创建一个新图层，选择工具箱中的 "多边形套索" 工具，依照参考线位置创建一个梯形选区，并填充选区为浅黄色，如图 19-50 所示，按 Ctrl+D 快捷键取消选区。

04 创建一个新图层，选择工具箱中的 "钢笔" 工具，依照参考线位置绘制一个对称弧形路径，填充路径为橙色，如图 19-51 所示。

图 19-50　填充选区　　　　图 19-51　填充路径

05 长按 Ctrl 键单击图层 1，载入选区，选择图层 2，按 Ctrl+Shift+I 快捷键反向选择，按 Backspace 键删除选区，按 Ctrl+D 快捷键取消选区，如图 19-52 所示。

06 执行 "文件" | "置入嵌入的智能对象" 命令，弹出 "置入" 对话框，选择相关素材中的 "素材 \ 第 19 章 \19.3\ 素材一 .jpg"，按 Enter 键确认，如图 19-53 所示。

 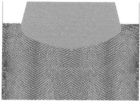

图 19-52　删除选区　　　　图 19-53　添加文件

07 拖动图层至图层 1 上方，右击，创建一个对图层 1 的剪贴蒙版，如图 19-54 所示。

08 依照相同方法，置入相关素材中的 "素材 \ 第 19 章 \19.3\ 素材二 .jpg"，并创建一个对图层 2 的剪贴蒙版，如图 19-55 所示。

图 19-54　创建剪贴蒙版　　图 19-55　添加文件

09 双击素材一图层，打开 "图层样式" 对话框，设置斜面与浮雕参数，如图 19-56 所示。

10 按 Ctrl+O 快捷键，弹出 "打开" 对话框，选择本书配套素材中的 "素材 \ 第 19 章 \19.3\ 素材三 .jpg"，按 Enter 键确认，抠取素材并拖动至时尚皮包文档窗口，如图 19-57 所示。

 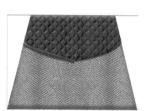

图 19-56　设置斜面和浮雕图层　　图 19-57　添加素材
　　　　　　样式

11 按 Ctrl+J 快捷键复制图层，按 Ctrl+T 快捷键自由变换，右击，将图像水平翻转，拖动至图像右端，按 Enter 键确认，合并两个图层，如图 19-58 所示。

12 双击图层，打开 "图层样式" 对话框，设置投影参数，如图 19-59 所示。

13 依照相同方法添加铆钉素材，效果如图 19-60 所示。

14 创建一个新图层，选择工具箱中的 "椭圆选框" 工

具 ，在皮包左上方创建一个圆形选区。选择工具栏中的"渐变"工具，复位前景色/背景色板，单击工具栏中的"对称渐变"按钮，按照如图 19-61 所示的箭头方向填充对称渐变。

具，依照如图 19-66 所示的箭头方向填充深黄色到浅黄色的对称渐变，双击图层，重命名为金属扣 1。

20 拖动图层至素材一上方，双击图层，打开"图层样式"对话框，选中投影样式，单击"确定"按钮，按 Ctrl+J 快捷键复制图层，并缩小图像至金属扣 1 中心，如图 19-67 所示。

图 19-58　自由变换

图 19-59　设置投影图层样式

图 19-60　添加素材

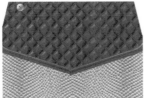
图 19-61　填充选区

15 执行"选择"|"修改"|"收缩"命令，弹出"收缩选区"对话框，设置参数为 4 像素，填充选区为黑色，按 Ctrl+D 快捷键取消选区，如图 19-62 所示。

16 双击图层，打开"图层样式"对话框，设置"斜面与浮雕"参数，如图 19-63 所示。

图 19-62　填充选区

图 19-63　设置斜面和浮雕图层样式

17 按 Ctrl+J 快捷键复制图层，调整相应位置并将图层合并，如图 19-64 所示。

18 添加链条素材，按 Ctrl+T 快捷键自由变换，调整其位置与大小，如图 19-65 所示。

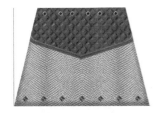
图 19-64　复制图像

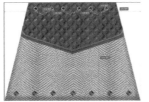
图 19-65　添加素材

19 创建一个新图层，使用"矩形选框"工具在金属扣区域创建一个矩形选框，选择工具箱中的"渐变"工

图 19-66　填充选区

图 19-67　复制图像

21 执行"文件"|"置入嵌入的智能对象"命令，弹出"置入"对话框，选择相关素材中的"素材\第 19 章\19.3\素材四.jpg"，按 Enter 键确认，并设置图层模式为线性光，如图 19-68 所示。

22 右击，创建一个剪贴蒙版。在皮包封边图层上方创建一个新图层，选择工具箱中的"圆角矩形"工具，在金属扣上方创建一个圆角矩形，如图 19-69 所示。

图 19-68　置入图像

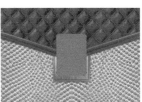
图 19-69　绘制图形

23 选择工具箱中的"钢笔"工具，修改圆角路径为内凹的圆角矩形，如图 19-70 所示。

24 双击图层，打开"图层样式"对话框，设置"渐变叠加"与"投影"参数，如图 19-71 和图 19-72 所示。

图 19-70　修改路径

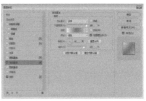
图 19-71　设置渐变叠加图层样式

技巧提示：

在需要多次使用同一渐变效果时，可打开渐变预设器，设置好所需要的渐变效果，单击"创建"按钮，创建新的渐变按钮，以便于随时调用。

25 添加金属素材，拖动至金属扣上方，如图 19-73 所示。

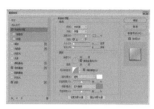

图 19-72　设置斜面和浮雕　　　图 19-73　添加素材
　　　　　图层样式

26 执行"图像"|"调整"|"色相/饱和度"命令，打开"色相/饱和度"对话框，设置参数，如图 19-74 所示。

27 选择圆角矩形 1 图层，按 Ctrl+J 快捷键复制图层，按 Ctrl+T 快捷键自由变换，调整其位置与大小，如图 19-75 所示。

图 19-74　调整色相/饱和度　　　图 19-75　复制图像
　　　　　参数

28 双击图层，打开"图层样式"对话框，选中"渐变叠加"与"投影"样式，选择"斜面与浮雕"样式，打开"等高线编辑器"，调整曲线，单击"确定"按钮，设置参数如图 19-76 所示。

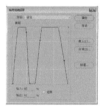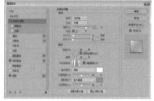

图 19-76　设置斜面和浮雕图层样式

29 按 Ctrl+J 快捷键复制图层，拖动图像至金属扣上方，选择工具箱中的"钢笔"工具，修改路径，如图 19-77 所示。

30 添加扣锁素材，按 Ctrl+T 快捷键自由变换，调整其位置与大小，如图 19-78 所示。

图 19-77　复制图像　　　　　图 19-78　添加素材

31 双击图层，打开"图层样式"对话框，选中"投影"样式，单击"确定"按钮，完成效果如图 19-79 所示。

图 19-79　应用图层样式

19.4　质感特效——牛仔口袋

　　本案例制作牛仔口袋，看似有些复杂，其实只要了解滤镜及路径的特征，处理起来非常简单。

素材文件路径：素材\第 19 章\19.4\牛仔.psd

01 启动 Photoshop CC 2018 后，执行"文件"|"新建"命令，弹出"新建文档"对话框，设置其参数，单击"创建"按钮，如图 19-80 所示。

19.4 教学视频

02 按 Ctrl+J 快捷键复制图层，设置前景色为棕绿色（#546f7b），背景色为黑色，执行"滤镜"|"渲染"|"纤维"命令，将图像纤维化，并双击图层，重命名为牛仔，如图 19-81 所示。

图 19-80　新建文件　　　　　图 19-81　纤维化

03 执行"滤镜"|"滤镜库"命令，打开"滤镜库"对话框，选择"纹理化"滤镜，在其下拉菜单中选择砂岩纹理，设置其参数，如图 19-82 所示。

04 执行"编辑"|"填充"命令，打开"填充"对话框，如图 19-83 所示。

图 19-82　添加滤镜　　　　　图 19-83　图案填充

05 选择工具箱中的"矩形选框"工具▣，在画布上方创建一个横向矩形选区，按 Ctrl+J 快捷键复制选区，如图 19-84 所示。

06 双击图层，打开"图层样式"对话框，设置"斜面与浮雕"与"投影"参数，如图 19-85 和图 19-86 所示。

图 19-84　创建选区　　图 19-85　设置斜面和浮雕图层样式

07 选择牛仔图层，选择工具箱中的"钢笔"工具⌀，在图像画布中绘制口袋形状路径，按 Ctrl+Enter 快捷键，将路径转换为选区，按 Ctrl+J 快捷键复制选区，如图 19-87 所示。

图 19-86　设置投影图层样式　　图 19-87　绘制路径

08 双击图层，打开"图层样式"对话框，设置"斜面与浮雕"与"投影"参数，如图 19-88 和图 19-89 所示。

图 19-88　设置斜面和浮雕图层样式　　图 19-89　设置投影图层样式

09 选择牛仔图层，使用"矩形选框"工具▣在口袋上方创建一个矩形选区，按 Ctrl+J 快捷键复制选区，如图 19-90 所示。

10 双击图层，打开"图层样式"对话框，设置"斜面与浮雕"与"投影"参数，如图 19-91 和图 19-92 所示。

11 选择工具箱中的"横排文字"工具▣，设置字体为"方正粗倩简体"、字号大小为 8 点、颜色为橙黄色（#cc9900），选择封边图层，输入"----"字样，制作缝边线，如图 19-93 所示。

图 19-90　创建选区　　图 19-91　设置斜面和浮雕图层样式

图 19-92　设置投影图层样式　　图 19-93　制作缝边效果

12 按 Ctrl+J 快捷键复制图层，拖动图像至如图 19-94 所示的位置。

13 选择小口袋图层，选择工具箱中的"钢笔"工具⌀，沿口袋形状绘制一个矩形路径，如图 19-95 所示。

图 19-94　复制图层　　图 19-95　绘制路径

14 选择"横排文字"工具▣，以路径中任意一点为起点，单击创建文字图层，输入"---"字样，短线将会按照路径走向，按 Enter 键确认，如图 19-96 所示。

15 按 Ctrl+J 快捷键复制图层，按 Ctrl+T 快捷键自由变换，等比例缩小图像，调整其位置，如图 19-97 所示。

图 19-96　输入文字　　图 19-97　复制图层

16 选择口袋图层，选择工具箱中的"钢笔"工具⌀，沿口袋边缘绘制一个开放曲线路径，如图 19-98 所示。

17 选择"横排文字"工具▣，单击路径左侧端点，输入"---"字样，如图 19-99 所示。

18 按 Ctrl+J 快捷键自由变换，调整其位置与大小，如图 19-100 所示。

⑲ 创建一个新图层，拖动图层至最上方，选择工具箱中的"画笔"工具 ✐，设置画笔大小为 25 像素，画笔硬度为 100%，在小口袋左上角绘制圆点，如图 19-101 所示。

图 19-98　绘制路径

图 19-99　输入文字

图 19-100　复制图层

图 19-101　绘制圆点

⑳ 双击图层，打开"图层样式"对话框，选择渐变叠加样式，打开渐变预设对话框，设置暗黄与浅黄相交的渐变样式，并设置渐变叠加参数如图 19-102 所示。

图 19-102　设置渐变叠加图层样式

㉑ 设置"描边"与"投影"参数，制作逼真的纽扣效果，如图 19-103 和图 19-104 所示。

图 19-103　设置描边图层样式　图 19-104　设置投影图层样式

㉒ 按 Ctrl+J 快捷键复制图层，拖动图像至右侧，完成效果如图 19-105 所示。

图 19-105　复制图像

19.5　质感和特效——手绘鸡蛋

本案例通过图层样式与各类滤镜，以及自由变形的使用，制作手绘鸡蛋，步骤比较简单，要做好却需要十分细致。

素材文件路径：素材 \ 第 19 章 \19.5\ 手绘鸡蛋 .psd

19.5 教学视频

① 启动 Photoshop CC 2018 后，执行"文件"｜"新建"命令，弹出"新建文档"对话框，设置其参数，单击"创建"按钮，如图 19-106 所示。

② 创建一个新图层，选择工具箱中的"椭圆选框"工具 ⬭，在画布中绘制一个纵向的椭圆形选区，如图 19-107 所示。

图 19-106　新建文件　　　图 19-107　创建选区

③ 分别设置前景色与背景色为黄色（#ffba70）与浅黄色（#fff7cc），选择工具箱中的"渐变"工具 ▮，单击工具选项栏中的"对称渐变"按钮 ▮，依照如图 19-108 所示的箭头方向填充对称渐变。

④ 按 Ctrl+D 快捷键取消选区，按 Ctrl+T 快捷键自由变换，调整其透视，如图 19-109 所示。

图 19-108　填充渐变　　　图 19-109　自由变换

⑤ 在背景图层上方创建一个新图层，创建一个椭圆形选区并填充颜色为淡黄色（#ffecd0），如图 19-110 所示。

⑥ 按 Ctrl+D 快捷键取消选区，按 Ctrl+T 快捷键自由变换，旋转图像，右击，选择自由变形，拖动网格调整图像形状，如图 19-111 所示。

图 19-110　填充选区　　　图 19-111　自由变形

07 选择图层 1，使用"钢笔"工具 在图像边缘绘制破碎状路径，如图 19-112 所示。

08 按 Ctrl+Enter 快捷键将路径转换为选区，并添加一个图层蒙版，如图 19-113 所示。

图 19-112　绘制路径　　　图 19-113　添加图层蒙版

09 长按 Ctrl 键，单击图层蒙版，载入选区，并创建一个新图层，如图 19-114 所示。

10 执行"编辑"|"描边"命令，弹出"描边"对话框，设置参数如图 19-115 所示。

图 19-114　载入选区　　　图 19-115　描边

11 选择图层 2，执行"滤镜"|"杂色"|"添加杂色"命令，弹出"添加杂色"对话框，设置参数如图 19-116 所示，效果如图 19-117 所示。

图 19-116　添加杂色　　　图 19-117　图像效果

12 创建一个新图层，选择工具箱中的"画笔"工具 ，设置前景色为黑色，画笔不透明度为 30%，在蛋壳上绘制阴影，如图 19-118 所示。

13 设置图层的不透明度 65%，并创建一个对图层 2 的剪贴蒙版，如图 19-119 所示。

图 19-118　绘制阴影　　　图 19-119　创建剪贴蒙版

14 创建一个新图层，并拖动图层至最上方，使用"椭圆选框"工具 在图像中创建一个圆形选区，并填充黄色到浅黄色的对称渐变，如图 19-120 所示。

15 按 Ctrl+D 快捷键取消选区，按 Ctrl+T 快捷键自由变换，调整其透视，如图 19-121 所示。

图 19-120　填充选区　　　图 19-121　自由变换

16 长按 Ctrl 键单击图层 1 后的图层蒙版，载入选区，单击图层面板下方的"添加图层蒙版"按钮 ，添加一个图层蒙版，如图 19-122 所示。

17 双击图层，打开"图层样式"对话框，设置"斜面与浮雕"与"内发光"参数，如图 19-123 和图 19-124 所示。

　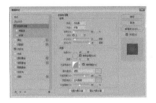

图 19-122　添加图层蒙版　　图 19-123　设置斜面和浮雕图层样式

18 创建一个新图层，使用"椭圆选框"工具 在图像中创建一个圆形选区，如图 19-125 所示。

图 19-124　设置内发光图层样式　　图 19-125　创建选区

19 填充选区为白色，按 Ctrl+T 快捷键自由变换，调整其透视，按 Enter 键确认，如图 19-126 所示。

20 双击图层，打开"图层样式"对话框，设置"混合选项""斜面与浮雕"与"内发光"参数，如图 19-127 至图 19-129 所示。

> 技巧提示：
> 在绘制图像光影效果时，为了使整体光照角度相同，应当使用全局光，可修改高光与阴影参数，对细节进行微调。

图 19-126　自由变换　　图 19-127　设置图层样式混合选项

图 19-128　设置斜面和浮雕　图 19-129　设置内发光图层
　　　　　图层样式　　　　　　　　　样式

21 长按 Ctrl 键单击图层 1 后的图层蒙版，载入选区，单击图层面板下方的"添加图层蒙版"按钮 ，添加一个图层蒙版，如图 19-130 所示。

22 在背景图层上方创建一个新图层，使用"椭圆选框"工具 在鸡蛋下方创建一个椭圆形选区，并填充选区为黑色，如图 19-131 所示。

图 19-130　添加图层蒙版　　图 19-131　填充选区

23 按 Ctrl+D 快捷键取消选区，执行"滤镜"|"模糊"|"高斯模糊"命令，打开"高斯模糊"对话框，设置参数，如图 19-132 所示。

24 按 Ctrl+T 快捷键自由变换，设置阴影大小与形状，如图 19-133 所示。

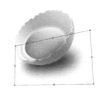

图 19-132　高斯模糊　　　　　图 19-133　自由变换

25 按 Enter 键确认，整体调整图像位置，完成效果如图 19-134 所示。

图 19-134　完成效果

20.1 播放器界面

本案例制作播放器界面，制作该案例需要能熟练运用形状工具与图层模式，要做出逼真的金属效果，在添加渐变效果时，对物体光暗面的了解也是十分重要的。

素材文件路径：素材\第 20 章 \20.1\ 图标 .jpg

20.1 教学视频

01 启动 Photoshop CC 2018，执行"文件"｜"新建"命令，弹出"新建文档"对话框，设置其参数，单击"创建"按钮，如图 20-1 所示。

02 选择工具箱中的"圆角矩形"工具 ◻，在工具选项栏中选择形状选项，在画布中创建一个 W:H 为 16:5 的圆角矩形，如图 20-2 所示。

03 选择工具栏中的"椭圆"工具 ◻，在工具选项栏中单击"合并形状"按钮 ◻，设置"工具模式"为形状、"填充"为白色、"描边"为无，在矩形选框右端创建一个等高的椭圆形，如图 20-3 所示。

图 20-1　打开文件

图 20-2　绘制图形

图 20-3　添加形状

04 按住 Ctrl 键单击图层，载入选区，创建一个新图层，填充选区为白色，将选区左移一段位置，按 Backspace 快捷键删除选区，如图 20-4 所示。

05 按 Ctrl+D 快捷键取消选区，选择圆角矩形图层，双击图层，打开"图层样式"对话框，设置渐变叠加，打开渐变编辑器，单击预设选项按钮，选择银色金属渐变预设，单击"新建"按钮，将此渐变存入预设框，设置其参数如图 20-5 所示。

图 20-4　绘制图像

图 20-5　设置渐变样式

06 单击内发光样式，设置其参数如图 20-6 所示。

07 长按 Alt 键拖动图层样式至图层 1 上，将图层样式复制到图层 1，双击图层，设置斜面和浮雕参数如图 20-7 所示。

图 20-6　设置内发光图层样式

图 20-7　设置斜面和浮雕图层样式

第 20 章素材文件

08 选择"矩形"工具 ▣，在图像中创建一个小矩形，如图 20-8 所示。

09 双击图层，打开"图层样式"对话框，打开渐变预设器，设置绿色（#3b9300）到白色的渐变，并存储在预设框中，单击"确定"按钮，设置渐变参数如图 20-9 所示。

图 20-8　绘制形状　　图 20-9　设置渐变叠加图层样式

10 选择"斜面和浮雕"样式，设置其参数如图 20-10 所示。

11 创建一个新图层，设置图层模式为变亮，选择工具箱中的"矩形选框"工具 ▦，在屏幕中绘制一个矩形选区并填充为黄色，如图 20-11 所示。

图 20-10　设置斜面和浮雕图层　　图 20-11　填充选区
样式

12 按 Ctrl+D 快捷键取消选区，并将图层复制多层，各间隔两个像素，如图 20-12 所示。

13 创建一个矩形选框，移动选区位置，选择不同图层，按 Backspace 键删除选区，制作音乐节奏效果，按 Ctrl+D 快捷键取消选区，并选择全部音乐节奏图层，创建一个新组，如图 20-13 所示。

图 20-12　复制图形　　图 20-13　绘制节奏效果

14 执行"文件"|"新建"命令，弹出"新建文档"对话框，设置其参数，单击"创建"按钮，如图 20-14 所示。

15 选择工具箱中的"铅笔"工具 ✏，设置大小为 1 像素，并设置前景色为黑色，在画布中绘制两个像素点，如图 20-15 所示。

图 20-14　新建文件　　图 20-15　绘制图案

16 执行"编辑"|"定义图案"命令，打开"定义图案"对话框，单击"确定"按钮，定义本图案。回到播放器文档窗口，创建一个新图层，执行"编辑"|"填充"命令，设置其参数如图 20-16 所示。

17 按住 Ctrl 键单击填充图层，载入选区，如图 20-17 所示。

图 20-16　填充图案　　图 20-17　载入选区

💡 **技巧提示：**
一般来说，为了使制作出的图标和按钮能够应用于不同软件和平台，大多会将成品存储为不同的尺寸的多个副本。

18 在组 1 后创建一个图层蒙版，节奏效果如图 20-18 所示。

19 选择"横排文字"工具 T，设置字体为黑体、字号大小为 6 点、颜色为黄色，输入时间与歌曲名称，如图 20-19 所示。

图 20-18　添加图层蒙版　　图 20-19　添加文字

20 选择工具箱中的"圆角矩形"工具 ▢，在屏幕下方创建一个横向的圆角矩形，如图 20-20 所示。

21 依照锚点位置创建参考线，选择"钢笔"工具 ✒，减去锚点，按住 Ctrl 键修改形状路径，如图 20-21 所示。

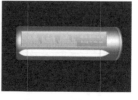

图 20-20　绘制形状　　图 20-21　修改路径

22 选择工具箱中的"圆角矩形"工具 ，填充颜色为黑色，在白色区域内左侧创建一个小的圆角矩形，并复制一层至右端，合并形状，如图 20-22 所示。

23 选择圆角矩形 2 图层，双击图层，打开"图层样式"对话框，设置渐变叠加与"斜面和浮雕"参数，如图 20-23 和图 20-24 所示。

图 20-22　绘制形状　　　图 20-23　设置渐变叠加
　　　　　　　　　　　　　　　　图层样式

技巧提示：
用户可以在渐变条上添加最多 15 个色标来体现各种复杂的质感。

24 创建一个图层蒙版，按住 Ctrl 键单击圆角矩形 3 图层，载入选区并填充选区为黑色，如图 20-25 所示。

图 20-24　设置斜面和浮雕图层　　图 20-25　添加图层蒙版
　　　　　　样式

25 选择圆角矩形 3 图层，双击图层，打开"图层样式"对话框，分别设置"斜面和浮雕"与"渐变叠加"参数，如图 20-26 和图 20-27 所示。

图 20-26　设置斜面和浮雕　　图 20-27　设置渐变叠加
　　　　图层样式　　　　　　　　图层样式

26 添加一个图层蒙版，选择工具箱中的"画笔"工具 ，设置画笔硬度为 100%、大小为 1 像素，按住 Shift 键在图像中绘制短直线，如图 20-28 所示。

27 选择工具箱中的"自定形状"工具 ，绘制不同图形，制作播放器按键图标，选择全部图标图层并合并图层，如图 20-29 所示。

图 20-28　添加图层蒙版　　　图 20-29　绘制形状

28 双击图层，打开"图层样式"对话框，设置"斜面和浮雕"参数，如图 20-30 所示。

29 依照上述方法，制作播放器手柄，完成效果如图 20-31 所示。

图 20-30　设置斜面和浮雕　　图 20-31　完成效果
　　　　图层样式

20.2　旅游网站登录界面

本案例制作了一款十分清新的旅游网站登录界面，使用参考线令画面排版整齐结合各类图层样式对文字与图像进行特效处理，以及灵活使用调整命令对图像色彩进行调节。

素材文件路径：素材 \ 第 20 章 \20.2\ 旅游网站 .jpg、素材 1、素材 2、热气球 .png

01 启动 Photoshop CC 2018 后，执行"文件"|"打开"命令，弹出"打开"对话框，选择本书配套素材中的"素材 \ 第 20 章 \20.2\ 旅游网站 .jpg"，单击"打开"按钮，如图 20-32 所示。

20.2 教学视频

02 按 Ctrl+O 快捷键，弹出"打开"对话框，选择本书配套素材中的"素材 \ 第 20 章 \20.2\ 素材 1.png"，按 Enter 键确认，拖动文件至旅游网站文档窗口，如图 20-33 所示。

图 20-32　打开文件　　　图 20-33　添加人物
　　　　　　　　　　　　　　　　素材

03 按 Ctrl+O 快捷键，弹出"打开"对话框，选择本书配套素材中的"素材 \ 第 20 章 \20.2\ 素材 2.png"，按 Enter 键确认，拖动海鸥素材至旅游网站文档窗口，并按 Ctrl+J 快捷键复制图层，按 Ctrl+T 快捷键自由变换，分别调整其位置与大小，如图 20-34 所示。

04 依照相同方法拖动热气球素材，并复制图层，如图 20-35 所示。

图 20-34　调整素材　　　　图 20-35　添加素材

05 执行"图像"|"调整"|"色相 / 饱和度"命令，打开"色相 / 饱和度"对话框，调节参数，改变热气球颜色，如图 20-36 所示。

06 将热气球再次复制一层，按 Ctrl+T 快捷键自由变换，调整其位置与大小，并更改热气球色彩，如图 20-37 所示。

图 20-36　调整色相 / 饱和度　　图 20-37　调整素材颜色
　　　　　 参数

07 创建参考线，选择工具栏中的"横排文字"工具，设置字体为"黑体"、字号大小为 36 点、白色。输入"用户登录"字样，按 Ctrl+T 快捷键打开字符面板，文字加粗，如图 20-38 所示。

08 双击图层，打开"图层样式"对话框，设置"投影"参数，如图 20-39 所示。

图 20-38　添加文字　　　图 20-39　设置投影图层样式

09 选择工具箱中的"圆角矩形"工具，在图像中创建一个适当大小的圆角矩形，如图 20-40 所示。

10 按 Ctrl+Enter 快捷键将路径转换为选区，选择背景图层，按 Ctrl+J 快捷键复制选区，如图 20-41 所示。

图 20-40　绘制路径　　　图 20-41　转换选区

11 双击图层，打开"图层样式"对话框，分别设置"斜面和浮雕""投影"参数，如图 20-42 和图 20-43 所示。

图 20-42　设置斜面和浮雕　　图 20-43　设置内发光
　　　　　图层样式　　　　　　　　 图层样式

12 选择工具箱中的"横排文字"工具，在登录框内输入"用户名：密码：验证码："字样，按 Ctrl+T 快捷键打开字符面板，设置参数如图 20-44 所示。

13 选择工具箱中的"移动"工具，拖动文字至适当位置，如图 20-45 所示。

图 20-44　设置文字样式　　图 20-45　移动文字

14 选择工具箱中的"矩形选框"工具，在文字右侧创建一个与文字等高的横向矩形选区，并填充选区为白色，制作输入框，如图 20-46 所示。

15 按 Ctrl+D 快捷键取消选区，双击图层，打开"图层样式"对话框，设置描边参数如图 20-47 所示。

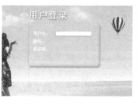 

图 20-46　填充选区　　　图 20-47　设置描边图层样式

16 按 Ctrl+J 快捷键将输入框复制两层，移动到相应文字右侧，按 Ctrl+T 快捷键自由变换，将验证码右侧输入框横向缩小，如图 20-48 所示。

17 按 Enter 键确认，按 Ctrl+J 快捷键复制图层，将图层向右移动，与输入框右端对齐，如图 20-49 所示。

图 20-48　复制图层　　　图 20-49　复制图层

18 双击图层，打开"图层样式"对话框，设置"颜色叠加"参数如图 20-50 所示。

19 选择"横排文字"工具 T，输入"S""C""6""Y"字样，并设置不同的字体颜色，按Ctrl+T快捷键自由变换，分别调整其位置与大小，如图 20-51 所示。

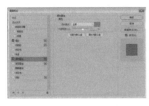

图 20-50　设置颜色叠加图层　　图 20-51　添加文字
　　　　　样式

20 在验证码图层上方创建一个新图层，选择工具箱中的"铅笔"工具，设置铅笔大小为 1 像素，多次更改前景色，在橙色输入框中绘制线条，如图 20-52 所示。

21 创建一个对验证码图层的剪贴蒙版，如图 20-53 所示。

图 20-52　绘制线条　　　图 20-53　设置图层模式

22 选择工具箱中的"圆角矩形"工具，选择形状模式，填充为白色，在登录框下方创建一个与输入框左对齐的圆角矩形，如图 20-54 所示。

23 双击图层，打开"图层样式"对话框，选择渐变叠加，打开渐变预设器，设置浅蓝色到深蓝色的渐变预设，单击"确定"按钮，设置渐变叠加参数，如图 20-55 所示。

图 20-54　绘制形状　　图 20-55　设置渐变叠加图层样式

24 依次设置"斜面和浮雕""投影"参数，如图 20-56 和图 20-57 所示。

图 20-56　设置斜面和浮雕　　图 20-57　设置投影
　　　　图层样式　　　　　　　　图层样式

25 选择工具栏中"横排文字"工具 T，设置字号大小为 18 点。输入"用户登录"字样，如图 20-58 所示。

26 双击图层，打开"图层样式"对话框，设置"斜面和浮雕"参数，如图 20-59 所示。

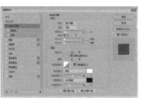

图 20-58　添加文字　　图 20-59　设置斜面和浮雕
　　　　　　　　　　　　　　　图层样式

27 完成效果如图 20-60 所示。

图 20-60　完成效果

20.3　游戏下载界面

本案例制作英雄联盟游戏下载界面，运用图层样式制作艺术字体的设计与图形质感效果，同时也需要能灵活使用路径工具，了解路径的转换。

素材文件路径：素材 \ 第 20 章 \20.3\ 效果图 .jpg

20.3 教学视频

01 启动 Photoshop CC 2018 后，执行"文件"｜"新建"命令，弹出"新建文档"对话框，设置其参数，单击"创建"按钮，如图 20-61 所示。

02 选择工具箱中的"渐变"工具，在工具选项栏中单击"径向渐变"按钮，设置前景色与背景色分别为浅蓝（#336699）与深蓝（#333366），按照如图 20-62

所示的箭头方向填充径向渐变。

图 20-61 新建文件

图 20-62 渐变填充

03 选择工具箱中的"多边形"工具，在工具选项栏中选择形状模式，设置边为 6，填充灰蓝色（#336699），在画布中创建一个正六边形，如图 20-63 所示。

04 双击图层，打开"图层样式"对话框，设置"斜面和浮雕""内发光"与"投影"参数，如图 20-64 至图 20-66 所示。

图 20-63 绘制形状

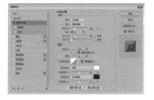
图 20-64 设置斜面和浮雕图层样式

图 20-65 设置内发光图层样式

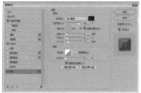
图 20-66 设置投影图层样式

05 再次创建一个与大六边形内部叠合的六边形，填充颜色为深灰蓝色（为 #3c65a4），如图 20-67 所示。

06 双击图层，打开"图层样式"对话框，设置"斜面和浮雕"，内阴影参数如图 20-68 和图 20-69 所示。

图 20-67 绘制形状

图 20-68 设置斜面和浮雕图层样式

07 创建一个新图层，长按 Ctrl 键单击形状 2 图层，载入选区，创建一个新图层，填充选区颜色为蓝色（#003366），如图 20-70 所示。

图 20-69 设置内阴影图层样式

图 20-70 填充选区

08 双击图层，打开"图层样式"对话框，设置"图案叠加"与"斜面和浮雕"参数，如图 20-71 和图 20-72 所示。

图 20-71 设置图案叠加图层样式

图 20-72 设置斜面和浮雕图层样式

09 选择工具栏中的"横排文字"工具，设置字体为"Calisto MT"、字号大小为 60 点、颜色为土黄色（#ad8a2b），在图案中心输入"L"字样，如图 20-73 所示。

10 双击图层，打开"图层样式"对话框，设置"斜面和浮雕"参数，如图 20-74 所示。

图 20-73 添加文字

图 20-74 设置斜面和浮雕图层样式

11 长按 Ctrl 键单击多边形 1 图层，载入选区，选择工具箱中的"多边形套索"工具，单击工具选项栏中的"从选区中减去"按钮，在图形对角线右上方创建一个选区，如图 20-75 所示。

12 单击图层面板底部的"创建新的填充或调整图层"按钮，在弹出的选项框中选择"亮度/对比度"选项，创建"亮度/对比度"调整图层，调节其参数，如图 20-76 所示。

知识拓展:

　　按钮是 UI 界面中使用最为频繁的元素之一,一款优秀的按钮不仅能够指示和引导用户进行相应的操作,还能点缀界面,增加整个界面的趣味性和视觉美观性。

　　图 20-75　创建选区　　图 20-76　调整亮度 / 对比度参数

13 选择工具箱中的"横排文字"工具 **T**,输入"英雄联盟 LEAGUE OF LEGENDS"字样,分别设置汉字字体为"黑体"、字号大小为 18 点,英文字体为"Calisto MT"、字号大小为 8 点,如图 20-77 所示。

14 双击图层,打开"图层样式"对话框,设置"斜面和浮雕"与"投影"参数,如图 20-78 和图 20-79 所示。

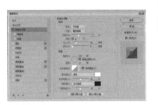

　　图 20-77　添加文字　　　图 20-78　设置斜面和浮雕
　　　　　　　　　　　　　　　　　图层样式

15 选择工具箱中的"钢笔"工具 **✐**,在背景图层上方创建一个新图层,在图像中绘制一条直线路径,如图 20-80 所示。

　　图 20-79　设置投影图层样式　　图 20-80　绘制路径

16 选择"画笔"工具 **✐**,设置画笔大小为 3 像素、硬度为 100%,选择"钢笔"工具 **✐**,右击,在弹出的选项框中选择描边画笔选项,取消勾选"模拟压力"复选框,按 Enter 键确认。完成效果如图 20-81 所示。

知识拓展:什么是图标?

　　图标是具有指代性的计算机图形,具有高度浓缩并快速传达信息和便于记忆的特点。图标的应用范围非常广泛,从各种软硬件到现实生活中到处可以看到各种图

标的影子,可以说我们的生活离不开图标。

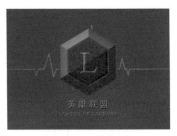

　　图 20-81　描边路径

20.4　APP 操作界面

　　本案例制作一款图片欣赏 APP 操作页面,需要了解的是图层样式的规律,从而结合图层蒙版制作纹理与质感。

素材文件路径:素材 \ 第 20 章 \20.4\1、banneg、图像 4、手机 . jpg、图标 .psd

01 启动 Photoshop CC 2018 后,执行"文件"|"新建"命令,弹出"新建文档"对话框,设置其参数,单击"创建"按钮,如图 20-82 所示。

20.4 教学视频

02 执行"文件"|"置入嵌入的智能对象"命令,弹出"置入"对话框,选择相关素材中的图片"素材\第 20 章\20.4\1.jpg",拖动控制点调整其大小,按 Enter 键确认,设置图层的不透明度为 30%,如图 20-83 所示。

　　图 20-82　新建文件　　　图 20-83　置入文件

03 选择工具箱中的"矩形选框"工具 **▦**,在画布顶端与低端创建矩形选区,如图 20-84 所示。

04 按 Ctrl+J 快捷键复制选区,并设置图层的不透明度为 100%,如图 20-85 所示。

　　图 20-84　创建选区　　　图 20-85　复制选区

05 双击图层，打开图层样式，分别设置"斜面和浮雕""投影"参数，如图 20-86 所示。

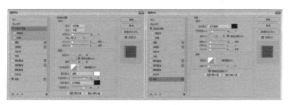

图 20-86　设置图层样式

06 创建一个图层蒙版，选择工具箱中的"画笔"工具，设置画笔大小为 2 像素、硬度为 100%，并设置前景色为白色，长按 Shift 键，在蒙版中绘制几条直线，如图 20-87 所示。

07 新建一个图层，选择工具箱中的"矩形选框"工具，在画布上方创建一个矩形选区，并填充为浅灰色，按 Ctrl+D 快捷键取消选区，如图 20-88 所示。

图 20-87　添加图层蒙版　　　　图 20-88　填充选区

08 双击图层，打开"图层样式"对话框，设置描边参数如图 20-89 所示。

09 选择"横排文字"工具，设置字体为"方正细黑一_GBK"，24 点，颜色为深灰色，输入"搜索标签、用户、话题"字样，如图 20-90 所示。

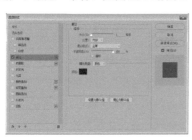

图 20-89　设置描边图层样式　　　图 20-90　添加文字

10 按 Ctrl+O 快捷键，弹出"打开"对话框，选择本书配套素材中的"素材 \ 第 3 章 \3.7\3.7.2\ 图标 .psd"，按 Enter 键确认，拖动各个图标至 APP 界面文档窗口，如图 20-91 所示。

11 选择全部图标图层，拖动至图层面板下方的"创建新组"按钮上，创建一个图层组，双击组 1，打开"图

层样式"对话框，设置颜色叠加与内发光参数，如图 20-92 和图 20-93 所示。

图 20-91　添加图标　　　图 20-92　设置颜色叠加图层样式

12 执行"文件"|"置入嵌入的智能对象"命令，弹出"置入"对话框，选择相关素材中的"素材 \ 第 20 章 \20.4\banner.jpg"，按 Enter 键确认，如图 20-94 所示。

图 20-93　设置外发光图层样式　　　图 20-94　置入文件

13 选择工具箱中的"矩形选框"工具，在图像中创建一个横向的矩形选区，如图 20-95 所示。

14 添加一个图层蒙版，按 Ctrl+Shift+I 快捷键反向选择，填充蒙版为黑色，选择"移动"工具，将图像拖动至适当位置，如图 20-96 所示。

图 20-95　创建选区　　　图 20-96　添加图层蒙版

15 选择工具箱中的"椭圆选框"工具，创建一个新图层，在 banner 图像下方创建一个圆形选区，并填充为灰色，按 Ctrl+D 快捷键取消选区，如图 20-97 所示。

16 将图层复制三层，选择其中任意一个图层，按住 Ctrl 键单击图层，载入选区，填充选区为白色，按 Ctrl+D 快捷键取消选区，如图 20-98 所示。

图 20-97　绘制圆点　　　　图 20-98　制作滚动图标

17 创建一个新图层，选择工具箱中的"矩形"工具 ▭，在画布中绘制一个矩形，填充为白色，如图 20-99 所示。

18 双击图层，打开"图层样式"对话框，设置投影参数如图 20-100 所示。

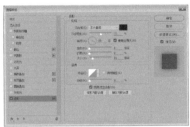

图 20-99　绘制形状　　　图 20-100　设置投影图层样式

19 将图层复制两层，按 Ctrl+D 快捷键自由变换，调整其位置与大小，如图 20-101 所示。

20 执行"文件"|"置入嵌入的智能对象"命令，弹出"置入"对话框，选择相关素材中的"素材 \ 第 20 章 \20.4\ 图像 1.jpg"至"素材 \ 第 20 章 \20.4\ 图像 4.jpg"，长按 Shift 键，拖动控制点，分别调整其位置与大小，按 Enter 键确认，如图 20-102 所示。

图 20-101　复制图层　　　图 20-102　置入文件

21 将图像 4 图层复制三层，分别拖动至空白区域，如图 20-103 所示。

22 选择"横排文字"工具 T，设置字体为"方正细黑一 _GBK"，48 点，颜色为黑色，输入"摄影"字样，如图 20-104 所示。

23 按 Shift+Ctrl+Alt+E 快捷键盖印可见图层，按 Ctrl+O 快捷键，弹出"打开"对话框，选择本书配套素材中的"素材 \ 第 3 章 \3.7\3.7.2\ 手机 .jpg"，按 Enter 键确认，

回到 APP 界面文档窗口，选择所盖印图层，拖动图层至手机文档窗口，按 Ctrl+T 快捷键自由变换，调整其位置与大小，按 Enter 键确认，设置图层模式为正片叠底，完成效果如图 20-105 所示。

图 20-103　复制　　图 20-104　添加　　图 20-105　完成
　　　图像　　　　　　文字　　　　　　效果

20.5　制作美国队长盾牌图标

　　本案例制作美国队长盾牌图标，整个过程比较简单，使用基本的滤镜和纹理制作金属质感，技巧是使用混合模式来创建必要的灯光效果，达到真实的金属质感。

素材文件路径：素材 \ 第 20 章 \20.5\ 金属 .jpg　　　　

20.5 教学视频

01 启动 Photoshop CC 2018 后，执行"文件"|"新建"命令，弹出"新建文档"对话框，设置其参数，单击"创建"按钮，如图 20-106 所示。

02 选择工具箱中的"椭圆选框"工具 ◯，在画布中创建一个正圆形选区，并填充颜色为玫红色（#eb003d），如图 20-107 所示。

图 20-106　新建文件　　　图 20-107　填充选区

03 创建一个新图层，填充为白色，按 Ctrl+D 快捷键取消选区，如图 20-108 所示。

04 执行"滤镜"|"杂色"|"添加杂色"命令，打开"添加杂色"对话框，设置参数，如图 20-109 所示。

05 执行"滤镜"|"模糊"|"径向模糊"命令，打开"径向模糊"对话框，设置参数，如图 20-110 所示。

06 执行"图像"|"调整"|"色阶"命令，打开"色阶"

对话框，调节参数，如图 20-111 所示。

图 20-108　填充选区

图 20-109　添加杂色

图 20-110　径向模糊

图 20-111　调整色阶参数

07 选择图层 1，按 Ctrl+J 快捷键复制图层，双击图层，打开"图层样式"对话框，设置颜色叠加参数，如图 20-112 所示。

08 按 Ctrl+T 快捷键自由变换，调整其位置与大小，按 Enter 键确认，如图 20-113 所示。

图 20-112　设置颜色叠加图层样式

图 20-113　自由变换

09 依照相同步骤，再次制作不同颜色的盾面，如图 20-114 所示。

10 选择工具箱中的"自定形状"工具，在工具选项栏中设置"工具模式"为"形状"，填充白色，选择五角星形状，在蓝色区域内创建一个五角星形状，选择全部盾面图层，拖动至图层面板下方的"创建新组"按钮上，创建一个图层组，如图 20-115 所示。

图 20-114　调整盾面色彩

图 20-115　绘制图形

11 选择五角星形状图层，双击图层，打开"图层样式"面板，分别设置"斜面和浮雕"，描边与投影参数，如图 20-116 至图 20-118 所示。

图 20-116　设置斜面和浮雕　　图 20-117　设置描边
　　　　　图层样式　　　　　　　　　　图层样式

12 依照相同的方法调整其他图层，令盾面更加立体，如图 20-119 所示。

图 20-118　设置投影图层样式　　图 20-119　图层样式效果

13 按 Ctrl+O 快捷键，弹出"打开"对话框，选择本书配套素材中的"素材 \ 第 20 章 \20.5\ 金属 .jpg"，按 Enter 键确认，拖动至盾牌文档窗口，如图 20-120 所示。

14 设置图层模式为柔光，并创建一个对组 1 的剪贴蒙版，如图 20-121 所示。

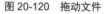

图 20-120　拖动文件　　　　图 20-121　设置图层模式

💡 **技巧提示：**
　　一般在制作图标时都会创建较大尺寸的文档，或者使用矢量形状创建图标，制作完成后也将其保存为不同的尺寸，以满足不同界面的使用。

15 按 Ctrl+J 快捷键复制图层，选择"画笔"工具，设置前景色为白色，在画布中心涂抹，制作高光效果，如图 20-122 所示。

16 双击组 1，打开"图层样式"对话框，选择渐变叠加，打开渐变预设器，设置黑白相间的渐变预设，并设置渐变叠加参数，如图 20-123 所示。

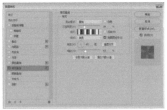

图 20-122　制作高光　　图 20-123　设置渐变叠加图层样式

17 拖动渐变中心位置与盾牌中心位置相叠合，如图 20-124 所示。

18 创建一个新图层，长按 Ctrl 键，单击图层 2，载入选区，复位前景色与背景色，执行"滤镜"|"渲染"|"云彩"命令，如图 20-125 所示。

图 20-124　拖动图层样式效果　　图 20-125　云彩效果

19 按 Ctrl+D 快捷键取消选区，设置图层模式为柔光、不透明度为 70%，完成效果如图 20-126 所示。

图 20-126　设置图层模式